8°V
8303

I0046075

LEÇONS

DE CHIMIE

DU MÊME AUTEUR

LEÇONS DE PHYSIQUE à l'usage des écoles normales primaires, des établissements d'instruction primaire supérieure, des écoles professionnelles, des candidats au brevet de capacite, etc. 1 fort vol. in-18 jésus, avec figures dans le texte, br........................ 4 »

LEÇONS DE CHIMIE à l'usage des élèves de la classe de philosophie et des candidats au baccalauréat ès lettres. 1 vol. in-18 jésus, avec figures dans le texte, br.................................... 2 »

LEÇONS DE PHYSIQUE appliquées aux arts, à l'hygiène et à l'économie domestique, à l'usage des demoiselles. 1 vol. in-18 jésus, avec figures dans le texte, br......... .... 4 »

NOTIONS DE CHIMIE appliquées aux arts, à l'hygiène et à l'économie domestique, à l'usage des demoiselles. 1 vol. in-18 jésus, avec fig. 3 »

CORBEIL. — Typ. et stér. de CRÉTÉ FILS.

LEÇONS DE CHIMIE

APPLIQUÉE A L'INDUSTRIE

A L'USAGE

DES INDUSTRIELS, DES ÉCOLES NORMALES PRIMAIRES
DES ÉTABLISSEMENTS D'INSTRUCTION PRIMAIRE SUPÉRIEURE
DES ÉCOLES PROFESSIONNELLES
DES CANDIDATS AU BREVET DE CAPACITÉ, ETC.

PAR

PAUL POIRÉ

Ancien élève de l'École normale, Agrégé de l'Université,
Professeur de physique et de chimie
au Lycée Fontanes.

QUATRIÈME ÉDITION

PARIS
LIBRAIRIE CH. DELAGRAVE
58, RUE DES ÉCOLES, 58

1877

PRÉFACE

Les Leçons de Chimie que nous publions ont été rédigées dans le but de présenter un exposé des principes de la science et des applications si nombreuses que l'industrie en fait chaque jour. Nous avons écarté de cet ouvrage tout ce qui n'a d'importance qu'au point de vue purement scientifique, afin de pouvoir, en restant dans les limites d'un traité élémentaire, étudier avec plus de soin les procédés opératoires des différentes industries que la chimie guide et éclaire.

Nous nous sommes conformé, dans l'exposition des matières, à l'ordre habituellement suivi dans les cours de chimie appliquée. Après un exposé des principes généraux, nous avons étudié les plus importants des corps dont elle apprend à connaître les propriétés ; chaque fois que l'occasion s'en est présentée, nous avons donné comme application de cette étude la description des procédés mis en œuvre par l'industrie pour fabriquer les produits que réclament les besoins croissants dé la consommation.

C'est ainsi que nous avons pu passer en revue la préparation des principaux acides, des charbons artificiels, du gaz de l'éclairage, des chaux et mortiers, la fabrication des poteries et porcelaines, du verre, des glaces; les procédés employés pour l'extraction des principaux métaux, pour la dorure, l'argenture et la photographie ; la fabrication du vinaigre, de l'amidon, du sucre, des vins, des eaux-de-vie et autres liqueurs alcooliques, celle des bougies et des savons, les principales opérations de la teinture et de l'impression sur étoffes, etc., etc.

Malgré le désir de rester très-élémentaire et à la portée de tous, nous n'avons pas cru devoir bannir l'emploi des formules chimiques dont l'aspect un peu algébrique effraye quelquefois les débutants. La notion des équivalents et l'emploi des formules rendent de si grands services, sont d'une importance telle, que les personnes qui étudient la chimie doivent s'habituer de bonne heure à leur usage. Chaque formule sera toujours précédée du reste d'une explication en langage ordinaire.

Nous espérons que cet ouvrage, dans lequel nous croyons avoir apporté le résultat de l'expérience acquise dans les cours de chimie appliquée que nous professons dans un grand centre industriel, sera utilement consulté par les jeunes gens qui se destinent à l'industrie, par les élèves des écoles normales primaires, des écoles professionnelles, par les candidats au brevet supérieur de capacité. Ces derniers y trouveront l'exposé des notions d'industrie qu'exige le programme, tant qu'elles ne s'écarteront pas trop des applications de la chimie.

PAUL POIRÉ.

LEÇONS DE CHIMIE

LIVRE PREMIER

CHAPITRE PREMIER

NOTIONS PRÉLIMINAIRES.

1. Les corps de la nature peuvent, suivant les circonstances dans lesquelles ils sont placés, subir diverses modifications que l'on désigne sous le nom de *phénomènes*. Tantôt ces modifications ne sont que passagères et n'altèrent pas sensiblement la nature du corps qui en est l'objet; tantôt, au contraire, elles sont durables et portent sur sa constitution intime qui se trouve profondément changée. Dans le premier cas, elles sont désignées sous le nom de *phénomènes physiques*; dans le second, sous celui de *phénomènes chimiques*. Quelques exemples feront comprendre la différence qui existe entre ces deux classes de phénomènes.

Soumettons un morceau de fer à l'action d'une source de chaleur, il s'échauffe et se dilate dans tous les sens. Enlevons la source de chaleur, la barre se refroidit et revient à ses dimensions primitives. Elle n'a subi, dans cette circonstance, qu'une modification passagère, qui a cessé dès que sa cause a disparu; sa nature n'a pas été profondément modifiée.

Prenons un fragment d'un corps qui sert à la fabrication des allumettes chimiques, et que nous étudierons plus tard sous le nom de phosphore; laissons-le tomber dans de l'eau portée à une température supérieure à 44°. Le fragment de phosphore s'échauffe au contact de l'eau, et, lorsque sa température s'est élevée jusqu'à 44°, 2, il devient liquide. Laissons l'eau se refroidir lentement, la température du phosphore s'abaisse aussi et ce corps redevient solide. Ses propriétés n'ont pas changé, il est encore jaunâtre et transparent comme avant sa fusion, lumineux dans l'obscurité.

Que l'on place une balle de plomb dans une cuiller de fer posée sur des charbons ardents, la température de la balle s'élève bientôt, et lorsqu'elle a atteint 330° environ, le plomb devient liquide; qu'on enlève alors les charbons, il se refroidit, reprend l'état solide et son aspect primitif.

Les trois faits précédents nous fournissent autant d'exemples de phénomènes physiques; le fer, le phosphore et le plomb n'ont subi dans leurs propriétés que des modifications passagères, qui n'ont pas survécu à la cause qui les avait produits.

Nous allons voir maintenant ces trois corps devenir l'objet de phénomènes chimiques.

La barre de fer, abandonnée au milieu de l'air humide, y change bientôt de nature; sous la double influence de l'air et de l'humidité, elle se recouvre de grains jaunâtres qui envahissent toute sa surface; ces grains forment un nouveau corps, résultat de l'union intime du fer et d'un des éléments de l'air atmosphérique, l'oxygène; ce nouveau corps, que l'on désigne vulgairement sous le nom de *rouille* et que la chimie appelle *oxyde de fer*, n'a aucune des propriétés des éléments qui le constituent; il est pulvérulent, jaune, sans éclat, tandis que l'oxygène est gazeux, incolore, que le fer est gris et susceptible de l'éclat métallique. Soustraite à l'action de l'air humide, la barre de fer ne recouvre pas ses propriétés primitives et la rouille subsiste à sa surface.

Prenons le fragment de phosphore qui nous a servi dans une des expériences précédentes et plaçons-le dans une petite capsule que nous poserons sur une assiette (fig. 1). Après avoir touché le phosphore avec un charbon rouge qui l'enflamme, recouvrons le tout avec une grande cloche de verre; le phosphore continue à brûler pendant un certain temps, dans cette atmosphère limitée, répand d'épaisses fumées blanches, et l'on voit les parois de la cloche se tapisser d'une espèce de neige. Ces fumées et cette neige sont le résultat de la transformation du phosphore qui, à la température de l'expérience, s'est uni à l'oxygène de l'air et a formé avec lui un nouveau corps que l'on désigne en chimie sous le nom d'*acide phosphorique*. Ce corps ne possède pas les propriétés du phosphore ; il n'est plus lumineux comme lui dans l'obscurité, se dissout dans l'eau, tandis que le phosphore y est insoluble; ramené à la température ordinaire dans une atmosphère dépourvue d'oxygène, il y conserve toutes ses propriétés et ne reprend pas celles du phosphore. Il a donc subi, dans sa nature intime, une modification radicale survivant à la cause qui l'a produite ; il nous fournit un nouvel exemple de phénomène chimique.

Fig. 1. — Combustion du phosphore dans l'air.

Le morceau de plomb dont nous avons parlé plus haut, fondu de nouveau et maintenu en fusion au contact de l'air, se recouvre bientôt d'une pellicule irisée qui passe au jaune. Elle est le résultat de l'union intime de l'oxygène de l'air et du plomb, et ce corps, appelé scientifiquement *protoxyde de plomb* et vulgairement *massicot*, est lui-même fusible; maintenu en fusion au contact de l'air, il y absorbe une nouvelle quantité d'oxygène et s'y transforme en une poudre rouge, appelée *minium*, qui sert à la fabrication de cette peinture rouge dont on recouvre souvent le fer pour le préserver de l'oxydation. Toutes ces transformations sont définitives, et la cause qui les a produites, la double influence de l'air et de la chaleur, venant à cesser, le massicot et le minium ne reprennent point les propriétés du plomb métallique.

2. **Objet de la chimie.** — L'étude des phénomènes chimiques fait l'objet de la chimie, celle des phénomènes physiques l'objet de la physique.

La chimie n'étudie pas seulement les phénomènes chimiques, elle étudie encore les corps isolément pour faire la description de leurs propriétés extérieures (couleur, éclat, densité, etc....); elle apprend à les distinguer les uns des autres et donne les moyens de déceler leur présence, alors même que leur division et la ténuité de leurs parties sembleraient devoir les faire échapper à toute investigation.

3. **Actions diverses résultant du contact des corps.** — Les exemples, que nous avons cités plus haut pour faire comprendre ce qu'était un phénomène chimique, ont montré en même temps que, dans chacun des cas étudiés, il y avait contact entre les corps qui réagissaient l'un sur l'autre, contact entre l'oxygène de l'air et le fer, le phosphore et le plomb que nous y avons vus s'oxyder. C'est là en effet une condition nécessaire pour qu'il y ait phénomène chimique, pour que deux corps réagissent chimiquement l'un sur l'autre; mais il ne faudrait pas croire que cette condition soit suffisante et qu'il y ait réaction chimique entre deux corps, modification réciproque de leurs propriétés, dès qu'ils sont en contact.

Si nous mettons en contact un morceau de cuivre et un morceau de soufre que nous supposerons à des températures voisines de la température ordinaire, mais différentes, il se fera entre ces deux corps un échange de calorique et ils atteindront bientôt la même température. Mais ils conserveront leurs propriétés respectives, alors même que le soufre et le cuivre auraient été réduits en poudre très-fine et mélangés ensemble.

Ce que le simple contact n'a pu faire, la chaleur le produira facilement en liquéfiant l'un des corps. Si nous introduisons le mélange des deux poudres dans un ballon et que nous laissions un instant ce ballon sur des charbons ardents, le soufre entre en fusion, réagit sur le cuivre ; une vive incandescence se produit, et, lorsqu'elle a cessé, on retrouve dans le ballon un corps noir résultant de l'union intime du cuivre et du soufre. Ce corps est désigné sous le nom de *sulfure de cuivre :*

Nous nous bornerons pour le moment à signaler seulement cette intervention de la chaleur dans les phénomènes chimiques, sans l'étudier plus à fond.

CONSTITUTION DES CORPS. — DIVERS ÉTATS DE LA MATIÈRE. COHÉSION. — CRISTALLISATION DES CORPS.

4. Tout corps est formé par la réunion d'une multitude de particules de même nature que lui, et chacune d'elles prise isolé-

ment présente les propriétés du corps tout entier. C'est ainsi qu'après avoir réduit en poussière un morceau de sucre on retrouve, dans chacun des grains que l'on a formés, les propriétés caractéristiques du sucre.

La faculté que possèdent les corps de pouvoir être divisés en un certain nombre de parties est désignée sous le nom de divisibilité. On pourrait croire *à priori* que cette divisibilité est infinie, parce que, quelque petit que soit un corps, on peut encore le supposer par la pensée divisé en un certain nombre de parties plus petites que lui. Mais comme on ne saurait expliquer les phénomènes de la chimie en admettant que cette divisibilité soit infinie, on admet, au contraire, qu'au delà d'une certaine limite la matière est indivisible. Les petits corps indivisibles auxquels on arrive ainsi sont désignés sous le nom d'atomes et de molécules; ils sont réunis entre eux par une force que l'on appelle *cohésion*.

C'est aux variations de cette force qu'il faut attribuer les différents états de la matière.

5. La matière qui forme tous les corps se présente en effet à nous sous trois états différents, que l'on désigne sous le nom d'états *solide, liquide* et *gazeux*. L'eau à l'état de glace est un corps solide, elle coule dans nos fleuves à l'état liquide et se trouve dans l'atmosphère à l'état de gaz ou de vapeur.

Dans les *solides* (métaux, pierres, etc.) les parties matérielles sont unies de telle sorte qu'on ne peut les séparer sans effort, sans triompher de la cohésion qui les maintient unies entre elles. En vertu de cette force, le corps solide affecte toujours une forme et un volume déterminés qui resteront constants, si une cause extérieure n'intervient pas pour les modifier.

Dans les fluides, qui comprennent les liquides et les gaz, les particules matérielles sont parfaitement mobiles, en sorte qu'on les sépare sans difficulté et qu'abandonnées à elles-mêmes elles glissent facilement l'une sur l'autre. Les liquides et les gaz n'ont pas de forme propre; ils prennent celle du vase qui les renferme.

Dans les liquides la cohésion est moins forte que dans les solides, mais elle existe encore. Dans les gaz, au contraire, non-seulement les particules ne sont plus réunies par aucune cohésion, mais elles sont dans un état de répulsion permanente; ce qui fait que les gaz tendent sans cesse à augmenter de volume, et que cette tendance se traduit par une force exercée sur les parois du vase qui les renferme, force que l'on désigne en physique sous le nom de *pression* ou de *force élastique des gaz*.

Un corps n'affecte pas exclusivement un des trois états ; l'eau nous fournit l'exemple d'un corps pouvant passer successivement de l'un à l'autre, et ses changements d'état correspondent à des variations dans l'intensité de la cohésion. Ces variations sont ordinairement produites par la chaleur.

6. C'est en chauffant les corps solides qu'on arrive à les fondre ; c'est en chauffant les liquides qu'on les transforme en fluides aériformes ou vapeurs. Personne n'ignore que la glace fond sous l'influence de la chaleur, et que, sous la même influence, l'eau qui en provient se réduit elle-même en vapeur.

7. Beaucoup de corps solides se dissolvent dans les liquides, comme le sucre se dissout dans l'eau ; les molécules du solide se séparent les unes des autres et se disséminent dans toute la masse du liquide ; cette séparation ne peut se faire que sous une influence contraire à la cohésion et capable d'en triompher. Nous désignerons cette force sous le nom de *force dissolvante*.

Il y a ici encore absorption de chaleur, et, si le phénomène se produit souvent sans qu'il y ait intervention apparente du calorique, il n'en est pas moins vrai de dire que la fusion du corps nécessite l'absorption d'une certaine quantité de chaleur, qui est empruntée au liquide lui-même. Pour s'en convaincre, il suffit de remarquer que le fait de la dissolution est accompagné d'un abaissement de température. Si l'on mélange, par exemple, parties égales d'azotate d'ammoniaque et d'eau à 10° au-dessus de zéro, le sel se dissout et la température s'abaisse jusqu'à 15° au-dessous de zéro [1].

La quantité maximum de substance solide qu'un poids déterminé de liquide peut dissoudre varie avec la nature du liquide, avec celle du solide, avec la température. Lorsqu'un liquide a dissous d'un corps tout ce qu'il peut en dissoudre, on dit qu'il est *saturé*. Généralement l'élévation de la température recule la limite de saturation. Il est cependant certaines substances qui sont moins solubles à chaud qu'à froid : ainsi la chaux est plus soluble dans l'eau froide que dans l'eau chaude : le sulfate de soude est plus soluble dans l'eau à 33° que dans l'eau à une température inférieure ou supérieure.

[1] Pour plus de détails, voir nos *Leçons de physique*, livre II, ch. III.

8. Si l'on peut, en élevant la température d'un corps solide, l'amener successivement à l'état liquide et à l'état gazeux, s'il est possible aussi de le liquéfier en faisant agir sur lui la force dissolvante d'un liquide convenablement choisi, il est naturel de penser que le refroidissement d'un liquide ou d'une vapeur amènera la formation d'un corps solide, et qu'un corps dissous pourra reprendre l'état solide dès que les conditions de sa solubilité ne seront plus satisfaites, soit que la quantité de liquide dissolvant ait diminué, soit que sa température ait varié; c'est en effet ce que l'expérience montre chaque jour.

9. **Cristallisation des corps.** — Quand un corps passe de l'état liquide ou gazeux à l'état solide, le phénomène ne s'effectue pas toujours dans les mêmes conditions.

Si le passage d'un état à l'autre est brusque et rapide, le solide n'affecte pas de forme régulière, il est dit *amorphe ;* mais, si le changement d'état est lent, les molécules du corps se groupent suivant des lois naturelles et forment des solides convexes terminés par des faces planes ou de forme géométrique régulière qu'on désigne sous le nom de *cristaux.* Ce passage de l'état liquide ou gazeux à l'état solide est appelé *cristallisation.*

Les cristaux présentent toujours des angles saillants, et si quelquefois on rencontre dans une masse cristallisée des angles rentrants, cela tient à l'accolement et au groupement des cristaux entre eux.

Pour faire cristalliser un corps, il faut l'obtenir soit à l'état liquide, soit à l'état gazeux et le placer dans des conditions telles qu'il puisse reprendre *lentement* l'état solide. Trois procédés peuvent être employés, la fusion, la volatilisation ou sublimation et la dissolution.

10. **Cristallisation par fusion.** — Cette méthode s'applique à des corps qui fondent à une température peu élevée, tels que le soufre, le bismuth, etc.

Prenons le soufre pour exemple, et fondons-en une certaine quantité dans un creuset de terre : laissons refroidir lentement le liquide, il se solidifiera, et le refroidissement atteignant d'abord les parties les plus extérieures, celles qui touchent les parois du creuset, il se formera contre celles-ci des aiguilles prismatiques, tandis que la surface supérieure se solidifiera elle-même. Avant que le liquide soit entièrement solidifié, perçons la couche superficielle de deux ouvertures, avec une tige de fer chauffée, et renversons le vase ; l'une des ouvertures servira à l'écoulement du liquide intérieur, l'autre à la rentrée de l'air, et les aiguilles cristallines seront mises à nu.

Le bismuth, l'antimoine et beaucoup de métaux s'obtiennent à l'état cristallisé par un moyen identique.

11. **Cristallisation par volatilisation ou sublimation.** — La méthode par sublimation s'applique aux corps qui, comme l'arsenic, passent directement de l'état solide à l'état gazeux. On introduit à cet effet dans une cornue de l'arsenic en quantité assez faible pour en occuper seulement la partie inférieure que l'on chauffe. L'arsenic se volatilise, et, sa vapeur arrivant dans les parties supérieures de la cornue, dans le dôme et le col, qui sont à une température moins élevée, s'y condense en déposant des cristaux du plus brillant aspect.

12. **Cristallisation par dissolution.** — Cette méthode est celle que l'on emploie le plus généralement.

Les corps étant en général plus solubles à chaud qu'à froid, on les dissout à chaud dans une quantité de liquide telle qu'elle ne puisse les conserver entièrement dissous à la température ordinaire. Lorsque la dissolution est complète, on laisse refroidir, et le corps dissous se dépose en cristaux sur les parois du vase : les formes cristallines seront d'autant plus belles que le refroidissement aura été plus lent.

On peut aussi opérer de la manière suivante : on dissout le corps solide dans le liquide jusqu'à ce que ce dernier en soit saturé, puis on abandonne le tout à l'évaporation spontanée dans un vase à large ouverture : le liquide s'évapore lentement, et, à mesure que les vapeurs s'échappent, le solide qui le saturait, ne se trouvant plus en présence d'une quantité de liquide suffisante, se dépose en cristaux. Cette seconde manière d'appliquer la méthode par dissolution est beaucoup plus longue, mais elle présente l'avantage de fournir des cristaux plus volumineux et plus nets.

Lorsqu'on veut, dans les laboratoires, préparer des cristaux à l'état isolé et parfaitement réguliers, on se sert d'un procédé imaginé par Leblanc.

Supposons, par exemple, qu'on veuille faire cristalliser de l'alun, on opère de la manière suivante. On prépare une dissolution saturée de cette substance à la température ordinaire, et on l'abandonne à l'évaporation spontanée. Il se forme peu à peu de petits cristaux. On en choisit un qui soit régulier et on le place dans un vase à fond plat renfermant une dissolution saturée d'alun bien pur qu'on abandonne à l'évaporation spontanée. Il se dépose avec une grande lenteur des molécules solides qui recouvrent le cristal primitif, et, si l'on prend soin de retourner celui-ci à intervalles égaux, de manière qu'il repose pendant le même temps sur chacune de ses faces, le développement se fait très-régulièrement, aucune face ne se trouvant atrophiée.

Souvent aussi on préfère suspendre le cristal au milieu de la dissolution saturée au moyen d'un fil que l'on choisit assez fin pour que sa trace se distingue à peine (fig. 2).

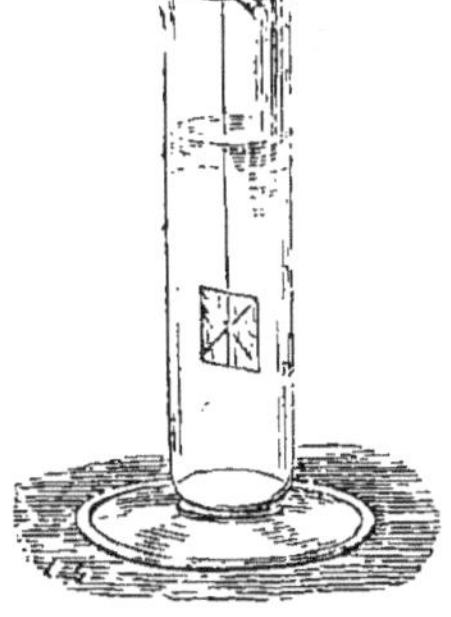

Fig. 2. — Cristallisation des corps.

13. **Toutes les formes des cristaux se rapportent à six systèmes cristallins.** — Lorsqu'on examine d'une manière superficielle les cristaux si nombreux et si variés dans leur forme, que nous offre la nature ou que nous rencontrons dans les laboratoires, ils présentent entre eux des différences si multiples, qu'il semble impossible de leur trouver des caractères communs et d'essayer d'en faire la classification. Mais une étude plus sérieuse fait saisir des caractères de ressemblance, et, comme l'a dit Laurent, des formes en apparence bien différentes et opposées ne sont pour ainsi dire que des déguisements sous lesquels se cache le même individu.

On a trouvé que tous les cristaux pouvaient être considérés comme dérivant, suivant des lois simples et déterminées, de six formes principales que l'on a appelées *formes types* : on a alors réparti tous les cristaux en six systèmes cristallins, chaque système comprenant la forme type et ses dérivées.

Haüy admettait les six systèmes suivants :

1° Le système du cube ;

2° Le système du prisme droit à base carrée ;

3° Le système du prisme droit à base rectangle ;

4° Le système du prisme hexagonal régulier ou système rhomboédrique ;

5° Le système du prisme oblique à base carrée;

6° Le système du prisme oblique à base de parallélogramme.

14. **Importance de la forme cristalline.** — L'étude des cristaux présente le plus haut intérêt; car la manière dont cristallise un corps constitue une propriété spécifique de la plus grande importance.

Les matières minérales, à l'état amorphe, ne présentent pas en effet, comme les animaux et les végétaux, une forme propre qui permette de les distinguer. Cette forme caractéristique leur est donnée par la cristallisation. Il est vrai que, tandis que la forme de l'animal est invariable dans l'espèce, la même substance minérale peut souvent se présenter sous des formes différentes; mais en appliquant les principes connus depuis les découvertes d'Haüy, on ramène bientôt ces formes différentes à une seule forme type dont elles dérivent.

15. **Dimorphisme.** — Il est cependant des cas assez rares où un même corps peut affecter deux formes cristallines n'appartenant pas au même système. C'est en cela que consiste le *dimorphisme.*

Le soufre et le carbonate de chaux nous offrent des exemples de dimorphisme. Le soufre fondu cristallise en prismes obliques à base carrée. Lorsqu'on le dissout dans le sulfure de carbone et qu'on laisse évaporer sa dissolution, on l'obtient en octaèdres dérivant du prisme droit à base rectangle. Le carbonate de chaux se trouve dans la nature, tantôt à l'état de cristaux rhomboédriques, c'est le *spath d'Islande,* tantôt à l'état de prismes droits à base rectangle, c'est l'*arragonite.*

16. **Polymorphisme.** — Il y a des substances qui sont même capables de cristalliser sous plus de deux formes incompatibles, c'est-à-dire appartenant à des systèmes différents; on les appelle *polymorphes :* tel est l'oxyde de titane qui cristallise sous trois formes incompatibles.

17. **Isomorphisme.** — Si un corps peut affecter deux ou plusieurs formes cristallines incompatibles, inversement des corps différents peuvent donner des cristaux identiques.

Quand deux corps présentent la même forme cristalline et que leurs dissolutions peuvent cristalliser ensemble on les dit *isomorphes.*

Lorsqu'on fait cristalliser un mélange de deux dissolutions

d'alun ordinaire et d'alun de chrôme, elles cristallisent ensemble, c'est-à-dire que chacun des cristaux obtenus, quelque petit qu'il soit, renferme à la fois de l'alun ordinaire et de l'alun de chrôme. Ces deux corps sont dits *isomorphes*, et comme l'alun ordinaire ne diffère de l'alun de chrôme que parce que l'alumine du premier est remplacée dans le second par du sesquioxyde de chrôme, on conclut à l'isomorphisme de l'alumine et du sesquioxyde de chrôme.

Nous ferons remarquer que, pour que deux corps soient isomorphes, il ne suffit pas qu'ils aient la même forme cristalline. Il est absolument nécessaire que leurs dissolutions mélangées puissent cristalliser ensemble : ainsi, par exemple, si l'on mélange des dissolutions de sel marin et d'alun, qui tous deux cristallisent dans le système cubique, on obtiendra des cristaux de même forme, mais ils seront exclusivement formés les uns de sel marin, les autres d'alun; l'alun et le sel marin ne sont pas des corps isomorphes.

L'isomorphisme de deux substances indique en général une très-grande analogie dans leur composition chimique.

La découverte de l'isomorphisme est due à Mitscherlich [1].

18. **Corps simples, corps composés.** — Il est des corps dont on n'a pu retirer jusqu'ici qu'une seule espèce de matière, tels sont le phosphore, le soufre, le fer, le mercure, etc...; ces corps, qui sont maintenant au nombre de 64, sont dits *simples*.

Les corps simples peuvent en se combinant entre eux, deux à deux, trois à trois, etc., donner lieu à des corps que l'on désigne sous le nom de *corps composés*.

L'expérience suivante va nous prouver l'existence des corps composés. Introduisons dans la cornue B (fig. 3) une poussière rouge désignée sous le nom de bioxyde de mercure, et chauffons la cornue à l'aide d'un fourneau F ou d'une forte lampe. Nous verrons bientôt la poudre rouge brunir, puis se décomposer en deux corps distincts, l'un, le mercure, qui vient se déposer en gouttelettes brillantes sur la panse et le col *b* de la cornue et leur donne l'aspect d'un miroir, l'autre, l'oxygène, corps gazeux, qui sortant par le tube C se rend sous forme de bulles dans une cloche en verre E. Cette cloche appelée *éprou-*

[1] Mitscherlich, chimiste allemand, né en 1794, mort à Berlin en 1865.

vette est remplie d'eau et renversée sur une cuvette T contenant également de l'eau ; elle repose sur une capsule retournée D, ou têt à gaz, qu'on voit en *a*, *b*, *c*, et qui présente (fig. 4) deux ouvertures, l'une allongée par laquelle le tube entre sous le têt,

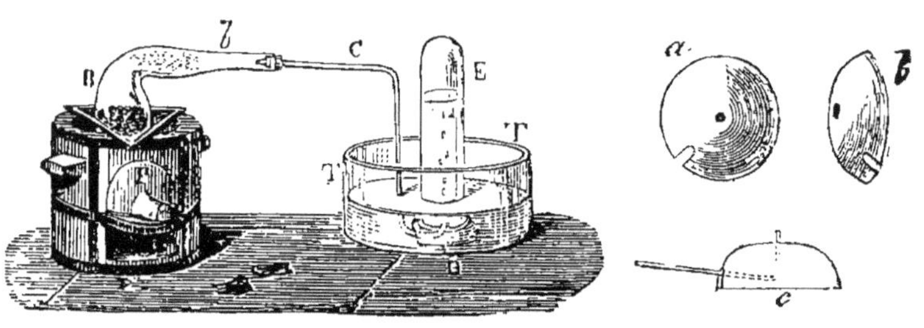

Fig. 3. — Décomposition du bioxyde de mercure, par la chaleur.

Fig. 4. — Têt à gaz.

l'autre circulaire par laquelle il pénètre dans l'éprouvette. A mesure que le gaz se dégage, il se rend dans l'éprouvette dont il chasse l'eau ; lorsqu'elle est remplie, soulevons-la et plongeons-y une allumette ne présentant plus que quelques points en ignition, nous la verrons se rallumer et brûler avec un vif éclat.

Cette expérience nous prouve bien l'existence de *corps composés* puisque nous avons retiré du bioxyde de mercure deux substances distinctes, le mercure et l'oxygène.

19. **Analyse. Synthèse.** — La chimie a, pour déterminer la constitution des corps composés, deux méthodes différentes, l'*analyse* et la *synthèse*.

Analyser un corps, c'est le décomposer en ses éléments ; en faire la *synthèse*, c'est prendre les éléments que l'on suppose entrer dans sa constitution et les combiner pour reconstituer le corps. Dans l'expérience précédente nous avons fait l'analyse du bioxyde de mercure, car nous l'avons décomposé en ses deux éléments, le mercure et l'oxygène. Si, au contraire, chauffant le mercure au contact de l'oxygène, nous combinons ces deux corps pour reconstituer le bioxyde de mercure, nous ferons la synthèse de celui-ci.

L'analyse est *qualitative* quand elle ne détermine que la nature des éléments ; elle est *quantitative*, quand elle détermine leurs proportions relatives.

DE L'AFFINITÉ.

20. Nous avons vu (4) que les différentes molécules d'un corps solide étaient unies ensemble par une force appelée cohésion ; il est évident, dans le cas d'un corps composé, que chaque molécule étant semblable au corps dont elle fait partie est composée et formée des mêmes éléments que lui. Pour expliquer l'union de corps simples différents dans une même molécule composée, il faut admettre l'existence d'une seconde force, qui les a d'abord portés l'un vers l'autre et qui a maintenu cette union lorsqu'elle a été effectuée. Cette force est appelée *affinité*. Nous allons examiner ses caractères et les principales causes qui la modifient.

1° *Pour que l'affinité puisse s'exercer entre deux corps, il faut qu'il y ait contact*. C'est là un caractère de cette force. Un exemple bien simple nous le fera comprendre. Approchons de la surface d'une dissolution aqueuse de baryte une baguette de verre dont l'extrémité aura été trempée dans l'acide sulfurique. L'acide sulfurique et la baryte ont une grande tendance à se combiner pour former un corps blanc, connu sous le nom de sulfate de baryte, et cependant on peut approcher la baguette aussi près que l'on veut de la surface du liquide, la combinaison ne s'effectue pas avant qu'elle ait touché la dissolution de baryte. Mais, dès qu'il y a contact, le sulfate de baryte se produit et apparaît dans le verre sous forme d'une poussière blanche insoluble.

2° *Les corps, en se combinant, donnent lieu, en général, à un dégagement de chaleur, de lumière et d'électricité*.

Qu'on verse de l'acide sulfurique dans une dissolution de soude, ces deux corps se combinent en vertu de leur affinité réciproque et forment par leur union un corps appelé sulfate de soude; la combinaison est accompagnée d'un dégagement de chaleur tel qu'on ne peut tenir à la main le verre dans lequel se fait l'expérience. Nous avons vu (3) la combinaison du soufre et du cuivre s'effectuer avec production de lumière. La combustion de l'huile, du gaz de l'éclairage, donne lieu aussi à un dégagement de lumière, et nous verrons plus tard que cette combustion est un phénomène de combinaison.

Quant au dégagement de l'électricité, il est mis en évidence par le jeu même des piles électriques qui ne doivent l'électricité qu'elles produisent qu'aux actions chimiques dont elles sont le siége.

Nous ajouterons que le dégagement de chaleur, de lumière ou d'électricité, est d'autant plus considérable que l'affinité des corps qui se combinent est plus énergique.

3° *L'affinité s'exerce surtout entre des corps doués de propriétés différentes.* Nous verrons plus tard qu'il existe deux classes de corps bien distinctes, l'une comprenant des corps doués comme le vinaigre d'une saveur acide et capable de rougir la teinture bleue de tournesol, ce sont les *acides;* l'autre renfermant des substances d'une saveur caustique et urineuse, susceptibles de ramener au bleu la teinture de tournesol rougie par un acide, ce sont les *bases*. Les corps d'une même classe ne se combineront pas facilement entre eux; une base ne se combinera pas avec une base, non plus qu'un acide avec un autre acide. Mais les bases et les acides se rechercheront mutuellement et contracteront des combinaisons dans lesquelles ils seront unis par des affinités très-énergiques; et, lorsque l'union de ces corps si dissemblables sera effectuée, le composé qui en résultera aura des propriétés toutes différentes de celles que possédaient les composants.

Mélangeons en proportions convenables l'acide sulfurique et la dissolution de soude dont nous parlions plus haut; la combinaison s'effectuera avec énergie; le corps qui en résultera et que l'on appelle sulfate de soude n'aura ni la saveur aigre de l'acide, ni la saveur caustique de la base; il n'agira ni sur la teinture bleue de tournesol, ni sur la teinture rougie, et n'aura pas sur l'économie animale les effets nuisibles qu'avait isolément chacun des deux corps dont il est composé.

21. **Distinction entre le mélange et la combinaison.** — Nous pouvons facilement établir, d'après ce qui précède, la différence qui existe entre un mélange et une combinaison. Dans un mélange, chacun des éléments conserve ses propriétés distinctives; dans une combinaison elles sont remplacées par des propriétés nouvelles, qui sont celles du corps composé. Un exemple suffira à établir cette distinction.

Quand nous mettons dans un ballon de la limaille de cuivre et du soufre en poudre fine, dit soufre en fleurs, nous pouvons, en les mélangeant intimement, obtenir une poudre de couleur en apparence homogène ; mais il nous sera toujours possible de distinguer les grains de soufre des grains de cuivre, sinon avec le seul secours de nos yeux, du moins avec celui d'une loupe, et nous pourrons opérer la séparation des deux éléments en jetant le mélange dans l'eau : le soufre restera en suspension, tandis que le cuivre se déposera au fond du vase. Nous avons là les caractères d'un *mélange*. Les deux éléments sont encore distincts et ont conservé leurs propriétés respectives.

Mais si nous venons à chauffer le vase, la *combinaison* s'effectue avec incandescence et nous obtenons un corps homogène de couleur noire, dans lequel les propriétés du cuivre et du soufre ont disparu ; l'union des deux corps est tellement intime qu'on ne peut plus les séparer par des moyens physiques et que le microscope le plus puissant ne pourrait les faire distinguer l'un de l'autre ; il n'y a plus en quelque sorte ni soufre, ni cuivre, il n'y a qu'un composé de ces deux corps, le sulfure de cuivre.

Nous ajouterons, pour compléter la distinction que nous voulons établir entre le mélange et la combinaison, que celle-ci ne s'effectue jamais qu'entre des quantités *déterminées* de matière, tandis que dans le mélange les proportions peuvent être quelconques.

Reprenons encore l'exemple de la combinaison du soufre et du cuivre : si nous introduisons dans le ballon 16 parties de soufre et 32 parties de cuivre, la combinaison s'effectuera dans toute la masse, et lorsqu'elle sera faite, il ne restera ni soufre, ni cuivre en liberté ; tout aura été transformé en sulfure de cuivre. Mais, si, la proportion de soufre restant la même, nous introduisons 40 parties de cuivre, 32 seulement se combineront aux 16 parties de soufre et 8 resteront libres.

22. **Causes qui modifient les effets de l'affinité.** — Un grand nombre de causes peuvent influer sur l'affinité.

1° *La cohésion*. Nous devons citer en première ligne la cohésion des corps qui sont en présence. Un morceau de soufre et un morceau de plomb, mis au contact l'un de l'autre à l'état solide, ne se combinent pas, tandis que si l'on vient à faire agir la chaleur sur eux, si on les fond, la combinaison s'effectue immédiatement. Avant la fusion, l'affinité qui tendait à réunir les molécules de soufre et de plomb étant moins forte que la cohésion qui maintenait réunies les molécules de chacun des corps solides, la combinaison n'a pas eu lieu; elle s'est produite au contraire dès que la cohésion des corps, diminuée par la fusion, est devenue plus faible que l'affinité.

On emploie souvent la force dissolvante pour diminuer la cohésion des corps et par suite pour faciliter les affinités. Nous pouvons mettre au contact, sans qu'ils réagissent l'un sur l'autre, un morceau de bichrômate de potasse, corps solide rouge, composé d'acide chrômique et de potasse, et un morceau d'azotate et d'oxyde de plomb, corps solide blanc, composé d'acide azotique et d'oxyde de plomb; mais, si nous diminuons la cohésion de ces deux corps, en dissolvant chacun dans l'eau, et que nous mélangions leurs dissolutions, ils réagiront l'un sur l'autre, et il se précipitera un corps solide jaune, qui sera du chrômate de plomb.

2° *Chaleur*. La chaleur n'agit pas seulement sur l'affinité par le changement qu'elle amène dans l'état du corps; elle a aussi sur elle une action directe, tantôt pour l'augmenter et favoriser les combinaisons chimiques, tantôt pour la diminuer et opérer la séparation des éléments combinés. Le mercure chauffé à 300° au contact de l'air, se combine avec l'oxygène que celui-ci renferme et se transforme en un composé rouge, appelé bioxyde de mercure. Cet oxyde porté à une température de 360° à 400° se détruit et, comme nous l'avons vu (18), la chaleur le décompose en ses éléments, mercure et oxygène.

3° *Électricité*. Comme la chaleur, l'électricité agit sur l'affinité dans les deux sens, tantôt pour l'augmenter, tantôt pour la diminuer. Nous verrons plus tard que lorsqu'on fait passer une étincelle électrique à travers un mélange de deux gaz appelés hydrogène et oxygène, les deux gaz se combinent et forment de l'eau, tandis qu'au contraire une série d'étincelles électriques passant à travers le gaz ammoniac, qui est un composé d'azote et d'hydrogène, opère la séparation des éléments.

Le courant électrique est un agent très-puissant de décomposition ; la galvanoplastie, la dorure et l'argenture sont des applications de ce principe.

4° *Lumière*. La lumière agit de la même façon. Le chlore et l'hydrogène mélangés à volumes égaux se combinent avec détonation lorsqu'on dirige les rayons solaires sur le vase qui les renferme. Certains sels d'argent se décomposent sous l'influence de la lumière, et la photographie, que nous étudierons plus loin, est une application de cette propriété.

5° *État naissant*. On a constaté que certains corps, qui mis en présence l'un de l'autre dans les circonstances ordinaires ne se combinent pas, sont susceptibles de le faire lorsqu'ils se rencontrent au moment où ils sortent chacun d'une combinaison où ils étaient engagés. On dit alors qu'ils sont à l'*état naissant*. Préparons séparément, par des moyens que nous apprendrons plus tard, les gaz azote et hydrogène, faisons-les rendre dans un vase où ils se mélangent, leur combinaison ne s'effectue pas. Mais si nous attaquons un morceau d'étain par l'acide azotique, la réaction donne lieu à de l'hydrogène venant de l'eau que renferme l'acide, à de l'azote venant de l'acide lui-même. Cet azote et cet hydrogène se rencontrant, au moment où chacun d'eux quitte la combinaison où il était engagé, se combinent et produisent du gaz ammoniac.

6° *Influence de la pression*. Lorsqu'on chauffe de la craie ou carbonate de chaux (combinaison d'acide carbonique et de chaux) à l'air libre, elle se décompose en acide carbonique et en chaux. Mais si l'on chauffe dans un espace vide à une température constante (860° par exemple), il y a décomposition partielle de la matière en chaux et en acide carbonique, et la décomposition s'arrête lorsque l'acide carbonique a atteint dans l'appareil une pression de 85mm environ : c'est la pression de l'acide carbonique qui empêche la décomposition d'aller plus loin ; dans l'air libre, au contraire, l'acide carbonique se dispersant à mesure qu'il se dégage n'atteint pas cette pression de 85mm, et la décomposition continue. Cela explique une expérience célèbre due à Halls (1). Il avait empli de craie un canon de fusil, qu'il avait ensuite fermé avec des bouchons à vis : il le porta à une température élevée et retrouva la craie transformée en marbre, c'est-à-dire en carbonate de chaux qui avait subi la fusion. Voici ce qui s'était passé. Le carbonate de chaux avait commencé à se décomposer, et, au bout d'un certain temps, l'acide carbonique, produit par cette décomposition,

[1] Halls, né en 1667 dans le comté de Kent, mort en 1761.

s'accumulant dans un espace clos, empêcha le reste de la matière de se décomposer : celle-ci, toujours chauffée, se fondit et se transforma en marbre.

7° *Action de masse.* Faisons bouillir de l'eau dans une cornue

Fig. 5. — Décomposition de la vapeur d'eau par le fer.

C (fig. 5) communiquant avec un tube OO contenant des fils de fer chauffés au rouge dans le fourneau F; la vapeur d'eau qui

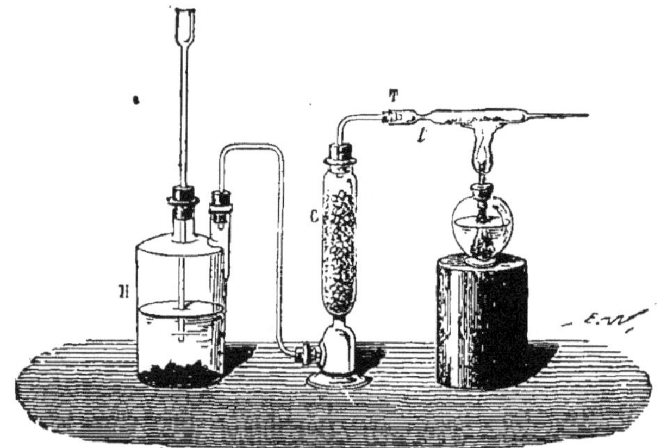

Fig. 6. — Décomposition de l'oxyde de fer par l'hydrogène.

est formée d'hydrogène et d'oxygène se décomposera en passant sur le fer, son oxygène formera avec lui de l'oxyde de fer, et son hydrogène, se dégageant par le tube T, pourra être recueilli dans l'éprouvette.

Faisons au contraire passer de l'hydrogène préparé dans le vase H (fig. 6) et desséché dans l'éprouvette à pied C, sur de l'oxyde de fer contenu dans le tube T et chauffé à l'aide d'une lampe à esprit-de-vin; l'hydrogène décomposera l'oxyde de fer, s'emparera de l'oxygène et formera avec lui de la vapeur d'eau que l'on verra se dégager à l'extrémité de l'appareil.

Ces deux expériences peuvent, au premier abord, paraître contradictoires. Dans la première l'oxygène, quittant l'hydrogène auquel il est combiné pour s'unir au fer, semble avoir pour ce dernier une plus grande affinité ; dans la seconde, l'oxygène de l'oxyde de fer quittant le fer pour se combiner avec l'hydrogène, semble avoir pour celui-ci une affinité plus grande que pour le fer.

Berthollet[1] explique ces deux expériences opposées en admettant, que dans la première la masse de la vapeur d'eau, étant plus considérable que la petite quantité d'hydrogène mise en liberté, a empêché l'action de ce gaz sur l'oxyde de fer formé, et que dans la seconde l'hydrogène, étant en majorité par rapport à la vapeur d'eau produite, a annulé l'action de celle-ci sur le fer mis en liberté.

M. Debray a fait sur ce sujet, il y a quelques années, des expériences pleines d'intérêt.

Plus récemment M. Sainte-Claire Deville a fait voir qu'il n'était pas besoin pour l'explication des phénomènes de ce genre de recourir à la conception vague des masses, qu'ils s'expliquaient par des considérations de tension semblables à celles que nous avons exposées (page 19) : nous n'insisterons pas sur cette explication.

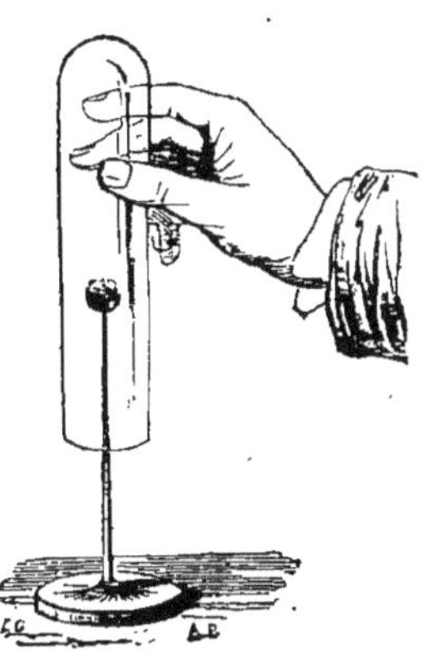

Fig. 7. — Action de l'éponge de platine sur un mélange d'hydrogène et d'oxygène.

8° *Action de présence. Force catalytique.* Certains corps peuvent,

[1] Berthollet (Claude Louis), célèbre chimiste, né en 1748 à Talloires en Savoie, d'une famille française, mourut à Arcueil en 1822.

par leur seule présence, produire des phénomènes chimiques qui sans eux n'auraient pas lieu. Telle est l'éponge ou mousse de platine. Fixons à l'extrémité d'un fil métallique un morceau de mousse de platine (fig. 7), puis faisons descendre sur elle une éprouvette renfermant un mélange de deux volumes d'hydrogène et d'un volume d'oxygène ; la mousse de platine deviendra incandescente et la combinaison des deux gaz s'effectuera avec une vive détonation. Si l'éprouvette choisie est large et épaisse, on peut sans danger la tenir par la partie supérieure.

Voici ce qui s'est passé : les deux gaz se sont condensés dans la mousse de platine, leur combinaison s'y est d'abord effectuée, a élevé la température de la mousse au point de la rendre incandescente et s'est ensuite propagée au dehors.

Berzelius [1] a désigné cette action sous le nom d'*action de présence*, de *force catalytique*.

CHAPITRE II

LOIS DES COMBINAISONS CHIMIQUES. NOMENCLATURE CHIMIQUE. — SYMBOLES ET ÉGALITÉS CHIMIQUES.

LOIS DES COMBINAISONS CHIMIQUES.

23. **Loi des poids.** — *Le poids d'un corps composé est égal à la somme des poids des composants.* C'est Lavoisier [2] qui le premier a bien établi cette loi en introduisant l'usage de la balance dans les opérations de la chimie. Lorsque le fer se rouille à l'air humide son poids augmente, et le poids de la rouille qui est formée est égal au poids du fer qu'elle contient augmenté du poids de l'oxygène dont elle s'est emparée.

[1] Berzelius, chimiste allemand, né à Neurède en 1799, mort à Berlin en 1865.

[2] Lavoisier (Antoine-Laurent), célèbre chimiste, né à Paris en 1743, entra à l'Académie des sciences en 1768, fut traduit comme fermier général en 1793 devant le tribunal révolutionnaire ; condamné par lui, il mourut sur l'échafaud le 8 mai 1793.

24. **Loi des proportions définies ou loi de Proust**[1]. — *Deux corps, pour former un même composé, se combinent toujours dans des proportions invariables.* Ainsi, l'eau étant composée de huit parties en poids d'oxygène pour une partie d'hydrogène, toutes les fois que l'hydrogène et l'oxygène se combineront pour former de l'eau, ce sera toujours dans les proportions précédentes. Si l'on introduit dans un vase un mélange de 1 partie d'hydrogène et de 10 parties d'oxygène et qu'on y fasse passer une étincelle électrique, la combinaison s'effectuera entre 1 partie d'hydrogène et 8 parties d'oxygène ; il se formera 9 parties d'eau, et 2 parties d'oxygène resteront libres.

25. **Loi des proportions multiples ou loi de Dalton.** — Il arrive souvent que deux corps en se combinant peuvent donner lieu à plusieurs composés qui diffèrent entre eux par les proportions relatives de leurs éléments.

En pareil cas, ces proportions obéissent à la loi suivante due à Dalton[2] qui l'a établie au commencement de ce siècle.

Lorsque deux corps se combinent en plusieurs proportions, les poids de l'un de ces corps qui s'unissent à un même poids de l'autre sont entre eux comme des nombres simples.

L'eau est formée de 1 partie d'hydrogène et de 8 parties d'oxygène ; mais il est un autre composé d'hydrogène et d'oxygène, appelé *eau oxygénée* et dans lequel 1 partie d'hydrogène se trouve combinée avec 16 parties ou deux fois 8 parties d'oxygène. Le rapport des quantités d'oxygène combinées avec une même quantité 1 d'hydrogène est donc celui des nombres simples 1 et 2.

L'azote et l'oxygène se combinent en 5 proportions différentes. Prenons des quantités de ces composés telles qu'elles renferment toutes 14 parties d'azote, et nous trouverons que

14	parties d'azote	sont	combinées à	8 parties d'oxygène	dans	le protoxyde d'azote.
14	—	—	—	16 p. ou 2 fois 8,	—	le bioxyde d'azote.
14	—	—	—	24 p. ou 3 fois 8,	—	l'acide azoteux.
14	—	—	—	32 p. ou 4 fois 8,	—	l'acide hypoazotique.
14	—	—	—	40 p. ou 5 fois 8,	—	l'acide azoteux.

[1] Proust, chimiste français, né en 1755 à Angers, mort à Paris en 1826. Il était membre de l'Académie des sciences.

[2] Dalton, physicien anglais, né à Ingleshand, en 1766, mort à Manchester en 1844.

Donc les poids d'oxygène qui s'unissent à un même poids d'azote sont entre eux comme les nombres 1, 2, 3, 4, 5.

La loi des proportions multiples ne s'applique pas seulement aux composés de deux éléments : elle a été étendue par Wollaston[1] aux composés de trois éléments.

*26. **Loi de Gay-Lussac[2] ou loi des volumes.** — *Quand deux gaz se combinent, les volumes des gaz qui entrent en combinaison sont toujours en rapport simple.*

Ainsi 2 volumes d'hydrogène se combinent avec 1 volume d'oxygène pour former 2 volumes de vapeur d'eau ; 2 volumes d'hydrogène se combinent à 2 volumes de chlore pour former 4 volumes d'acide chlorhydrique.

2 volumes d'azote se combinent avec 1 volume d'oxygène pour former 2 volumes de protoxyde d'azote.

2 volumes d'azote se combinent avec 6 volumes d'hydrogène pour former 4 volumes d'ammoniaque.

Les exemples qui précèdent nous montrent aussi qu'*il y a un rapport simple entre les nombres représentant les volumes des gaz qui se combinent et celui qui représente le volume de la combinaison.*

Nous remarquerons encore que :

Quand les gaz se combinent à volumes égaux, le volume du composé est égal à la somme des volumes des composants : il n'y a pas contraction. Exemple : 2 volumes d'hydrogène se combinent avec 2 volumes de chlore pour donner 4 volumes d'acide chlorhydrique.

Il y a toujours contraction quand ces volumes sont inégaux. La contraction est égale à un tiers de la somme des volumes quand les deux gaz se combinent dans le rapport de 2 volumes à 1 volume. Exemple : 2 volumes d'hydrogène et 1 volume d'oxygène donnent 2 volumes de vapeur d'eau.

La contraction est la moitié de la somme des volumes quand les deux gaz se combinent dans le rapport de 3 à 1. Exemple : 2 volumes d'azote et 6 volumes d'hydrogène donnent 4 volumes de gaz ammoniac.

[1] Wollaston, physicien anglais, né en 1766, mort en 1828.

[2] Gay-Lussac, physicien et chimiste, né en 1778 à Saint-Léonard (Haute-Vienne), mort en 1850, professeur de physique à la Faculté des sciences de Paris et membre de l'Académie des sciences.

NOMENCLATURE CHIMIQUE.

27. On désigne sous le nom de nomenclature chimique un ensemble de règles adoptées pour désigner les corps.

Dès l'origine de la science, les chimistes, rencontrant des corps différents par leurs propriétés, comprirent la nécessité de les désigner par des noms capables de rappeler leur nature. Mais chaque nom se rapportait à des circonstances tirées de l'histoire du corps auquel il était donné et le choix de la propriété particulière, d'où le nom devait être tiré, était toujours très-arbitraire. Il devait en résulter une confusion regrettable, et on en était arrivé à désigner le même corps par plusieurs noms différents : pour ne citer qu'un exemple, la substance que nous appelons aujourd'hui sulfate de potasse était indifféremment appelée *sel polychreste de Glazer*, *sel de duobus*, *arcanum duplicatum*, *tartre vitriolé*, *vitriol de potasse*.

Guyton de Morveau [1], dès 1782, signala le premier les inconvénients d'une pareille confusion, et en 1787 l'Académie des sciences nommait une commission composée de Lavoisier, Berthollet et Fourcroy [2], qui de concert avec Guyton de Morveau, alors à Paris, arrêta les règles de la nomenclature chimique.

Cette nomenclature n'a pas seulement l'avantage de désigner par des noms analogues les corps qui jouissent de propriétés semblables; elle a aussi celui d'indiquer, par le nom du composé, la nature des éléments qui y entrent. Avant d'en exposer les principes nous devons définir quelques termes généraux.

28. **Acides. Bases. Corps neutres. Sels.** — On appelle *acides* des corps tels que l'acide sulfurique, le vinaigre, qui ont la propriété de rougir la teinture bleue de tournesol.

Il est des corps dont les propriétés sont analogues à celles de la potasse et de la soude, et qui, lorsqu'ils sont solubles, ramènent au bleu la teinture de tournesol rougie par un acide : on les désigne en chimie sous le nom de *bases*.

On désigne sous le nom de corps *neutres* ceux qui n'ont aucune action sur la teinture de tournesol bleue ou rouge.

[1] Guyton de Morveau, célèbre chimiste, membre de l'Académie des sciences; né à Dijon en 1737, mort en 1816.

[2] De Fourcroy (Antoine-François), chimiste, né à Paris en 1756, mort en 1809.

Le produit résultant de la combinaison d'un acide et d'une base est appelé *sel*. Ce sel est dit neutre lorsque sa dissolution n'a pas d'action sur la teinture de tournesol bleue ou rouge, c'est-à-dire lorsque les propriétés de l'acide et de la base s'y sont mutuellement neutralisées [1]. Le sel est dit acide quand il contient plus d'acide que le sel neutre, basique quand il renferme plus de base que le sel neutre.

NOMENCLATURE DES CORPS SIMPLES.

29. Les corps simples ont en général conservé les noms par lesquels ils étaient primitivement désignés; d'autres, au moment de leur découverte, ont tiré leur nom de celui que portait déjà leur composé le plus important. Tels sont le potassium et le sodium extraits de la potasse et de la soude.

30. **Métalloïdes. Métaux.** — Les corps simples sont au nombre de 64 et se divisent en *métalloïdes* et en *metaux*. Les métalloïdes, sont au nombre de 15 et les métaux au nombre de 49.

Les métaux possèdent, quand ils sont en masse suffisante, un éclat particulier appelé *éclat métallique;* ils conduisent bien la chaleur et l'électricité; ils ont pour caractère essentiel de former avec l'oxygène au moins une base.

Les métalloïdes n'ont pas l'éclat des métaux, sont mauvais conducteurs de la chaleur et de l'électricité, et ne forment jamais de base en se combinant avec l'oxygène; leurs composés oxygénés sont des acides ou des corps neutres.

Les deux tableaux de la page 33 offrent la liste des métalloïdes et des métaux groupés par familles, dans lesquelles on a réuni ceux de ces corps qui présentaient des propriétés chimiques analogues.

31. **Composés binaires [2] non oxygénés.** — Un composé binaire se désigne par le nom de l'un des éléments que l'on fait suivre de la terminaison *ure* et que l'on unit au nom du second élément par la préposition *de*. C'est ainsi que l'on dira: chlorure de plomb, brômure de fer, iodure d'argent, pour désigner les

[1] Nous admettrons provisoirement cette définition du sel neutre, sauf à revenir plus tard sur ce sujet, et à faire voir qu'elle doit être modifiée dans certains cas.

[2] On désigne sous le nom de composé binaire un corps formé par la combinaison de deux corps simples.

combinaisons du chlore et du plomb, du brôme et du fer, de l'iode et de l'argent.

La règle que nous venons d'énoncer semble permettre de dire plombure de chlore, ferrure de brôme, argenture d'iode ; mais pour fixer l'incertitude qu'elle pourrait laisser, on est convenu d'énoncer d'abord le corps qui, dans la décomposition du composé par le courant électrique, se rendrait au pôle positif de la pile. Ce corps est appelé ordinairement l'élément *électro-négatif*, parce qu'on supposait autrefois que, puisqu'il se rendait au pôle positif, il devait être chargé d'électricité négative.

Dans un composé formé par l'union d'un métalloïde et d'un métal, c'est toujours le métalloïde qui est électro-négatif ; ce sera donc toujours le nom du métalloïde que l'on devra énoncer le premier.

Il arrive souvent qu'un élément électro-négatif forme avec un même corps électro-positif plusieurs composés qui diffèrent entre eux par la quantité de l'élément électro-négatif entrant dans la composition de chacun d'eux. C'est ainsi que le soufre et le potassium forment ensemble cinq composés, dans lesquels il entre pour une même quantité 39 de potassium :

16 parties de soufre dans le premier,
2 fois 16 ou 32 de soufre dans le second,
3 fois 16 ou 48 — dans le troisième,
4 fois 16 ou 64 — dans le quatrième,
5 fois 16 ou 80 — dans le cinquième.

On exprime ces différences en faisant précéder les mots *sulfure de potassium* des préfixes, *proto* pour le premier, *bi* pour le second, *tri* pour le troisième, *quadri* ou *tétra* pour le quatrième, *quinti* ou *penta* pour le cinquième. C'est ainsi que l'on dira :

protosulfure de potassium,
bisulfure de potassium,
trisulfure de potassium,
quadrisulfure ou tétrasulfure de potassium,
quintisulfure ou pentasulfure de potassium.

Le chlore et le fer forment deux composés, et le composé le plus chloruré contient 1 fois et 1/2 autant de chlore que l'autre ;

le plus chloruré s'appelle sesquichlorure de fer, et l'autre protochlorure de fer.

On appliquera ces règles dans tous les cas analogues.

Il arrive assez souvent que, par des considérations d'euphonie ou autres, on déroge un peu aux règles précédentes. Ainsi, on ne dit pas du *phosphorure* d'hydrogène pour désigner la combinaison du phosphore et de l'hydrogène, mais du *phosphure* d'hydrogène; on ne dit pas du *soufrure* de fer, mais du *sulfure* de fer. L'usage apprendra ces dérogations à la règle générale.

32. **Hydracides.** — Parmi les exceptions au principe de la nomenclature des composés binaires non oxygénés, nous citerons spécialement celle qui est relative aux composés acides que certains métalloïdes, comme le chlore, le brôme, l'iode, le soufre, le sélénium et le tellure, forment avec l'hydrogène. Ces composés, que l'on appelle hydracides d'une manière générale, se désignent par le mot *acide* suivi d'un mot formé par le nom du corps électro-négatif et la terminaison hydrique (la particule *hydr* indiquant que l'hydrogène entre dans la composition du corps). Ainsi l'on dira :

Acide chlorhydrique (chlore et hydrogène),
— bromhydrique (brome et hydrogène),
— sulfhydrique (soufre et hydrogène).

33. **Alliages.** — Les combinaisons des métaux entre eux ont reçu le nom d'*alliages*. On les désigne en mettant à la suite du mot *alliage* les noms des métaux qui y entrent :

Alliage d'or et de cuivre,
— d'or et d'argent.

Lorsque le mercure est l'un des métaux, l'alliage prend le nom d'*amalgame*.

Amalgame d'or (alliage de mercure et d'or),
— de cuivre (alliage de mercure et de cuivre).

NOMENCLATURE DES COMPOSÉS BINAIRES OXYGÉNÉS.

34. **Composés oxygénés basiques ou neutres.** — Les com-

posés binaires oxygénés, basiques ou neutres, sont désignés par le mot *oxyde* uni par la préposition *de* au nom du corps combiné à l'oxygène :

Oxyde de zinc, oxyde d'azote.

Si l'oxygène forme, avec un même corps, plusieurs composés neutres ou basiques, on se sert pour les distinguer des préfixes *proto, bi, sesqui*, etc., comme on l'a fait pour les composés binaires non oxygénés :

Protoxyde de manganèse,
Sesquioxyde de manganèse,
Bioxyde de manganèse.

Certains oxydes ont conservé des noms qui ne sont pas conformes aux règles de la nomenclature. Ainsi les mots potasse, soude, chaux, baryte, magnésie, alumine..., désignent des oxydes de potassium. sodium, calcium, baryum, magnésium, aluminium.

35. **Composés oxygénés acides.** — Lorsqu'un corps simple ne forme avec l'oxygène qu'un seul acide, le composé se désigne par le mot *acide*, suivi d'un mot formé par le nom du corps simple auquel on ajoute la terminaison *ique. Acide carbonique* désigne un acide formé de carbone et d'oxygène.

Lorsque le corps simple forme avec l'oxygène deux acides, le moins oxygéné prend la terminaison *eux*, l'autre gardant la terminaison *ique :*

Acide sulfureux (acide composé de 16 parties de soufre et de 16 parties d'oxygène);

Acide sulfurique (acide composé de 16 parties de soufre et de 24 parties d'oxygène).

Lorsque le corps simple forme plus de deux acides, on se sert des préfixes *hypo* pour désigner un degré inférieur d'oxygénation ; *hyper* ou *per* pour désigner un degré supérieur. Le chlore forme avec l'oxygène cinq acides que l'on désigne de la manière suivante, en les rangeant par ordre décroissant d'oxygénation :

Acide hyperchlorique ou perchlorique	(35,5 parties	de chlore unies à	56	d'oxygène).
— chlorique..................	—	—	40	—
— hypochlorique..............	—	—	32	—
— chloreux...................	—	—	24	—
— hypochloreux...............	—	—	8	—

36. **Nomenclature des sels.** — Les sels se désignent en prenant le nom de l'acide qu'ils renferment, en y remplaçant la terminaison *ique* par *ate*, la terminaison *eux* par *ite*, et unissant par la préposition *de* le mot ainsi formé au nom de la base combinée avec l'acide.

Azotate de protoxyde de plomb désigne un sel formé d'acide azotique et de protoxyde de plomb.

Hypochlorite de soude désigne un sel formé d'acide hypochloreux et de soude.

Il arrive quelquefois qu'un acide peut se combiner en proportions différentes avec une même quantité de base ; dans ce cas, on se sert des préfixes *proto, sesqui, bi*, ajoutés au nom de l'acide pour distinguer ces sels.

Ainsi on dira :

Carbonate neutre de soude	(22 d'acide carbonique	et	31 de soude) ;
Sesquicarbonate de soude	(33 —	—	31 de soude) ;
Bicarbonate de soude	(44 —	—	31 de soude).

Dans d'autres cas, c'est la base qui, en se combinant en proportions différentes avec une même quantité d'acide, donne lieu à plusieurs sels. On se sert encore des mêmes préfixes.

Ainsi on dira :

Azotate neutre d'oxyde de mercure	(54 d'acide azotique	et 108	d'oxyde de mercure).
— bibasique	(54 —	2 fois 108, ou 216	—
— tribasique	(54 —	3 fois 108, ou 324	—

37. **Sels doubles.** — Deux sels qui contiennent le même acide, mais des bases différentes, peuvent quelquefois se combiner. Le résultat de cette combinaison est appelé *sel double*. On le désigne en prenant le nom générique du sel que l'on fait suivre du nom des deux bases :

Sulfate double d'alumine et de potasse.

NOTIONS SUR LES ÉQUIVALENTS.

38. Lorsqu'on prend une dissolution d'un sel appelé azotate d'oxyde d'argent (composé d'acide azotique et d'oxyde d'argent), et qu'on y plonge une lame de cuivre rouge, on voit bientôt la

liqueur, qui était incolore, devenir bleue, une poudre grisâtre se former au contact de la lame de cuivre, et se déposer au fond du vase. Voici ce qui s'est produit : le cuivre a décomposé l'azotate d'oxyde d'argent, a chassé l'argent de la combinaison et a pris sa place. Il s'est donc formé de l'azotate d'oxyde de cuivre, et, comme ce sel est bleu, il communique sa couleur à la liqueur ; quant à l'argent chassé par le cuivre, il s'est déposé sous forme de poudre grisâtre.

Nous avons là l'exemple d'un corps, le cuivre, qui se substitue à un autre pour donner lieu à un composé analogue à celui que formait le corps éliminé, l'argent. Il y a plus ; cette substitution ne se fait pas en proportions quelconques, et si l'on pèse la lame de cuivre à différents moments de l'expérience, pour savoir ce qu'elle a perdu, si l'on pèse la quantité d'argent qui s'est déposée pendant le même temps, on trouvera que, pendant que 31 parties de cuivre se dissolvent, 108 parties d'argent se déposent, et cela à tous les instants de l'expérience, c'est-à-dire, par exemple, que :

31 milligr.	de cuivre	auront remplacé	108 milligr.	d'argent.
31 centigr.	—	—	108 centigr.	—
31 décigr.	—	—	108 décigr.	—
31 grammes	—	—	108 gramm.	—
etc.			etc.	

On pourrait maintenant reprendre la dissolution d'azotate d'oxyde de cuivre et y plonger une lame de fer. Le fer décomposant le sel se substituerait au cuivre qui se déposerait sous forme de poudre rouge, et l'on constaterait que, pour 31 parties de cuivre déposées, il se dissout 28 parties de fer. Ces 28 parties de fer sont donc capables de former avec l'oxygène et l'acide sulfurique un composé, le sulfate de fer, tout à fait analogue par l'ensemble de ses propriétés à celui que le cuivre formait avec les mêmes poids de ces corps. La chimie nous offre des exemples nombreux de ces substitutions.

On appelle *équivalents* les nombres qui représentent les poids des corps pouvant se substituer les uns aux autres dans les réactions chimiques et y jouer le même rôle chimique.

Ce sont les recherches de Wenzel[1] et de Richter[2] qui ont introduit dans la science cette notion des équivalents. Nous allons les exposer rapidement.

39. **Équivalents des acides et des bases.** — Lorsqu'on combine une base avec un acide, on peut, en choisissant convenablement les quantités relatives de l'un et de l'autre, produire un sel neutre, dans lequel les propriétés caractéristiques de l'acide et de la base se neutralisent mutuellement, le sel n'ayant d'action sur la teinture de tournesol, ni pour la rougir lorsqu'elle est bleue, ni pour la bleuir lorsqu'elle est rouge.

C'est ainsi que :

47 p. de potasse,	comb. à 40 d'acide sulfurique,	donnent	un sulfate neutre	de potasse ;
31 p. de soude,	—	—	—	de soude ;
28 p. de chaux,	—	—	—	de chaux ;
76,5 de baryte	—	—	—	de baryte ;
20 p. de magnésie,	—	—	—	de magnésie

Le tableau précédent montre que : 47 parties de potasse, 31 de soude, 28 de chaux, 76,5 de baryte, 20 de magnésie, s'*équivalent* devant 40 parties d'acide sulfurique, puisqu'elles les neutralisent et sont neutralisées par elles.

On arrive arrive ainsi à l'idée d'équivalence des bases, et les nombres précédents sont dits les équivalents des bases auxquelles ils se rapportent.

On arrive d'une manière analogue à l'équivalence des acides.

40 p.	d'acide sulfurique,	comb. à 47 de potasse,	donnent	un sulfate neutre	de potasse.
54	— azotique,	—	—	azotate	—
75,6	— chlorique,	—	—	chlorate	—
91,5	— perchlorique,	—	—	perchlorate	—

Donc 40 d'acide sulfurique, 54 d'acide azotique, 75,5 d'acide chlorique, 91,5 d'acide perchlorique s'équivalent devant 47 parties de potasse, puisqu'elles les neutralisent et sont neutralisées par elles. Ces nombres sont dits les *équivalents* de ces acides.

40. **Équivalents des métaux.** — En analysant les quantités équivalentes de bases indiquées plus haut, on a trouvé que :

[1] Wenzel, chimiste allemand, de la fin du siècle dernier.

[2] Richter, chimiste, qui vivait à Berlin à la fin du siècle dernier.

47 p. de potasse	renfermaient	39 de potassium	et 8 d'oxygène.
31 p. de soude	—	23 de sodium	—
28 p. de chaux	—	20 de calcium	—
76,5 p. de baryte	—	68,5 de baryum	—
20 p. de magnésie	—	12 de magnésium	—

On voit que des quantités équivalentes de base renferment la même quantité d'oxygène; on peut donc, par conséquent, dire que les quantités 39 de potassium, 23 de sodium, 20 de calcium, 68,5 de baryum, 12 de magnésium sont *équivalentes*, puisque, combinées avec le même poids 8 d'oxygène, elles donnent des quantités équivalentes de bases.

L'équivalent d'un métal est la quantité de ce métal, qui est combinée avec 8 d'oxygène dans l'oxyde basique de ce métal.

41. **Équivalents des métalloïdes.** — L'équivalent d'un métalloïde est la quantité de ce métalloïde qui entre dans un équivalent d'acide formé avec l'oxygène.

16 est l'équivalent du soufre; c'est la quantité de soufre qui entre dans un équivalent d'acide sulfurique ou dans un équivalent d'acide sulfureux.

42. **Unité d'équivalent.** — Les chimistes admettent actuellement l'équivalent de l'hydrogène pour unité.

43. **Notations et formules chimiques.** — Pour éviter des longueurs dans le langage, pour simplifier l'expression des nombreuses réactions que la chimie étudie et explique, Lavoisier a proposé de représenter les corps par des symboles. Cette idée ne fut pas acceptée par tous les chimistes et, plus tard, Berzelius, fécondant l'inspiration de Lavoisier, inventa l'écriture chimique, qui est aujourd'hui généralement en usage et dont nous allons sommairement exposer les principales règles.

Chaque corps est représenté par un symbole qui est ordinairement une ou deux lettres de son nom. L'oxygène a pour symbole O, le chlore Cl, le fer Fe, le zinc Zn, le cuivre Cu, l'argent Ag, etc. Ces symboles ne sont pas seulement une manière abrégée d'écrire les noms des corps, mais ils représentent de plus les équivalents de ces corps. O représente 8 d'oxygène, Cl 35,5 de chlore, Zn 32 de zinc, Cu 31 de cuivre, Fe 28 de fer, Ag 108 d'argent, etc.

Les composés binaires se représentent en réunissant l'un à

côté de l'autre les symboles de leurs éléments. On est convenu d'écrire le premier le symbole du corps *électro-positif*; dans la nomenclature parlée, c'est le contraire.

L'eau se compose d'un équivalent d'hydrogène et d'un équivalent d'oxygène ; son symbole est HO.

L'acide sulfurique se compose de 1 équivalent de soufre et de 3 équivalents d'oxygène; son symbole est SO^3. Le chiffre 3 mis en exposant, à côté et au-dessus de O, indique qu'il y a trois équivalents d'oxygène.

La potasse, qui se compose de 1 équivalent de potassium et de 1 équivalent d'oxygène, a pour symbole KO.

Le sesquioxyde de fer, qui se compose de 2 équivalents de fer unis à 3 équivalents d'oxygène, a pour symbole Fe^2O^3.

Pour représenter un sel, on écrit, à la suite l'un de l'autre, le symbole de la base et celui de l'acide, en les séparant par une virgule. Le sulfate de potasse a pour symbole KO,SO^3.

Lorsqu'il entre dans un sel plusieurs équivalents de base ou plusieurs équivalents d'acide, on met, en avant du symbole de la base ou en avant du symbole de l'acide, un chiffre qui représente le nombre d'équivalents employés.

Ainsi le bisulfate de potasse, qui se compose de 1 équivalent de potasse uni à 2 équivalents d'acide, a pour formule $KO,2SO^3$.

Le sesquicarbonate de soude, qui contient 2 équivalents de soude unis à 3 équivalents d'acide carbonique, a pour symbole $2NaO,3CO^2$.

44. Égalités chimiques. — A l'aide de ces symboles, on parvient à représenter d'une manière très-simple des réactions très-compliquées, et bien plus facilement qu'on ne pourrait le faire en se servant du langage ordinaire.

Quand plusieurs corps mis en présence réagissent l'un sur l'autre et donnent lieu à de nouveaux corps, on représente la réaction de la manière suivante : on écrit d'abord les symboles des corps mis en présence en les séparant par le signe $+$; on fait suivre cette énumération du signe $=$ et on écrit à la suite les symboles des corps nouveaux produits dans la réaction en séparant ces symboles par le signe $+$.

Veut-on exprimer la décomposition expliquée plus haut (38) de l'azotate d'argent par le cuivre, dans laquelle les corps mis en présence sont l'azotate d'argent et le cuivre, les corps produits de la réaction, l'azotate de cuivre et l'argent ? Le symbole de l'azotate d'argent étant AgO,AzO^5, celui du cuivre Cu, de l'azotate de cuivre CuO,AzO^5, celui de l'argent Ag, on écrira :

$$AgO,AzO^5 + Cu = CuO,AzO^5 + Ag$$

Veut-on exprimer une décomposition, par exemple, la décomposition de l'oxyde de mercure, dont le symbole est HgO, en mercure et en oxygène, on écrira :

$$HgO = Hg + O$$

Il est évident que l'on doit retrouver dans la seconde partie de l'égalité tout ce qui entre dans la première ; c'est là une manière de vérifier si l'on ne s'est pas trompé en écrivant l'expression de la réaction.

44 bis. **Équivalents en volume.** — On appelle *équivalent en volume* d'un corps le volume de son équivalent en poids. Ainsi, si l'on admet que l'eau se compose de 1 équivalent en poids d'hydrogène et de 1 équivalent d'oxygène, comme ce corps se compose de 2 volumes d'hydrogène et de 1 volume d'oxygène, il en résulte que l'équivalent en poids d'hydrogène occupe 2 volumes et celui de l'oxygène 1 volume. C'est ce que l'on exprime en disant que l'équivalent de l'hydrogène en volume est 2 et celui de l'oxygène 1. L'équivalent en volume de l'azote, du chlore, du brôme et de l'iode est 2 : l'oxygène, le soufre, le sélénium, le tellure, le phosphore, l'arsenic et le charbon ont 1 pour équivalent en volume.

Les deux tableaux suivants offrent la liste des métalloïdes et des métaux, groupés par familles, dans lesquelles on a réuni ceux de ces corps qui présentent des propriétés chimiques analogues. En regard du nom de chaque corps on a inscrit son symbole et son équivalent.

MÉTALLOIDES.

HYDROGÈNE, H = 1.

Chlore.......	Cl	35,5	Oxygène.....	O	8,00	Azote..........	Az	14	Carbone......	C	6
Brome.......	Br	80,0	Soufre......	S	16,00	Phosphore......	Ph	31	Bore..........	Bo	11
Iode...	Io	127,0	Sélénium....	Se	39,75	Arsenic.........	As	75	Silicium.......	Si	21
Fluor.......	Fl	19,0	Tellure......	Te	64,50						

MÉTAUX.

Potassium..	K	39,00	Magnésium.	Mg	12,00	Fer.........	Fe	28,00	Étain......	Sn	50,00	Cuivre.....	Cu	31,75	Mercure...	Hg	100,00
Sodium....	Na	23,00	Manganèse.	Mn	27,50	Zinc........	Zn	33,00	Antimoine.	Sb	120,00	Plomb.....	Pb	103,50	Palladium.	Pd	53,00
Lithium....	Li	7,00	Aluminium.	Al	13,75	Chrome.....	Cr	26,28	Tungstène.	W	92,00	Bismuth...	Bi	106,43	Rhodium..	Rh	52,16
Thallium...	Tl	»	Glucinum..	Gl	6,95	Nickel......	Ni	29,50	Molybdene.	Mo	48,00				Ruthénium	Rn	52,16
Cæsium....	Cs	»	Cerium....	Ce	46,00	Cobalt......	Co	29,50	Osmium...	Os	100,00				Argent. ..	Ag	108,00
Rubidium..	Rb	»	Lanthane..	La	46,00	Cadmium...	Cd	57,00	Tantale....	Ta	37,69				Or.......	Au	98,50
Baryum....	Ba	68,50	Didyme....	Di	»	Uranium....	U	60,00	Titane. ...	Ti	25,10				Platine ...	Pt	99,50
Strontium..	Sr	43,75	Yttrium....	Y	32,00	Vanadium..	Vn	68,46	Niobium...	»	»						
Calcium ...	Ca	28,00	Erbium....	Er	»				Pelopium..	»	»						
			Terbium...	Te	»												
			Thorium...	Th	59,50												
			Zirconium .	Zr	48,75												

CHAPITRE III

OXYGÈNE. — HYDROGÈNE. — EAU.

OXYGÈNE.

Symbole = O. — Equivalent = 8.

45. **Historique.** — Le 1er août 1774, Priestley[1], en concentrant, à l'aide d'une forte lentille, la chaleur du soleil sur substance connue à cette époque sous le nom de *mercure précipité per se* et appelée maintenant *bioxyde de mercure*, y découvrit la présence d'un corps nouveau, qui reçut successivement les noms d'*air vital*, d'*air du feu*, d'*oxygène*. A peu près à la même époque Scheele[2], en Suède, découvrit aussi ce corps, sans avoir connaissance des travaux de Priestley.

C'est à Lavoisier qu'on doit la connaissance de ses propriétés principales et du rôle important qu'il joue dans les phénomènes de la combustion et de la respiration.

46. **Préparation de l'oxygène.** — 1° *Par le bioxyde de mercure*.

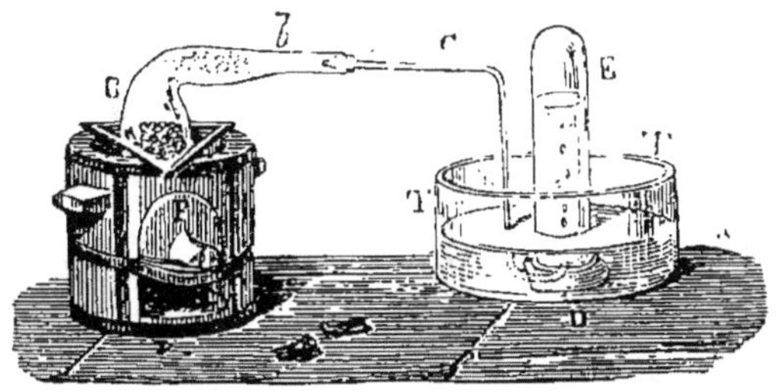

Fig. 8. — Préparation de l'oxygène par le bioxyde de mercure.

Dans une cornue B (fig. 8) on introduit une certaine quantité d'une poudre rouge appelée bioxyde de mercure. La cornue

[1] Priestley, physicien anglais, né en 1733, à Fuldhead, près de Leeds (Angleterre) mort en 1804, se plaça par ses nombreuses découvertes en physique et en chimie au premier rang des savants de l'Europe.

[2] Scheele, né à Stralsund en 1742, mort à Kœping, en 1786.

est fermée par un bouchon en liége, percé d'un trou à travers lequel passe un tube en verre C, dit *tube abducteur* ; ce tube met la cornue en communication avec l'éprouvette E. On chauffe la cornue à l'aide de charbons contenus dans le fourneau F, sur lequel elle est placée. Le bioxyde de mercure se décompose par l'action de la chaleur en oxygène et en mercure. L'oxygène se dégage, sous forme de gaz, qui se rend bulle à bulle dans la cloche E d'où il chasse l'eau. Quant au mercure, il se volatilise à la température de l'expérience ; sa vapeur, se refroidissant dans la partie supérieure et dans le col de la cornue, s'y condense et, en se déposant à la surface, leur communique l'aspect d'un miroir.

La formule de la réaction est :

$$\underset{\text{Bioxyde de mercure.}}{HgO} = \underset{\text{Mercure.}}{Hg} + \underset{\text{Oxygène.}}{O}$$

Quand l'éprouvette E est pleine de gaz, on introduit d'une main sous l'eau de la cuvette T une soucoupe S (fig. 9) ; de l'autre main on soulève l'éprouvette de dessus le têt à gaz sans sor-

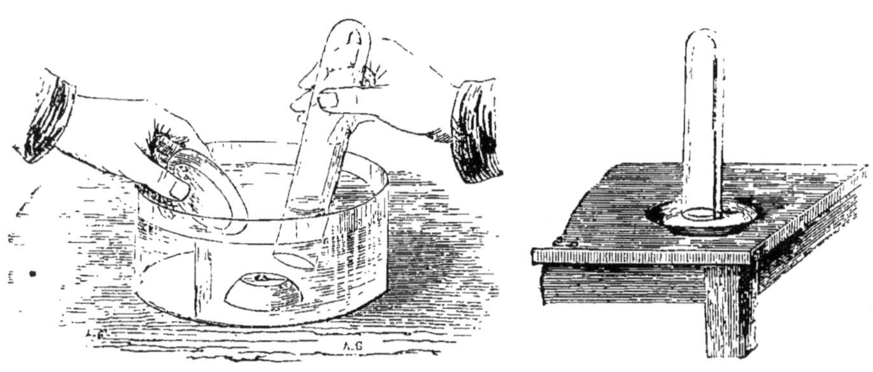

Fig. 9 — Procédé pour recueillir les gaz. Fig. 10. — Éprouvette pleine de gaz.

tir de l'eau sa base inférieure, que l'on pose sur la soucoupe ; puis on sort de l'eau soucoupe et éprouvette (fig. 10). On a ainsi enlevé l'éprouvette sans permettre à l'air extérieur de se mêler au gaz qu'elle contient. Cela fait, on remplace la première éprouvette par une seconde, et ainsi de suite.

Ce que nous venons de dire sur la manière de recueillir le

gaz oxygène est général et s'appliquera aussi dans la suite de ces leçons à tout gaz se dégageant sur la cuve à mercure.

Le procédé que nous venons de décrire n'est guère employé, il serait trop coûteux. Nous ne l'avons exposé que par suite de son importance historique, Priestley s'en étant servi pour découvrir l'oxygène.

2° *Par le bioxyde de manganèse.* On introduit dans une cornue A (fig. 11), une poudre noire appelée *bioxyde de manganèse* (ce

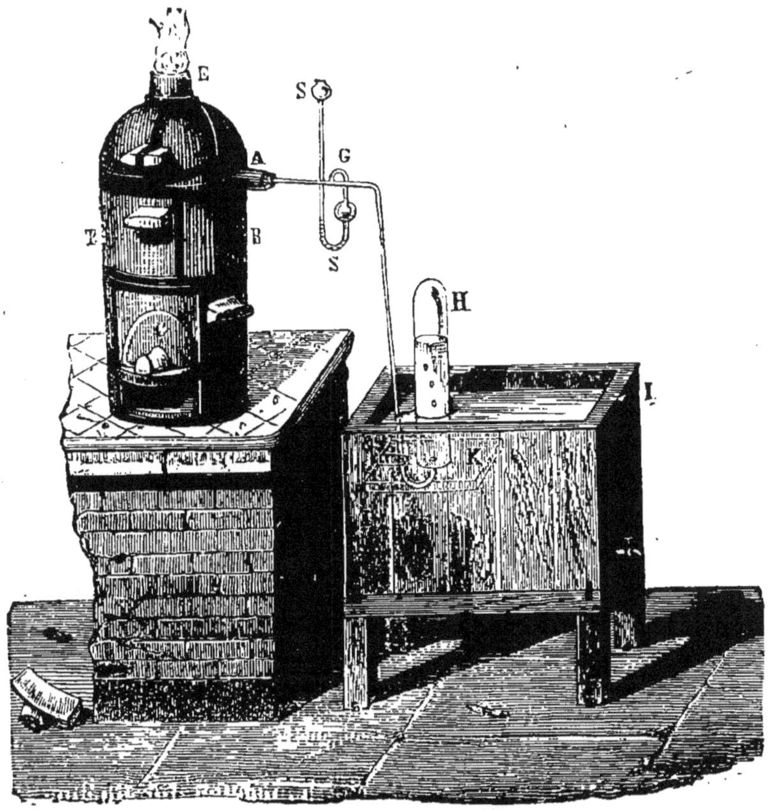

Fig. 11. — Préparation de l'oxygène par le bioxyde de manganèse.

produit se trouve dans la nature et se compose, comme son nom l'indique, d'un métal appelé manganèse et d'oxygène). Le col de la cornue est fermé par un bouchon qui laisse passer un tube abducteur de forme particulière dit *tube de Welter*, et qui se rend sous la cuve à eau. L'éprouvette H, destinée à recueillir le gaz, est placée sur une planchette K percée d'une fente à travers laquelle passe le tube abducteur.

Comme le bioxyde de manganèse exige pour sa décomposition une température élevée, on place la cornue dans un fourneau à réverbère. Ce fourneau se compose d'une partie inférieure C, semblable à un fourneau ordinaire ; au-dessus d'elle s'élève une autre partie B, appelée *laboratoire*, qui est recouverte d'une voûte fermée qu'on désigne sous le nom de *dôme*. La partie E du dôme peut recevoir un tuyau en tôle destiné à activer le tirage.

La partie C étant remplie de charbon, on place la cornue en B sur une grille que renferme le fourneau et on achève de remplir avec du charbon. Puis on allume à la partie inférieure, la combustion se propage de bas en haut et la chaleur développée produit la décomposition du bioxyde de manganèse. Le tiers seulement de l'oxygène contenu dans le bioxyde se dégage ; les deux autres tiers restent combinés au manganèse et forment avec lui un oxyde d'un degré inférieur, appelé oxyde salin de manganèse.

La formule de la réaction est la suivante :

$$MnO^2 = MnO^{\frac{4}{3}} + O^{\frac{2}{3}}$$

Bioxyde de manganèse.	Oxyde salin de manganèse.	Oxygène.

Pour éviter les exposants fractionnaires, on exprime la réaction en prenant 3 équivalents de bioxyde de manganèse, et la formule ordinaire est la suivante :

$$3MnO^2 = Mn^3O^4 + 2O$$

Bioxyde de manganèse.	Oxyde salin de manganèse.	Oxygène.

Le tube de Welter est destiné à empêcher un phénomène que nous allons décrire et que l'on désigne sous le nom d'absorption.

Supposons que le tube abducteur soit de la forme ordinaire (fig. 9) et qu'on laisse éteindre le feu dans le fourneau, sans faire sortir de l'eau l'extrémité du tube. Les gaz contenus dans la cornue vont se refroidir ; leur force élastique diminuera, et la pression de l'atmosphère fera monter l'eau de la cuve dans le tube. Cette eau arrivant froide dans la cornue pourra en déterminer la rupture, et même, dans certains cas, occasionner des explosions dangereuses.

Le tube de Welter est destiné à remédier à cet inconvénient. Sur la branche horizontale du tube abducteur (fig. 11) est soudé un tube deux fois recourbé SSG ; la branche SG porte un renflement sphérique, et la branche SS, à son extrémité, un entonnoir S. On verse dans ce tube un peu d'eau, qui sert à isoler de l'atmosphère l'intérieur de l'appareil et qui est au même niveau dans les deux branches GS et SS, lorsque l'atmosphère de la cornue est à la pression extérieure. Mais lorsque la pression intérieure vient à diminuer, l'air extérieur refoule l'eau du tube dans le renflement sphérique et, montant lui-même à travers cette eau, rentre dans la cornue pour y rétablir l'équilibre de pression. Cela suppose évidemment que la branche verticale du tube abducteur est assez longue pour que l'air entre dans l'appareil par SSG avant que la pression atmosphérique y ait poussé l'eau de la cuve.

Le procédé que nous venons de décrire pour la préparation de l'oxygène est très-économique ; mais il a l'inconvénient de ne pas donner le gaz à l'état de pureté parfaite. Le bioxyde de manganèse contenant ordinairement des carbonates, ceux-ci se décomposent par la chaleur et produisent un gaz appelé acide carbonique, qui se dégage en même temps que l'oxygène et altère sa pureté.

Le procédé suivant donne le gaz pur : c'est du reste celui que l'on emploie le plus ordinairement dans les laboratoires.

3° *Par le chlorate de potasse.* On chauffe dans une cornue en verre (fig. 12) un sel blanc appelé *chlorate de potasse*. Ce sel se fond d'abord, puis se décompose. Le chlore de l'acide chlorique se porte sur le potassium de la potasse (1) et forme avec lui du chlorure de potassium ; l'oxygène venant, tant de l'acide chlorique que de la potasse, se dégage sous les éprouvettes.

La formule de la réaction est la suivante :

$$KO,ClO^5 = KCl + 6O$$

Chlorate de potasse.	Chlorure de potassium.	Oxygène.

[1] La potasse est un protoxyde de potassium.

On a l'habitude dans cette préparation de mélanger au chlorate de potasse une petite quantité de bioxyde de manganèse

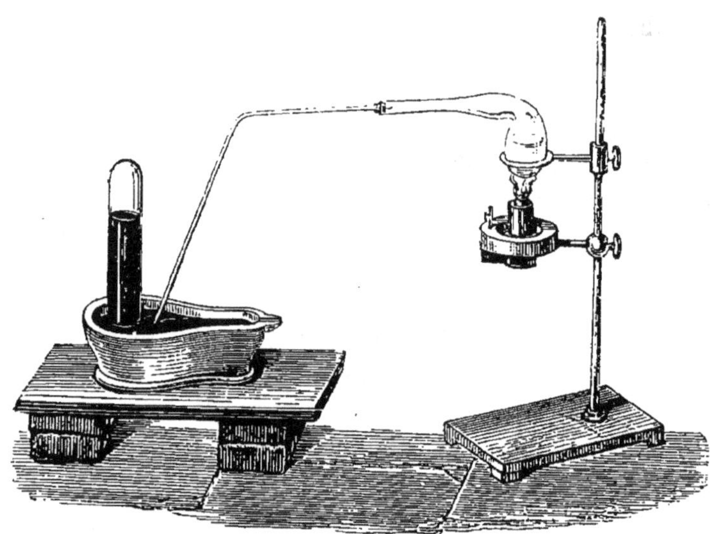

Fig. 12. — Préparation de l'oxygène par le chlorate de potasse.

ou d'oxyde noir de cuivre ; leur présence empêche la formation d'un perchlorate de potasse et par suite prévient des explosions souvent dangereuses.

47. **Propriétés physiques.** — L'oxygène est un corps gazeux, incolore, sans odeur ni saveur. Il est *permanent*, c'est-à-dire qu'il a résisté jusqu'ici aux efforts qu'on a faits pour le liquéfier et le solidifier : soumis à un froid de 110° au-dessous de zéro, en même temps qu'à une pression de 40 atmosphères, il est resté gazeux. Il est, comme tous les gaz permanents, peu soluble dans l'eau : 1 litre de ce gaz à 0°, sous la pression de 760^{mm}, pèse 1^{gr},430 [1].

48. **Propriétés chimiques.** — L'oxygène est éminemment propre à la combustion des corps : nous verrons plus tard qu'il est nécessaire à la respiration. Si l'on plonge dans une éprou-

[1] La densité des gaz est toujours prise par rapport à l'air; c'est le rapport qui existe entre le poids d'un certain volume de gaz et le poids du même volume d'air pris tous deux à 0° et à 760^{m}. Pour avoir le poids d'un litre de gaz à 0° et à 760^{mm}, il faut multiplier la densité de ce gaz par 1^{gr},293, poids d'un litre d'air dans ces conditions.

vette remplie d'oxygène une allumette que l'on vient d'éteindre, mais qui présente encore quelques points rouges, elle se rallume et brûle avec un vif éclat. Une bougie allumée, plongée (fig. 13) dans un vase rempli d'oxygène, y brûle aussi avec vivacité.

Les expériences suivantes mettent en évidence l'énergie des affinités chimiques de l'oxygène.

Dans un ballon à large goulot, plein d'oxygène, descendons

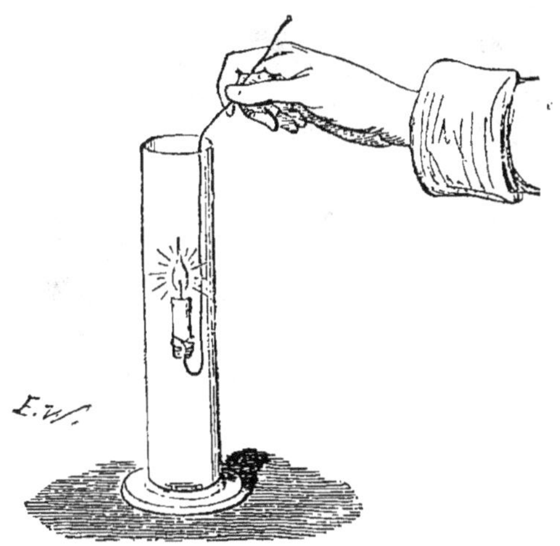

Fig. 13. — Combustion d'une bougie dans l'oxygène.

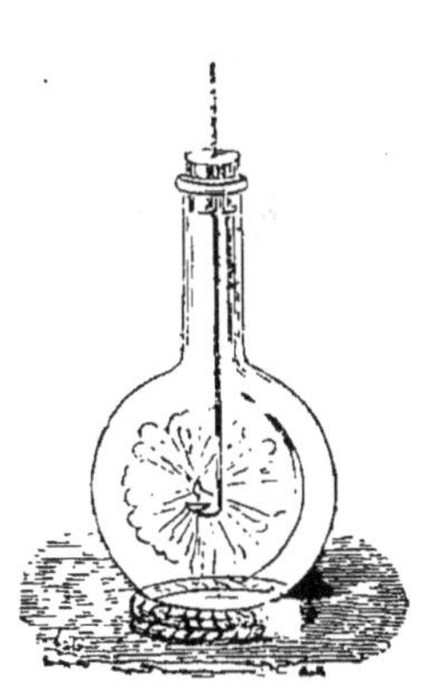

Fig. 14. — Combustion du charbon dans l'oxygène.

(fig. 14) un charbon ardent placé dans une petite coupelle suspendue à l'extrémité d'un fil de fer ; le charbon se met à brûler avec une vive lumière ; le phénomène dure jusqu'à ce que tout l'oxygène ait été transformé en un gaz acide appelé acide carbonique, qui a la propriété de troubler l'eau de chaux et de rougir la teinture de tournesol.

Le soufre enflammé placé dans les mêmes conditions brûle avec une flamme bleue très-vive et donne lieu à un gaz appelé acide sulfureux, qui provoque les larmes par son odeur suffocante et décolore la teinture de tournesol après l'avoir rougie.

Le phosphore enflammé brûle aussi dans l'oxygène avec une flamme d'un éclat éblouissant : il s'élève en même temps des fumées blanches (fig. 15) formées par le corps solide pulvérulent qui résulte de la combinaison du phosphore avec l'oxygène. Ce corps est l'acide phosphorique.

Enfin suspendons à un bouchon de liége un ressort de montre tourné en spirale, à l'extrémité duquel est attaché un morceau d'amadou ; enflammons cet amadou et descendons le ressort

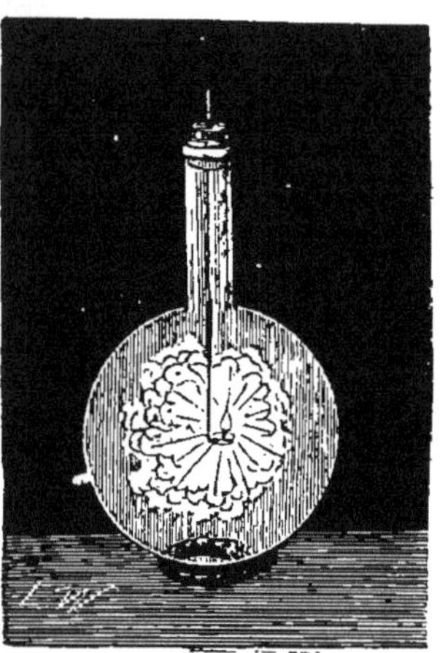

Fig. 15. — Combustion du phosphore dans l'oxygène.

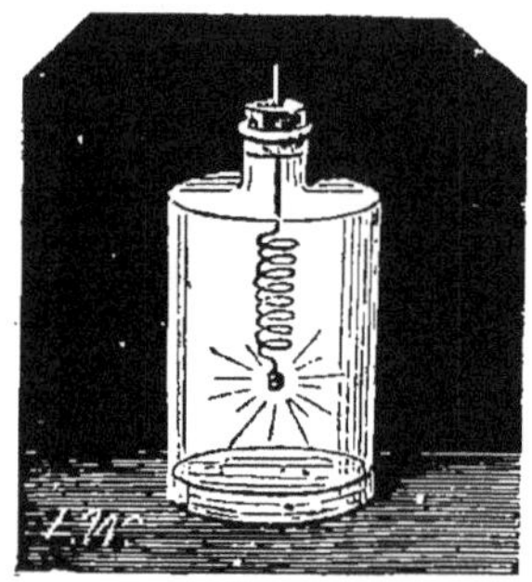

Fig. 16. — Combustion du fer dans l'oxygène.

sort dans un flacon d'oxygène ; l'amadou y brûle avec rapidité (fig. 16), sa combustion se communique au ressort d'acier qui brûle à son tour, en lançant de tous côtés de vives étincelles. La chaleur dégagée par la combustion est tellement grande que l'oxyde formé se fond et tombe en globules incandescents, qui vont s'incruster dans le fond du flacon. Cet oxyde n'est pas la rouille ou sesquioxyde de fer, c'est un autre oxyde appelé oxyde magnétique de fer. Les parcelles incandescentes, qui se détachent d'un morceau de fer chauffé au rouge lorsque le forgeron le martèle sur l'enclume, sont aussi formées par l'oxyde magnétique.

49. **Combustions vives et lentes.** — Les expériences précédentes nous montrent que les corps ne brûlent dans l'oxygène que parce qu'ils se combinent avec lui. Ces phénomènes de combinaison des corps avec l'oxygène sont désignés sous le nom de phénomènes de combustion. Dans les expériences que nous venons de décrire, la combinaison de l'oxygène et des corps employés s'est faite avec une grande rapidité, on dit que la combustion est

vive. Dans le cas, au contraire, où l'oxygénation se fait lentement, comme lorsqu'un morceau de fer s'oxyde lentement au contact de l'oxygène humide, on dit encore qu'il y a combustion, mais il y a combustion *lente*. (Nous reviendrons plus tard sur la combustion, et nous verrons que la respiration des animaux est un phénomène de combustion lente.)

50. **Ozone.** — Lorsqu'on fait passer une série d'étincelles électriques à travers le gaz oxygène, il prend des propriétés nouvelles : il acquiert une odeur particulière, un pouvoir oxydant beaucoup plus énergique. Cette variété de l'oxygène a reçu le nom d'*ozone*.

L'ozone décompose l'iodure de potassium dont il oxyde le potassium, avec lequel il forme de la potasse et met l'iode en liberté. En se fondant sur cette propriété et sur celle qu'a l'iode de bleuir l'amidon, on avait cru trouver un moyen de déceler la présence de l'ozone dans l'atmosphère. On se servait de papier amidonné et imprégné d'iodure de potassium : ce papier bleuit en présence de l'ozone.

Ce réactif n'a rien de certain, parce que, comme l'a montré M. Cloës, le changement de couleur peut avoir lieu sous l'influence de vapeurs acides qui se trouvent dans l'atmosphère. Le même reproche s'adresse au papier de tournesol coloré en rouge vineux et imprégné d'iodure de potassium : ce papier, proposé par M. Houzeau, passe au bleu sous l'influence de l'ozone, parce que celui-ci décompose l'iodure et produit une base énergique, la potasse, qui bleuit le tournesol rouge. On ne possède pas de réactif capable d'indiquer d'une manière certaine la présence de l'ozone dans l'atmosphère.

HYDROGÈNE.

Symbole = H. — Équivalent = 1.

51. **Historique.** — L'hydrogène, connu déjà, dans ses propriétés générales, par les chimistes du dix septième siècle, n'a été bien étudié que vers 1778 par Cavendish[1] qui lui donna le nom de *gaz inflammable*.

[1] Cavendish (Henry), né à Nice en 1731, mort en 1810. Il était fils d'un cadet de la famille des ducs de Devonshire.

52. **Propriétés physiques.** — L'hydrogène est un gaz permanent, incolore, sans odeur ni saveur quand il est pur. Il est le seul gaz qui conduise bien la chaleur, et cette conductibilité, qui augmente avec la pression, constitue un caractère de ressemblance entre lui et les métaux, dont il se rapproche d'ailleurs par un certain nombre de ses propriétés chimiques. Il pèse 14 fois $\frac{1}{2}$ moins que l'air, sa densité est 0,0692 ; 1 litre d'hydrogène pèse $0^{gr},089$: c'est le plus léger de tous les corps connus.

Cette légèreté peut être mise en évidence par les expériences suivantes.

1° On adapte, l'une contre l'autre et par leur ouverture, deux éprouvettes de même diamètre (fig. 17) : l'une inférieure H est remplie d'hydrogène, l'autre supérieure A contient de l'air. Au bout de quelques instants l'hydrogène, en vertu de sa légèreté, a passé tout entier dans l'éprouvette A, ce que l'on constate en

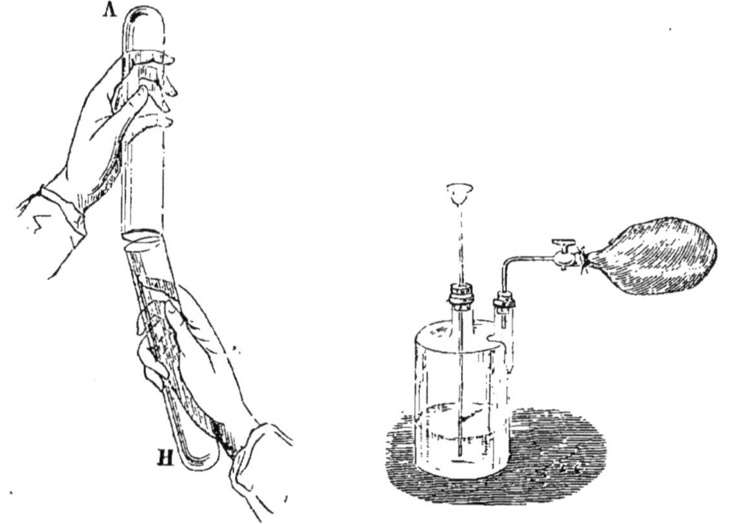

Fig. 17. — Expérience pour démontrer la légèreté de l'hydrogène.

Fig. 18. — Manière de remplir une vessie d'hydrogène.

approchant de son ouverture une allumette enflammée : le gaz qu'elle contient s'enflamme aussitôt, propriété qui appartient à l'hydrogène et que l'air ne possède pas.

2° Après avoir exprimé d'une vessie l'air qu'elle contient, on lui adapte un robinet qui, par l'intermédiaire d'un tube en caoutchouc, la met en communication avec un appareil à hydrogène (fig. 18). Lorsque la vessie est remplie de gaz, on ferme le robinet et on adapte au tube de caoutchouc un tube de verre effilé, dont on trempe l'extrémité dans une eau de savon assez épaisse : lorsqu'on retire le tube de l'eau, une goutte de liquide reste suspendue à son extrémité et, si l'on ouvre le robinet en pressant légèrement sur la vessie, le gaz forme en sortant des bulles de savon, qui s'élèvent rapidement dans l'air où elles peuvent être enflammées à l'aide d'une bougie (fig. 19).

Charles[1] eut le premier l'idée d'appliquer le gaz hydrogène

Fig. 19. — Expérience des bulles de savon gonflées par l'hydrogène.

au gonflement des aérostats et de remplacer par lui l'air dilaté que les frères Mongolfier[2] avaient d'abord employé. On dut en-

1 Charles (J. Alexandre-César), physicien, né à Nancy, mort à Paris en 1823. Il devint membre de l'Académie des sciences en 1785, et professeur au Conservatoire des arts et métiers.

2 Mongolfier (Joseph-Michel et Jacques-Étienne), célèbres par l'invention des aérostats. Nés tous deux à Vidalon-lès-Annonay, le premier en 1740, le second en 1745. Étienne mourut dans son pays en 1799 ; Joseph mourut à Paris en 1810. Il était membre de l'Académie et administrateur du Conservatoire des arts et métiers.

suite renoncer à l'emploi de ce gaz, à cause de la facilité avec laquelle il traverse les membranes. Cette dernière propriété peut être mise en évidence par l'expérience suivante.

On prend sur la cuve à eau une éprouvette remplie d'hydrogène, on la ferme avec une feuille de papier bien adaptée contre ses bords, on la retourne, et une allumette enflammée, présentée au-dessus de la feuille de papier, enflamme le gaz hydrogène qui a traversé cette feuille.

On peut aussi montrer cette propriété, dite propriété *endosmotique*, en plaçant un ballon en caoutchouc mince sous une grande cloche remplie d'hydrogène (fig. 20). On a eu soin d'entourer ce

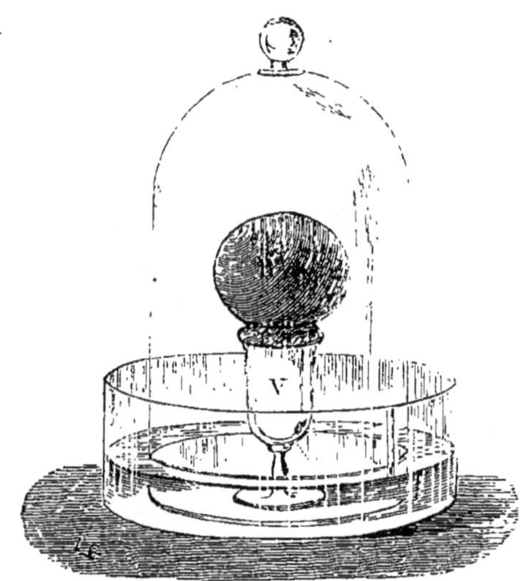

Fig. 20. — Propriété endosmotique de l'hydrogène.

ballon d'un fil qui s'applique sur lui sans le serrer. Au bout de quelques heures l'hydrogène a pénétré dans le ballon, l'a gonflé ; le fil serre le ballon qui, au bout d'un jour, finit le plus souvent par éclater.

M. H. Sainte-Claire Deville met en évidence la faculté *endosmotique* de l'hydrogène, par l'expérience suivante.

Il prend un tube en terre poreuse AB (fig. 21), l'introduit dans un tube en verre plus large CD, dont il ferme les deux extrémités avec de bons bouchons. Ces bouchons laissent passer, outre le tube en terre poreuse, à l'extrémité C, un tube de verre qui amène un courant assez rapide d'acide carbonique, à l'extrémité D, un tube abducteur qui se rend sous une éprouvette E. L'extrémité A du tube poreux est en communication avec un appareil qui fournit un courant lent d'hydrogène, l'extrémité B porte

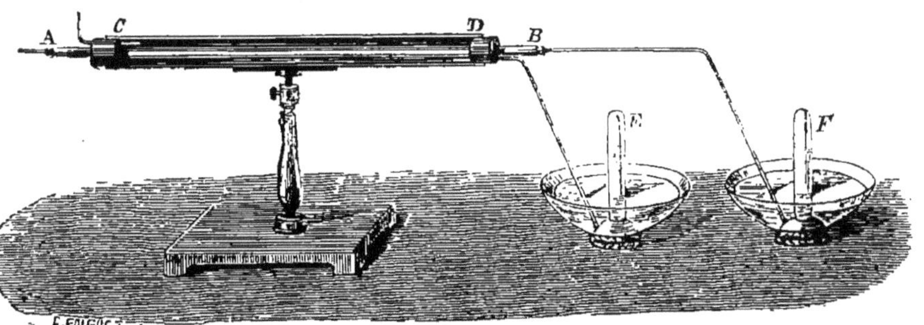

Fig. 21. — Propriété endosmotique de l'hydrogène.

un tube abducteur qui se rend sous une éprouvette F. Au bout de peu de temps l'hydrogène a traversé le tube poreux où il est remplacé par l'acide carbonique, si bien que l'éprouvette E, où l'on devait s'attendre à recueillir de l'acide carbonique, est pleine d'hydrogène, tandis que l'éprouvette F, qui devait contenir de l'hydrogène, est pleine d'un

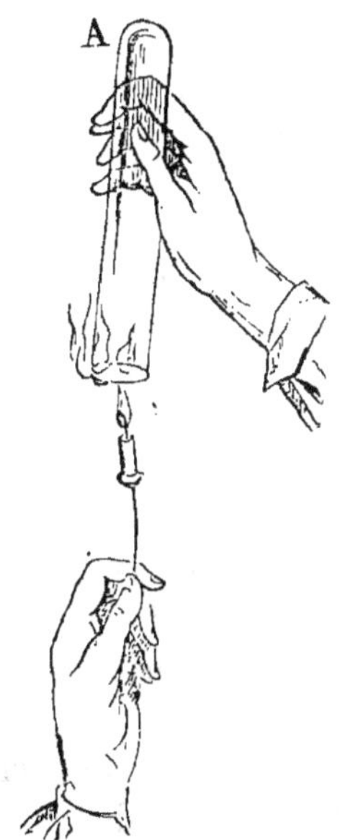

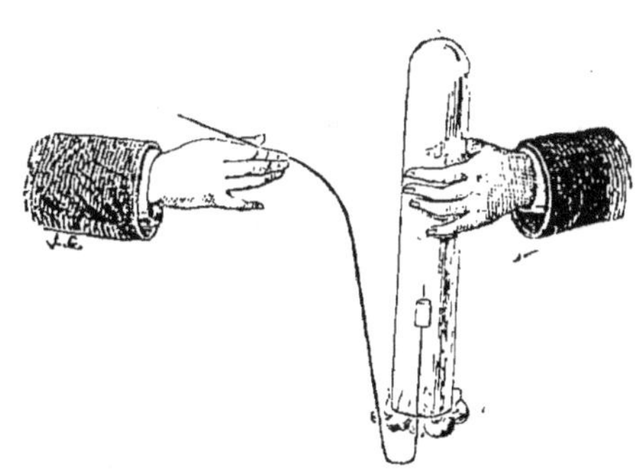

Fig. 22. — Inflammabilité de l'hydrogène.

Fig. 23. — L'hydrogène n'entretient pas la combustion.

gaz qui trouble l'eau de chaux, propriété caractéristique de l'acide carbonique.

L'hydrogène est très-peu soluble dans l'eau : 1 litre d'eau dissout seulement 17 cent. cubes de ce gaz.

53. **Propriétés chimiques.** — L'hydrogène a une grande affinité pour l'oxygène : lorsqu'on approche une bougie allumée (fig. 22) de l'ouverture d'une éprouvette remplie de ce gaz, il brûle avec une flamme pâle. Il n'entretient pas la combustion; car si, comme le représente la figure 23, on introduit la bougie dans l'éprouvette, elle s'y éteint. On peut la rallumer en la descendant dans les couches qui brûlent à l'ouverture, l'éteindre de nouveau, et ainsi de suite.

Le produit de la combustion de l'hydrogène est de la vapeur

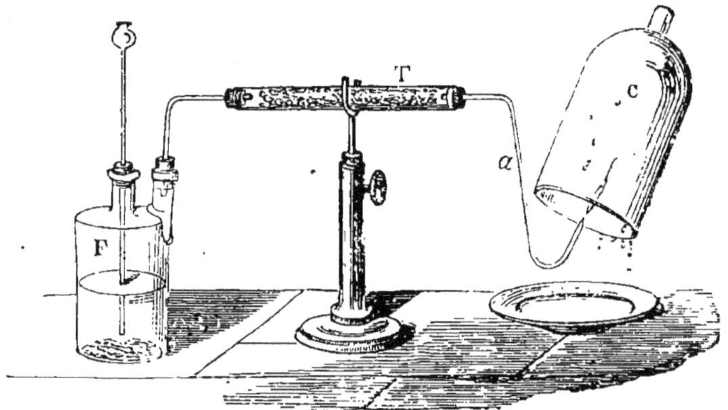

Fig. 24. - La combustion de l'hydrogène produit de l'eau.

d'eau. Il suffit pour le prouver d'enflammer sous une cloche C (fig. 24) un jet d'hydrogène qui, à sa sortie du flacon producteur F, s'est desséché dans un tube T rempli d'une substance avide d'eau, comme le chlorure de calcium. La vapeur d'eau produite par la combustion du gaz se condense contre les parois froides de la cloche et se résout en gouttelettes liquides qui tombent dans une assiette placée au-dessous d'elle. Cette expérience est due à Cavendish.

L'inflammabilité de l'hydrogène peut encore être mise en évidence au moyen d'un appareil connu sous le nom de *lampe philosophique*. Il consiste en un flacon à deux tubulures (fig. 25), d'où se dégage par le tube effilé *a* un jet d'hydrogène que l'on enflamme.

Avant d'enflammer le gaz, il est nécessaire d'attendre que l'air intérieur des appareils soit complétement expulsé par l'hydrogène, sans quoi on s'exposerait à des explosions dangereuses, dues à l'inflammation d'un mélange d'air et d'hydrogène.

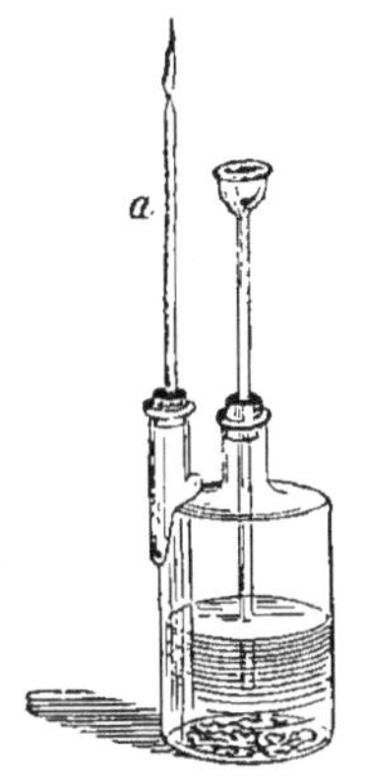

Fig. 25. — Lampe philosophique.

Si, en effet, on introduit dans un flacon 1 volume d'hydrogène et 2 volumes 1/2 d'air et qu'on enflamme le mélange, il se produit une vive détonation. Voici ce qui s'est passé : l'hydrogène s'est combiné avec l'oxygène et a fourni de la vapeur d'eau qui, portée à une température élevée, s'est subitement dilatée, est sortie du flacon en poussant l'air devant elle ; mais, au contact des parois froides du vase, la vapeur qui y reste se condense, un vide partiel se produit et l'air rentre pour le remplir. Il y a donc un double ébranlement de l'air, et c'est là la cause de la détonation. Cette détonation serait plus violente encore en employant un mélange de 2 volumes d'hydrogène et de 1 volume d'oxygène. Dans les deux cas il faut prendre la précaution d'entourer le flacon avec un linge, qui protégera l'opérateur contre les accidents que peut occasionner la rupture du vase.

Orgue philosophique ou harmonica chimique. — Si l'on entoure (fig. 26) avec un tube de verre le jet d'hydrogène enflammé qui s'échappe de la lampe philosophique et qu'on l'abaisse peu à peu, la flamme se rétrécit et on entend un son dont la nature dépend de la position du tube de verre. M. Faraday explique le son observé de la manière suivante. Il admet que le courant d'air produit par la combustion de l'hydrogène entraîne un peu au-dessus de la flamme une certaine quantité de ce gaz

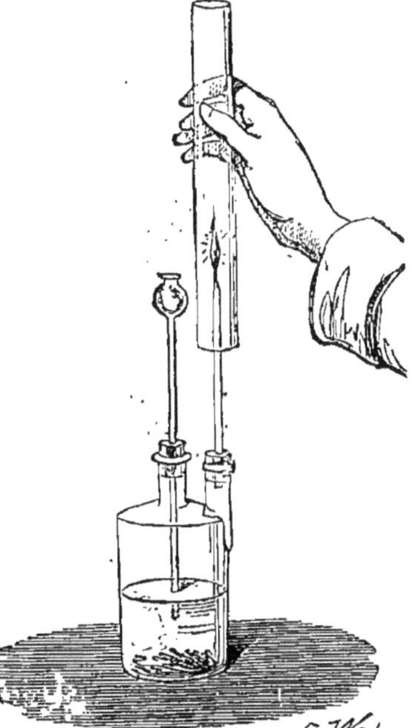
Fig. 26. — Harmonica chimique.

qui constitue avec l'air un mélange détonant ; celui-ci s'enflamme, et le son entendu résulte de ces petites détonations successives. M. Martens a confirmé l'exactitude de cette explication.

54. **Préparation de l'hydrogène.** — 1° *Par le fer et la vapeur d'eau.* On place un faisceau de fils de fer dans un tube en porcelaine O (fig. 27) qui traverse un fourneau long F ; à l'une

Fig. 27. — Préparation de l'hydrogène par le fer et la vapeur d'eau.

des extrémités du tube est adaptée une cornue C contenant de l'eau et placée sur un fourneau. On fait bouillir l'eau, la vapeur s'engage dans le tube chauffé au rouge, y rencontre le fer qui la décompose en ses éléments, l'hydrogène et l'oxygène. Le dernier oxyde le fer et le transforme en oxyde magnétique. Quant à l'hydrogène, il se dégage par le tube abducteur et on le recueille dans des éprouvettes. La formule de la réaction est la suivante :

$$3Fe + 4HO = Fe^3O^4 + 4H$$

Fer. Eau. Oxyde magnétique de fer. Hydrogène.

2° *Par le zinc et l'acide sulfurique.* Dans un flacon F (fig. 28) à deux tubulures, on place de la grenaille de zinc et de l'eau ; par le tube à entonnoir *e* on ajoute un peu d'acide sulfurique. Une effervescence se manifeste aussitôt, et l'hydrogène se dégage par le tube *t*. En présence du zinc et de l'acide sulfurique, l'eau s'est décomposée en ses éléments, l'hydrogène et l'oxygène. Le premier s'est dégagé, le second s'est fixé sur le zinc pour former

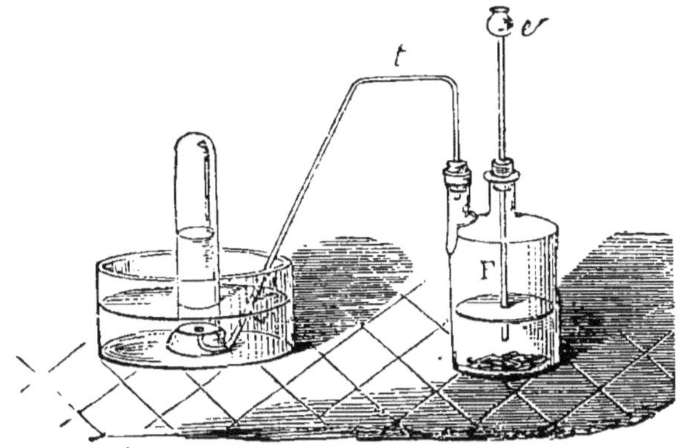

Fig. 28. — Préparation de l'hydrogène par le zinc, l'eau et l'acide sulfurique.

de l'oxyde de zinc qui, se combinant à l'acide sulfurique, a produit du sulfate d'oxyde de zinc. La formule suivante exprime la réaction :

$$Zn + SO^3,HO = ZnO,SO^3 + H$$

Zinc. Acide sulfurique hydraté. Sulfate d'oxyde de zinc. Hydrogène.

Le gaz préparé par ce procédé n'est jamais parfaitement pur, par suite des impuretés que contient le zinc.

DE L'EAU.

55. **Composition de l'eau. Historique.** — Jusqu'à la fin du siècle dernier, l'eau fut considérée comme un élément. En 1776, Macquer [1] ayant placé une soucoupe de porcelaine blanche sur la flamme de l'hydrogène qui brûlait (fig. 29) à l'orifice d'un flacon, observa qu'il s'y formait des gouttelettes d'eau ; mais il signala le fait sans s'y arrêter et sans en soupçonner l'importance.

En 1781, Warltire, physicien anglais, fit détoner, par l'étin-

[1] Macquer (Pierre-Joseph), né à Paris 1718, mort en 1784, était professeur au Jardin des Plantes et membre de l'Académie des sciences.

celle électrique, un mélange d'hydrogène et d'oxygène, et observa qu'il s'était formé de l'eau. En 1783, Priestley[1] remarqua que le

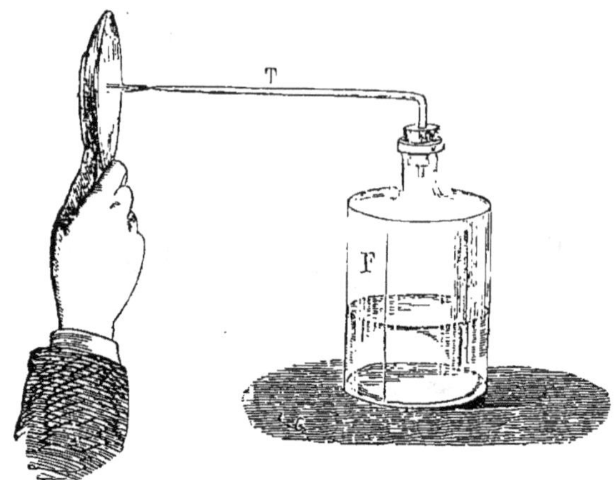

Fig. 29. — Expérience de Macquer.

poids de l'eau formée était égal à la somme des poids de l'hydrogène et de l'oxygène employés.

James Watt[2] vit dans cette expérience la démonstration de la composition de l'eau et affirma le premier (26 avril 1783) que l'eau est composée des deux gaz oxygène et hydrogène.

Pendant que ces expériences se faisaient en Angleterre, Lavoisier poursuivait en France ses recherches sur le même sujet. Le 24 juin 1783, Lavoisier et Laplace[3] obtenaient 19^{gr},17 d'eau pure en faisant détoner en vase clos des mélanges d'hydrogène et d'oxygène. Après avoir répété cette expérience synthétique avec Meusnier[4], Lavoisier fit avec lui l'analyse de l'eau en 1784, en décomposant la vapeur par le fer chauffé au rouge. La disposition de leur appareil permettait de mesurer le poids d'eau décomposée et celui de l'hydrogène produit. L'augmentation de poids subie par le fer transformé en oxyde donnait la quantité d'oxygène.

[1] Priestley (Jos.), physicien et théologien, né en 1733 à Fuldhead, aux environs de Leeds, mort en 1804.

[2] James Watt, habile mécanicien, né en 1736, à Greenock (Écosse), mort en 1819.

[3] Laplace, célèbre géomètre et membre de l'Institut, né en 1749 à Beaumont-en-Arge (Calvados), mourut à Paris en 1827.

[4] Meusnier (Jean-Baptiste-Marie), général et physicien français, né à Paris en 1754, mort à Mayence en 1793.

Les nombres ainsi déterminés ne furent point exacts.

56. **Analyse de l'eau par la pile.** — En 1800, Carlisle[1] et Nicholson[2] décomposèrent l'eau par la pile et prouvèrent qu'elle se compose de deux volumes d'hydrogène combinés à un volume d'oxygène. On se sert, pour faire l'expérience, d'un verre (fig. 30) dont le fond est traversé par deux lames de platine. On

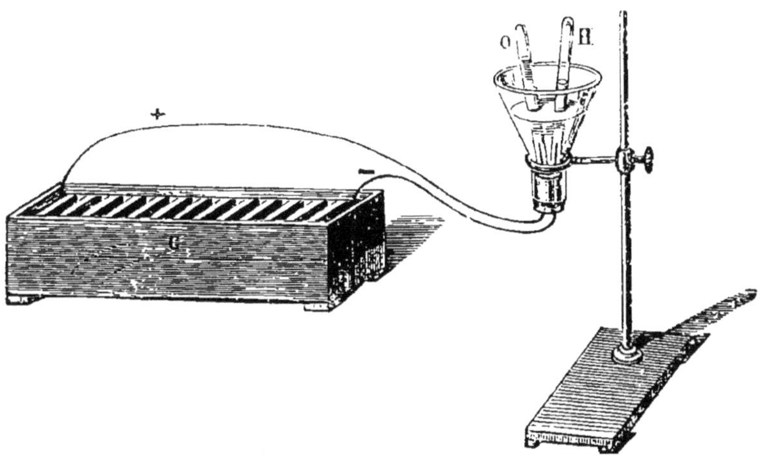

Fig. 30. — Décomposition de l'eau par la pile.

remplit le vase avec de l'eau que l'on a légèrement acidulée pour la rendre plus conductrice de l'électricité, et l'on met les deux lames de platine en communication avec les pôles d'une pile C. Dès que le courant est établi, les gaz se dégagent contre les lames, et, si l'on a eu soin de disposer au-dessus d'elles de petites éprouvettes, on recueille dans l'éprouvette H correspondant au pôle négatif un volume d'hydrogène double du volume d'oxygène recueilli dans l'éprouvette O qui correspond au pôle positif.

57. **Synthèse de l'eau.** — On peut arriver par la synthèse à déterminer la composition de l'eau. Nous exposerons deux méthodes.

1° *Synthèse eudiométrique.* — Gay-Lussac et de Humboldt[3] établirent définitivement, par la synthèse eudiométrique, que l'eau

[1] Carlisle, savant anglais.

[2] Nicholson (William), savant anglais, né à Londres en 1753, mort en cette ville en 1815.

[3] De Humboldt, célèbre savant, né à Berlin en 1769, mort en 1861.

se compose de deux volumes d'hydrogène combinés avec un volume d'oxygène.

Cette expérience peut se faire avec l'eudiomètre à eau que nous allons d'abord décrire.

Il se compose d'un tube épais en cristal AB (fig. 31), mastiqué à ses deux extrémités dans des montures en cuivre BC et AD qui portent des robinets R et R' et se terminent par des parties évasées.

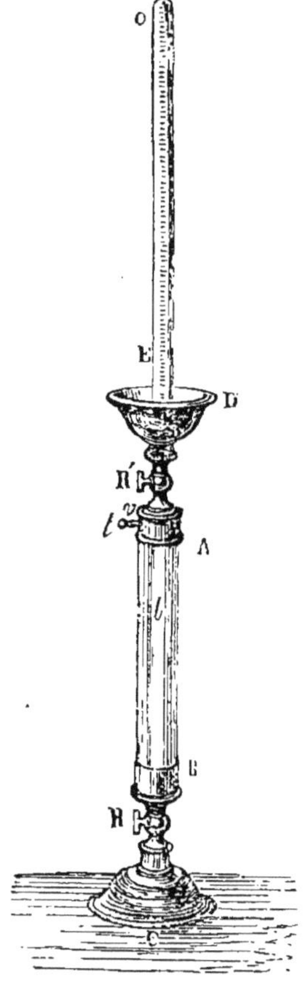

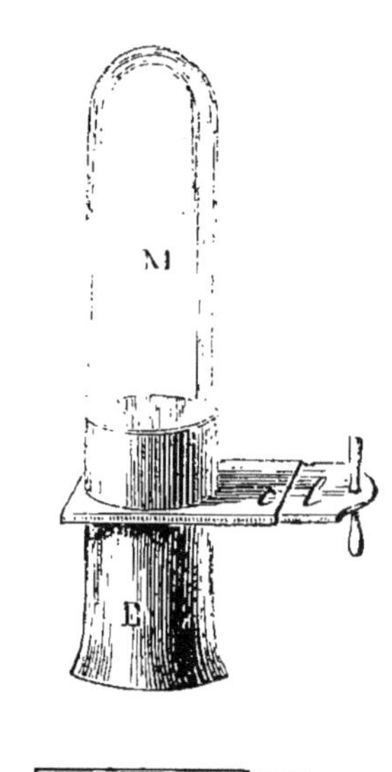

Fig. 31. — Eudiomètre à eau. Fig. 32. — Jauge de l'eudiomètre.

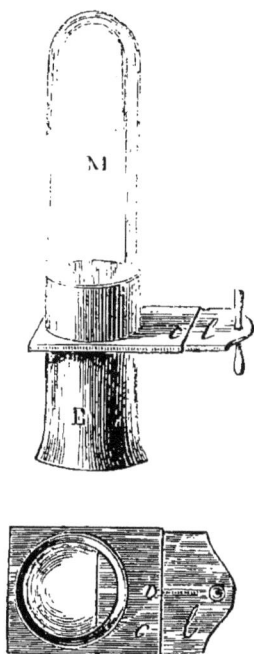

La monture supérieure est traversée par un petit tube de verre v; suivant l'axe de ce tube passe, mastiquée contre ses parois, une tige métallique t qui se recourbe à l'intérieur et vient aboutir à une petite distance de la monture. Les deux montures sont réunies par une règle métallique divisée l, qui servira de corps conducteur à l'électricité. La capsule D est percée à son centre d'une ouverture dans laquelle peut se visser un tube gradué OE, qui sera par conséquent en communication avec l'intérieur de l'eudiomètre lorsque le robinet R' sera ouvert.

Une petite éprouvette en verre ou *jauge* M (fig. 32) sert à mesurer les gaz; elle est d'une capacité égale à 100 divisions du tube gradué. Elle est terminée à son extrémité ouverte par une monture en laiton portant une coulisse *c*, dans laquelle peut glisser une lame métallique *l*, de sorte qu'on peut à volonté boucher ou ouvrir l'orifice de la jauge.

Cela posé, voici comment on opère pour faire l'analyse de l'eau à l'aide de cet appareil. On commence par plonger l'eudiomètre verticalement sous l'eau, après avoir ouvert les robinets R et R'; l'air s'échappe par R' et l'eau entre par R. On ferme R et on soulève l'appareil qui reste plein de liquide et que l'on place sur la planchette de la cuve à eau. A l'aide de la jauge, que l'on renverse sous l'entonnoir C, on introduit dans l'eudiomètre 200 volumes d'hydrogène et 100 volumes d'oxygène. On ferme R, on emplit le tube OE d'eau et on le visse sur l'appareil. Cela fait, on approche un corps électrisé de la tige *t*, l'étincelle jaillit et se reproduit dans l'intérieur entre l'extrémité recourbée de *t* et la monture. Un éclair sillonne le mélange des gaz, l'hydrogène et l'oxygène se combinent, et, si l'on ouvre le robinet R, l'eau se précipite dans l'appareil pour remplir le vide produit par la condensation de la vapeur formée.

Pour vérifier s'il n'y a pas de résidu gazeux, on ouvre le robinet R', et dans le cas où tout le gaz ne serait pas transformé en eau, le résidu devrait monter dans OE, où il pourrait être mesuré. On constate que ce résidu est insignifiant; il provient de l'air qui était dissous dans l'eau de l'eudiomètre et qui s'est dégagé par suite du vide produit par la combinaison des deux gaz et la condensation de la vapeur qui en est résultée.

Du reste, pour éviter ce résidu et vérifier que l'eau se compose *exactement* de deux volumes d'hydrogène et d'un volume d'oxygène, on peut employer l'eudiomètre à mercure.

Cet appareil se compose d'un tube en verre O à parois épaisses (fig. 33) dont la partie supérieure porte une monture en fer M se terminant à l'intérieur par une tige en fer *t* : celle-ci vient aboutir à une petite distance d'une autre tige en fer *c* qui traverse horizontalement la paroi et doit communiquer avec le sol par l'intermédiaire d'une chaîne métallique *a*.

Remplissons l'appareil de mercure et faisons-y passer ensuite un mélange de 200 volumes d'hydrogène et de 100 volumes d'oxygène (fig. 34). Approchons de M un corps électrisé, comme le plateau d'un électrophore : une étincelle jaillit entre lui et la

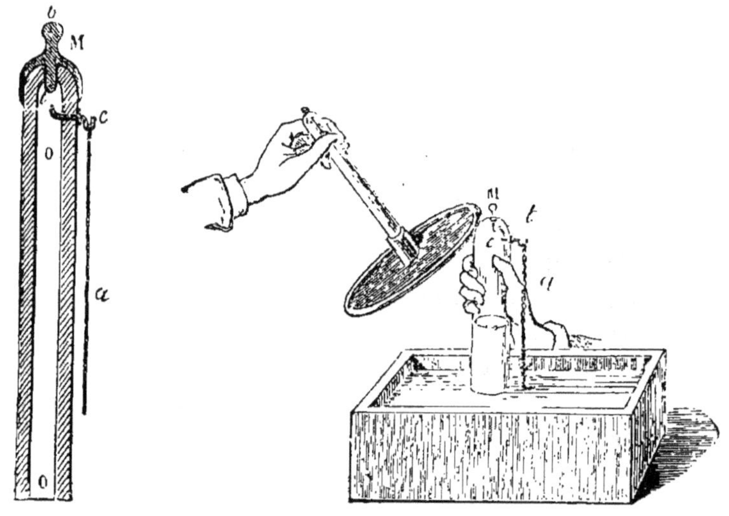

Fig. 33. — Eudiomètre à mercure.

Fig. 34. — Synthèse eudiométrique de l'eau.

monture, se reproduit à l'intérieur entre *t* et *c*; un éclair sillonne le mélange, et le mercure monte dans le tube pour remplir le vide laissé par la combinaison des gaz et la condensation de la vapeur d'eau produite. On constate qu'il n'y a point de résidu.

Cette dernière expérience prouve que l'eau se compose exactement de 2 volumes d'hydrogène combinés à 1 volume d'oxygène.

58. **Synthèse de l'eau par M. Dumas.** — L'hydrogène a la propriété de *réduire* certains oxydes, l'oxyde de cuivre par exemple, c'est-à-dire de se combiner avec leur oxygène pour former de l'eau.

M. Dumas s'est servi de cette propriété pour arriver à déterminer synthétiquement la composition de l'eau. Un poids déterminé d'oxyde de cuivre est chauffé et soumis à l'action réductrice de l'hydrogène; l'eau qui résulte de la réaction est recueillie et pesée avec soin. La perte de poids de l'oxyde de cuivre indique la quantité d'oxygène qui entre dans le poids d'eau formée. La différence entre le poids d'eau et celui de l'oxygène donne le poids de l'hydrogène. Supposons, par exemple, qu'on ait obtenu 100 grammes d'eau : la diminution de poids de l'oxyde de cuivre sera de 88^{gr},888, la différence entre 100 et 88^{gr},888 donne le poids 11^{gr},112 d'hydrogène contenu dans 100 grammes d'eau. La figure 35 représente l'appareil employé, que nous décrirons sommairement.

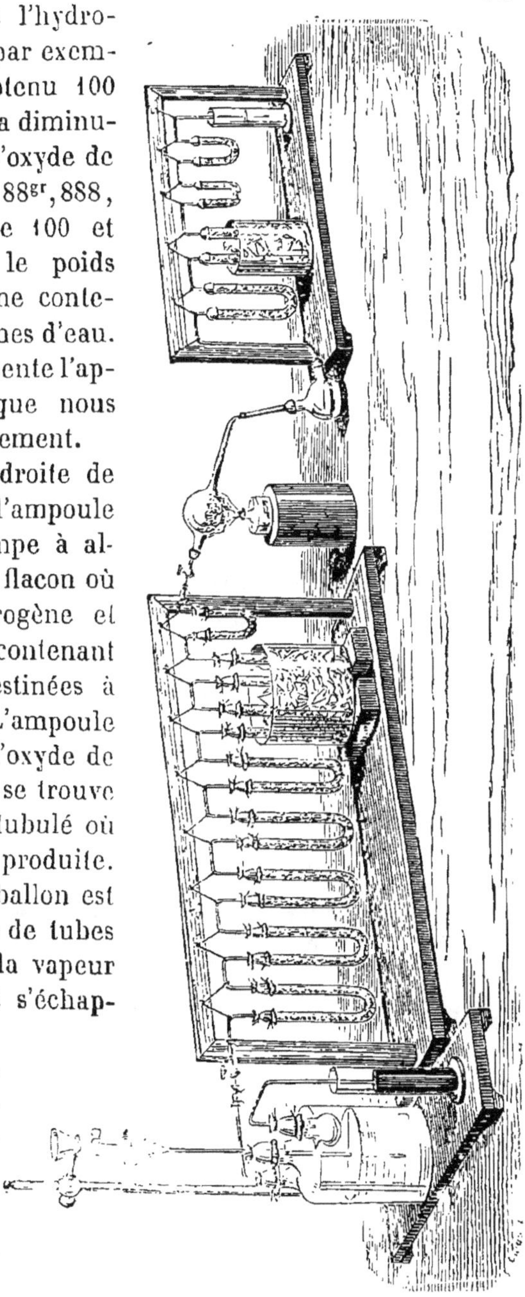

Toute la partie droite de la figure jusqu'à l'ampoule chauffée par la lampe à alcool représente le flacon où se produit l'hydrogène et une série de tubes contenant des substances destinées à purifier ce gaz. L'ampoule chauffée contient l'oxyde de cuivre; à sa suite se trouve un petit ballon bitubulé où l'on recueille l'eau produite. A la suite de ce ballon est disposée une série de tubes destinés à arrêter la vapeur d'eau qui pourrait s'échapper.

Fig. 35. — Synthèse de l'eau par le procédé de M. Dumas.

Nous admettrons qu'en poids 100 parties d'eau renferment :

Hydrogène.	11,112
Oxygène...	88,888
	100,000

Cette composition correspond à un équivalent d'hydrogène

uni à un équivalent d'oxygène, et par suite le symbole de l'eau ou sa formule chimique est H O.

59. **Propriétés de l'eau.** — L'eau existe dans la nature sous trois états différents, à l'état liquide, à l'état de glace et à l'état de vapeur.

Vue en petites masses elle est incolore, sous de grandes épaisseurs elle paraît verdâtre. Quand elle est pure, elle est sans odeur et sans saveur. Lorsqu'on la refroidit, elle se contracte jusqu'à ce qu'elle ait atteint la température de 4°, où sa densité est maximum : à partir de cette température elle se dilate. Arrivée à 0° elle se solidifie en augmentant très-sensiblement de volume. 930 cent. cubes d'eau à 4° peuvent donner en se congelant 1 litre de glace.

La dilatation de l'eau, au moment de sa congélation, se fait avec une force considérable. Huyghens [1] observa qu'un canon de fer qu'il avait complétement rempli d'eau, qu'il avait ensuite fermé et plongé dans un mélange réfrigérant, se brisait avec bruit au moment de la congélation du liquide intérieur.

Cette expérience explique la rupture pendant les gelées des vases remplis d'eau. Les pierres dites *gélives* se fendent, parce que l'eau qu'elles contiennent augmente de volume au moment de la solidification. C'est de là que vient l'expression, *il gèle à pierre fendre.* On conçoit de même les ravages produits par les gelées tardives dans les végétaux qu'elles frappent au moment où la séve commence à circuler.

Lorsqu'elle se congèle, l'eau peut prendre des formes cristal-

Fig. 36. — Cristaux de neige.

lines. La figure 36 représente des formes que l'on a trouvées dans les cristaux qui composent les flocons de neige.

Lorsqu'on élève suffisamment la température de l'eau, elle entre en ébullition et se transforme en vapeur. On peut même,

[1] Huyghens, savant hollandais, né à la Haye en 1629, mort en 1695.

en la portant à une température très-élevée, en y projetant du platine fondu, la décomposer en ses éléments : l'hydrogène et l'oxygène. C'est là un phénomène de dissociation dans lequel n'intervient point l'affinité du métal pour l'oxygène, puisque le platine ne s'oxyde pas dans cette expérience.

60. L'eau est capable de dissoudre un grand nombre de substances solides, liquides ou gazeuses. C'est ce qui fait que l'eau ordinaire que nous rencontrons à la surface de la terre n'a jamais la pureté que nous avons supposée jusqu'ici et renferme toujours des substances autres que l'hydrogène et l'oxygène.

L'eau qui tombe sous forme de pluie ou de rosée a dissous, dans l'atmosphère, de l'oxygène et de l'azote, de l'acide carbonique, quelquefois même une petite quantité d'ammoniaque et d'azotate d'ammoniaque. Ces deux dernières substances existent spécialement dans les pluies d'orage.

L'eau, qui coule sur le sol, s'infiltre dans la terre et en sort sous forme de sources, après avoir dissous sur son passage des substances solides variables avec la nature des terrains.

61. **Gaz dissous dans l'eau.** — Une eau qui a été exposée au contact de l'air en contient toujours les éléments. Pour prouver la présence de ces gaz et les recueillir, il suffit de chauffer un ballon que l'on a rempli exactement d'eau ainsi que le tube abducteur qui le fait communiquer avec une éprouvette placée sur la cuve à mercure. Les gaz se dégagent et sont recueillis dans l'éprouvette avec une petite quantité d'eau que l'ébullition y a chassée.

En général, les volumes d'azote et d'oxygène dissous sont dans le rapport de 67 à 33.

62. **Matières solides dissoutes dans l'eau.** — La nature des substances dissoutes dans les eaux varie suivant la constitution des terrains qu'elles ont traversés, suivant leur température et le temps pendant lequel elles sont restées en contact avec les terres, suivant enfin diverses autres circonstances qu'il serait trop long d'énumérer. Pour prouver la présence de ces substances solides maintenues en dissolution dans l'eau ordinaire, il suffit d'évaporer une certaine quantité de ce liquide dans une capsule : on trouve au fond de la capsule, après l'évaporation, un dépôt solide formé par les substances que l'eau y a abandonnées en se volatilisant.

Ce résidu est le plus souvent composé de carbonates de chaux et de magnésie, de sulfates de chaux et de magnésie, de chlorure de potassium et de sodium, de silice et quelquefois de matières organiques.

Nous ferons remarquer que les carbonates de chaux et de magnésie, insolubles lorsqu'ils sont à l'état de carbonates neutres, sont maintenus en dissolution à l'aide d'un excès d'acide carbonique qui les a transformés en bicarbonates. Dès qu'on porte à l'ébullition une eau qui en renferme une certaine quantité, elle se trouble et laisse déposer ces carbonates : c'est qu'en effet à cette température les bicarbonates se décomposent, laissent dégager leur acide carbonique et, transformés ainsi en carbonates neutres, retrouvent leur insolubilité primitive.

Le sulfate de chaux que nous avons cité plus haut est assez soluble dans l'eau froide : sa solubilité diminue à mesure que la température s'élève, et à 200° elle est presque nulle. La partie précipitée par le fait seul de l'élévation de la température se réunit à celle qui se dépose par l'évaporation du liquide et donne lieu à la formation de ces croûtes si solides et si adhérentes qui se forment au fond des chaudières à vapeur et que l'on désigne sous le nom d'*incrustations*.

Lorsque l'eau qui alimente la chaudière ne contient pas de sulfate de chaux, mais seulement du carbonate de chaux, celui-ci se dépose à l'état de poudre fine et non adhérente que l'on enlève très-facilement. Mais lorsqu'elle contient en même temps du sulfate de chaux, chaque parcelle de sulfate déposée sur la chaudière devient un centre d'attraction pour le carbonate qui s'y fixe ; ce carbonate se recouvre lui-même de sulfate, et ainsi de suite, de telle sorte que ce dépôt par couches alternatives devient très-dur, très-adhérent et ne peut souvent s'enlever qu'à la pioche.

On a proposé bien des substances pour empêcher la formation de ces incrustations qui nuisent beaucoup à la solidité des chaudières ; mais il n'en est guère qui soit d'une efficacité absolue. La fécule de pommes de terre et les copeaux de bois de campêche donnent cependant de très-bons résultats.

63. Quelques réactions simples permettent de constater la présence des substances principalement contenues dans les eaux.

On reconnaît la présence des sulfates en versant, dans l'eau acidulée avec l'acide azotique, de l'azotate de baryte qui donne un précipité blanc de sulfate de baryte insoluble. Si l'eau reste limpide en présence de ce réactif, c'est qu'elle ne contient pas de sulfate.

Une eau qui contient des chlorures donne un précipité blanc de chlorure d'argent, quand on y verse quelques gouttes d'une solution de nitrate d'argent.

La présence des sels de chaux se reconnaît par la solution d'oxalate d'ammoniaque, qui donne un précipité blanc d'oxalate de chaux.

Quand une eau contient du bicarbonate de chaux, et qu'on y verse une solution alcoolique de bois de campêche, cette liqueur jaune se colore en violet d'autant plus foncé qu'il y a plus de carbonate.

64. **Eaux potables.** — Une eau, pour être potable, doit être fraîche sans être froide, limpide, sans odeur, avoir peu de saveur. Elle doit contenir, à l'état de gaz dissous, de l'oxygène, de l'azote et de l'acide carbonique. On sait en effet qu'une eau récemment bouillie et privée de gaz donne des nausées quand on la boit.

Une eau potable ne doit pas contenir de quantités notables de matières organiques, qui par leur fermentation en altèrent bientôt la qualité. Mais elle doit renfermer des sels en dissolution. La présence du carbonate de chaux, du phosphate de chaux et du chlorure de sodium est utile à la nutrition en général, et en particulier au développement de notre système osseux. Il ne faut pas cependant que les matières solides dissoutes dépassent une certaine limite. Quand une eau donne à l'évaporation plus de 0g,5 à 0g,6 de résidu solide par litre, elle doit être rejetée comme boisson, car elle serait lourde et indigeste.

Nous donnons ci-après la proportion de sels contenue par litre dans un certain nombre d'eaux :

	Résidu par litre.
Eau de la Seine prise à Bercy	0gr,254
Eau de la Marne	0, 511
Eau du puits de Grenelle	0, 149
Eau du puits de la Manutention à Paris	1, 249
Eau du puits de l'École militaire à Paris	2, 147
Eau de la Vesle à Reims	0, 190
Eau de la Loire à Nantes	0, 117
Eau de la Garonne à Toulouse	0, 136

Eau de la Fontaine Suzon à Dijon	0gr,260
Eau du Rhône à Lyon	0, 190
Eau de la Moselle en amont de Metz	0, 116
Eau de la Somme en amont d'Amiens	0, 264
— — aval —	0, 317
Eau des fontaines d'Amiens : source des Frères	0, 295
— — — Puits forés du Château d'Eau.	0, 424
Puits foré dans la filature de M. Levert (partie haute de la ville)	0, 249

Les eaux d'un grand nombre de puits, de la mer, des mares, des étangs, doivent, en général, ne pas être adoptées pour l'alimentation.

Une bonne eau potable ne doit donner, en présence de la teinture alcoolique de campêche, qu'une légère coloration bleue; elle ne doit pas former de grumeaux avec la solution alcoolique de savon.

On peut reconnaître la présence des matières organiques dans l'eau par l'un des deux procédés suivants :

1° On chauffe une certaine quantité d'eau, 1 litre par exemple à 65° environ, on acidule avec l'acide sulfurique, et on verse goutte à goutte une dissolution de permanganate de potasse à 1gr par litre. Cette liqueur, qui est d'un beau violet, se décolore en arrivant dans l'eau, si celle-ci renferme des matières organiques.

2° On fait bouillir l'eau à essayer avec quelques gouttes d'une dissolution de chlorure d'or. Cette dissolution communique à l'eau une coloration jaune. S'il y a des matières organiques, la coloration disparaît au bout de quelque temps, le chlorure d'or se décompose et l'or se dépose à l'état de poussière d'un noir violacé.

65. **Eaux séléniteuses**. — On appelle eau séléniteuse une eau qui, comme celles d'un grand nombre de puits, contient une forte proportion de sulfate de chaux. Une pareille eau ne peut servir à la cuisson des légumes, parce qu'un des principes qu'ils contiennent se combine avec le sulfate de chaux et forme une matière dure, qui rend ces aliments coriaces et peu digestibles.

Une eau séléniteuse a de plus l'inconvénient d'être impropre au savonnage, parce que le savon se décompose en présence du sulfate de chaux et que l'un de ses principes actifs se combine à la chaux pour former avec elle un produit insoluble et inerte, qui se présente sous forme de grumeaux. On peut remédier à cet inconvénient en ajoutant à cette eau un peu de carbonate de soude qui précipite la chaux à l'état de carbonate neutre de chaux insoluble. Elle peut alors être employée au savonnage dès qu'elle a laissé déposer son carbonate.

66. **Eau distillée.** — Pour avoir l'eau pure et privée de matières étrangères, on la distille au moyen d'un appareil appelé alambic (fig. 37). L'eau à distiller est versée dans la chaudière C

Fig. 37.

appelée *cucurbite*. La cucurbite est surmontée d'une partie, appelée *chapiteau*, qui communique par un tube T avec un serpentin S plongé dans un réfrigérant R plein d'eau froide. La chaudière et le chapiteau sont en cuivre; le serpentin doit être en étain pur. La chaudière C est chauffée par le feu d'un foyer F. L'eau entre en ébullition, sa vapeur s'élève dans le chapiteau, passe dans le tube T, de là dans le serpentin SS où elle se condense, et l'eau qui en provient coule par l'extrémité B dans un vase où on la recueille. Quant aux matières solides qui étaient en dissolution dans l'eau, elles restent dans la chaudière.

L'eau distillée pure doit être neutre à la teinture du tournesol et ne donner de précipité avec aucun des réactifs cités plus haut (63).

CHAPITRE IV

AZOTE. — AIR ATMOSPHÉRIQUE. — COMBUSTION. FLAMME. — RESPIRATION.

AZOTE.

Symbole = Az. — Équivalent = 14.

67. **Historique.** — Jusqu'en 1772, l'azote a été confondu avec l'acide carbonique, parce qu'il éteint comme lui les corps en combustion. C'est à Ruterford [1] que l'on doit d'avoir le premier distingué ces deux gaz l'un de l'autre.

68. **Propriétés chimiques et physiques de l'azote.** — L'azote est un gaz incolore, inodore, insipide et permanent. Sa densité est 0,972; 1 litre de gaz à 0° et à 760^{mm} pèse 1^{gr},257.

Il éteint les corps en combustion, et les animaux que l'on y plonge y tombent asphyxiés.

69. **Préparation.** — On peut préparer l'azote en l'extrayant de l'air atmosphérique dont il constitue l'un des éléments. Cette extraction peut se faire par le phosphore ou par le cuivre chauffé au rouge.

Fig. 38.

1° *Par le phosphore*. Dans une capsule en terre placée sur un bouchon de liége qui flotte (fig. 38) à la surface de l'eau d'une cuve, on met un morceau de phosphore; on l'enflamme et on recouvre le tout avec une cloche. Le phosphore brûle aux dépens de l'oxygène de l'air renfermé dans la cloche et se transforme en acide phosphorique qui se dissout dans l'eau. Quand

[1] Ruterford, physicien anglais, né dans le comté de Cambridge en 1712, mort en 1771.

tout l'oxygène est absorbé, le phosphore s'éteint et le gaz qui reste sous la cloche est l'azote.

Nous ferons remarquer que l'eau a monté d'une certaine quantité dans la cloche pour remplacer l'oxygène absorbé par le phosphore.

L'azote ainsi préparé n'est pas d'une pureté parfaite. Il contient encore un peu d'oxygène qui a échappé à la combustion vive du phosphore, de l'acide carbonique provenant de l'air employé et des vapeurs de phosphore.

2° *Par le cuivre métallique.* On peut préparer l'azote à l'état de pureté parfaite en faisant passer un courant d'air privé d'acide

Fig. 39. — Préparation par le cuivre et l'air.

carbonique sur du cuivre métallique chauffé au rouge. A cette température, le cuivre s'empare de l'oxygène de l'air et l'azote seul se dégage.

L'eau d'un flacon à robinet (fig. 39) s'écoule dans un tube à entonnoir, qui traverse l'une des tubulures du flacon situé audessous. L'eau arrivant dans ce flacon en chasse l'air par le tube, qui traverse la seconde tubulure et qui communique avec le reste de l'appareil. Les tubes en U contiennent de la potasse caustique destinée à arrêter au passage l'acide carbonique. Le cuivre est contenu et chauffé dans un tube en verre vert porté sur une grille où on l'entoure de charbons ardents ; ce tube communique avec une éprouvette dans laquelle se rend l'azote.

AIR ATMOSPHÉRIQUE.

70. La terre est entourée par une couche gazeuse que l'on désigne sous le nom d'*air atmosphérique*, et dont l'épaisseur est de 60 kilomètres environ.

L'air est incolore, lorsqu'on le regarde sous une faible épaisseur. Vu sous une épaisseur considérable, il paraît bleu ; c'est ce qui arrive lorsque l'atmosphère n'est pas chargée de vapeurs, lorsque *le temps est beau.* Si parfois le ciel nous paraît couvert, gris ou blanc, c'est que l'atmosphère se trouvant chargée de vésicules de vapeur, qui constituent les nuages, nous ne pouvons la regarder sous une épaisseur assez considérable pour qu'elle nous paraisse bleue.

L'eau n'a ni odeur ni saveur. Galilée [1] a démontré, en 1640, qu'il était pesant ; sa densité est $\frac{1}{773}$ de celle de l'eau. C'est à la densité de l'air prise pour unité que l'on rapporte la densité des autres gaz. 1 litre d'air pèse $1^{gr},293$, à 0° et sous la pression de de 760^{mm}.

71. **Composition.** — Les anciens regardaient l'air comme un élément. En 1669, un chimiste anglais, John Mayow [2] soupçonna dans l'atmosphère la présence d'un principe plus spécialement propre à entretenir la combustion. Plus tard, les expériences de Bayen[3] (1774) prouvèrent que le mercure chauffé à l'air augmente de poids ; mais, comme celles de Jean Rey [4] (1630) sur l'augmentation de poids de l'étain chauffé à l'air, elles restèrent sans résultats.

La composition de l'air n'est connue que depuis la fin du siècle

Galilée, né à Pavie en 1564, mort en 1642.

[2] John Mayow, chimiste anglais, né en 1645 en Cornouailles, mort à Londres en 1679.

[3] Bayen (Pierre), pharmacien et chimiste, né à Châlons-sur-Marne en 1725, mort en 1798.

[4] Jean Rey, chimiste français, né dans le Périgord vers la fin du dix-septième siècle, mort en 1745.

dernier. C'est à Lavoisier (1774) que l'on doit cette découverte, qui doit être considérée comme ayant exercé la plus grande influence sur le développement de la chimie. On comprend en effet que la plupart des phénomènes chimiques se passant au milieu de l'air, il doit intervenir dans le plus grand nombre d'entre eux, et que sa part d'influence, comme les résultats de cette intervention, ne pourront être bien calculés et expliqués qu'autant qu'on connaîtra sa composition chimique.

Voici l'expérience mémorable par laquelle Lavoisier démontra l'existence dans l'air de deux gaz différents :

Il introduisit un poids déterminé de mercure dans un ballon dont le col recourbé (fig. 40) s'élevait jusqu'au milieu d'une

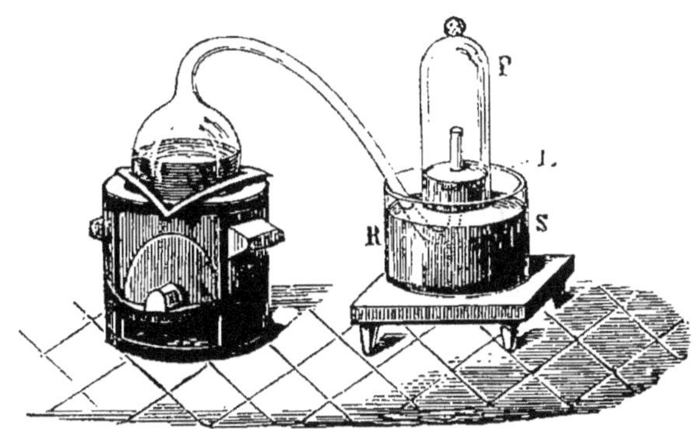

Fig. 40. — Expérience de Lavoisier pour montrer la composition de l'air.

cloche P reposant sur un bain de mercure RS, et remplie d'air; puis, aspirant une partie de cet air avec un siphon, il fit monter le mercure jusqu'à un niveau L qu'il marqua soigneusement avec une bande de papier. Le ballon reposait sur un fourneau. Les charbons que contenait ce dernier échauffaient le mercure jusqu'à une température voisine de son ébullition.

L'expérience dura douze jours. Au bout du second jour, Lavoisier commença à voir nager à la surface du mercure du ballon de petites parcelles rouges dont le nombre augmenta pendant quatre ou cinq jours. En même temps le mercure s'éleva dans la cloche P. Au bout de douze jours, Lavoisier voyant que la *calcination* du mercure (oxydation du mercure) ne faisait plus aucun progrès, éteignit le feu et laissa refroidir l'appareil. Il constata alors que le volume d'air qu'il contenait au début de l'expérience avait diminué d'environ $\frac{1}{5}$, que le gaz qui restait n'avait plus la propriété d'entretenir la combustion ni la respiration, que les animaux y tombaient asphyxiés, que les bougies s'y éteignaient immédiatement.

Reprenant alors les parcelles rouges qui s'étaient formées à la surface du mercure (et qui ne sont autres que du bioxyde de mercure), il les introduisit dans une petite cornue de verre munie d'un tube abducteur, la chauffa et décomposa la matière rouge en mercure qui resta dans la cornue et en un gaz qu'il recueillit. Le gaz communiquait à la flamme de la bougie un éclat éblouissant; le charbon, au lieu de s'y consumer paisiblement comme dans l'air ordinaire, y brûlait avec éclat.

En réfléchissant aux conséquences de cette expérience, on voit que l'air se compose de deux gaz de nature différente et, pour ainsi dire, opposée : l'un, capable d'être absorbé par le mercure chauffé, de communiquer à la combustion une activité qu'elle n'a pas dans l'air, c'est l'oxygène; l'autre, incapable de se combiner avec le mercure et d'entretenir la combustion, c'est l'azote.

Lavoisier achevait de prouver cette importante vérité, en montrant que les deux gaz mélangés dans les proportions qu'il avait déterminées reproduisaient de l'air ordinaire.

L'expérience de Lavoisier établissait d'une manière incontestable que l'air était composé d'azote et d'oxygène, mais elle ne donnait pas exactement les proportions relatives de ces deux gaz.

72. **Vapeur d'eau et acide carbonique contenus dans l'air.** — Avant d'exposer les méthodes qui nous permettent aujourd'hui d'arriver à la détermination exacte de la composition de l'air, ajoutons qu'il contient aussi une petite quantité d'un gaz appelé acide carbonique. Pour le prouver, on expose à l'air une dissolution limpide de chaux dans un vase large et peu profond. Il se forme bientôt à la surface une pellicule blanche de carbonate de chaux ; si l'on enlève cette pellicule, elle est bientôt remplacée par une autre, et si l'on réunit les pellicules successivement formées à la surface du liquide, qu'on les chauffe dans une cornue de grès munie d'un tube abducteur se rendant sur la cuve à eau, on recueillera un gaz que nous étudierons plus tard sous le nom d'acide carbonique et que nous avons

vu se former (48) par la combustion du charbon dans l'oxygène. Le corps qui reste dans la cornue est de la chaux vive.

L'air contient aussi de la vapeur d'eau, et c'est la condensation de cette vapeur qui produit la pluie et les brouillards, sa congélation qui produit la neige.

C'est aussi à la présence de la vapeur d'eau dans l'air qu'est due la propriété des substances dites *déliquescentes* qui, comme le sel de cuisine, comme la potasse, fondent à l'air, parce qu'elles y absorbent assez d'eau pour s'y dissoudre.

Pour déterminer la quantité d'acide carbonique et de vapeur d'eau contenue dans l'atmosphère, il suffit de faire passer un volume déterminé d'air dans des tubes en verre remplis, les uns de potasse, les autres de pierre ponce imbibée d'acide sulfurique ; la potasse retient l'acide carbonique, l'acide sulfurique s'empare de la vapeur d'eau. L'augmentation de poids, que les tubes à potasse ont subie après le passage de l'air, donne le

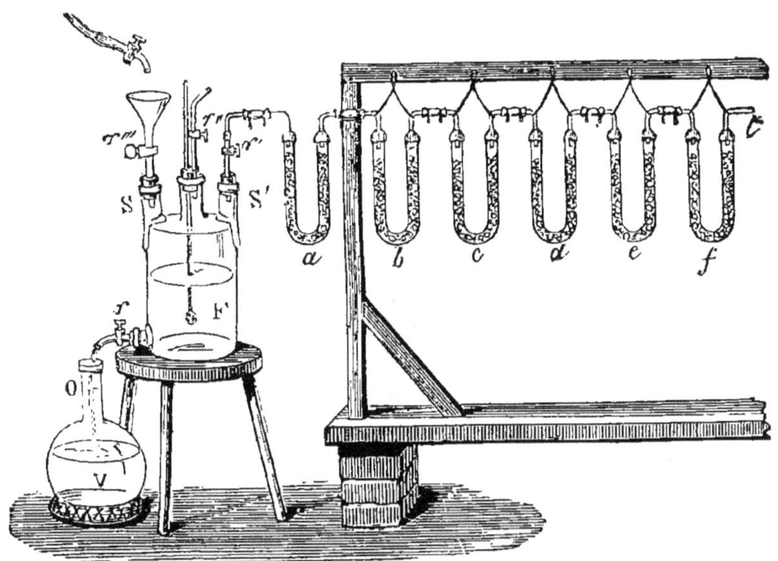

Fig. 41. — Procédé pour déterminer la quantité d'acide carbonique et de vapeur d'eau contenus dans l'air.

poids de l'acide carbonique contenu dans le volume d'air sur lequel on a opéré ; l'augmentation de poids des tubes à acide sulfurique indique la quantité de vapeur d'eau.

L'appareil dont on se sert est représenté (fig. 41). Le flacon F, dit *flacon aspirateur*, est rempli d'eau et communique avec les tubes *a*, *b*, *c*, *d*, *e*, *f* remplis, les uns de ponce imbibée de potasse, les autres de ponce imbibée d'acide sulfurique. Dans la tubulure médiane de ce flacon passent un thermomètre et un tube à dégagement muni d'un robinet r'' ; la tubulure S porte un entonnoir à robinet r'''.

Pour faire passer l'air dans les tubes, on ouvre les robinets r et r', les autres étant fermés : l'eau s'écoule dans un ballon V jaugé jusqu'au trait O ; supposons que sa capacité soit de 5 litres. A mesure que l'eau s'écoule, l'air extérieur entre dans le flacon F pour remplir le vide qu'elle laisse, et, comme il n'y a que le robinet r' ouvert, passe, avant d'arriver dans le flacon, dans les tubes *a*, *b*, *c*, *d*, *e*, *f*. Lorsque le vase V est rempli jusqu'au trait, on est sûr qu'il a passé 5 litres d'air dans les tubes en U. Avec cet appareil, on pourra opérer sur autant d'air que l'on voudra. On n'aura pour cela qu'à remplir d'eau l'aspirateur, en fermant les robinets r et r' et ouvrant les robinets r'' et r''' qui laisseront, le premier, arriver l'eau versée dans l'entonnoir, le second sortir l'air déjà analysé. Deux pesées faites, l'une avant, l'autre après l'expérience, donneront par leur différence l'augmentation de poids subie par les tubes.

On parvient ainsi à prouver que la quantité d'acide carbonique de l'air oscille entre, 0,0003 et 0,0004. Quant à la quantité de vapeur d'eau, elle est très-variable.

Fig. 42. — Analyse de l'air par le phosphore à froid.

73. **Analyse de l'air par le phosphore à froid.** — On introduit un bâton de phosphore mouillé dans un tube gradué reposant sur le mercure (fig. 42) et contenant un volume d'air que l'on observe. Le phosphore s'empare lentement de l'oxygène de l'air pour former avec lui de l'acide phosphoreux que dissout l'eau qui mouille le bâton de phosphore. Lorsque celui-ci n'est plus lumineux dans l'obscurité, on mesure le volume gazeux restant.

74. **Analyse de l'air par le phosphore à chaud.** — En opérant à chaud, l'analyse se fait plus rapidement. Dans une cloche courbe (fig. 43) contenant un volume déterminé d'air et reposant sur l'eau, on introduit un morceau de phosphore et on

le pousse, à l'aide d'un fil de fer, jusqu'à ce qu'il arrive dans le petit renflement que présente la cloche : on chauffe doucement avec une lampe à alcool : le phosphore fond et s'enflamme : une

Fig. 43. — Analyse de l'air par le phosphore à chaud.

lueur verdâtre traverse la cloche de haut en bas, l'acide phosphorique formé se dissout dans l'eau et on mesure le volume d'azote restant.

75. **Analyse de l'air par l'eudiomètre.** — L'analyse de l'air par l'eudiomètre est fondée sur ce principe que 2 volumes d'hydrogène se combinent avec 1 volume d'oxygène, sous l'influence de l'étincelle électrique, pour former de l'eau, dont le volume, à l'état liquide, est négligeable par rapport à celui des gaz qui le constituent.

On introduit dans l'eudiomètre 100 volumes d'air et 100 volumes d'hydrogène, ce qui fait 200 volumes de gaz : on fait passer l'étincelle, la combinaison a lieu entre l'hydrogène et l'oxygène de l'air ; et, si l'on mesure le résidu gazeux dans la cloche supérieure de l'eudiomètre, on constate qu'il est de 137 volumes : 200 moins 137, c'est-à-dire 63 volumes, ont donc disparu pour faire de l'eau ; dans ces 63 volumes, il y a un $\frac{1}{3}$ d'oxygène, c'est-à-dire 21 volumes qui proviennent de 100 volumes d'air. Donc les 100 volumes d'air contiennent 21 volumes d'oxygène et 79 volumes d'azote.

76. **Analyse de l'air par le cuivre.** — *Procédé de MM. Dumas et Boussingault.* Dans toutes les méthodes précédentes, la composition de l'air se déduit de la mesure de volumes gazeux

assez petits ; il était donc nécessaire de constater les résultats obtenus par un procédé fondé sur la détermination des poids : d'ailleurs les procédés où l'on pèse impliquent moins de causes d'erreur que ceux où l'on mesure des volumes. MM. Dumas et Boussingault ont fait l'analyse de l'air en combinant son oxygène avec du cuivre chauffé au rouge et en recueillant l'azote.

Un ballon M (fig. 44) vide d'air et portant un robinet R est

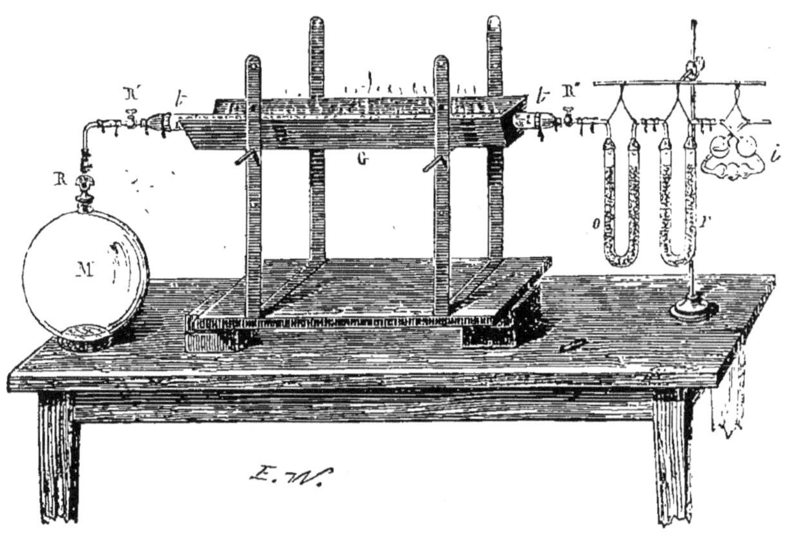

Fig. 44. — Analyse de l'air par le cuivre.

relié avec un tube *tt* muni aussi de robinets R', R''. Ce tube, qui est aussi vide d'air et contient de la tournure de cuivre, est posé sur une grille G et se trouve relié lui-même aux tubes *o*, *r* et *i*, destinés à absorber la vapeur d'eau et l'acide carbonique que contient l'air qui les traverse. Le ballon M et le tube *tt* ont été pesés avant l'expérience.

On chauffe au rouge le tube *tt*; puis, ouvrant avec précaution les robinets R, R', R'', on laisse arriver sur le cuivre l'air purifié par son passage à travers les tubes *o, r, i :* le cuivre se combine avec l'oxygène de cet air ; quant à l'azote, il se rend dans le ballon M.

L'augmentation de poids subie après l'expérience par le tube *tt* indique le poids d'oxygène contenu dans la quantité d'air considéré ; l'augmentation de poids du ballon donne le poids de l'azote. Il est évident que l'on doit corriger ces résultats de la quantité d'azote qui reste après l'expérience dans le tube tt, et cette quantité se détermine en y faisant le vide et en mesurant la diminution de poids qu'il subit par le départ de l'azote.

Un grand nombre d'expériences ont permis de conclure que l'air atmosphérique a la composition moyenne suivante :

1° 100 grammes d'air renferment............ { 23g,13 d'oxygène. / 76g,87 d'azote. } = 100g,00

2° 1 litre ou 1000 centimètres cubes d'air renferment.......... { 209 centim. cub. d'oxyg. / 792 — d'azote. } = 1000

77. **Autres matières contenues dans l'air.** — Indépendamment de l'azote, de l'oxygène, de l'acide carbonique et de la vapeur d'eau, l'air contient encore d'autres substances, telles que l'ammoniaque et l'azotate d'ammoniaque. Avec ces substances se trouvent de nombreux corpuscules organiques que l'on aperçoit très-bien sur le trajet d'un rayon solaire traversant une chambre peu éclairée.

78. **Invariabilité dans la composition de l'air.** — Un très-grand nombre d'analyses faites sur des volumes d'air recueilli en des lieux bien différents et à des hauteurs variables dans l'atmosphère ont démontré que l'air avait une composition constante.

79. **L'air est un mélange.** — Quoique l'air atmosphérique ait une composition constante, on doit le considérer comme un mélange, et non comme une combinaison définie. Voici les raisons principales que l'on fait valoir à l'appui de cette assertion :

1° Les volumes d'azote et d'oxygène qui se trouvent dans l'air n'offrent pas entre eux un rapport simple comme ceux que l'on remarque ordinairement dans les combinaisons gazeuses.

2° Quand on mélange l'azote et l'oxygène dans les proportions où ils se trouvent dans l'air, on n'observe pas le dégagement de chaleur et d'électricité qui accompagne ordinairement les combinaisons chimiques, et cependant le mélange présente toutes les propriétés de l'air atmosphérique.

3° Nous avons vu plus haut que lorsqu'on fait bouillir de l'eau qui a séjourné au contact de l'atmosphère, il se dégage un mélange d'oxygène et d'azote qui n'a pas la composition de l'air.

Si l'air est une combinaison, il doit se dissoudre en vertu d'une solubilité qui lui est propre, et 100 parties en se dissolvant doivent entraîner 79 parties d'azote et 21 d'oxygène. Mais s'il n'est qu'un mélange, chacun des gaz qui le composent conserve sa solubilité individuelle et se dissout proportionnellement à cette solubilité. C'est pourquoi nous retrouvons, dans le mélange gazeux que dissout l'eau, non pas 79 d'azote et 21 d'oxygène, mais 33 d'oxygène et 67 d'azote.

80. **Rôle de l'air dans la combustion.** — Nous avons vu plus haut que certains corps pouvaient brûler dans l'oxygène et que, suivant les cas, la combustion était *vive* ou *lente* ; les mêmes phénomènes de combustion se produisent dans l'air par l'action de l'oxygène qu'il renferme, mais leur intensité est moins vive, car l'azote vient modérer par ses propriétés opposées l'énergie de la réaction.

Le mot *combustion* a été longtemps considéré comme exprimant un phénomène d'oxydation ; plus tard on a généralisé sa signification en le rendant synonyme de *combinaison*. Mais le plus souvent maintenant on lui conserve le sens restreint que lui avait d'abord donné Lavoisier. Il y a plus, dans le langage ordinaire, on désigne par *combustion* la fixation de l'oxygène *avec dégagement de chaleur et de lumière*, et l'on réserve le mot oxydation pour désigner la combinaison d'un corps avec l'oxygène, quels que soient les phénomènes qui l'accompagnent.

On croyait autrefois que la combustibilité des corps était produite par une substance répandue dans toute la nature, qui s'échappait d'eux pendant la combustion et à laquelle on donnait le nom de phlogistique. Mais quand Schèele eut découvert qu'il y a consommation d'oxygène dans la combustion, quand Lavoisier eut reconnu que le corps brûlé augmente d'un poids précisément égal à celui de l'oxygène consommé, la théorie du phlogistique dut être abandonnée pour faire place à la théorie universellement admise aujourd'hui par les chimistes modernes, qui considèrent la combustion comme un phénomène d'oxydation.

Il résulte de là que la combustion ne pourra s'effectuer dans l'air qu'autant que cet air se renouvellera suffisamment à la surface du combustible. Supposons des charbons en ignition placés au milieu d'une chambre hermétiquement close de toutes parts : l'oxygène de l'air entretiendra d'abord la combustion de ces charbons qui, par leur combinaison avec l'oxygène, produiront de l'acide carbonique ; mais peu à peu la combustion s'effectuera avec moins d'énergie et finira même par s'arrêter tout à fait. C'est qu'en effet, l'oxygène de l'air est lentement absorbé, et qu'au bout d'un certain temps l'atmosphère de la chambre ne renferme plus que de l'azote et de l'acide carbonique, gaz incapables tous deux d'entretenir la combustion.

Cela nous explique la nécessité du tirage des cheminées. Lorsque ce tirage n'est pas suffisant, non-seulement les produits de la combustion, fumée, acide carbonique, etc., ne sont pas emportés au dehors d'une manière régulière, ce qui présente de nombreux inconvénients pour les personnes qui habitent l'appartement, mais aussi *le feu dort,* comme on dit vulgairement; le combustible ne brûle que péniblement, parce que l'air avec lequel il est en contact ne se renouvelle pas avec assez de rapidité, et que, par suite, la quantité d'oxygène fournie est insuffisante. Tout le monde sait de reste que pour activer dans un foyer la combustion, il suffit de diriger, à l'aide d'un soufflet, un courant d'air à travers la masse du combustible.

On peut montrer facilement par l'expérience suivante la nécessité du renouvellement de l'air dans la combustion des corps. La flamme d'une bougie est produite, comme nous le verrons plus loin, par la combustion de certains gaz qui se dégagent de la cire en fusion. Si nous plaçons une bougie sous une cloche en verre remplie d'air, nous la voyons d'abord brûler comme à l'air libre ; puis la flamme s'allonge, pâlit et s'éteint (fig. 45). Cela est dû à l'absorption graduelle de l'oxygène que renfermait l'air de la cloche.

Fig. 45. — Combustion d'une bougie dans une atmosphère limitée.

81. La combustion des corps est ordinairement accompagnée de dégagement de chaleur et de lumière, et nous croyons utile d'indiquer ici les températures auxquelles correspondent les diverses teintes prises par les corps soit en combustion, soit chauffés eux-mêmes par des corps en combustion. Nous empruntons le tableau suivant aux travaux de M. Pouillet :

Couleurs que prend le platine.	Températures correspondantes.
Rouge naissant	525°
Rouge sombre	700°
Cerise naissant	800°
Cerise	900°
Cerise clair	1000°
Orangé foncé	1100°
Orangé clair	1200°
Blanc	1300°
Blanc soudant	1400°
Blanc éblouissant	1500°

On voit qu'au-dessous de 500° environ les corps ne sont pas lumineux; on dit alors que la chaleur est obscure.

DE LA FLAMME.

82. On appelle flamme un gaz ou une vapeur en combustion, portés à une température assez élevée pour devenir lumineux.

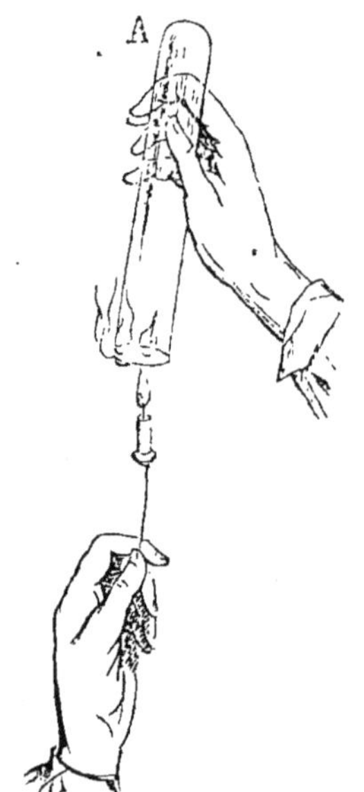

Fig. 46. — Combustion de l'hydrogène.

Lorsqu'un corps ne peut se transformer en gaz ou en vapeur, il peut devenir lumineux par l'action d'une température suffisante, mais il ne produit pas de flamme : tels sont le charbon bien calciné qui brûle sans flamme, le fer, le cuivre, etc... Le phosphore, le soufre, le zinc qui sont volatils, les gaz combustibles, comme l'hydrogène, brûlent au contraire avec flamme.

83. **Température de la flamme.** — La température de la flamme a pour cause la chaleur dégagée par la combinaison avec l'oxygène de l'air du gaz ou de la vapeur combustible. Cela est si vrai que la flamme n'est lumineuse qu'aux points où le gaz est en contact avec l'oxygène. Approchons, en effet, une bougie de l'orifice d'une éprouvette remplie d'hydrogène (fig. 46), l'éprouvette étant tournée vers la terre, de telle sorte que le gaz plus léger que l'air reste dans l'éprouvette; le gaz va s'enflammer, mais la flamme ne se pro-

pagera pas dans l'intérieur. Renversons au contraire l'éprouvette (fig. 47), le gaz en vertu de sa légèreté s'échappera en partie, une certaine quantité d'air le remplacera et la flamme se propagera dans l'intérieur.

Il résulte de là, qu'à l'intérieur d'une flamme la température est bien plus basse qu'à l'extérieur, puisqu'il n'y a contact et

Fig. 47. — Combustion de l'hydrogène.

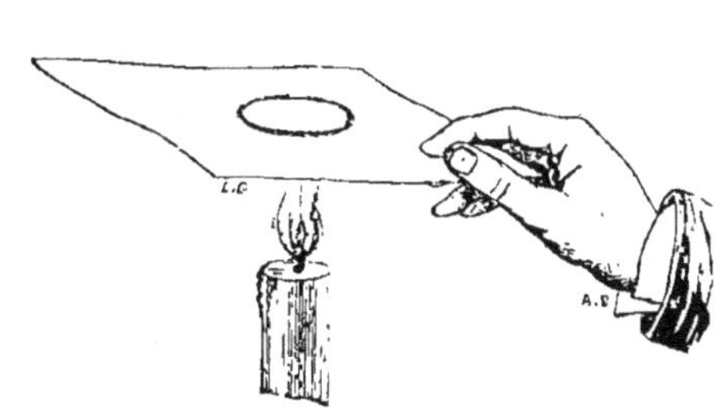

Fig. 48. — Expérience de Faraday.

combinaison avec l'oxygène que sur les parties externes. On peut le prouver très-simplement par l'expérience suivante due à Faraday.

Plaçons (fig. 48) une feuille de papier en travers de la flamme d'une bougie et nous verrons une auréole roussâtre se tracer à sa surface : elle correspond aux points où la partie extérieure de la flamme, partie qui est la plus chaude, a carbonisé le papier avant de l'enflammer : quant au centre de l'auréole, le papier y est resté blanc, parce qu'il n'a été en contact qu'avec les parties centrales et froides.

Les flammes produites par les différents corps combustibles n'ont pas toutes la même température : plus l'affinité pour l'oxygène du corps qui brûle est grande, plus la température de la flamme est élevée. Aussi celle de l'hydrogène est-elle plus chaude que celle du charbon, celle du charbon plus chaude que celle du soufre.

84. **Éclat de la flamme.** — L'éclat de la flamme est produit par la suspension au milieu du gaz en combustion de particules solides qui s'y échauffent assez pour devenir elles-mêmes lumineuses. La flamme de l'hydrogène est très-pâle, sans éclat, parce

qu'il ne peut se produire dans la combustion de ce gaz aucune parcelle solide : celle du gaz de l'éclairage est brillante, parce que ce gaz en brûlant donne lieu à des particules de charbon qui restent en suspension dans la flamme et y deviennent lumineuses. Il en est de même pour la flamme de l'huile et de la bougie.

Pour comprendre que l'éclat d'une flamme tient à la présence de corps solides, il suffira de remarquer que la flamme la plus pâle, celle de l'hydrogène, devient brillante dès qu'on y introduit un corps solide, comme un fil mince de platine, des brins d'amiante, de la chaux vive, etc. Réciproquement, la flamme brillante d'une lampe à huile devient terne et fumeuse, dès qu'on enlève le verre qui l'enveloppe. C'est qu'en effet, le verre une fois enlevé, le courant d'air, qui circulait autour de la flamme et lui fournissait l'oxygène nécessaire à la combustion des particules charbonneuses produites par la décomposition de l'huile, devient moins actif : la combustion n'est plus complète, la température des gaz qui composent la flamme s'abaisse, et les molécules de charbon, cessant d'être incandescentes, forment cette fumée noire que l'on voit s'élever au-dessus de la lampe.

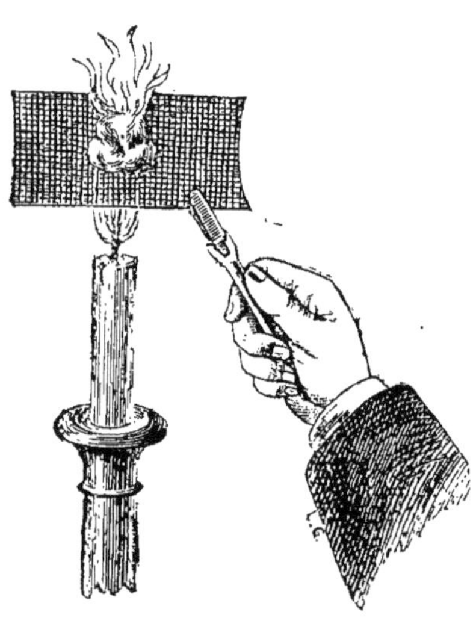

Fig. 49. — Action d'une toile métallique sur une flamme.

On peut produire un effet analogue sur la flamme d'une chandelle ou d'une bougie en plaçant transversalement au milieu d'elle une toile métallique : cette flamme paraît alors coupée par la toile métallique (fig. 49) au-dessus de laquelle s'élève une fumée noire. C'est qu'en effet la toile par sa conductibilité prend une quantité de chaleur considérable aux gaz de la flamme, les laisse passer à travers ses mailles, mais les refroidit assez pour les empêcher d'être lumineux, en arrêtant la combustion et l'incandescence des molécules de charbon. Cela est si vrai que si, à une petite distance de la toile, on approche la flamme d'une autre bougie et qu'on rende ainsi aux gaz la chaleur qui leur manque, ils prennent feu et continuent à brûler (fig. 50).

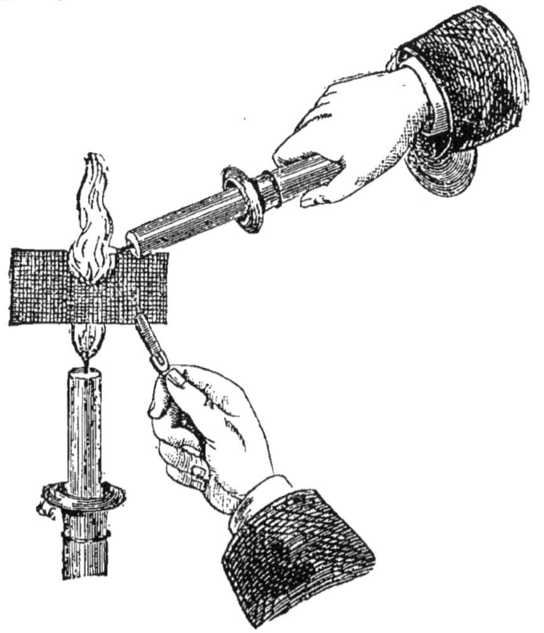

Fig. 50. — Action d'une toile métallique sur une flamme.

La même expérience peut être faite (fig. 51) sur la flamme du gaz de l'éclairage.

Cette propriété des toiles métalliques est appliquée, comme nous le verrons plus tard, dans la construction de la lampe de sûreté de Davy.

85. **Constitution de la flamme.** — Les flammes produites par la combustion d'un corps simple ou indécomposable sont simples elles-mêmes et homogènes, mais il n'en est pas de même de celles qui sont produites par les corps composés : leurs propriétés varient en leurs divers points avec la nature des substances qui s'y forment.

Prenons pour exemple la flamme d'une bougie. Nous y distinguerons trois parties distinctes.

A l'intérieur et autour de la mèche une partie sombre *m*

(fig. 52), où la température n'est pas élevée : autour de cet espace une région *i* lumineuse; cette région est elle-même enveloppée par une couche *e* peu lumineuse et bleuâtre vers sa base *b*.

Si l'on plonge dans la flamme un morceau de fil de fer, il ne rougira pas dans le milieu *m*, se colorera facilement dans la partie lumineuse *i* et rougira fortement dans la couche *e* : ce qui indi-

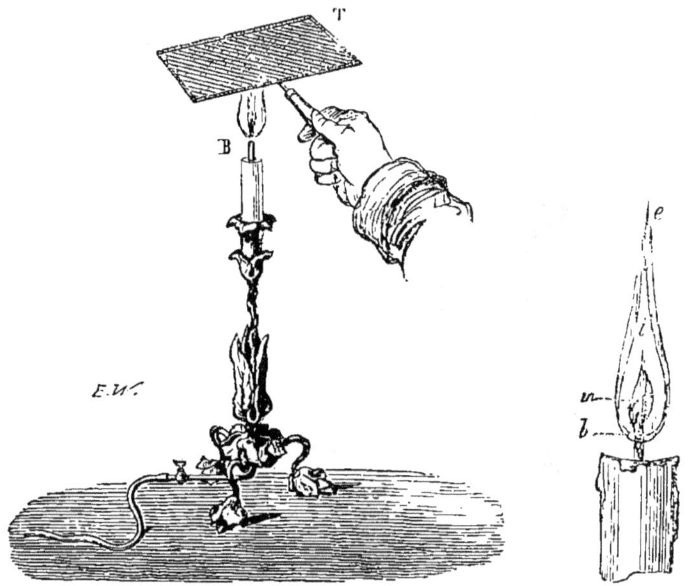

Fig. 51. — Action d'une toile métallique sur une flamme.

Fig. 52. — Composition de la flamme d'une bougie.

que que la température va en croissant du centre à la périphérie.

Toutes ces différences s'expliquent aisément. La bougie est formée par une substance composée de charbon, d'hydrogène et d'oxygène, au centre de laquelle se trouve une mèche en coton tressé. Lorsque nous l'allumons, elle brûle mal au début, parce que la mèche n'est pas encore imbibée de matière combustible; mais bientôt la cire fond, monte par capillarité dans la mèche et s'y décompose en produits gazeux, qui constituent la partie obscure *m* de la flamme et n'y brûlent pas faute d'oxygène. Ces gaz, qui sont composés en grande partie d'hydrogène carboné, commencent à brûler dans la partie *i*; mais comme ils n'y rencontrent pas encore assez d'oxygène pour la combustion du carbone, l'hydrogène seul y brûle, le carbone y est seulement porté à l'incandescence ; c'est lui qui fournit à cette partie de la flamme l'éclat qu'elle présente. Dans l'enveloppe extérieure *e*, le carbone brûle, se transforme en acide carbonique, et c'est à cette transformation que sont dues la diminution d'éclat et l'augmentation de chaleur que l'on constate dans cette partie de la flamme.

86. **Lampe à huile et à double courant d'air.** — Les lampes à huile et à double courant d'air donnent des flammes dont la clarté est plus vive que celle des bougies. Ces lampes présentent une mèche annulaire en coton tressé ; cette mèche plonge dans un réservoir où arrive constamment de l'huile poussée par l'action d'un mécanisme qui varie avec la nature de la lampe. Si l'on enflamme cette mèche, l'huile qui la baigne se décompose, fournit des gaz qui par leur combustion produisent une flamme annulaire, dont les surfaces interne et externe sont en contact avec l'air. La mèche est entourée d'un verre destiné à créer un courant d'air, qui active la combustion de l'huile.

La flamme d'une lampe à l'huile paraît avoir une constitution différente de celle d'une bougie, et cependant elle n'en diffère pas. Elle peut être considérée comme formée par la juxtaposition, suivant le cercle formé par la mèche, d'une série de flammes identiques à celles d'une bougie, de telle sorte que si l'on fait une coupe dans la flamme par un plan vertical passant suivant un diamètre de la mèche, on obtient la figure 53, qui présente aux deux extrémités de ce diamètre la forme d'une flamme analogue à celle de la bougie.

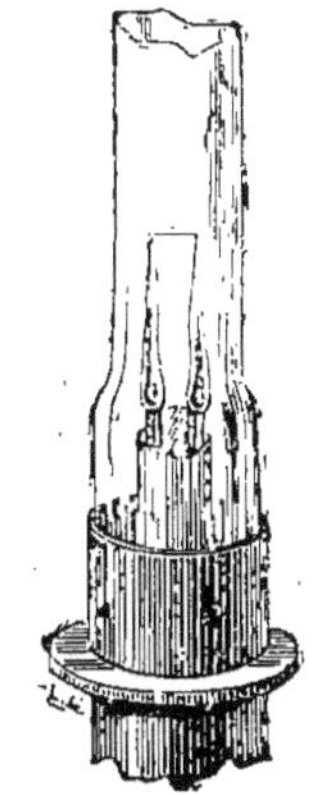

Fig. 53. — Composition de la flamme d'une lampe.

87. Le gaz d'éclairage donne des flammes d'une nature semblable. Si le jet de gaz s'échappe par une seule ouverture, on a une flamme dont la constitution est la même que celle d'une bougie. Si le gaz s'échappe par une réunion d'ouvertures disposées en cercle et que le bec soit muni d'un verre, la flamme peut être comparée à celle des lampes que nous venons d'étudier.

88. **Du chalumeau.** — On a souvent besoin, dans l'industrie comme dans les laboratoires, d'augmenter la température des flammes. On y parvient en di-

rigeant un courant d'air sur la flamme à l'aide d'un instrument appelé *chalumeau*.

Il se compose (fig. 54) d'un tube *tt* dont l'extrémité est placée dans la bouche, d'une partie renflée *c* qui arrête l'humidité que le courant d'air sortant de la bouche emporte avec lui, d'un ajutage *a* que l'on appelle le *porte-vent*, et d'un bout *b*, qui est percé d'un trou dont le diamètre varie.

Fig. 54. — Chalumeau.

Les orfévres, les émailleurs, les bijoutiers, les essayeurs de monnaie font usage

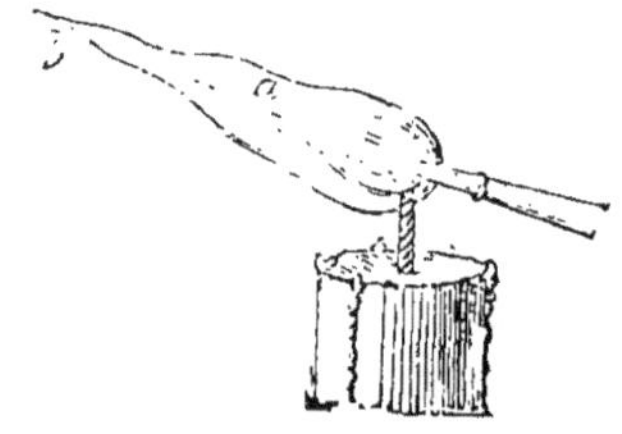
Fig. 55. — Action du chalumeau sur la flamme.

du chalumeau toutes les fois qu'ils veulent fondre une petite quantité de métal et d'alliage, faire des soudures de peu d'étendue, etc.

Il faut un peu d'habitude pour obtenir, sans se fatiguer, un courant d'air continu. On doit gonfler les joues, respirer par les fosses nasales, et, par le mouvement régulier des muscles des joues, faire sortir d'une manière continue l'air renfermé dans la bouche.

Le chalumeau porte, au milieu de la flamme, une masse d'air qui en change l'aspect. Elle s'incline et prend la disposition que représente la figure 55. Elle offre, dans son centre, un jet bleu *a* ; l'extrémité de ce jet est le point où se développe la plus haute température ; la combustion y est complète. Cette zône se trouve entourée d'une partie brillante, dans laquelle l'oxygène fait défaut et où les particules charbonneuses incandescentes ne brûlent pas. Enfin la zône externe est pâle, l'oxygène y est en excès et la combustion complète. Si l'on veut simplement faire fondre une substance, on la placera à l'extrémité de la pointe du cône bleu *a*. Si l'on veut réduire un oxyde, c'est-à-dire lui enlever son oxygène, on le placera dans la partie brillante où il rencontrera de nombreuses parcelles de charbon avides d'oxygène. Enfin, si l'on veut produire une oxydation, on placera la substance à oxyder à l'extrémité de la flamme, où il y a excès d'oxygène.

89. **Chalumeau à gaz oxygène et hydrogène.** — Le chalumeau que nous venons de décrire ne suffirait pas pour opérer la fusion des substances très-difficiles à fondre et que l'on appelle *réfractaires*. On se sert, pour les fondre, d'un chalumeau dans lequel la combustion de l'hydrogène ou du gaz de l'éclairage est activée par un courant d'oxygène.

Le tube central (fig. 56) *t't'* communique par le robinet *o* avec un réservoir d'oxygène comprimé; il est enveloppé par un au-

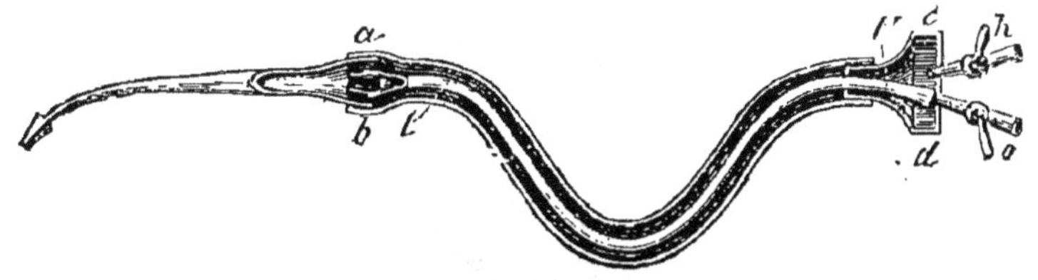

Fig. 56. — Chalumeau à gaz oxygène et hydrogène.

tre tube *abcd*, qui communique par sa partie latérale avec un réservoir d'hydrogène comprimé ou avec les conduites du gaz de l'éclairage; par suite de cette disposition ce dernier gaz se répand dans l'espace annulaire compris entre le tube central et le tube extérieur *abcd*. Le mélange des deux gaz ne se fait qu'à l'extrémité du chalumeau; il n'y a pas de possibilité d'explosion.

ROLE DE L'AIR DANS LA RESPIRATION.

90. L'air est nécessaire à la respiration des animaux; cette fonction ne peut s'effectuer dans un milieu dépourvu d'air ou dans lequel le fluide serait trop raréfié. On le prouve en plaçant un animal plein de vie sous le récipient de la machine pneumatique. A mesure qu'on enlève l'air par le jeu des pistons, l'animal s'affaiblit, devient haletant, tombe épuisé et ne tarde pas à mourir. Lavoisier a démontré, en 1777, que le phénomène de

la respiration est une combustion lente. Sans entrer dans de grands détails à ce sujet, nous allons indiquer en quoi consiste essentiellement l'accomplissement de cette fonction nécessaire à l'entretien de la vie et quels en sont les effets.

Le sang est un liquide nourricier qui circule à travers l'organisme dans un ensemble de vaisseaux, appelé système circulatoire. Dans sa marche, il dépose les éléments destinés à nourrir les organes, à réparer leurs pertes incessantes; mais il se charge en même temps de principes qui le rendent impropre à continuer son rôle réparateur. Il faut donc qu'il se révivifie, et cette révivification, qui est le but et l'effet de la respiration, s'accomplit par l'intermédiaire de l'air atmosphérique. Pour cela l'air, par les mouvements d'inspiration, est introduit dans l'intérieur des poumons; le sang impropre à la nutrition, dit *sang*

Fig. 57. — Expérience pour prouver l'exhalation de l'acide carbonique par les poumons.

veineux, y arrive aussi, et, à travers les membranes qui forment les parois des cellules pulmonaires, s'opère un échange de gaz entre l'air et le sang veineux. Celui-ci exhale l'acide carbonique qu'il contient en excès et prend une certaine quantité d'oxygène à l'air atmosphérique. Cet oxygène entraîné dans la circulation y brûle les principes charbonneux du sang et produit ainsi de nouvel acide carbonique, qui vient s'échanger dans les poumons contre une nouvelle dose d'oxygène. Dans les mouvements d'expiration, l'acide carbonique est rejeté au dehors.

On peut mettre en évidence cette exhalation d'acide carbonique, en soufflant pendant quelques instants (fig. 57) dans un tube plongeant au milieu d'une dissolution limpide de chaux. L'air qui sort des poumons contient une quantité d'acide carbonique suffisante pour qu'il se produise bientôt un abondant dépôt de carbonate de chaux.

L'air est le seul gaz qui puisse entretenir la respiration d'une manière continue; l'oxygène serait trop actif; l'azote, qui est mélangé avec lui dans l'atmosphère, vient tempérer ses effets.

91. **Chaleur animale.** — La combustion lente du charbon dans les vaisseaux sanguins est accompagnée d'un dégagement continuel de chaleur. C'est là la source principale de la chaleur animale. Quand la respiration est active, la température du corps de l'animal reste constante, indépendante de la température extérieure; en général, elle lui est même supérieure. C'est ce que l'on rencontre dans les animaux dits *à sang chaud* ou *à température constante*, comme les mammifères et les oiseaux. Quand la respiration d'un animal est lente, sa température suit la variation de la température des corps environnants; c'est ce que l'on observe chez les reptiles, les poissons, qui sont dits animaux *à sang froid* ou *à température variable*.

92. **Air confiné.** — Nous avons dit précédemment que d'après un certain nombre d'analyses, on pouvait considérer la composition de l'air comme invariable ; il est bien entendu que cette remarque ne peut s'appliquer qu'à l'air libre. Lorsqu'au contraire l'air est enfermé dans un espace limité, où se trouvent réunis des hommes ou des animaux, la composition de l'atmosphère ne tarde pas à être modifiée. A chaque mouvement respiratoire, une certaine quantité d'oxygène disparaît pour être remplacée par une quantité à peu près équivalente d'acide carbonique. Au bout d'un temps variable qui dépend du nombre des individus et de la capacité de l'enceinte où ils sont renfer-

més, l'air est devenu irrespirable, ou tout au moins nuisible.

Le défaut du renouvellement d'air dans les locaux d'une capacité insuffisante et non ventilés a souvent amené les accidents les plus graves. En 1750, aux assises d'Old-Bailey, qui se tenaient dans une pièce de 10 mètres carrés de surface, la plupart des juges et des assistants périrent asphyxiés ; ceux qui survécurent étaient près d'une fenêtre ouverte. A la suite des journées de juin 1848, les effets terribles de l'air confiné se firent sentir sur les prisonniers entassés dans les souterrains de la terrasse des Tuileries.

C'est à cette viciation de l'air confiné que doivent être attribués les malaises que l'on éprouve dans les endroits où l'air ne se renouvelle pas suffisamment.

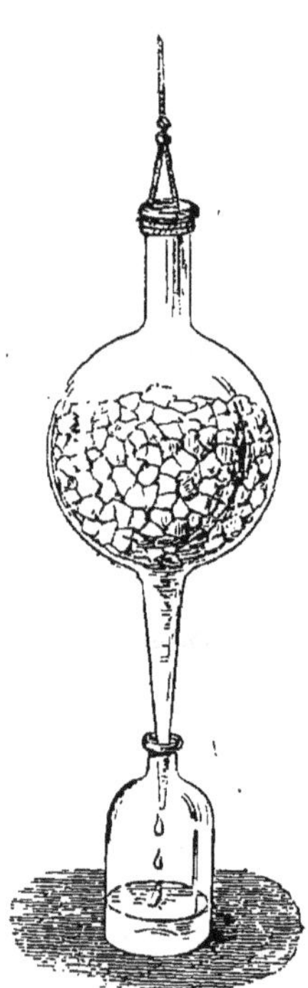

Fig. 58. — Expérience pour prouver la présence des miasmes dans l'air.

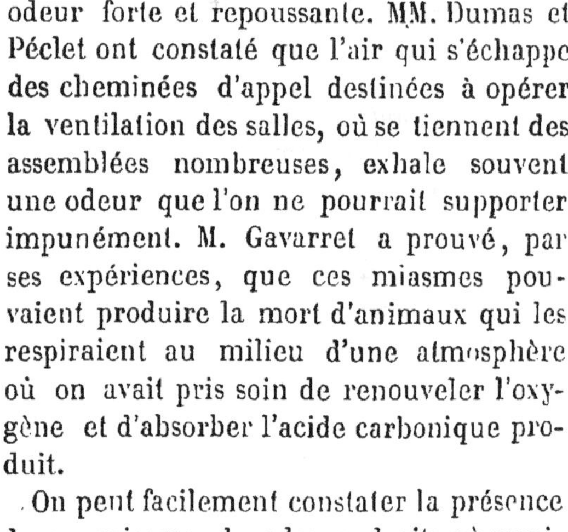

Indépendamment de l'acide carbonique, l'air confiné contient encore des matières organiques dites miasmes, qui proviennent de l'expiration des gaz ayant servi à la respiration et de l'exhalation cutanée. La présence de ces miasmes se traduit par une odeur forte et repoussante. MM. Dumas et Péclet ont constaté que l'air qui s'échappe des cheminées d'appel destinées à opérer la ventilation des salles, où se tiennent des assemblées nombreuses, exhale souvent une odeur que l'on ne pourrait supporter impunément. M. Gavarret a prouvé, par ses expériences, que ces miasmes pouvaient produire la mort d'animaux qui les respiraient au milieu d'une atmosphère où on avait pris soin de renouveler l'oxygène et d'absorber l'acide carbonique produit.

On peut facilement constater la présence de ces miasmes dans les endroits où respirent un grand nombre d'individus. Il suffit de suspendre au milieu de l'appartement un ballon rempli de glace (fig. 58) ; la vapeur d'eau répandue dans l'air se condense sur les parois du ballon, et le liquide recueilli, soumis à une température de 25°, répand bientôt une odeur forte, que produit la décomposition des miasmes entraînés par l'eau qui s'est condensée.

Si l'on ajoute à ces causes de viciation de l'air confiné celle que produit la combustion des substances destinées au chauffage et à l'éclairage, on comprendra toute la nécessité de bons systèmes de ventilation appliqués à nos appartements et aux locaux destinés à des réunions nombreuses.

93. **Ventilation.** — En tenant compte des conditions assez complexes de ce problème, on a trouvé qu'il faut, en moyenne, 10 à 12 mètres cubes d'air neuf par heure et par individu. Dans tout système de ventilation sagement conçu, on doit se proposer de fournir *au moins* cette quantité d'air. La plupart de nos salles d'assemblée ne rempliraient pas ces conditions, si elles n'étaient soumises à un système plus ou moins parfait de ventilation.

Beaucoup de chambres à coucher sont très-insalubres, surtout lorsque l'absence de cheminée diminue la ventilation qui s'opère par les joints des portes et des fenêtres.

94. **Respiration des végétaux.** — La respiration des végétaux se fait dans des conditions inverses de celles où s'exécute la respiration des animaux. Tandis que les animaux prennent l'oxygène à l'air et le transforment en acide carbonique, les végétaux, sous l'influence de la lumière du jour, absorbent par leurs feuilles l'acide carbonique de l'air, s'assimilent le carbone et rejettent l'oxygène au dehors.

Cette seule remarque suffit pour faire comprendre que les arbres plantés dans nos promenades et jardins publics sont une cause d'assainissement de l'atmosphère des villes, où respirent souvent, sur un terrain relativement peu étendu, un nombre considérable d'hommes et d'animaux.

Pendant la nuit la respiration des végétaux se fait d'une manière inverse ; ils absorbent de l'oxygène et rejettent de l'acide carbonique.

CHAPITRE V

COMPOSÉS OXYGÉNÉS ET HYDROGÉNÉS DE L'AZOTE. — ACIDE AZOTIQUE. — OXYDES D'AZOTE. AMMONIAQUE.

95. L'azote forme avec l'oxygène cinq composés sur lesquels se vérifie, comme nous l'avons fait voir (25), la loi des **proportions multiples.** Ces cinq composés sont l'acide azotique (AzO^5), l'acide hypoazotique (AzO^4), l'acide azoteux (AzO^3), le bioxyde d'azote (AzO^2) et le protoxyde d'azote (AzO); nous ne nous occuperons que de l'acide azotique, du bioxyde et du protoxyde d'azote.

ACIDE AZOTIQUE.

Symbole = AzO^5.

96. **Historique.** — L'Arabe Geber, philosophe de la fin du huitième siècle, est le premier qui ait fait mention de l'acide azotique sous le nom d'*eau dissolvante*. Plus tard, Albert le Grand [1] décrivit avec beaucoup d'exactitude la préparation de cet acide qu'il appela *eau prime*. Raymond Lulle [2], auquel on attribue à tort la découverte de ce corps, l'appela *eau forte*. Ce n'est que vers la fin de 1784 que l'on fut fixé sur sa véritable nature, grâce aux expériences de Cavendish. Il fut appelé acide nitrique par Lavoisier, et analysé par Davy [3] et Gay-Lussac.

97. **Préparation.** — La nature nous offre toutes formées des combinaisons d'acide azotique et d'oxydes métalliques : les azotates de potasse, de soude, de chaux, de magnésie ou d'ammo-

[1] Albert le Grand, philosophe et théologien scolastique, naquit à Lavingen, en Souabe, en 1173, mourut à Cologne, en 1220.

[2] Raymond Lulle, alchimiste et philosophe, né en 1235, à Palma, dans l'île Majorque, mourut lapidé par les habitants de Tunis, en 1315.

[3] Davy (sir Humphry), chimiste anglais, né en 1778, à Penzance, dans le comté de Cornouailles, mort à Genève, en 1829.

niaque. C'est ordinairement de l'un des deux premiers que l'on extrait l'acide azotique.

On soumet pour cela l'*azotate de potasse* ou *nitre*, par exemple, à l'action de l'acide sulfurique aidée par une élévation de température. L'acide sulfurique décompose l'azotate de potasse, chasse l'acide azotique dont il prend la place et forme du sulfate de potasse. Il faut employer deux équivalents d'acide sulfurique pour un équivalent d'azotate de potasse, parce qu'il se forme toujours du bisulfate de potasse. La formule de la réaction est la suivante.

$$\underset{\text{Azotate de potasse.}}{KO,AzO^5} + \underset{\text{Acide sulfurique.}}{2SO^3,HO} = \underset{\text{Bisulfate de potasse.}}{KO,HO,2SO^3} + \underset{\text{Acide azotique monohydraté.}}{AzO^5,HO}$$

1° Dans les laboratoires, l'opération se fait dans une cornue en verre (fig. 59) mise en communication avec un ballon tubulé

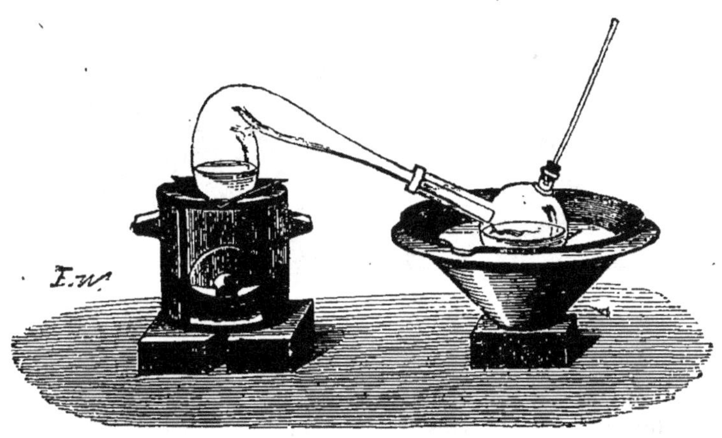

Fig. 59. — Préparation de l'acide azotique.

plongeant dans l'eau : l'acide azotique produit dans la cornue par l'action de l'acide sulfurique sur l'azotate de potasse se vaporise et va se condenser dans le ballon.

Au commencement et à la fin de l'opération, une certaine quantité d'acide azotique est perdue, parce qu'elle se transforme en gaz rougeâtre appelé acide hypoazotique. Au commencement de l'opération, la production du gaz rougeâtre est due à la présence de l'acide sulfurique, qui n'étant pas encore employé tout entier à décomposer l'azotate de potasse porte son action sur les vapeurs hydratées d'acide azotique, leur enlève l'eau nécessaire à leur existence et par suite les décompose en acide hypoazotique et en oxygène. Plus tard, l'acide sulfurique se portant tout entier sur l'azotate laisse dégager l'acide azotique sans le décomposer. Les vapeurs rouges disparaissent, mais elles reparaissent à la fin de l'opération, parce que, pour décomposer les dernières parties d'azotate de potasse, il faut élever la température de manière à maintenir en fusion le bisulfate formé, et qu'alors l'acide azotique se décompose.

2° Dans l'industrie on emploie, pour opérer la décomposition de l'azotate, des cylindres C (fig. 60), qui peuvent être chauffés par

Fig. 60. — Préparation industrielle de l'acide azotique.

le combustible d'un fourneau MM, dans lequel ils sont disposés horizontalement par séries de six. On peut les fermer, à leur partie postérieure, à l'aide d'un disque D qu'on fixe au moyen de lut après avoir introduit l'azotate. Un entonnoir E sert à l'entrée de l'acide sulfurique : il est enlevé et remplacé par un bouchon luté après l'introduction de l'acide. Les vapeurs d'acide azotique se dégagent par le tube T, et vont se condenser dans une série de bonbonnes H, H', communiquant entre elles par des tubes T', T''. Les vapeurs qui ne se sont pas condensées dans la première bonbonne passent dans la seconde où elles se condensent en partie ; l'excès se rend dans la troisième, et ainsi de suite.

Dans quelques usines, on remplace les cylindres par une chaudière C (fig. 61) en fonte, communiquant avec des bonbonnes

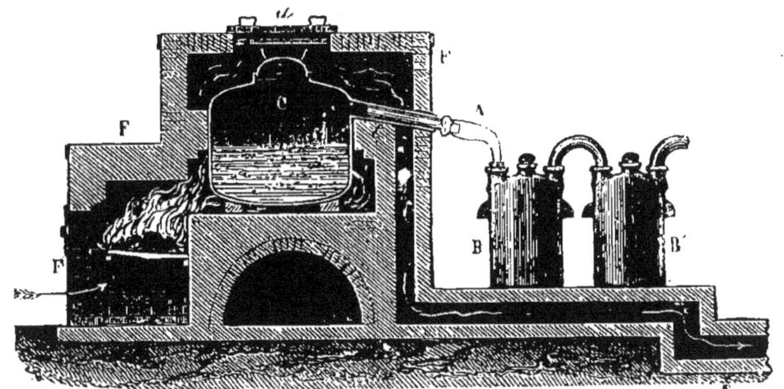

Fig. 61. — Préparation industrielle de l'acide azotique.

B, B', etc. : l'azotate et le sel sont introduits en enlevant le couvercle *e*, que l'on fixe ensuite avec du lut.

Dans l'industrie, on emploie tantôt l'azotate de potasse, tantôt l'azotate de soude : le fabricant est guidé dans son choix par le prix courant de la matière première (azotate) et celui du résidu (sulfate). Depuis quelques années, il est préférable d'employer l'azotate de soude.

98. **Blanchiment de l'acide azotique.** — L'acide azotique préparé par ce procédé est jauni par des vapeurs d'acide hypoa-

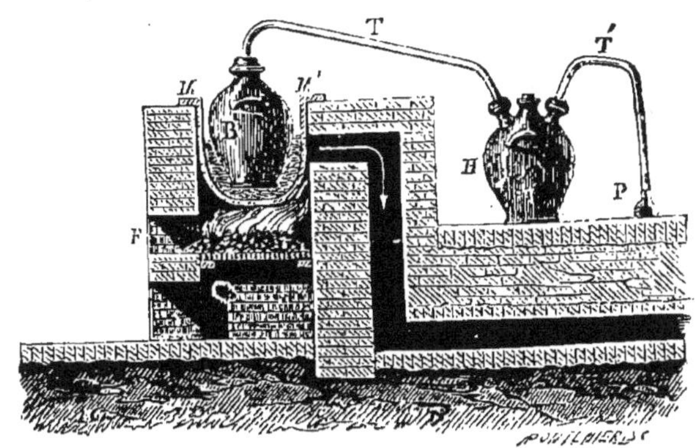

Fig. 62. — Blanchiment de l'acide azotique.

zotique qu'il tient en dissolution et qui sont nuisibles dans un grand nombre d'opérations industrielles. Aussi le soumet-on à un traitement qui a pour but de le débarrasser de ces vapeurs, et qui est désigné sous le nom de *blanchiment*. Il est basé sur ce fait que la volatilité de l'acide hypoazotique est plus grande que celle de l'acide azotique.

L'acide jauni est chauffé dans des bouteilles en grès B (fig. 62), reposant sur des cendres placées dans une cavité MM' et portées par un foyer F à une température inférieure à celle de la distillation de l'acide azotique, mais suffisante pour faire dégager les vapeurs jaunes d'acide hypoazotique. Celles-ci s'échappent par le tube T, laissent dans la bonbonne H la petite quantité d'acide azotique qui a pu être entraînée et s'en vont par le tuyau T' P dans la cheminée de l'usine qui les porte au dehors.

99. **Propriétés physiques.** — L'acide azotique, préparé par les méthodes que nous venons de décrire, est toujours hydraté ; à son maximum de concentration, il contient 14 0/0 d'eau. M. H. Sainte-Claire Deville l'a obtenu anhydre par une méthode spéciale, mais cet acide anhydre n'étant susceptible d'aucune application, nous ne nous en occuperons pas.

L'acide azotique pur se présente sous la forme d'un liquide blanc, d'une odeur désagréable, répandant des fumées blanches au contact de l'air. Il est très-sapide, très-corrosif, colore en jaune les matières animales, comme les plumes, la laine, la soie ; lorsqu'il est concentré, il constitue un poison violent. La facilité avec laquelle il désorganise les tissus le fait employer pour détruire les petites excroissances de chair, les verrues, etc.

Quand il est monohydraté (AzO^5,HO), sa densité est 1,52 ; il bout à 86° et se solidifie à 50° au-dessous de zéro. Il contient alors 14 0/0 d'eau. Quand il est tétrahydraté ($AzO^5,4HO$), il bout à 123°. Sa densité est 1,42. Il renferme 40 0/0 d'eau.

100. **Propriétés chimiques.** — C'est un acide très-énergique, mais la chaleur et la lumière le décomposent facilement. Formé d'éléments qui sont unis par une affinité assez faible, l'acide azotique cède facilement son oxygène aux substances avec lesquelles on le met en contact. Aussi est-ce un oxydant énergique en présence de la plupart des métalloïdes et des métaux.

101. **Usages de l'acide azotique.** — On consomme annuellement en France près de 5 millions de kilogrammes d'acide azotique. La fabrication de l'acide sulfurique, l'affinage des mé-

taux précieux, le dérochage ou décapage du cuivre et de ses alliages, la préparation de l'acide picrique employé en teinture, de l'acide oxalique, celle des fulminates pour amorces, le secrétage des poils pour la chapellerie, sont les industries qui en consomment les plus grandes quantités.

BIOXYDE D'AZOTE.

Symbole = AzO^2.

102. **Historique.** — Découvert par Hales [1], le bioxyde d'azote a été principalement étudié par Priestley, Davy et Gay-Lussac.

103. **Propriétés.** — Le bioxyde d'azote est un gaz incolore, qui n'a pu être liquéfié. Sa densité est 1,039. 1 litre pèse 1gr,343

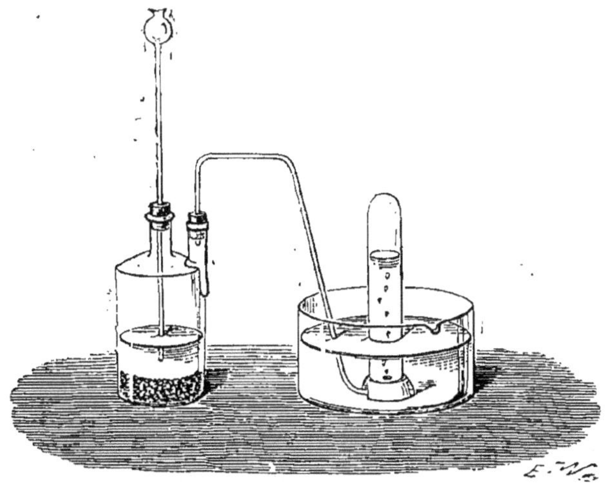

Fig. 63. — Préparation du bioxyde d'azote.

On ne peut connaître son odeur ni sa saveur, parce que mis en contact avec l'air il lui prend de l'oxygène et se transforme en acide hypoazotique. L'eau n'en dissout que $\frac{1}{20}$ de son volume.

Il n'entretient pas la combustion des bougies; malgré cela, le phosphore enflammé y brûle avec presque autant d'éclat que dans

[1] Hales (Étienne), physicien et naturaliste, recteur et curé de Theddington, chapelain du prince de Galles, membre de la Société royale de Londres, naquit dans le comté de Kent, en 1677, et mourut en 1771.

l'oxygène. Il faut, pour le succès de cette expérience, introduire rapidement le phosphore dans le flacon, afin de ne pas y laisser entrer d'air.

104. **Préparation.** — On prépare le bioxyde d'azote en faisant agir l'acide azotique sur le cuivre dans un flacon à deux tubulures (fig. 63).

Pour expliquer la réaction, on peut considérer l'acide azotique comme fractionné en deux portions. La première oxyde le cuivre et se transforme, par la perte d'une partie de son oxygène en bioxyde d'azote; la seconde se combine avec l'oxyde de cuivre et forme avec lui de l'azotate de cuivre.

La formule de la réaction est la suivante :

$$\underset{\text{Cuivre.}}{3Cu} + \underset{\text{Acide azotique.}}{4AzO^5,HO} = \underset{\text{Azotate de cuivre.}}{3CuO,AzO^5} + \underset{\text{Bioxyde d'azote.}}{AzO^2} + \underset{\text{Eau.}}{4HO}$$

PROTOXYDE D'AZOTE.

Symbole = AzO.

105. **Historique.** — Le protoxyde d'azote, découvert par Priestley, en 1772, a été étudié par Berthollet et Davy.

106. **Propriétés.** — Le protoxyde d'azote est un gaz incolore, sans odeur et d'une saveur sucrée. Sa densité est 1,527. 1 litre de ce gaz pèse 1gr,975. L'eau en dissout un peu plus de son volume à 0°. Il peut être liquéfié et solidifié.

Il entretient la combustion, à laquelle il communique une vive activité. Une bougie ne présentant plus que quelques points en ignition se rallume dans le protoxyde d'azote et y brûle avec éclat. Le phosphore y brûle comme dans l'oxygène.

Le protoxyde d'azote ne peut entretenir la respiration. Davy a constaté que ce gaz produit, après les premières inspirations, une sorte de vertige, puis un frémissement agréable et une espèce d'ivresse accompagnée de propension irrésistible au mouvement. On lui a donné pour cette raison le nom de *gaz hilarant*, *gaz du paradis*. Davy a démontré aussi qu'il produisait l'insensibilité physique, et en a proposé l'emploi dans les opérations chirurgicales.

107. **Préparation.** — Le protoxyde d'azote se prépare en

chauffant dans une cornue ou dans un ballon (fig. 64) de l'azotate d'ammoniaque. Ce sel se fond et se décompose, sous l'influence

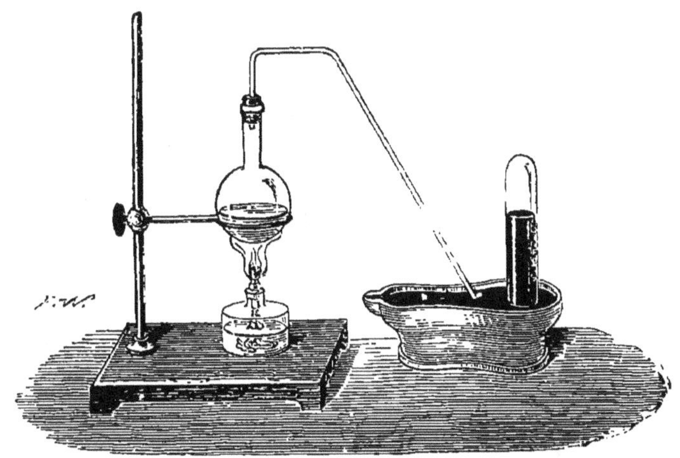

Fig. 64. — Préparation du protoxyde d'azote.

de la chaleur, en vapeur d'eau et en protoxyde d'azote.

La formule de la réaction est la suivante :

$$AzH^3,HO,AzO^5 = 2AzO + 4HO$$

Azotate d'ammoniaque. Protoxyde d'azote. Eau.

AMMONIAQUE.

Symbole = AzH^3.

108. **Historique.** — Connue des anciens chimistes sous le nom d'*alcali volatil*, d'*alcali fluor*, d'*esprit de sel ammoniac*, l'ammoniaque fut confondue avec le carbonate d'ammoniaque jusqu'à Black [1]; c'est à Berthollet (1786) que l'on doit la connaissance de sa composition.

109. **Propriétés physiques.** — L'ammoniaque est un corps gazeux formé d'azote et d'hydrogène. Il est incolore, a une saveur âcre et caustique, une odeur vive et pénétrante qui provoque le larmoiement. Sa densité est représentée par le nombre 0,591. 1 litre d'ammoniaque pèse $0^{gr},768$.

[1] Black (Joseph), chimiste écossais, né de parents écossais, à Bordeaux, en 1728, mort en 1799 à Glascow, où il enseigna la chimie et la médecine.

Le gaz ammoniac a été liquéfié et solidifié. Il est très-soluble dans l'eau, qui en absorbe 1000 fois son propre volume à 0°. La solubilité de l'ammoniaque peut être mise en évidence par les expériences suivantes.

A travers le bouchon d'un flacon A (fig. 65) passe un tube de verre *tt'* fermé seulement à sa partie extérieure *t'*. Le flacon est renversé de manière que l'extrémité *t'* du tube plonge dans l'eau d'un vase B. Si, à l'aide d'une pince en métal, on casse la pointe du tube qui plonge dans l'eau, ce liquide se précipite

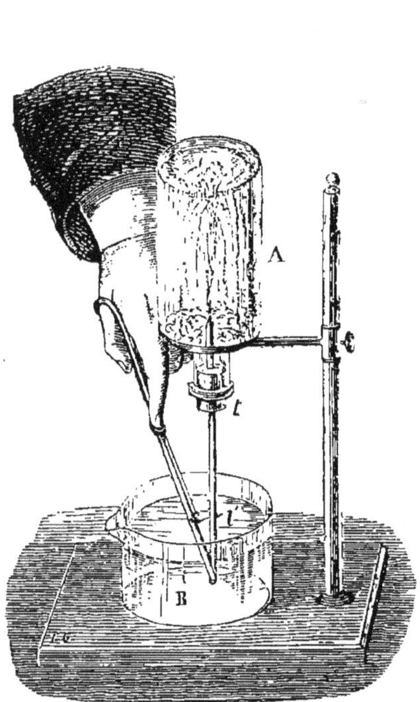

Fig. 65. — Expérience pour prouver la solubilité de l'ammoniaque dans l'eau.

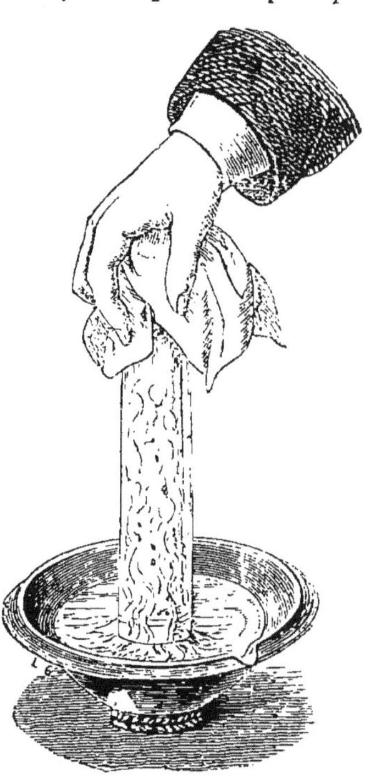

Fig. 66. — Expérience pour prouver la solubilité de l'ammoniaque dans l'eau.

dans le vase A et le remplit bientôt. Ce phénomène s'explique facilement : à mesure que le gaz se dissout, le vide se fait dans A, et l'eau s'y trouve poussée par la pression atmosphérique qui s'exerce sur le niveau du liquide contenu dans le vase B.

On peut aussi descendre dans une terrine remplie d'eau (fig. 66) une éprouvette de gaz ammoniac reposant sur du mercure contenu dans une soucoupe. Si l'on soulève l'éprouvette, de manière que son ouverture plongée jusque-là dans le mercure se trouve en contact avec l'eau, ce liquide s'y précipite avec violence. S'il n'y a pas la moindre bulle d'air dans l'éprouvette, il peut arriver qu'elle soit brisée ; aussi doit-on prendre la précaution de la tenir avec un linge.

110. Fabrication artificielle de la glace. Appareil Carré. — La solution aqueuse d'ammoniaque laisse dégager le

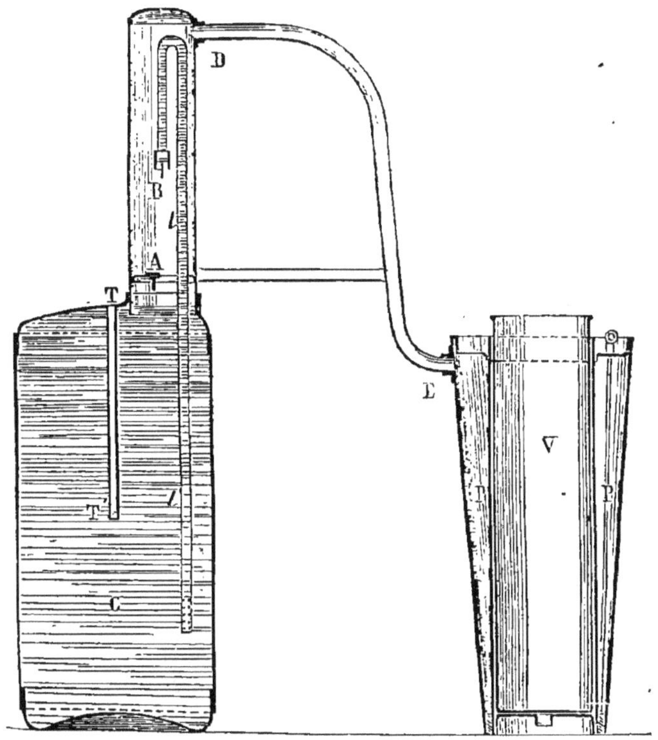

Fig. 67. — Appareil intermittent de M. Carré pour la fabrication de la glace.

gaz qu'elle contient lorsqu'on élève sa température. A 138° une dissolution primitivement saturée de gaz ammoniac n'en contient plus que des traces insignifiantes.

M. Carré a utilisé, pour la fabrication artificielle de la glace, cette propriété de la solution ammoniacale ainsi que celle qu'a le gaz liquéfié de se volatiliser facilement en absorbant des quantités considérables de chaleur.

Les appareils construits par M. Carré sont de deux sortes. Les uns sont *intermittents*, ce sont ceux qui peuvent servir dans l'économie domestique ; les autres, dits continus, sont livrés à l'industrie. Nous ne décrirons que les premiers.

Supposons une chaudière C (fig. 67), remplie aux trois quarts d'une dissolution aqueuse d'ammoniaque et communiquant, par un tube ADE, avec un récipient PP à double paroi, appelé *congélateur*, et qui plonge au milieu d'un baquet plein d'eau froide. Au centre de ce récipient se trouve le vase V où l'on congèle l'eau. En T, se trouve un tube en fer plongeant dans la dissolution et dans lequel on met un thermomètre. Plaçons la chaudière sur un fourneau, le liquide va s'échauffer, et, au bout de peu de temps, le gaz qu'il tenait en dissolution se sera dégagé. Ce gaz s'échappe par la soupape A et par le tube DE qui le conduit entre les parois P, P du congélateur. Il s'y accumule et exerce sur lui-même une pression qui en liquéfie la plus grande partie. Nous avons alors un liquide d'une extrême fluidité, volatil à la température ordinaire de l'air. Retirons le feu du fourneau, l'eau de la chaudière se refroidit, l'ammoniaque liquéfiée, volatile à la température ordinaire, repasse à l'état de gaz pour aller se dissoudre de nouveau dans le liquide appauvri de la chaudière C. Elle soulève pour cela la soupape B et descend par le tube *tt*, dont la partie inférieure percée de trous l'amène au milieu de l'eau.

Mais cette volatilisation ne pouvant avoir lieu que si le liquide emprunte aux corps environnants une quantité considérable de chaleur, l'eau que l'on a mise dans le vase V fournit cette chaleur, se refroidit et se congèle. Enlevons la glace formée, remplaçons-la par une nouvelle quantité d'eau, replaçons les charbons dans le fourneau, et l'opération recommence avec le même succès.

Cette machine déjà si belle ne satisfit pas l'inventeur. Il savait trop bien qu'en industrie toute opération qui ne se mène pas en quelque sorte d'elle-même, qui suppose une intermittence dans le travail, est à moitié manquée. Il savait trop bien que l'excès de main-d'œuvre et la perte de temps sont les deux grands ennemis de l'industriel. Aussi chercha-t-il à construire une machine exempte de ce double reproche, et livra-t-il bientôt au commerce les appareils dits *continus*, dans la description desquels nous n'entrerons pas.

Les appareils continus sont employés non-seulement pour produire de la glace, mais pour extraire, par le refroidissement, d'après les idées émises depuis longtemps par M. Balard, le sulfate de soude des eaux de la mer qui ont déjà servi à l'extraction du sel marin.

111. **Propriétés chimiques.** — Une bougie allumée plongée dans le gaz ammoniac s'y éteint sans l'enflammer ; il n'entretient pas la respiration. Comme les bases et alcalis, il verdit le sirop de violettes et ramène au bleu le tournesol rougi ; ses propriétés basiques lui ont fait donner le nom d'*alcali volatil*.

La chaleur rouge le décompose en azote et en hydrogène. Une série d'étincelles électriques produit le même effet.

L'ammoniaque se combine avec tous les acides et forme avec eux des sels : lorsque l'acide est oxygéné, il faut considérer le sel comme retenant toujours avec lui au moins un équivalent d'eau. Aussi la formule de l'ammoniaque étant AzH^3, celle de l'azotate d'ammoniaque est AzH^3,HO,AzO^5 ; il en est de même pour tous les sels ammoniacaux à acide oxygéné.

112. **Circonstances dans lesquelles se produit l'ammoniaque.** — L'ammoniaque se produit dans un très-grand nombre

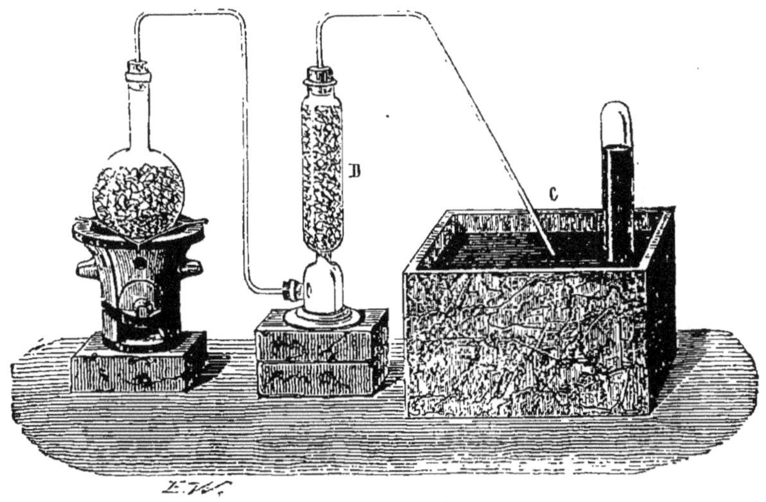

Fig. 68. — Préparation de l'ammoniaque par la chaux et le chlorhydrate d'ammoniaque.

de circonstances, où la décomposition de matières organiques azotées met en présence, à l'état naissant, l'azote et l'hydrogène. Dans la putréfaction des matières azotées, l'ammoniaque se combine souvent à l'acide sulfhydrique et à l'acide carbonique qui se produisent en même temps qu'elle : il en résulte du carbonate et du sulfhydrate d'ammoniaque.

113. **Préparation.** — Le gaz ammoniac se prépare en introduisant dans un ballon B (fig. 68) un mélange formé de parties égales de chaux vive (oxyde de calcium) et de chlorhydrate d'ammoniaque en poudre (sel ammoniac) : le ballon communique avec une éprouvette à pied D contenant de la chaux destinée à dessécher le gaz : le bouchon qui ferme la partie supérieure de l'éprouvette est traversé par un tube abducteur qui se rend sous la cuve à mercure C. On chauffe le ballon et le gaz se dégage.

Voici comment s'explique la réaction : le chlore contenu dans l'acide chlorhydrique du chlorhydrate d'ammoniaque se porte sur le calcium de la chaux et forme avec lui du chlorure de calcium, l'oxygène de la chaux forme de l'eau avec l'hydrogène de l'acide chlorhydrique. Quant au gaz ammoniac resté libre, il se dégage. La formule suivante résume cette explication.

AzH^3,HCl	$+$	CaO	$=$	AzH^3	$+$	HO	$+$	$CaCl$
Chlorhydrate d'ammoniaque.		Chaux.		Ammoniaque.		Eau.		Chlorure de calcium.

114. **Préparation de l'ammoniaque en dissolution.** —

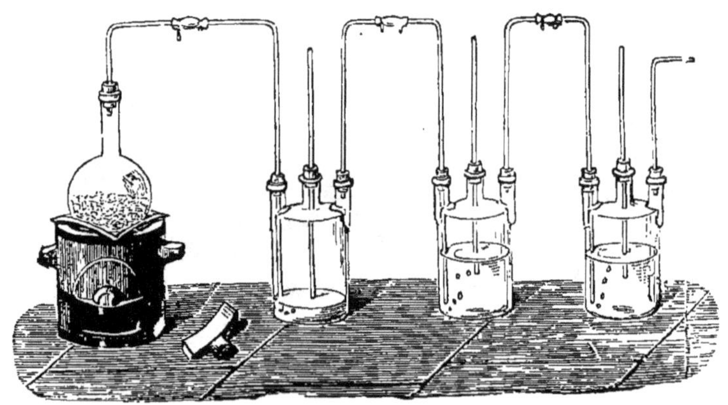

Fig. 69. — Appareil de Woolf pour la préparation de la solution d'ammoniaque.

Quand on veut avoir l'ammoniaque en dissolution, et c'est ordinairement sous cette forme qu'elle s'emploie dans les laboratoires et dans l'industrie, on réunit le ballon à une série de flacons communiquant entre eux et dont l'ensemble constitue ce qu'on appelle un appareil de Woolf. La figure 69 représente la disposition adoptée. Les flacons renferment de l'eau distillée : ils sont à trois tubulures : celle de gauche laisse passer un tube qui plonge dans le liquide, celle de droite un tube qui ne plonge pas dans l'eau et fait communiquer l'atmosphère du flacon avec le flacon suivant : la tubulure du milieu laisse passer un tube de sûreté par lequel s'échapperaient le liquide et le gaz, si un excès de pression venait à se déclarer. On voit que par cette disposition le gaz qui se dégage barbotte d'abord dans le premier flacon et s'y dissout en partie, que ce qui a échappé à l'action dissolvante de l'eau du premier flacon passe dans le second, et ainsi de suite.

Dans l'industrie, on prépare cette dissolution en chauffant avec de la chaux dans des chaudières en fonte les eaux ammoniacales qui proviennent de la fabrication du gaz de l'éclairage. L'ammoniaque gazeuse qui résulte de ce traitement est dirigée dans une série de bonbonnes réunies entre elles par des tubes et formant un véritable appareil de Woolf.

Quand on veut préparer des sels ammoniacaux, sulfate ou chlorhydrate, au lieu de faire rendre le gaz dans des bonbonnes pleines d'eau, on le fait passer dans un réservoir rempli d'acide sulfurique ou d'acide chlorhydrique qu'il sature peu à peu.

Le traitement des eaux provenant de la vidange des fosses d'aisances fournit aussi au commerce une quantité considérable de sels ammoniacaux.

115. **Usages et applications de l'ammoniaque.** — L'ammoniaque sert à chaque instant comme réactif dans les laboratoires. Elle est souvent employée aussi dans l'industrie. On l'utilise pour dissoudre le carmin, faire virer certains bains de teinture, modifier des teintes telles que les cramoisis sur soie, les violets au campêche sur laine, pour dégraisser les étoffes, pour révivifier sur les tissus les couleurs rongées par les acides, pour la fabrication des fausses perles, etc.

Cette dernière industrie est assez intéressante pour que nous en disions quelques mots. Lorsqu'on lave dans l'eau le petit poisson connu sous le nom d'*ablette*, il y laisse des lamelles brillantes et nacrées. On fait ramollir ces lamelles dans l'ammoniaque et on délaye dans le liquide un peu de colle de poisson. On a ainsi une composition que l'on insuffle dans des globules en verre creux contre les parois desquels les lamelles se fixent. Ces globules remplies ensuite de cire ont l'aspect des perles naturelles.

La solution ammoniacale appliquée sur la peau y détermine des ampoules et une cautérisation. Aussi les médecins l'emploient-ils soit pour remplacer les vésicatoires, soit pour cautériser les blessures faites par les animaux venimeux, tels que les vipères, les guêpes, les abeilles, les chiens enragés, etc.....

Elle est aussi employée pour ranimer les personnes tombées en syncope. Cinq à six gouttes dans un verre d'eau suffisent pour faire cesser les effets de l'ivresse.

Elle sert encore à dissiper les météorisations qui se manifestent chez les bestiaux, lorsqu'ils ont mangé trop de légumineuses fraîches. La météorisation consiste dans un gonflement ayant pour cause la production à l'intérieur des organes digestifs d'une quantité anormale de gaz acides. Dès qu'on fait prendre à l'animal un peu d'ammoniaque, ce corps se combine avec les gaz acides, les absorbe et fait cesser la météorisation. 30 grammes environ dans un véhicule mucilagineux suffisent pour guérir un cheval ou un bœuf.

CHAPITRE VI

SOUFRE. — COMPOSÉS PRINCIPAUX QU'IL FORME AVEC L'OXYGÈNE ET L'HYDROGÈNE.

SOUFRE.

Symbole = S. — Équivalent = 16.

116. **Historique.** — Le soufre est connu de toute antiquité il se trouve dans le voisinage des volcans.

117. Propriétés. — Le soufre est un corps solide à la température ordinaire; sa densité est 2 environ. Il présente une belle couleur jaune-citron; il est inodore et insipide : cependant il acquiert par le frottement une odeur particulière qui est celle de l'ozone. Il est mauvais conducteur de la chaleur et de l'électricité. Lorsqu'on tient à la main un morceau de soufre, on entend bientôt des craquements qui sont suivis ordinairement de la rupture du morceau. Cela tient à ce que les parties extérieures recevant de la main la chaleur, qui n'arrive que difficilement aux parties intérieures, se séparent de ces dernières. Cette rupture n'a pas pour seule cause la mauvaise conductibilité du soufre : elle tient aussi à la structure cristalline de ce corps, dont les cristaux ont très-peu d'adhérence les uns pour les autres.

Le soufre est insoluble dans l'eau, son véritable dissolvant est le sulfure de carbone.

Soumis à l'action de la chaleur, il fond vers 111° et forme un liquide très-fluide de couleur jaune; si l'on élève sa température, le liquide s'épaissit vers 160°, prend une couleur brune et, vers 220°, il est tellement épais qu'on peut retourner le vase sans qu'il s'en échappe, ou tout au moins il a la viscosité d'un goudron très-peu fluide. Au delà de 220°, il reprend sa fluidité, sans perdre sa couleur brune, et cela jusqu'à 440°, température à laquelle il entre en ébullition et distille.

Lorsqu'on coule dans l'eau froide du soufre épais, il ne redevient pas solide et jaune : il reste mou pendant un certain temps, peut s'étirer en fils, a une élasticité comparable à celle du caoutchouc et conserve sa couleur brune. Il ne reprend la consistance et la couleur du soufre ordinaire qu'au bout d'un certain temps; cette variété est désignée sous le nom de *soufre mou*.

Le soufre est un corps dimorphe : cristallisé par fusion, il se présente sous forme d'aiguilles transparentes prismatiques qui dérivent du système du prisme droit à base carrée : sa dissolution dans le sulfure de carbone, abandonnée à l'évaporation, laisse déposer des cristaux octaédriques dérivant du prisme droit à base rectangle.

Le soufre est inaltérable à l'air, à la température ordinaire, mais chauffé à 250° il brûle, et le produit de cette combustion est de l'acide sulfureux. C'est le gaz qui se forme quand on enflamme des allumettes soufrées.

EXTRACTION DU SOUFRE.

118. Le soufre se trouve en grande abondance dans la nature à l'état natif. On le rencontre en général dans les terrains voisins des volcans. Certains terrains en sont tellement imprégnés qu'on leur a donné le nom de *terres de soufre, solfatares, soufrières* : telles sont les solfatares de Pouzzoles près de Naples, celles de l'île de la Réunion, de la Guadeloupe.

La Sicile, qui nous fournit la plus grande partie du soufre que consomme l'industrie, paraît être un vaste gisement, où l'on rencontre le soufre natif, depuis l'Etna jusqu'à Sciacca sur le versant méridional de l'île. La production annuelle des deux cents mines actuellement ouvertes en Sicile pourrait être facilement quintuplée, si l'on perfectionnait les moyens d'extraction. Les mines sont à la profondeur de 10 à 100 mètres; on y pénètre par des galeries inclinées, et c'est par cette voie qu'on extrait le minerai *à dos d'enfants*.

119. L'extraction du soufre que contiennent ces minerais se fait, en Sicile, en le séparant des matières terreuses qui l'accompagnent par une fusion ou liquation assez grossière. Pour cela, sur le fond incliné d'excavations circulaires pratiquées dans le sol, on construit, avec de gros morceaux de minerai, une espèce de voûte ou canal qui aboutit à un trou de coulée situé à la partie la plus basse ; au-dessus de cette voûte, on empile du minerai jusqu'à une certaine hauteur et on met le feu au tas par la partie supérieure. La chaleur se propage peu à peu de haut en bas, une partie du soufre brûle, le reste fond, se sépare des matières terreuses et se rend, par le canal dont nous avons parlé, dans le trou de coulée; on le reçoit dans de grands moules en bois humides où il se solidifie. Le soufre ainsi produit est appelé *soufre brut*. La perte en soufre brûlé pour produire la fusion est de 25 à 40 0/0.

On peut diminuer ces pertes en se servant, pour fondre le soufre, de combustibles autres que le soufre lui-même. Un ingénieur anglais, M. Gill, a imaginé une espèce de four voûté qui contient 200 tonnes de minerai qu'on chauffe avec du coke. Ce four donne des résultats très-avantageux.

120. A la solfatare de Pouzzoles, près de Naples, le minerai se

compose de sables qui sont imprégnés de soufre et que l'on distille. Ces sables sont introduits dans des pots en terre cuite A (fig. 70), qui sont rangés sur deux banquettes parallèles, dans des fourneaux en brique appelés *galères*. Chaque galère renferme

Fig. 70. — Distillation du soufre à Pouzzoles.

12 pots. Les pots A communiquent à l'extérieur avec des pots B, où vient se condenser le soufre vaporisé par l'action de la chaleur que produit la combustion du bois brûlé dans la galère.

Dans certains cas, pour la fabrication de l'acide sulfurique, par exemple, le soufre est employé à l'état brut ; mais, pour un grand nombre d'industries, il a besoin d'être purifié. On le soumet alors au raffinage.

121. **Raffinage du soufre brut.** — Ce raffinage se fait par distillation dans un appareil, qui permet d'avoir le soufre soit à l'état de masses cylindriques solides qu'on appelle *canons*, soit à l'état de soufre pulvérulent dit *soufre en fleurs*. Cet appareil se compose de deux chaudières ou cornues T (fig. 71), chauffées dans un fourneau F et communiquant par un conduit courbe avec une chambre en maçonnerie. Le soufre brut est fondu dans la chaudière A par la chaleur perdue du foyer ; cette chaudière communique avec les cornues par un tube à robinet *r* qui se voit sur la gauche de la figure. Il suffit d'ouvrir le robinet pour faire rendre le soufre liquide dans les cornues. Là il est vaporisé et la vapeur se rend dans la chambre. Au contact de ses parois d'abord froides, le soufre passe à l'état de poussière solide excessivement fine. C'est le soufre en fleurs. Mais peu à peu la chaleur latente, qui se dégage au moment de la solidi-

fication, échauffe les murs de la chambre et le soufre peut y rester liquide. Il coule alors sur le sol incliné et, en enlevant une tige *t* qui ferme un trou pratiqué à la partie inférieure de

Fig. 71. — Raffinage du soufre.

a chambre, on le fait passer dans une chaudière B chauffée à part. On le puise dans cette chaudière avec une cuiller et on le verse dans des moules de bois légèrement coniques et refroidis dans des baquets d'eau froide.

Quand on ne veut obtenir que de la fleur de soufre, il faut empêcher les parois de la chambre de s'échauffer. Il suffit pour cela d'employer une chambre très-grande, ou de ne faire servir qu'une seule des cornues.

122. **Usages du soufre.** — Le soufre sert à la fabrication de l'acide sulfurique, entre dans la composition de la poudre à canon et de la plupart des poudres d'artifice. Sa fluidité, lorsqu'il est liquide, et sa facile solidification, le font employer pour prendre des empreintes de médailles. On commence par couler sur la médaille légèrement huilée du plâtre gâché en bouillie claire ; on a ainsi un moule creux dans lequel on verse du soufre liquide. Ces médailles sont colorées soit en rouge par du minium, soit en noir par de la plombagine. Il sert aussi à sceller le fer dans la pierre. Mais ce mode de scellement n'est pas sans inconvénient. La fabrication des allumettes et la vulcanisation du caoutchouc en emploient des quantités considérables. En médecine, il sert au traitement des maladies de peau. Depuis quelques années, on en fait un grand usage dans le *soufrage* des vignes pour détruire l'oïdium. On se sert, pour insuffler le

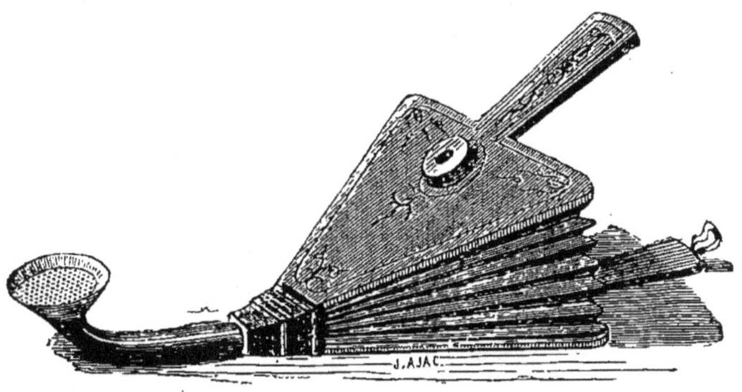

Fig. 72. — Soufflet pour le soufflage des vignes.

soufre, du soufflet représenté par la figure 72. La consommation annuelle du soufre en France est d'environ 40 millions de kilogrammes.

COMPOSÉS OXYGÉNÉS DU SOUFRE.

123. Le soufre forme sept combinaisons avec l'oxygène. Deux

seulement sont importantes au point de vue de leurs applications. Ce sont l'acide sulfureux et l'acide sulfurique, que nous allons étudier.

ACIDE SULFUREUX.

Symbole SO^2.

124. **Historique.** — Connu de toute antiquité, comme le soufre, il n'a été distingué comme corps particulier que par André Libavius [1] qui l'appela *esprit acide du soufre.* Il fut analysé par Gay-Lussac et Berzelius.

125. **Propriétés physiques.** L'acide sulfureux est un gaz

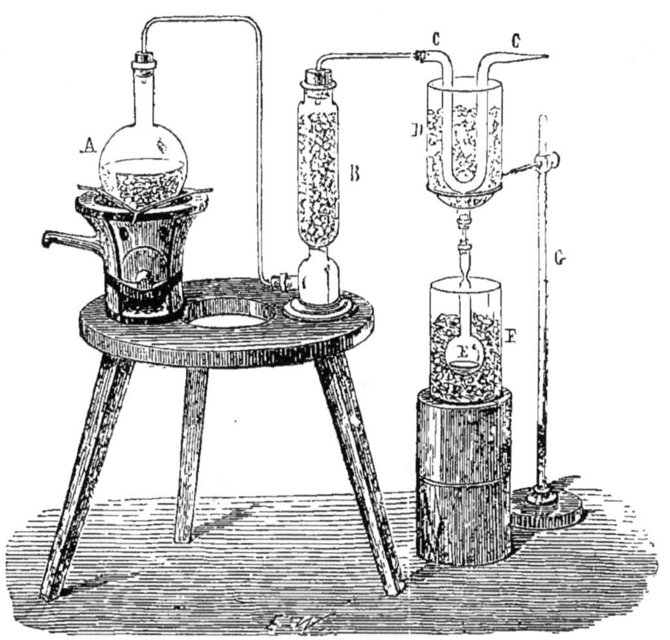

Fig. 73. — Appareil pour liquéfier l'acide sulfureux.

incolore, doué d'une odeur piquante et provoquant la toux, c'est celle du soufre qui brûle. Sa densité est 2,234.

[1] André Libavius, savant allemand du seizième siècle, né à Halle, mourut à Cobourg en 1610.

On le liquéfie facilement par le froid. Il suffit, pour cela, de faire arriver dans un tube CC, entouré d'un mélange réfrigérant, le gaz desséché par son passage dans une éprouvette B (fig. 73) remplie de chlorure de calcium. Quand on veut en préparer une certaine quantité et le conserver, on se sert d'un tube en U portant dans la partie inférieure de sa courbure un tube droit qui descend dans un ballon E, à col étranglé, plongeant aussi dans un mélange réfrigérant F. Pour fermer le ballon, on n'a qu'à diriger la flamme du chalumeau sur sa partie étranglée et l'étirer pendant le ramollissement du verre. On peut alors enlever le ballon du mélange réfrigérant ; une petite quantité d'acide sulfureux se vaporise, et la vapeur produite exerce bientôt la pression de deux atmosphères, suffisante pour maintenir ce qui reste à l'état liquide.

L'acide sulfureux est très-soluble dans l'eau qui en dissout 50 fois son volume vers 15°. Pour faire cette dissolution, on se sert d'un appareil de Woolf dont les flacons contiennent de l'eau

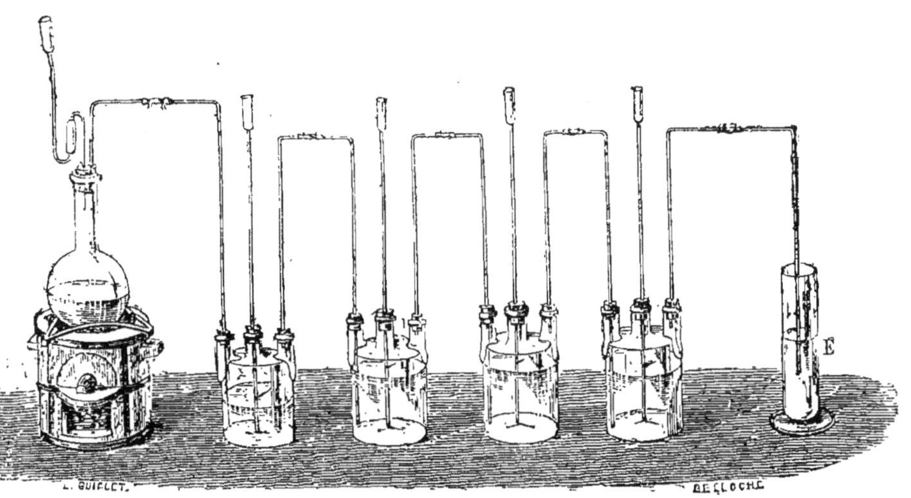

Fig. 74. — Appareil de Woolf pour préparer la solution d'acide sulfureux.

distillée récemment bouillie (fig. 74). Le dernier tube plonge dans une éprouvette E renfermant de la potasse destinée à absorber l'excès d'acide. On doit faire bouillir l'eau avant de la faire servir à la dissolution, afin d'en chasser l'air dont l'oxygène transformerait l'acide sulfureux en acide sulfurique. Malgré cette précaution, si l'on ne prend le soin de maintenir la dissolution dans des flacons bien pleins et à l'abri du contact de l'air, elle reprend de l'oxygène à l'air et la transformation en acide sulfurique se fait peu à peu.

126. **Propriétés chimiques.** — Le gaz acide sulfureux éteint les corps en combustion ; il n'est pas respirable. Il est indécomposable par la chaleur.

Lorsqu'on introduit quelques gouttes d'acide azotique dans une éprouvette remplie d'acide sulfureux, on voit apparaître immédiatement des vapeurs rouges d'acide hypoazotique provenant de la décomposition de l'acide azotique, qui a cédé de l'oxygène à l'acide sulfureux et l'a transformé en acide sulfurique. Cette réaction est utilisée dans la fabrication en grand de ce dernier acide.

127. **Action sur les matières colorantes.** — L'acide sulfureux, en vertu de son affinité pour l'oxygène, altère un grand nombre de matières colorantes dont il prend l'oxygène. Un bouquet de violettes introduit dans une éprouvette remplie d'acide sulfureux est bientôt décoloré. Cette action décolorante est utilisée dans le blanchiment de la laine, de la soie, etc. Dans certains cas, l'acide sulfureux ne semble pas agir par désorganisation de la matière colorante, mais paraît former avec elle un produit incolore.

128. **Préparation.** — Pour préparer l'acide sulfureux, on désoxyde partiellement l'acide sulfurique par le cuivre ou par le mercure. On chauffe, dans un ballon (fig. 75), de l'acide sulfurique et du mercure; une partie de l'acide sulfurique employé se décompose en acide sulfureux et en oxygène. L'oxygène forme avec le mercure de l'oxyde de mercure qui, se combinant avec l'acide sulfurique non décomposé, forme avec lui du sulfate d'oxyde de mercure. Voici la formule de la réaction.

$$\underset{\text{Mercure.}}{Hg} + \underset{\text{Acide sulfurique.}}{2SO^3,HO} = \underset{\text{Sulfate de mercure.}}{HgO,SO^3} + \underset{\text{Acide sulfureux.}}{SO^2} + \underset{\text{Eau.}}{2HO}$$

Le gaz se recueille sur la cuve à mercure.

Avec le cuivre la réaction est la même; mais, pour l'empêcher de devenir trop vive, il faut avoir soin d'éteindre ou de diminuer le feu dès que le gaz commence à se dégager.

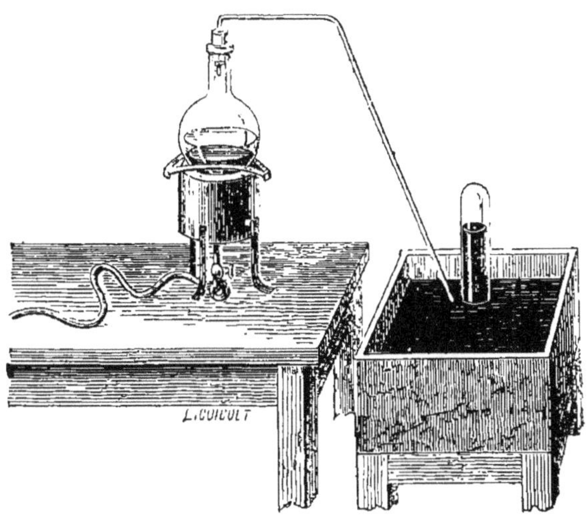

Fig. 75. — Appareil pour préparer l'acide sulfureux.

On peut aussi désoxyder l'acide sulfurique par le charbon qui se transforme en acide carbonique.

$$C + 2SO^3,HO = CO^2 + 2HO + 2SO^2$$

Charbon. Acide sulfurique. Acide carbonique. Eau. Acide sulfureux.

129. **Blanchiment de la laine et de la soie.** — L'action de l'acide sulfureux sur les matières colorantes est utilisée dans le blanchiment de la laine et de la soie.

La laine, préalablement débarrassée de ses matières grasses par un lavage à l'eau dit *désuintage,* est suspendue encore humide sur des perches disposées dans une chambre où l'on brûle du soufre. Cette chambre doit présenter, à sa partie supérieure, une ouverture que l'on peut fermer avec un registre. Au bas de la porte se trouve une autre ouverture que peut fermer une petite planche formant chatière et permettant, lorsqu'elle est soulevée, la rentrée de l'air extérieur.

On allume du soufre dans une terrine, on ferme la chatière en laissant ouvert le registre pour permettre la dilatation que l'air subit; lorsque la chambre est remplie d'acide sulfureux, on ferme le registre et on abandonne la laine pendant douze heures à l'action du gaz; il se dissout dans l'eau qui mouille les filaments, agit sur la matière colorante et la blanchit. Au bout de douze heures, on crée un tirage en ouvrant la chatière et le registre; les vapeurs acides sortent, et on peut alors entrer dans la chambre pour y prendre la laine que l'on porte au grand air afin de dissiper le reste de l'acide sulfureux.

Après le soufrage, la laine est rude au toucher; on lui rend sa douceur et sa souplesse par un très-léger bain de savon.

La soie est blanchie par un procédé tout à fait semblable. Mais, avant le soufrage, elle doit être privée de la matière cireuse qu'elle renferme; on la lui enlève soit par des bains acides, soit par des bains de savon, suivant l'usage auquel la soie est destinée. A la sortie de ces bains, la matière a subi déjà un commencement de blanchiment.

130. On emploie aussi l'acide sulfureux, gazeux ou dissous, pour blanchir les plumes, la baudruche, les chapeaux de paille, etc.

131. Il sert aussi pour assainir les lieux infectés par la présence de miasmes putrides, pour détruire les insectes qui attaquent les blés, pour soufrer les tonneaux dans lesquels on doit conserver le vin, la bière, et empêcher ces liqueurs de s'y aigrir.

132. Son pouvoir décolorant est employé pour enlever les taches de vin ou de fruits. Il suffit pour cela de faire un petit cornet de papier troué à son sommet et de brûler à sa base quelques allumettes soufrées ou un morceau de soufre; l'acide sulfureux, entraîné par le tirage dans cette espèce de cheminée, sort par l'ouverture supérieure au-dessus de laquelle on expose la partie tachée que l'on a imbibée d'eau. On doit ensuite laver le linge, sans quoi la matière colorante désoxydée s'oxyderait de nouveau et la tache reparaîtrait.

133. Le gaz acide sulfureux sert en fumigations dans le traitement des maladies de peau et de la gale en particulier.

134. Il est aussi employé pour éteindre les feux de cheminée. Pour cela faire, on jette une grande quantité de soufre dans le foyer, dont on bouche l'ouverture avec des draps mouillés. Le soufre brûle aux dépens de l'oxygène et de l'air, et le corps de la cheminée se trouve bientôt rempli de gaz acide sulfureux impropre à entretenir la combustion.

ACIDE SULFURIQUE.

135. **Historique.** — L'acide sulfurique ne fut pas connu des anciens ; il en est question pour la première fois dans les ouvrages d'Abou-bekr-Alrhasès, mort en 740. Albert le Grand le désigna sous les noms de *soufre des philosophes*, *d'esprit de vitriol romain*. Basile Valentin [1] exposa imparfaitement ses propriétés. Gérard Dornœus décrivit, le premier, ses caractères distinctifs en 1570.

L'acide sulfurique se présente sous trois états : 1° l'acide anhydre que nous n'étudierons pas, parce qu'il est sans applications. Sa formule est SO^3 ; 2° l'acide sulfurique monohydraté (SO^3,HO) ou acide normal ; 3° l'acide sulfurique de Saxe ($HO,2SO^3$) ou acide de Nordhausen.

ACIDE SULFURIQUE NORMAL, OU HUILE DE VITRIOL.

Symbole SO^3,HO.

136. **Propriétés physiques.** — L'acide sulfurique ordinaire est un liquide incolore et inodore quand il est pur ; sa consis-

Fig. 76. — Appareil pour la distillation de l'acide sulfurique.

tance oléagineuse lui a fait donner le nom d'huile de vitriol, parce qu'on l'a extrait d'abord du sulfate de fer ou

[1] Bazile Valentin, célèbre alchimiste qui vivait au quatorzième siècle.

vitriol vert. Sa densité est 1,848. Il marque 66° à l'aréomètre de Beaumé ; il se congèle à 34° au-dessous de zéro, n'émet pas de vapeurs à la température ordinaire, mais entre en ébullition à 325°.

Quand on veut distiller de l'acide sulfurique dans une cornue de verre, il faut prendre quelques précautions ; sans quoi son ébullition, à cause de la viscosité du liquide et de son adhérence pour le verre, se fait avec des soubresauts qui peuvent amener la rupture de la cornue. Pour éviter cet inconvénient, au lieu de chauffer le vase par le fond, on le chauffe latéralement à l'aide de la grille annulaire que représente la figure 76 ; le dôme en tôle D entretient, à la partie supérieure de la cornue, une chaleur suffisante pour empêcher la condensation des vapeurs avant leur arrivée dans le col.

137. **Propriétés chimiques.** — L'acide sulfurique est un acide excessivement énergique ; il rougit encore le tournesol, alors même qu'il est étendu de mille fois son poids d'eau.

En présence du charbon et de certains métaux, comme le cuivre et le mercure, nous avons vu qu'il se désoxydait partiellement et donnait lieu à la production d'acide sulfureux.

L'acide sulfurique a pour l'eau une très-grande affinité. Aussi s'en sert-on pour dessécher les gaz. Exposé à l'air humide, il peut absorber 15 fois son poids d'eau. Lorsqu'on le mélange avec l'eau, il se produit une élévation de température qui peut aller jusqu'à 100°. On doit toujours, lorsqu'on fait ce mélange, verser l'acide sulfurique dans l'eau ; si l'on versait l'eau dans l'acide sulfurique, il pourrait y avoir projection du liquide en dehors du vase.

L'affinité de l'acide sulfurique pour l'eau suffit pour détermminer la fusion de la glace. Il se produit ici deux phénomènes distincts : 1° dégagement de chaleur par suite de la combinaison de l'acide et de l'eau ; 2° absorption de chaleur par la fusion de la glace. Suivant que l'un ou l'autre de ces effets l'emporte, il y a abaissement ou élévation de température ; 1 kilog. de glace et 4 kilog. d'acide donnent un mélange dont la température s'élève jusqu'à 100°, tandis qu'en mélangeant, au contraire, 4 kilog. de glace et 1 kilog. d'acide, on obtient un froid de 20° au-dessous de zéro.

138. **Préparation de l'acide sulfurique dans les arts.**

— La préparation de l'acide sulfurique dans les arts repose sur les réactions suivantes :

1° L'acide sulfureux se transforme en acide sulfurique au contact de l'acide azotique qu'il désoxyde partiellement et qu'il transforme en acide hypoazotique.

$$\underset{\text{Acide azotique.}}{AzO^5,HO} + \underset{\text{Acide sulfureux.}}{SO^3} = \underset{\text{Acide hypoazotique.}}{AzO^4} + \underset{\text{Acide sulfurique.}}{SO^3,HO}$$

2° Cet acide hypoazotique, au contact de la vapeur d'eau, se transforme en acide azotique et en bioxyde d'azote.

$$\underset{\text{Acide hypoazotique.}}{3AzO^4} + \underset{\text{Eau.}}{2HO} = \underset{\text{Acide azotique.}}{2AzO^5,HO} + \underset{\text{Bioxyde d'azote.}}{AzO^2}$$

3° Enfin le bioxyde d'azote se transforme lui-même en acide hypoazotique au contact de l'oxygène de l'air :

$$\underset{\text{Bioxyde d'azote.}}{AzO^2} + \underset{\text{Oxygène.}}{2O} = \underset{\text{Acide hypoazotique.}}{AzO^4}$$

139. Toutes ces réactions se démontrent dans les cours, en faisant arriver dans un ballon B contenant un peu d'eau (fig. 77) du bioxyde d'azote préparé dans le flacon A, de l'acide sulfureux préparé dans le ballon O ; le tube c amène de l'air, le tube *t* est un tube de dégagement. Le bioxyde d'azote entrant dans le ballon y donne immédiatement des vapeurs rutilantes d'acide hypoazotique. Si l'on chauffe un peu de manière à vaporiser l'eau, le dédoublement de l'acide hypoazotique se produit et l'acide sulfureux s'oxyde. L'acide sulfurique ruisselle bientôt sur les parois du ballon.

On voit donc que théoriquement on pourra, avec une quantité limitée d'acide azotique, transformer en acide sulfurique des quantités illimitées d'acide sulfureux, à condition d'introduire constamment dans l'espace, où se fait la réaction, l'oxygène ou l'air et la vapeur d'eau nécessaires aux transformations précédentes.

En effet, la quantité limitée d'acide azotique primitivement introduite oxyde d'abord une première portion d'acide sulfureux et se transforme en acide hypoazotique. Mais cet acide hypoazotique, en présence de l'eau, régénère de l'acide azotique et du bioxyde d'azote qui peut lui-même régénérer de l'acide azotique, en passant d'abord à l'état d'acide hypoazotique. Cet

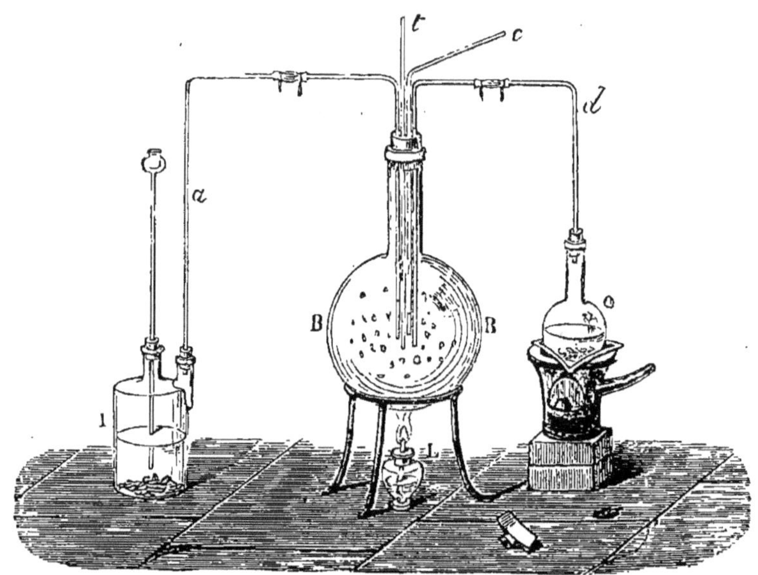

Fig. 77.— Préparation de l'acide sulfurique dans les laboratoires.

acide azotique, régénéré par ces deux sources différentes, oxyde alors une nouvelle portion d'acide sulfureux, en se décomposant en produits qui donnent lieu aux mêmes réactions, et ainsi de suite.

140. La préparation industrielle s'effectue dans de grandes chambres dont les parois sont recouvertes de lames de plomb soudées entre elles par fusion au chalumeau. Le plomb est employé, parce que c'est lui qui résiste le mieux aux vapeurs acides de la réaction.

L'acide sulfurique est produit par la combustion du soufre en F, F′ (fig. 78) sur des plaques de tôles chauffées. La chaleur produite par cette combustion sert à vaporiser l'eau des chaudières V et V′, qui sont en communication avec un tube que l'on voit courir sous les chambres et y distribuer la vapeur nécessaire.

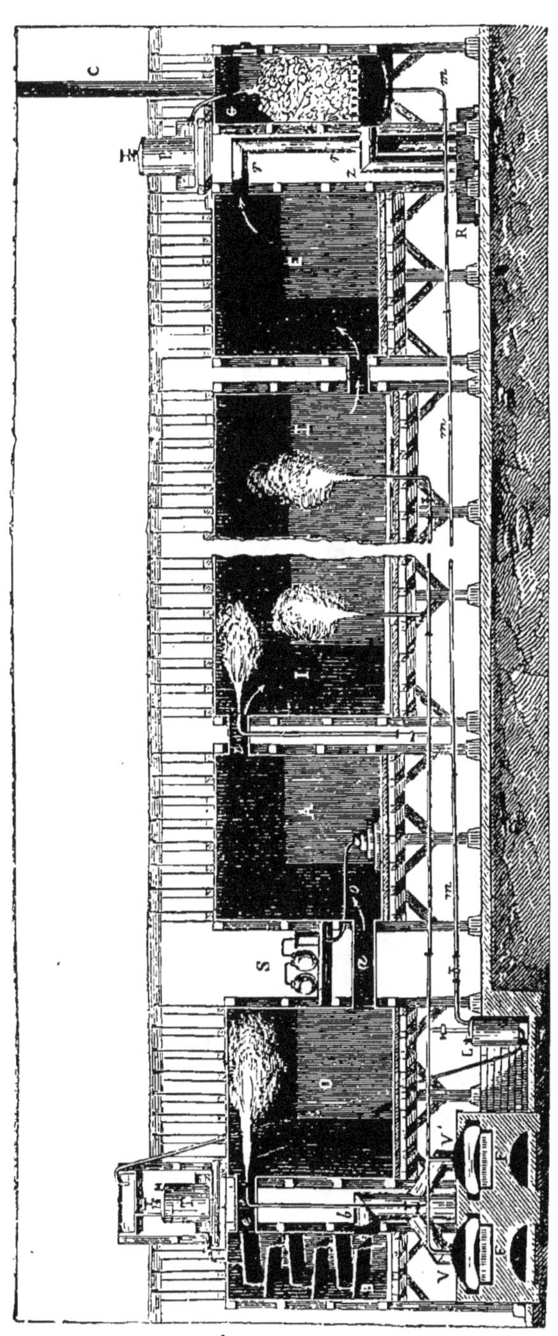

Fig. 78. — Chambres de plomb pour la préparation industrielle de l'acide sulfurique.

L'acide sulfureux mélangé d'air monte dans le tuyau *b*, qui le conduit d'abord dans un tambour B, où il rencontre une cascade d'acide sulfurique chargé de produits nitreux dont nous verrons plus tard l'origine. Mélangé à ces produits nitreux, il passe dans la chambre O, appelée *dénitrificateur* où arrive un jet de vapeur d'eau. C'est là que commencent les réactions et que se produisent les premières parties d'acide sulfurique; le gaz sulfureux non encore transformé passe par le conduit *a* dans la chambre A où coule, sur un petit château en briques, une nappe d'acide azotique venant des touries S, il décompose cet acide azotique et se transforme en acide sulfurique, qui retourne dans la chambre O par un conduit disposé *ad hoc*. L'excès d'acide sulfureux, entraînant avec lui les vapeurs nitreuses provenant de la décomposition de l'acide azotique, entre dans une grande chambre I, où arrivent de toutes parts des jets de vapeur d'eau. C'est dans cette chambre que se produit la plus grande quantité d'acide sulfurique.

Les vapeurs passent ensuite en E, puis par *r* dans le réservoir R où elles se condensent presque totalement. Celles qui échappent à la condensation montent, par le tuyau *z*, dans le cy-

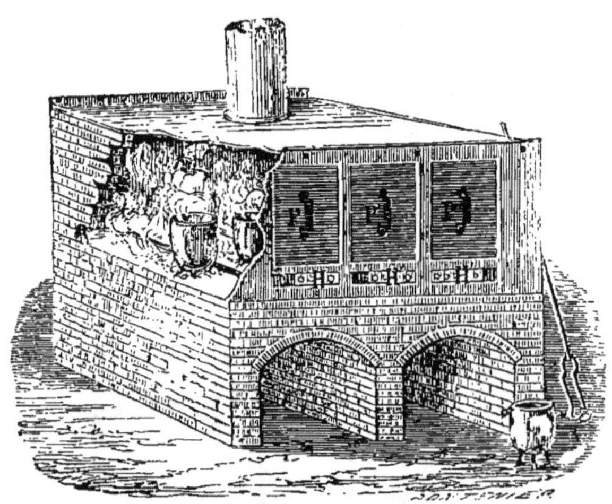

Fig. 79. — Combustion du soufre dans les fours.

lindre G où se trouve du coke continuellement humecté par un courant d'acide sulfurique faible venant du vase P. Cet acide dissout sur son passage les vapeurs nitreuses qui ne se perdent pas ainsi dans l'atmosphère ; c'est lui qui, se rendant ensuite dans le vase L, est lancé de là par une pression de vapeur en T, d'où il coule dans le tambour B. On voit que, par cette disposition, il n'y a pas de vapeurs nitreuses perdues, puisque l'excès re-

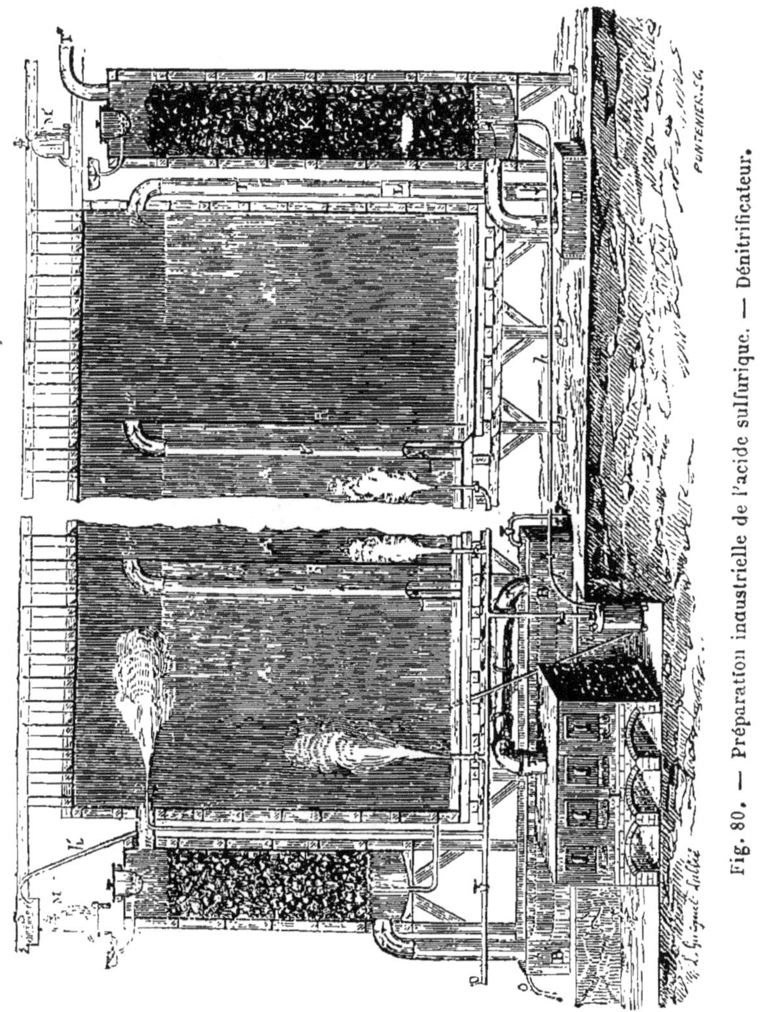

Fig. 80. — Préparation industrielle de l'acide sulfurique. — Dénitrificateur.

cueilli à l'extrémité postérieure de l'appareil vient servir, dans sa partie antérieure, à l'oxydation de l'acide sulfureux.

141. Dans certaines usines, la combustion du soufre se fait dans des fours que représente la figure 79 et où se produisent en même temps les vapeurs d'acide nitrique. Pour cela, on place

sur la sole de ces fours des marmites contenant un mélange d'azotate de soude et d'acide sulfurique. La chaleur, dégagée par la combustion du soufre, aide la décomposition de l'azotate de soude par l'acide sulfurique et volatilise l'acide azotique produit.

Cet acide en vapeur, ainsi que l'acide sulfureux et l'excès d'eau entraîné, sont refroidis par leur passage, à leur sortie du four, dans un tube BB′ (fig. 80), qui est entouré d'eau froide et les conduit dans le premier tambour de l'appareil ; ce tambour est rempli de gros morceaux de coke sur lesquels coule de l'acide sulfurique nitreux.

Nous ajouterons que, depuis plusieurs années, on a dans certaines fabriques abandonné le soufre pour la production de

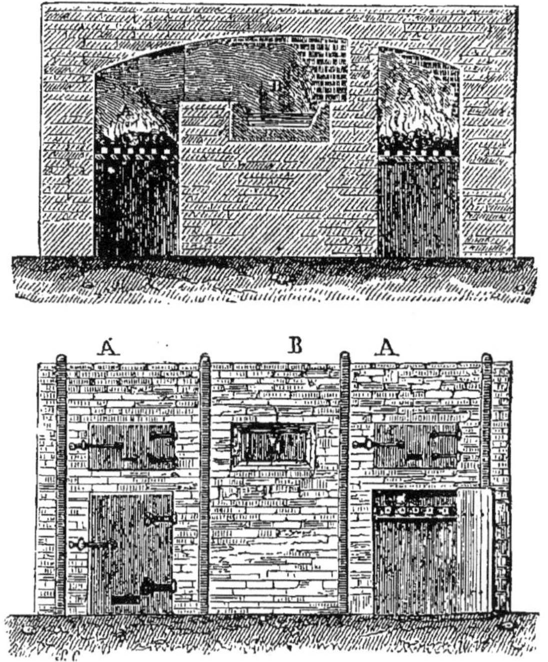

Fig. 81. — Fours pour la combustion des pyrites.

l'acide sulfureux ; l'élévation croissante de son prix lui a fait préférer les pyrites ou sulfures de fer qui, calcinées en présence d'un excès d'air, donnent de l'acide sulfureux. Cette calcination se fait dans des fours que représente la figure 81.

142. Concentration de l'acide sulfurique. — A la sortie des chambres, quel qu'ait été son mode de fabrication, l'acide sulfurique marque un faible degré, 50° ou 52° seulement. Pour l'amener à l'état d'acide sulfurique normal marquant 66°, on le chauffe d'abord dans de larges chaudières construites en briques et recouvertes intérieurement de lames de plomb. L'acide, perdant une partie de son eau qui se volatilise, arrive assez vite à marquer 60°. A partir de cet état de concentration, il attaquerait le plomb ; aussi achève-t-on l'opération dans de grandes cornues de platine.

143. Impuretés de l'acide du commerce. — L'acide sulfurique livré au commerce contient souvent, soit du sulfate de plomb provenant des chambres, soit des vapeurs nitreuses.

La présence du sulfate de plomb présente de graves inconvénients dans certaines opérations et principalement dans le blanchiment au chlore dont nous parlerons plus tard. Pour reconnaître la présence de ce corps dans l'acide sulfurique, il suffit d'étendre ce dernier d'eau, le sulfate de plomb devient insoluble et, en se précipitant, rend la liqueur laiteuse.

La présence des produits nitreux dans l'acide sulfurique est nuisible à certaines opérations de teinture. On la constate en mélangeant 50 centimètres cubes d'acide sulfurique avec 15 centimètres cubes d'une dissolution saturée de sulfate de fer; il se produit immédiatement une coloration brune ou rouge ; cette coloration n'a pas lieu quand l'acide ne renferme pas de produits nitreux: elle est rose quand il n'en renferme que des traces.

144. Usages de l'acide sulfurique. — Au point de vue de ses applications, l'acide sulfurique est peut-être le plus important des corps que la chimie ait à étudier. Il n'est presque pas d'industries qui n'en fasse usage. M. Dumas prétend qu'on peut se rendre compte du développement de l'industrie générale d'une nation par la quantité d'acide sulfurique qu'elle consomme.

L'acide sulfurique sert à la fabrication des autres acides, du sulfate de soude, des aluns, des sulfates industriels, des eaux minérales, des bougies stéariques ; il est employé pour l'affinage de l'argent, le décapage du fer et d'autres métaux, pour la fabrication du sucre de fécule, et l'épuration des huiles, etc., etc.

145. **État naturel.** — L'acide sulfurique se trouve très-répandu dans la nature à l'état de sulfate. A l'état libre, on le rencontre dans les sources qui avoisinent les volcans de l'Amérique du Sud.

ACIDE SULFURIQUE FUMANT DE SAXE OU DE NORDHAUSEN.

Symbole $HO,2SO^3$.

146. **Préparation.** — La préparation de l'acide fumant a été localisée longtemps à Nordhausen, en Saxe. Mais plus tard les circonstances de la production de cet acide sont devenues tellement favorables en Bohême que c'est maintement des usines de ce pays qu'on expédie en Saxe l'acide, qui est exporté ensuite en France et en Angleterre.

On prépare cet acide en distillant du sulfate de fer. Ce sulfate est lui-même produit par l'oxydation à l'air des sulfures de fer ou pyrites et principalement de la pyrite blanche.

La distillation du sulfate de fer s'opère dans des cornues en

Fig. 82. — Préparation de l'acide sulfurique de Nordhausen.

terre placées les unes à côté des autres sur un fourneau de galère (fig. 82).

Le four porte ordinairement deux cents cornues placées sur

deux étages. La calcination du sulfate produit d'abord de l'eau et de l'acide sulfureux; lorsque ce premier résultat est atteint, on abouche chaque cornue avec un récipient en terre incliné, qui contient un peu d'acide sulfurique ordinaire. L'acide anhydre distille et se dissout dans l'acide des récipients. On recommence l'opération jusqu'à ce que l'acide ordinaire, par la dissolution de l'acide anhydre, se soit transformé en acide de Nordhausen ($HO,2SO^3$). D'après l'opération, on retrouve dans les cornues du colcothar ou sesquioxyde de fer (Fe^2O^3).

147. **Propriétés.** — L'acide de Saxe est oléagineux, fumant à l'air et laisse dégager, quand on le chauffe, des vapeurs d'acide anhydre. On peut le considérer comme une dissolution d'acide anhydre dans l'acide monohydraté. Son symbole est $HO,2SO^3$ qui équivaut à $SO^3 + SO^3,HO$.

148. **Usages.** — Il n'a qu'une seule application; il sert à la fabrication du sulfate d'indigo ou acide sulfo-indigotique employé en teinture. On le préfère à l'acide ordinaire, parce qu'il ne contient pas de vapeurs nitreuses, qui ont la propriété de transformer l'indigo en une substance jaune.

ACIDE SULFHYDRIQUE OU HYDROGÈNE SULFURÉ.

Symbole, HS.

149. **Historique.** — L'acide sulfhydrique a été étudié par Rouelle jeune [1], qui l'appela *air puant*, à cause de sa mauvaise odeur. Scheele reconnut, en 1777, qu'il était composé de soufre et d'hydrogène.

150. **Propriétés physiques.** — L'hydrogène sulfuré ou acide sulfhydrique est un gaz incolore, doué d'une odeur fétide; c'est celle qu'exhalent les œufs pourris. Sa densité est égale à 1,1912. 1 litre de ce gaz pèse 1gr,540.

Il a pu être liquéfié par une pression de 16 atmosphères. L'eau en dissout trois fois son volume, et l'on prépare la dissolution en faisant passer dans un appareil de Woolf, contenant de l'eau récemment bouillie, le gaz préparé dans le ballon A (fig. 83).

[1] Rouelle (Hilaire-Marie), savant chimiste, naquit au bourg de Mathieu, près de Caen, en 1718, mourut à Paris, en 1779.

Ce gaz est très-délétère; un oiseau périt dans une atmosphère qui en contient $\frac{1}{1500}$.

151. **Propriétés chimiques.** — Il s'enflamme au contact d'une bougie allumée et donne une flamme bleue. Les produits

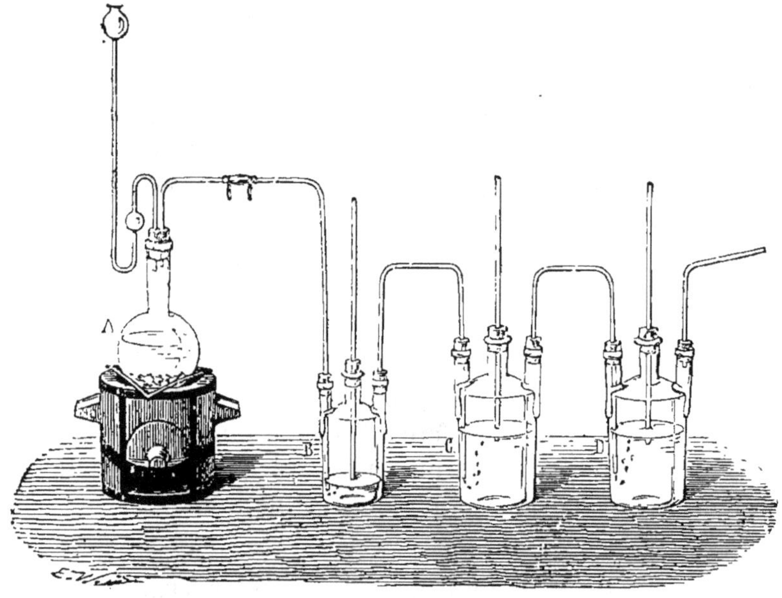

Fig. 83. — Appareil de Woolf pour préparer la solution d'acide sulfhydrique.

de sa combustion sont l'eau et l'acide sulfureux ; il se dépose un peu de soufre sur les parois de l'éprouvette, parce que la combustion est incomplète.

L'oxygène sec n'a pas d'action sur lui à la température ordinaire ; mais l'oxygène et l'air humides le décomposent ; il se forme de l'eau et un dépôt de soufre.

En présence des corps poreux l'action est plus complète ; le soufre se combine aussi avec l'oxygène et forme de l'acide sulfurique. C'est à la production de cet acide sulfurique qu'est due la destruction rapide des linges qui servent aux baigneurs dans les établissements de bains sulfureux.

Le chlore décompose l'acide sulfhydrique pour former de l'acide chlorhydrique avec l'hydrogène qu'il contient. Cette propriété fait employer le chlore pour combattre les empoisonnements par hydrogène sulfuré.

152. **Préparation.** — L'hydrogène sulfuré peut se préparer de deux manières :

1° *Par le sulfure de fer et l'acide sulfurique.* On met dans un flacon à deux tubulures (fig. 84) du sulfure de fer et de l'acide

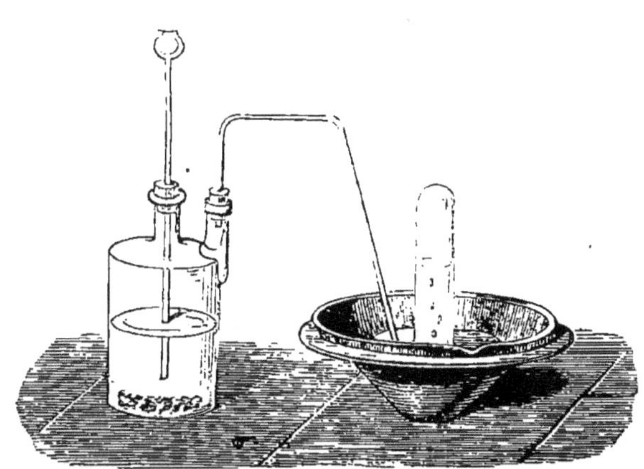

Fig. — 84 Préparation de l'acide sulfhydrique.

sulfurique hydraté; l'eau de l'acide sulfurique se décompose, son hydrogène se porte sur le soufre du sulfure pour produire l'acide sulfhydrique, son oxygène se combine avec le fer, et l'oxyde de fer formé s'unit à l'acide sulfurique pour donner du sulfate de fer.

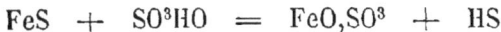

$$\underset{\text{Sulfure de fer.}}{FeS} + \underset{\text{Acide sulfurique.}}{SO^3HO} = \underset{\text{Sulfate de fer.}}{FeO,SO^3} + \underset{\text{Hydrogène sulfuré.}}{HS}$$

2° *Par le sulfure d'antimoine et l'acide chlorhydrique.* On chauffe dans un ballon de l'acide chlorhydrique et du sulfure d'antimoine; l'hydrogène de l'acide chlorhydrique forme de l'hydrogène sulfuré avec le soufre du sulfure, le chlore se combine avec l'antimoine et produit du chlorure d'antimoine.

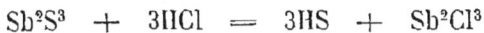

$$\underset{\text{Sulfure d'antimoine.}}{Sb^2S^3} + \underset{\text{Acide chlorhydrique}}{3HCl} = \underset{\text{Hydrogène sulfuré.}}{3HS} + \underset{\text{Chlorure d'antimoine.}}{Sb^2Cl^3}$$

Comme le gaz pourrait entraîner avec lui un peu d'acide chlorhydrique, on le fait passer (fig. 85) dans un flacon F, contenant de l'eau qui retient l'acide chlorhydrique.

153. **État naturel.** — L'acide sulfhydrique est en dissolution dans les eaux minérales *sulfureuses* d'Aix en Savoie, de Baréges, d'Enghien, de Bagnères de Luchon, etc. Ces eaux sont employées

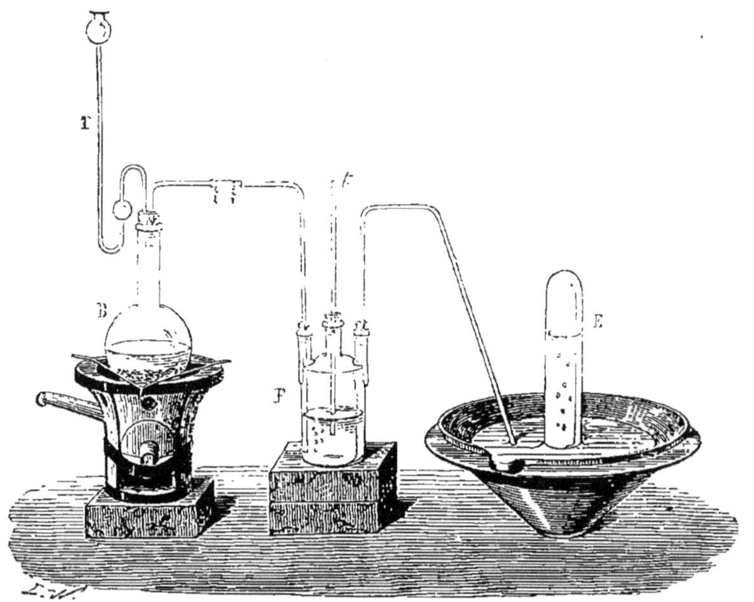

Fig. 85. — Préparation et purification de l'acide sulfhydrique.

dans le traitement des maladies de peau et dans celui des affections du larynx.

Dans les régions volcaniques, notamment près du lac d'Agnano et à la solfatare de Pouzzoles, l'hydrogène sulfuré se dégage du sol et produit des fumées appelées *fumerolles*, résultant de la décomposition de l'hydrogène sulfuré et de la production, au contact de l'air humide, d'eau et de soufre divisé.

L'acide sulfhydrique est un produit de la putréfaction des matières organiques contenant du soufre; de là son dégagement permanent dans les fosses d'aisances. Il forme avec l'ammoniaque qui s'y dégage un sulfhydrate volatil, qui est très-dangereux et fait souvent périr les ouvriers employés à la vidange des fosses d'aisances.

On peut rendre cette opération moins dangereuse, en versant dans les fosses, avant d'y laisser descendre les ouvriers, une dissolution de sulfate de fer ou *vitriol vert*. Le sulfate de fer et le sulfhydrate d'ammoniaque se décomposent mutuellement pour donner lieu à du sulfure de fer et à du sulfate d'ammoniaque.

L'hydrogène sulfuré prend aussi naissance dans les eaux qui sont soustraites au contact de l'air et contiennent du sulfate de chaux et des matières organiques. C'est pour cela que les eaux naturelles se putréfient dans les citernes mal construites.

CHAPITRE VII

CHLORE, SES COMPOSÉS PRINCIPAUX. — APPLICATIONS.

CHLORE.

Symbole Cl, Équivalent 35,5.

154. **Historique.** — Le chlore a été découvert, en 1774, par Scheele, qui le prit pour un acide auquel il donna le nom d'*acide marin ou acide muriatique déphlogistiqué*. Plus tard, Lavoisier et Berthollet, se trompant aussi sur sa nature, l'appelèrent *acide muriatique oxygéné*. Mais, en 1811, Gay-Lussac et Thénard [1], en France, Davy, en Angleterre, démontrèrent que ce corps est un élément; Ampère lui donna le nom de chlore, tiré d'un mot grec qui signifie vert.

155. **Propriétés physiques.** — Le chlore est un gaz jaune verdâtre, son odeur est très-désagréable. Il provoque la toux et exerce une action très-irritante sur les organes respiratoires. Sa densité est 2,44. 1 litre de ce gaz pèse $3^{gr},15$.

Il a pu être liquéfié, il est soluble dans l'eau ; le maximum de solubilité a lieu à 8° ; à cette température, 1 litre d'eau dissout $3^{l},07$ de gaz. La dissolution se prépare à l'aide d'un appareil

[1] Baron L.-J. Thénard, célèbre chimiste, né à Sens, mort à Paris en 1857. Il était professeur à la Faculté des sciences de Paris et membre de l'Académie des sciences.

de Woolf (fig. 86), qui se termine par une éprouvette D remplie d'une dissolution de potasse destinée à absorber l'excès de gaz

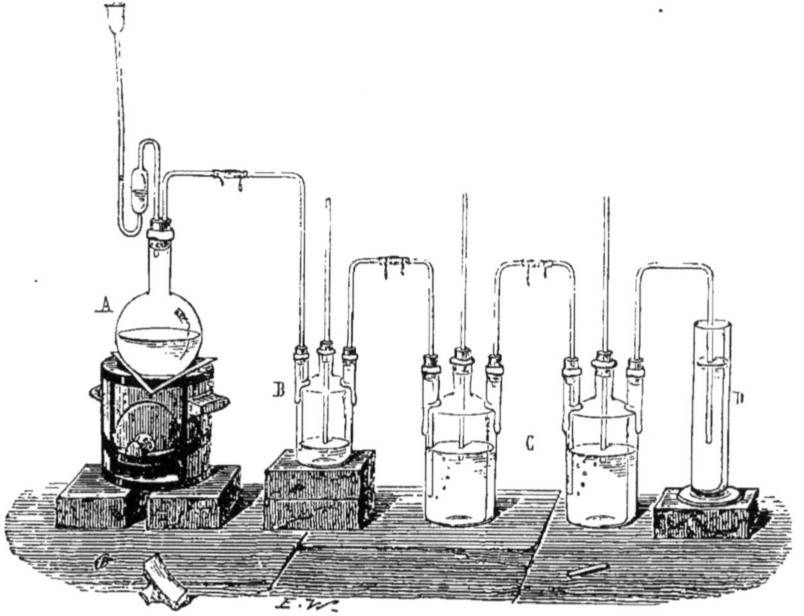

Fig. 86. — Préparation de la solution du chlore.

non dissous. Le premier flacon B est un flacon laveur. Le ballon A renferme les substances qui doivent produire le chlore.

136. **Propriétés chimiques.** — Le chlore n'entretient pas la combustion; la flamme d'une bougie que l'on y plonge s'étale, rougit et s'éteint.

Le chlore a peu d'affinité pour l'oxygène ; il peut cependant former avec lui cinq composés peu stables, qui sont : les acides *hypochloreux* (ClO), chloreux (ClO^3), hypochlorique (ClO^4), chlorique (ClO^5) et perchlorique (ClO^7).

Son affinité pour l'hydrogène est très-puissante; il se combine directement avec lui pour former de l'acide chlorhydrique. A la lumière diffuse, quelques jours suffisent pour que la combustion s'effectue. Elle est instantanée à la lumière directe du soleil et se produit avec détonation. L'expérience peut être faite sans danger de la manière suivante; le flacon contenant le mélange de chlore et d'hydrogène étant mis à l'ombre, on se place au soleil à une certaine distance et, à l'aide d'un miroir, on dirige sur lui un faisceau de rayons solaires ; la détonation a lieu immédiatement et le vase est brisé.

Une bougie enflammée, une tige de fer rougie au feu, déterminent aussi la détonation dès qu'on les plonge dans un flacon renfermant le mélange de chlore et d'hydrogène.

Cette affinité du chlore pour l'hydrogène est telle que, pour conserver la dissolution aqueuse, il faut la mettre dans des flacons noirs; quand on néglige cette précaution, l'action de la lumière fait combiner le chlore dissous avec l'hydrogène de l'eau et met l'oxygène en liberté.

Ce dernier fait explique le *pouvoir oxydant* du chlore. Versons, par exemple, dans une dissolution d'acide sulfureux quelques gouttes d'une dissolution de chlore; l'acide sulfureux est bientôt transformé en acide sulfurique, parce que le chlore décompose l'eau de la dissolution, s'empare de son hydrogène et met en liberté l'oxygène qui oxyde l'acide sulfureux. La formation d'acide sulfurique dans cette circonstance peut être mise en évidence, en versant dans la liqueur quelques gouttes d'une dissolution d'azotate de baryte; il se forme immédiatement un précipité blanc de sulfate de baryte, ce qui n'aurait pas lieu dans la dissolution d'acide sulfureux n'ayant pas subi l'action du chlore.

On a donc tort de dire que le chlore est un *oxydant*, c'est un *déshydrogénant*; l'oxydation qu'il produit est un effet indirect de son action sur l'eau.

157. Le chlore a des affinités très-énergiques et se combine directement avec le phosphore, le soufre, le fer, le cuivre, l'antimoine, etc.

Un morceau de phosphore, placé dans une petite coupelle de terre et descendu dans le chlore, se combine avec ce gaz, se transforme en chlorure de phosphore, et la réaction est tellement énergique qu'elle se fait avec flamme.

L'antimoine, en poudre très-fine, projeté dans le chlore, se combine avec lui; les grains deviennent incandescents et produisent l'effet d'une pluie de feu.

158. Pouvoir décolorant et désinfectant du chlore. — L'affinité du chlore pour l'hydrogène explique son pouvoir décolorant. Si l'on verse du chlore en dissolution dans une teinture végétale (tournesol, campêche, bois rouge, etc.), elle perd bientôt sa couleur. Les matières végétales se composent essentiellement de trois ou quatre principes : l'oxygène, l'hydrogène, le carbone et l'azote ; dès que le chlore vient à enlever l'un d'eux, l'hydrogène, la matière végétale se trouve détruite et perd sa couleur.

Nous verrons plus loin ces propriétés décolorantes appliquées au blanchiment du lin et du coton.

On explique de la même manière le pouvoir désinfectant du chlore. Ce gaz agit sur les miasmes putrides d'origine organique répandus au milieu de l'air, et les détruit en s'emparant de leur hydrogène.

159. **Préparation.** — 1° *Par le bioxyde de manganèse et l'acide chlorhydrique.* On met dans un ballon du bioxyde de manganèse et de l'acide chlorhydrique. Le chlore de l'acide chlorhydrique peut être considéré comme divisé en deux parties. La première forme du chlorure de manganèse avec le manganèse du bioxyde, et la seconde se dégage. Quant à l'hydrogène de l'acide chlorhydrique et à l'oxygène du bioxyde, ils se combinent ensemble pour former de l'eau.

$$MnO^2 + 2HCl = MnCl + 2HO + Cl$$

MnO^2	$2HCl$	$MnCl$	$2HO$	Cl
Bioxyde de manganèse.	Acide Chlorhydrique.	Chlorure de manganèse.	Eau.	Chlore.

On se sert pour cette réaction d'un ballon D (fig. 87), qui communique avec un flacon laveur destiné à arrêter l'acide chlorhydrique que le gaz pourrait entraîner. Ce flacon communique avec un tube C rempli de chlorure de calcium, qui sert à dessécher le chlore. Celui-ci ne pouvant être recueilli ni sur l'eau dans laquelle il se dissoudrait, ni sur le mercure qu'il attaquerait, on fait plonger un tube abducteur au fond d'un flacon A. Le chlore chasse graduellement l'air qui est plus léger que lui et finit par remplir tout le flacon. On arrête l'opération lorsque l'atmosphère intérieure a pris la couleur du chlore.

2° *Au moyen du sel marin, de l'acide sulfurique et du bioxyde de manganèse.* On peut aussi préparer le chlore sans employer directement l'acide chlorhydrique. Si l'on introduit dans le ballon D du sel marin ou chlorure de sodium, de l'acide sulfurique et du bioxyde de manganèse, l'oxygène de l'eau que contient l'acide sulfurique oxyde le sodium du chlorure de sodium, produit de la soude qui se combine à l'acide sulfurique et forme du sulfate de soude. L'hydrogène, provenant de la décomposition

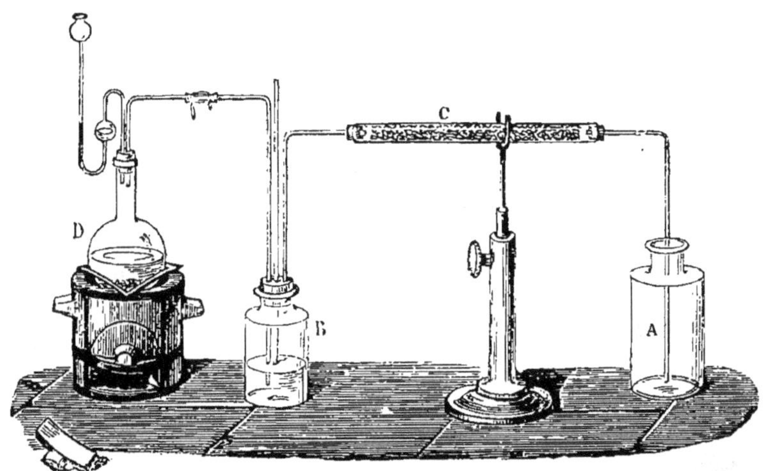

Fig. 87. — Préparation du chlore gazeux et sec.

de l'eau, s'unit au chlore du sel marin et produit de l'acide chlorhydrique.

Voici la formule de cette réaction :

$$NaCl + SO^3,HO = NaO,SO^3 + HCl$$

$NaCl$	SO^3,HO	NaO,SO^3	HCl
Chlorure de sodium.	Acide sulfurique.	Sulfate de soude.	Acide chlorhydrique.

L'acide chlorhydrique une fois formé, la même réaction que précédemment donne lieu au dégagement du chlore ; seulement le protochlorure de manganèse est transformé par l'acide sulfurique en sulfate de protoxyde de manganèse et laisse dégager son chlore.

$$MnCl + SO^3,HO = MnO,SO^3 + HCl$$

$MnCl$	SO^3,HO	MnO,SO^3	HCl
Chlorure de manganèse.	Acide sulfurique.	Sulfate de protoxyde de manganèse.	Acide chlorhydrique.

De telle sorte que la réaction définitive peut être exprimée par la formule suivante :

$$MnO^2 + NaCl + 2SO^3,HO = MnO,SO^3 + NaO,SO^3 + 2HO + Cl$$

MnO^2	$NaCl$	$2SO^3,HO$	MnO,SO^3	NaO,SO^3	$2HO$	Cl
Bioxyde de manganèse.	Chlorure de sodium.	Acide sulfurique.	Sulfate de protoxyde de manganèse.	Sulfate de soude.	Eau.	Chlore.

160. **Usages du chlore.** — La principale application du chlore consiste dans le blanchiment des tissus de lin et de coton. Encore ce corps est-il remplacé maintenant par le chlorure de chaux que nous étudierons un peu plus loin, en insistant sur les procédés du blanchiment. Il sert au blanchiment du papier ainsi qu'à la fabrication du chlorure de chaux et de l'eau de javelle.

Il est employé comme désinfectant. Guyton de Morveau a imaginé un appareil portatif pour faire les fumigations du chlore.

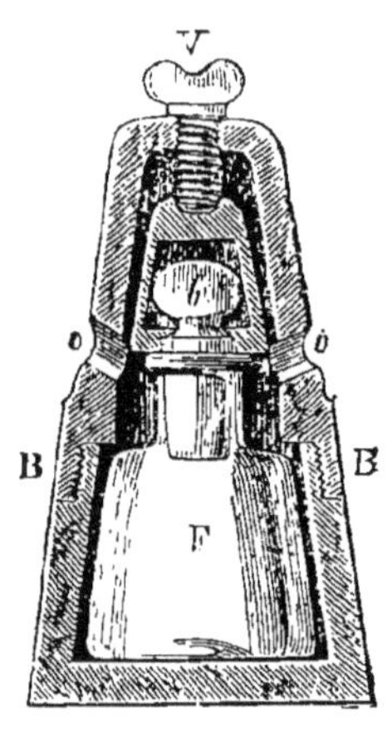

Fig. 88. — Appareil de Guyton de Morveau pour les fumigations du chlore.

Cet appareil se compose d'un flacon de cristal F (fig. 88), qui contient du bioxyde de manganèse et de l'acide chlorhydrique. Ce flacon est enfermé dans un étui en buis BB, dont le couvercle est traversé par une vis V, qui se termine par une espèce d'étrier, auquel est fixé le bouchon *b* du flacon en verre. Ce bouchon, au lieu de remplir exactement le goulot cylindrique du flacon F, est conique et sa base supérieure a pour diamètre le diamètre du goulot; l'autre base est plus petite, de telle sorte que, lorsqu'il est complétement entré dans le goulot de F, celui-ci est fermé; mais si l'on vient à le soulever en dévissant V, le chlore produit dans F s'échappe par l'espace laissé libre entre lui et le goulot. Des ouvertures *oo*, pratiquées dans l'étui en buis, laissent sortir le gaz au dehors.

Cet appareil n'est utile que lorsqu'il s'agit d'assainir un espace assez restreint, une chambre, par exemple. Pour des locaux plus vastes, on fait la réaction dans des vases ouverts, terrines ou pots de terre, dans lesquels on place le bioxyde de manganèse et l'acide chlorhydrique.

Du reste, ces fumigations sont souvent remplacées par des aspersions faites avec des dissolutions de chlorure de potasse ou de soude, mais plus ordinairement de chlorure de chaux.

161. On désigne, sous ces dénominations qui ne sont pas conformes aux règles de la nomenclature, des mélanges d'hypochlorite et de chlorure. Le chlorure de chaux est un mélange d'hy-

pochlorite de chaux et de chlorure de calcium; le chlorure de potasse ou *eau de javelle*, un mélange d'hypochlorite de potasse et de chlorure de potassium ; le chlorure de soude ou *liqueur de Labarraque*, un mélange d'hypochlorite de soude et de chlorure de sodium.

Ces composés rendent à l'industrie, à l'hygiène et même à la médecine les plus grands services ; ils agissent comme agirait le chlore libre pour décolorer et blanchir les tissus, pour désinfecter et détruire les miasmes putrides.

Parmi eux, le chlorure de chaux solide ou en dissolution est le plus important ; c'est de lui seul que nous nous occuperons.

CHLORURE DE CHAUX.

162. **Fabrication du chlorure de chaux solide.** — Le procédé employé dans l'industrie pour la préparation du chlorure de chaux solide consiste à diriger un courant de chlore lavé à l'eau sur de la chaux éteinte et réduite en poudre par sa simple hydratation. Il se forme alors un mélange de chlorure de calcium et d'hypochlorite de chaux. Pour se rendre compte de cette réaction, il suffit de considérer le chlore et la chaux comme divisés chacun en deux parties. La première partie de chlore décompose la première partie de chaux, s'empare de son calcium. Quant à l'oxygène de la chaux, il se combine avec la deuxième partie de chlore, forme avec elle de l'acide hypochloreux, qui donne, avec la seconde partie de chaux, de l'hypochlorite de chaux.

$$\underset{\text{Chlore.}}{2Cl} + \underset{\text{Chaux.}}{2CaO} = \underset{\substack{\text{Chlorure}\\ \text{de calcium.}}}{CaCl} + \underset{\substack{\text{Hypochlorite}\\ \text{de chaux.}}}{CaO,ClO}$$

Le chlore est ordinairement produit par la réaction du bioxyde de manganèse sur l'acide chlorhydrique. Sur un fourneau en briques sont placées, l'une à côté de l'autre, des marmites en fonte C, C′ (fig. 89), chauffées directement par la flamme du foyer F. Ces marmites contiennent une dissolution saline dont le point d'ébullition peut s'élever à 105°. On place dans cette dissolution des bonbonnes en grès destinées à la production du chlore. Elles seront de cette manière chauffées au bain-marie. Ces bonbonnes portent deux tubulures : l'une sert à l'introduction des matières et peut être bouchée avec un bouchon de grès luté ; l'autre laisse passer un tube qui va plonger dans une autre bonbonne à deux tubulures contenant de l'eau destinée à laver le chlore. Le lavage s'achève dans un flacon en verre à trois tubulures, à travers les parois duquel on peut

Fig. 89. — Préparation industrielle de chlorure de chaux.

juger de la rapidité du dégagement. A la sortie de ce flacon, le chlore entre dans une chambre à parois inattaquables (dalles en grès des Vosges, pierres de Rive-de-Gier, ou d'Auvergne, cimentées par un mastic bitumineux sur lequel le chlore est sans action).

C'est dans cette chambre que la chaux se trouve étalée suivant une épaisseur de $0^m,05$ à $0^m,10$; elle a été introduite par la porte K que l'on a mastiquée avec un lut argileux pour éviter toute fissure par laquelle s'échapperait le gaz.

Au bout de 24 à 36 heures, la réaction du chlore sur la chaux est achevée, on démonte la porte R et on extrait le chlorure avec un long râble.

Dans certaines usines, on accole plusieurs chambres l'une à l'autre (fig. 90), et dans chacune d'elles la chaux est étalée sur des tablettes disposées comme l'indique la figure 91, de telle sorte que le chlore passe en serpentant de l'une à l'autre.

Le chlorure de chaux ainsi fabriqué contient toujours un excès de chaux non transformée. Quand on fabrique le chlorure de chaux en dissolution, on a un produit plus riche, mais qui se

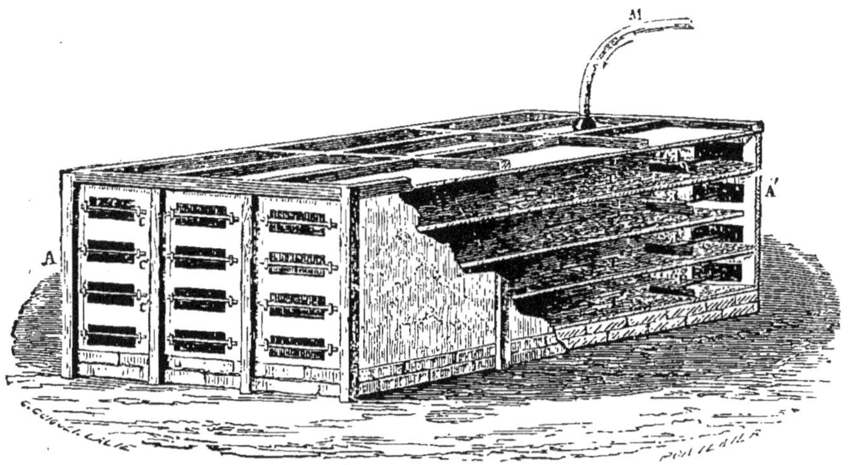

Fig. 90. — Préparation industrielle du chlorure de chaux.

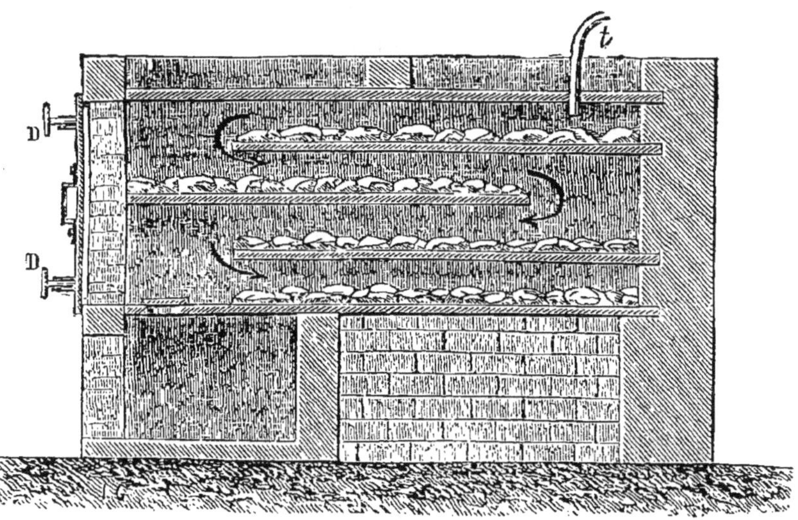

Fig. 91. — Préparation industrielle du chlorure de chaux.

conserve plus difficilement. Lorsque le chlorure doit être consommé sur place, il y a avantage à le préparer liquide.

163. **Fabrication du chlorure de chaux liquide.** — On peut employer pour sa fabrication différents appareils. Nous décrirons le plus simple. On dispose en série de grosses bonbonnes

comme celles que représente la figure 92. Elles ont trois tubulures. L'une E sert à l'introduction de l'eau et de la chaux ; l'eau est à un niveau tel qu'elle ferme elle-même cette tubulure, à travers laquelle passe une palette à manche *t* destinée à agiter le liquide de temps en temps. La tubulure de droite laisse arriver un tube B qui amène le chlore : le gaz en excès s'échappe par le tube D pour aller dans la bonbonne suivante.

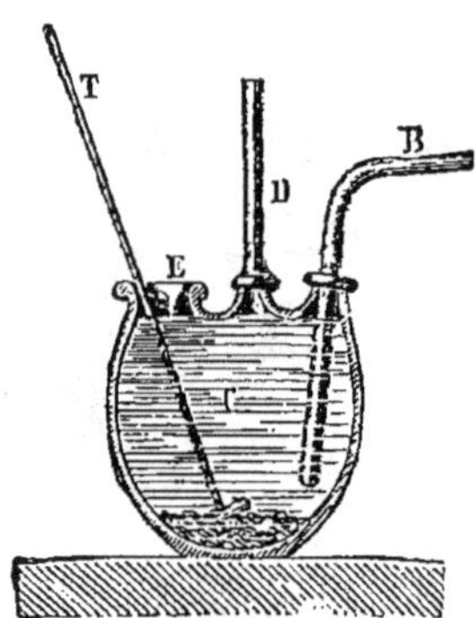

Fig. 92. — Fabrication de chlorure de chaux liquide.

164. Propriétés. — Le chlorure de chaux est une matière blanche et amorphe qui répand une odeur de chlore. Il doit être considéré comme un mélange d'hypochlorite de chaux et de chlorure de calcium. Il est décomposé par les acides les plus faibles, même par l'acide carbonique de l'air. Voici ce qui se passe dans cette décomposition. L'acide s'empare de la chaux de l'hypochlorite, l'acide hypochloreux se dégage, mais, rencontrant immédiatement le chlorure de calcium qui est mélangé à l'hypochlorite, il lui cède son oxygène pour le transformer en chaux, et le chlore provenant, tant de la décomposition de l'acide hypochloreux que de celle du chlorure de calcium, se dégage.

$$\underset{\text{Hypochlorite de chaux.}}{CaO,ClO} + \underset{\text{Acide carbonique.}}{CO^2} = \underset{\text{Carbonate de chaux.}}{CaO,CO^2} + \underset{\text{Acide hypochloreux.}}{ClO}$$

$$\underset{\text{Chlorure de calcium.}}{CaCl} + \underset{\text{Acide hypochloreux.}}{ClO} = \underset{\text{Chaux.}}{CaO} + \underset{\text{Chlore.}}{2Cl}$$

Par suite de cette double réaction, le chlorure de chaux doit être considéré comme une source de chlore, et c'est ce qui le fait employer dans la plupart des cas où l'on veut utiliser l'action décolorante ou désinfectante de ce dernier.

Ce que nous venons de dire sur la facile décomposition du chlorure de chaux par l'acide carbonique indique suffisamment que ce produit doit être conservé à l'abri du contact de l'air [1].

Essai des chlorures de chaux du commerce. — Les industriels ont un grand et à connaître la qualité du chlorure de chaux qui leur est livré, ce pro-

165. Usages et applications. — Le chlorure de chaux est employé comme désinfectant. Il suffit de l'exposer dans un vase à large ouverture au milieu de l'espace que l'on veut désinfecter. L'acide carbonique de l'air le décompose et fait dégager le

duit contenant souvent un grand excès de chaux non transformée. On peut arriver très-facilement par un procédé dû à Gay-Lussac à déterminer la valeur du chlorure.

Ce procédé repose sur les remarques suivantes. Si l'on dissout de l'acide arsénieux dans l'acide chlorhydrique, et qu'on y verse une dissolution d'hypochlorite de chaux, le chlore de l'hypochlorite se dégage, et, par la décomposition de l'eau, oxyde l'acide arsénieux qu'il fait passer à l'état d'acide arsénique. Si, de plus, la solution arsénieuse est colorée en bleu par quelques gouttes de sulfate d'indigo, le chlore portera d'abord son action sur l'acide arsénieux, en respectant l'indigo tant qu'il y aura dans la liqueur de l'acide arsénieux à oxyder. Mais dès que cette oxydation sera achevée, le chlore se portera sur l'indigo, et la couleur bleue sera détruite.

On sait que 4gr,439 d'acide arsénieux pur exigent pour leur transformation en acide arsénique 1 litre de chlore, ou bien encore, comme le montre Gay-Lussac, 1 litre d'une liqueur faite en dissolvant dans 1 litre d'eau 10 grammes de chlorure de chaux aussi pur que possible; par conséquent si l'on fait une liqueur, dite *liqueur d'épreuve*, contenant par litre 4gr,439 d'acide arsénieux dissous dans l'acide chlorhydrique étendu d'eau, il faudra, pour oxyder 1 litre de cette liqueur, 1 litre de la dissolution de chlorure pur, ou généralement, pour oxyder un volume quelconque de la liqueur d'épreuve, il faudra un volume égal de la solution chlorée, et par conséquent si l'on emploie pour faire la solution chlorée un chlorure impur, il faudra, pour oxyder un volume déterminé de la solution arsénieuse, un plus grand volume de la liqueur chlorée. La quantité de celle-ci qu'il faudra verser pour l'oxydation complète donnera la mesure de la valeur du chlorure. D'après ce que nous avons dit plus haut, cette oxydation sera achevée quand la liqueur colorée par l'indigo se décolorera.

Supposons maintenant qu'à l'aide d'une pipette jaugée (fig. 93) nous transportions 10 centimètres cubes de la liqueur d'épreuve dans un vase en verre (fig. 94), et que nous les colorions avec quelques gouttes de sulfate d'indigo. Prenons 20 centimètres cubes de la liqueur chlorée, faite en épuisant par l'eau 10 grammes du chlorure à essayer et en étendant ensuite la solution jusqu'à 1 litre; introduisons ces 20 centimètres cubes dans une burette (fig. 95), et versons le liquide goutte à goutte dans le vase en verre, en ayant soin d'agiter avec une baguette, la couleur bleue s'affaiblira peu à peu; lorsqu'elle passera au jaune pâle, il faudra cesser de verser. Si la dissolution chlorée était faite avec un chlorure pur, il faudrait 10 centimètres cubes ou 100 divisions de la burette pour décolorer les 10 centimètres cubes de liqueur d'épreuve. Supposons au contraire qu'il nous en ait fallu 110; cela veut dire que 110 divisions contiennent 10 centimètres cubes de chlore; donc 100 divisions n'équivalent qu'à 9cc,09, ce qui

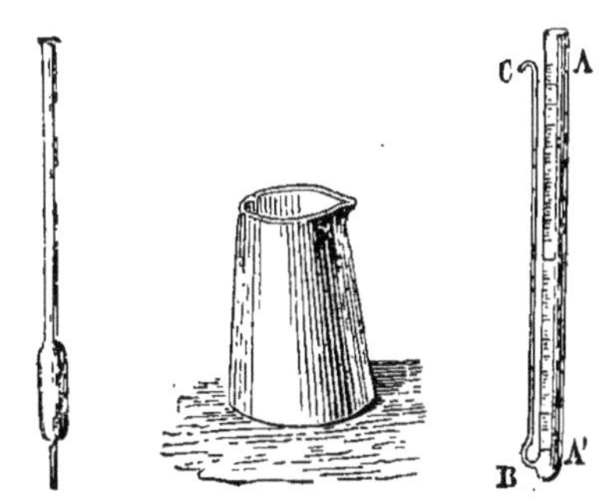

Fig. 93. Fig. 94. Fig. 95.
Appareils pour essais chlorométriques.

chlore qui doit agir sur les miasmes putrides. Quand on veut activer le dégagement, on l'arrose avec un peu de vinaigre.

Mais l'application la plus importante de ce produit est celle que l'on en fait au blanchiment des tissus de lin, de chanvre et de coton.

BLANCHIMENT DES TISSUS DE LIN, DE CHANVRE ET DE COTON.

166. Le blanchiment a pour but d'enlever aux fibres textiles ou aux tissus les matières agglutinatives qui les colorent ou peuvent être un obstacle aux opérations de la teinture. Nous avons déjà vu (129) le traitement auquel étaient soumises dans ce but la laine et la soie. Pour les étoffes de lin, de chanvre et de coton, les procédés sont différents.

Le procédé le plus anciennement connu et qui est encore pratiqué dans un certain nombre de localités, surtout pour le lin et le chanvre, consiste à exposer les tissus, sur un pré, à l'action de l'air et de la rosée. En alternant ces expositons sur le pré avec des passages dans des lessives étendues et bouillantes de carbonate de soude, en arrosant de temps en temps les pièces pour les maintenir toujours humides, on arrive à les blanchir parfaitement. L'oxygène de l'air, dissous par l'eau qui mouillait les fibres du tissu, s'est combiné lentement, pendant l'exposition sur le pré, au principe colorant et l'a transformé en une substance qui s'est dissoute dans les lessives alcalines.

Ce procédé présente de graves inconvénients; il exige un temps assez long, ne peut être pratiqué que pendant la belle saison et enlève de vastes prairies à l'agriculture qui pourrait en tirer meilleur parti.

167. Vers 1785, Berthollet proposa un procédé plus rapide et n'ayant pas les inconvénients que nous venons de signaler. Ce

revient à dire que le décigramme d'hypochlorite de chaux employé ne peut donner que 9cc,09 de chlore, et que 1 kilogramme de ce sel produira seulement 90l,9 de chlore, ce qui, en langage commercial, signifie qu'il marque 90°,9.

Règle pratique. — Pour avoir le titre, il faut diviser 10000 par le nombre de divisions versées. S'il a fallu verser 125 divisions, divisez 10000 par 125 et vous aurez le titre du chlorure, c'est-à-dire 80.

On ne saurait trop recommander aux industriels de faire l'essai de leurs chlorures. On trouve dans le commerce des nécessaires chlorométriques d'un prix modéré, qui renferment tout ce qu'il faut pour ces opérations: liqueur arsénieuse préparée, burette, etc.

procédé substitue à l'oxydation du principe colorant obtenue par l'oxygène de l'air une oxydation beaucoup plus rapide produite sous l'influence du chlore en dissolution. Aujourd'hui on a substitué au chlore dissous le chlorure de chaux en dissolution. Sans entrer dans des détails trop techniques sur ces opérations, nous allons cependant les indiquer rapidement.

168. **Blanchiment des tissus de lin et du chanvre.** — Le lin est une plante annuelle, cultivée principalement dans le nord de la France, en Belgique et en Russie. Sa tige est creuse; il peut être considéré comme formé d'un tube ligneux appelé *chènevotte* enveloppé dans une écorse, dont les parties soudées entre elles et au tube ligneux par une matière gommo-résineuse, constituent les fibres textiles. Pour être propre à la fabrication de fils qui serviront à faire des toiles de batiste, de dentelles, etc., le lin doit subir deux opérations préliminaires : le *rouissage* et le *broyage* ou *teillage*. Le rouissage a pour but de détruire les matières agglutinatives qui réunissent les fibres. Pour atteindre ce but, on abandonne les bottes dans des pièces d'eau stagnante ou courante, pendant un temps qui est en général de quinze jours. Il se développe une espèce de fermentation dont l'effet est de déterminer la dissolution de la matière gommeuse et le fendillement des chènevottes [1]. Le rouissage se fait quelquefois par l'exposition du lin étendu sur le sol, à l'action de la pluie et de la rosée. Après le rouissage, les bottes de lin doivent être séchées à l'air; puis, à l'aide d'un appareil appelé *broie*, on sépare les fibres textiles des chènevottes.

Le lin est ensuite filé et tissé. Pour le tissage, on est obligé de donner aux fils de chaîne une certaine roideur. On la leur communique en les enduisant de colle ou parement. Ce parement doit être enlevé avant le blanchiment. Pour cela on fait macérer les tissus dans de vieilles lessives ou dans de l'eau tiède.

169. Quant au blanchiment, les opérations sont assez multiples et varient avec la nature de l'étoffe. Nous nous contenterons d'indiquer leur marche générale. On soumet d'abord les tissus à un bain d'eau de chaux, qui a pour effet de les gonfler, d'en relever le grain, de tuméfier la matière colorante et de la préparer à l'oxydation, que l'on commence par des expositions

[1] D'autres procédés plus rapides de rouissage ont été proposés, mais aucun n'est encore adopté d'une manière générale.

sur le pré alternant avec de nouveaux bains de chaux. L'étoffe est ensuite passée alternativement dans des bains de chlo-

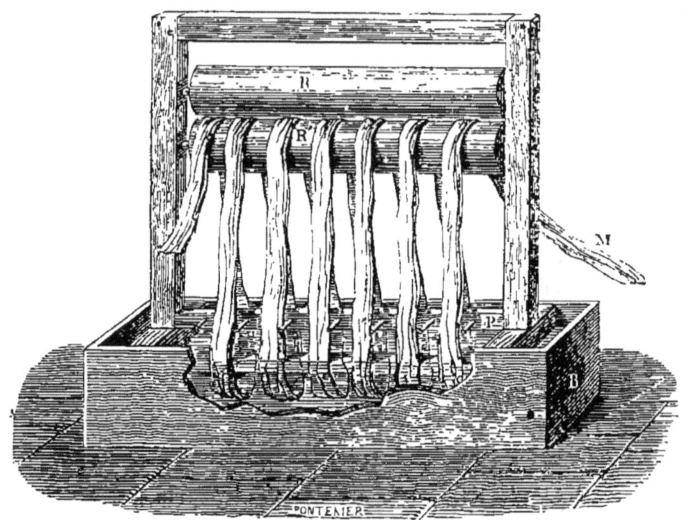

Fig. 96. — Clapot pour le blanchiment des tissus de lin.

rure de chaux qui continuent l'oxydation de la matière colo-

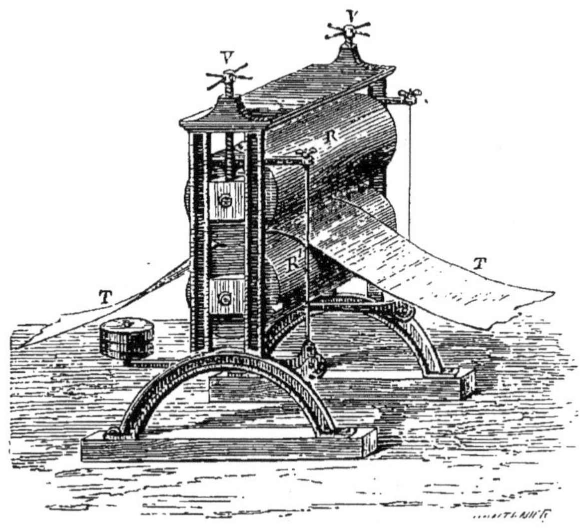

Fig. 97. — Squeezer pour exprimer l'eau des tissus.

rante et dans des bains de soude qui dissolvent le produit de cette oxydation.

Pour faciliter la décomposition du chlorure de chaux, on fait sortir l'étoffe du bain et on la passe entre deux rouleaux R et R' (fig. 96) qui tournent en sens inverse et dont les axes reposent sur un bâtis placé au-dessus de la cuve. Cet appareil est appelé *clapot*. Les rouleaux entraînant l'étoffe dans leur mouvement de rotation la font sortir du bain pour l'y laisser replonger ensuite. Pendant qu'elle est hors du liquide, l'acide carbonique de l'air décompose la dissolution de chlorure de chaux dont elle est imprégnée, et le chlore, mis à l'état naissant dans les mailles mêmes du tissu, agit d'une manière très-efficace.

On ne doit pas oublier qu'avant d'entrer dans un bain, l'étoffe doit être parfaitement débarrassée du liquide qu'elle a pris au bain précédent. Pour cela on la rince à l'eau et on la fait passer entre des rouleaux compresseurs R, R' (fig. 97) appelés *squeezers*, qui expriment le liquide.

Ce que nous avons dit pour le lin s'applique au chanvre.

170. **Blanchiment des tissus de coton.** — Le coton est de la cellulose presque pure (voir plus loin les propriétés de la cellulose). On ne lui fait subir aucune préparation avant de le filer et de l'envoyer aux ateliers de tissage. A la sortie de ces ateliers, les étoffes fabriquées doivent être débarrassées non-seulement du parement et des saletés qu'elles ont reçues pendant le travail de l'ouvrier, mais aussi des substances qui préexistaient à la main-d'œuvre. Ces substances sont d'abord une résine soluble dans l'eau bouillante et dans les solutions alcalines ou acides, puis une matière incrustante, colorée et insoluble, mais qui deviendra soluble dans les acides étendus dès qu'elle aura été oxydée.

Toutes ces matières sont emportées par le blanchiment qui doit être précédé, pour certains tissus, d'une opération appelée *grillage*, destinée à débarrasser leur surface des filaments et du duvet qui la recouvrent. Cette opération s'exécute en faisant passer les tissus sur un demi-cylindre en fonte chauffé au rouge (fig. 98).

On peut alors procéder au blanchiment. Les pièces écrues sont d'abord passées, à l'aide du clapot, dans un bain d'acide chlorhydrique marquant 1° 1/2 à l'aréomètre de Baumé; à ce bain succède un rinçage à l'eau et un lessivage à la chaux.

Après le lessivage, les pièces sont lavées au clapot et abandonnent toutes les matières rendues solubles ou peu adhérentes par l'action de la chaux. Cette action est complétée par des bains

Fig. 98. — Grillage des tissus de coton.

d'acide chlornydrique et des passages en lessive de soude. A la sortie de ces derniers, les tissus sont prêts à recevoir l'action

Fig. 99. — Roue à laver les tissus fins.

blanchissante des bains de chlorure de chaux. Quand on est arrivé à la blancheur voulue, on passe en acide chlorhydrique et on rince avec soin.

Les tissus fins, comme la mousseline, ne sont pas rincés au clapot, mais dans une roue à laver qui fatigue moins le tissu.

Cette roue (fig. 99) présente quatre ouvertures circulaires, par lesquelles on introduit les pièces ; l'eau arrive par le tube T qui traverse l'axe autour duquel tourne la roue.

ACIDE CHLORHYDRIQUE

Symbole HCl. Équivalent 36,5

171. **Historique.** — L'acide chlorhydrique fut connu de Basile Valentin, qui le désigna sous le nom d'*esprit de sel.* Vers la fin du dix-septième siècle, Glauber [1] simplifia le procédé d'extraction suivi jusqu'à lui. C'est Priestley qui le recueillit le premier à l'état de gaz, mais c'est à Gay-Lussac et à Thénard qu'on doit de savoir qu'il est composé de chlore et d'hydrogène.

Il portait autrefois le nom d'acide *muriatique* qui souvent encore lui est donné dans le commerce.

172. **Propriétés physiques et chimiques.** — L'acide chlorhydrique est un gaz incolore d'une odeur piquante et suffocante ; il rougit le tournesol et éteint les corps en combustion. Sa densité est 1,247. 1 litre de ce gaz pèse 1gr,612. L'eau en dissout 480 fois son volume. On peut, pour prouver sa grande solubilité, répéter avec lui les expériences que nous avons faites avec le gaz ammoniac. Faraday l'a liquéfié en le soumettant à un froid de 50° au-dessous de zéro. Une pression de 40 atmosphères peut aussi le liquéfier à la température ordinaire.

On s'en sert ordinairement à l'état de dissolution dans l'eau. Cette dissolution se prépare dans un appareil de Woolf.

Le gaz acide chlorhydrique répand à l'air des fumées très-denses ; ces fumées sont produites par la combinaison de l'acide et de la vapeur d'eau que contient l'air. Le corps qui résulte de cette combinaison ne peut rester à l'état de vapeur et se condense sous forme de fumées.

Lorsqu'on applique la main sur l'ouverture d'une éprouvette remplie d'acide chlorhydrique, on éprouve, dans la région qui est en contact avec l'acide, une sensation de chaleur occasionnée par la condensation du gaz dans la légère couche d'humidité dont la main est toujours recouverte.

Un grand nombre de métaux, comme le fer, le zinc, l'étain, décomposent l'acide chlorhydrique et se transforment à son contact en chlorures ; l'hydrogène se dégage.

[1] Glauber (Jean-Rodolphe), chimiste et médecin du dix-septième siècle, se fixa en Hollande, après avoir beaucoup voyagé, et mourut à Amsterdam en 1668.

173. **Préparation.** — L'acide chlorhydrique se prépare en introduisant dans un ballon du chlorure de sodium (sel marin, sel gemme) et de l'acide sulfurique. L'eau de l'acide sulfurique se décompose; son oxygène oxyde le sodium et forme avec lui de la soude qui se combine à l'acide sulfurique pour donner du sulfate de soude. L'hydrogène de l'eau forme de l'acide chlorhydrique avec le chlore du chlorure de sodium.

$NaCl$	$+$	SO^3,HO	$=$	$NaOSO^3$	$+$	HCl
Chlorure de sodium.		Acide sulfurique.		Sulfate de soude.		Acide chlorhydrique.

La réaction a lieu à la température ordinaire; on l'active par l'action de la chaleur.

Le gaz doit se recueillir sur le mercure à cause de sa grande solubilité dans l'eau.

174. **Fabrication industrielle de l'acide chlorhydrique.** — Pour fabriquer dans les arts l'acide chlorhydrique, on em-

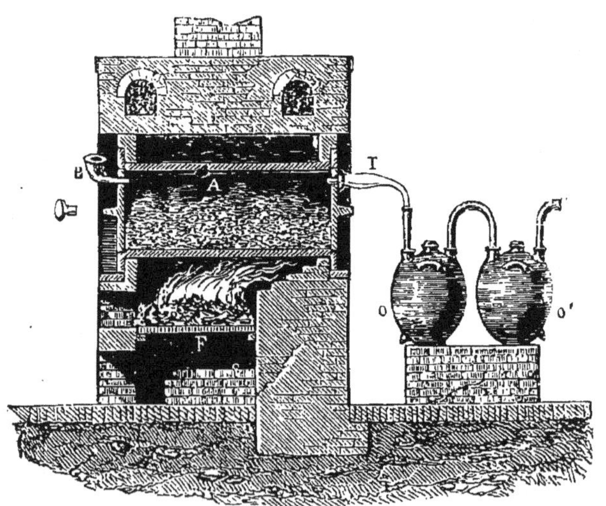

Fig. 100. — Préparation industrielle de l'acide chlorhydrique (méthode des cylindres).

ploie aussi le chlorure de sodium et l'acide sulfurique. Le chlorure de sodium s'emploie, suivant les convenances commerciales, soit à l'état de sel marin, soit à l'état de sel gemme [1]. La réaction est pratiquée par deux méthodes différentes désignées, d'après les appareils qu'elles comportent, sous les noms de *méthode des cylindres et méthode des fours* ou *bastringues.*

175. **Méthode des cylindres.** — L'appareil se compose de deux cylindres en fonte accouplés sur un même foyer. Chacun

Fig. 101. — Méthode des cylindres pour la préparation de l'acide chlorhydrique.

de ces cylindres (fig. 100 et 101) est ouvert à ses deux extrémités et peut être fermé au moyen de disques en fonte C, C'. Le disque de derrière est placé à demeure et reçoit un entonnoir en plomb. Les cylindres reposent sur la maçonnerie seulement par leurs extrémités, de telle sorte que la flamme du foyer puisse circuler autour d'eux, comme l'indiquent les flèches de la figure 100.

Lorsqu'on veut commencer une opération, on enlève le disque antérieur, on charge à la pelle dans chaque cylindre 150 kilogr. environ de sel, que l'on répartit dans toute la longueur. On replace le disque, on le lute et on fait arriver l'acide sulfurique par l'entonnoir B. L'acide employé doit être à 66°, car il attaque moins la fonte que l'acide à 52° tel qu'il sort des chambres. On chauffe d'abord légèrement et on augmente le

[1] Le sel marin est extrait des eaux de la mer, comme son nom l'indique. Le sel gemme est extrait des mines que nous offrent l'Allemagne, la Hongrie, la Pologne, les départements de la Meurthe, de la Moselle, du Jura, des Basses-Pyrénées, etc.

feu jusqu'à ce que tout l'acide chlorhydrique soit dégagé ; au bout de quelques heures, il reste dans les cylindres une matière blanche ; c'est le sulfate de soude, que l'on extrait en enlevant le disque et qui est livré au commerce ou employé sur place à la fabrication de la soude artificielle. L'acide chlorhydrique dégagé se condense dans des appareils que nous étudierons après avoir exposé la méthode des fours, qui est maintenant beaucoup plus employée que celle que nous venons de décrire.

176. **Méthode des fours ou bastringues.** — Les fours dans lesquels s'effectue la décomposition du chlorure de sodium par l'acide sulfurique sont construits en briques ; ils se composent de trois compartiments A, E, G (fig. 102). A est le foyer ; la

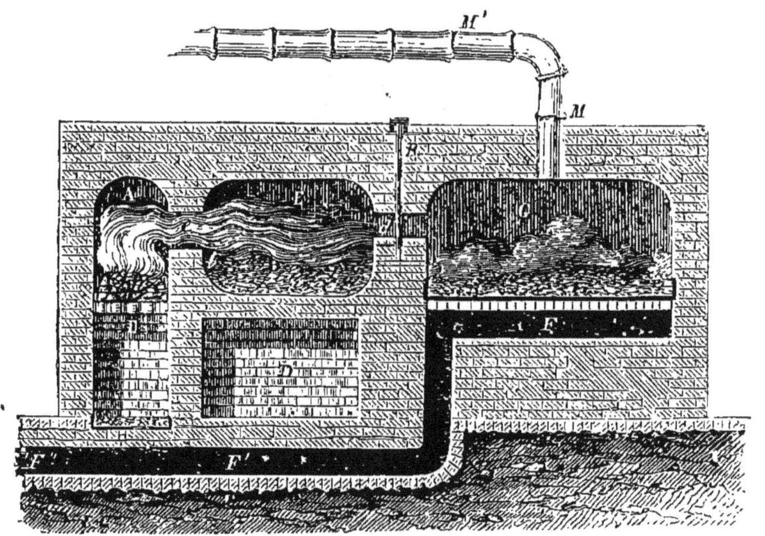

Fig. 102. — Fours ou bastringues pour la préparation industrielle de l'acide chlorhydrique.

flamme du combustible arrive par l'ouverture *e* dans le deuxième compartiment E ; de là, les produits de la combustion peuvent passer en G, si le registre R laisse libre le canal *d ;* dans le cas contraire, ils viennent échauffer le compartiment G en passant au-dessous de lui et se rendent dans la cheminée de l'usine par le conduit FF'F''. La sole du compartiment G est une cuvette en plomb ou en fonte. On voit en MM' un tuyau qui communique avec l'appareil condenseur et par lequel l'acide chlorhydrique se dégage.

Le sel marin et l'acide sulfurique (l'acide employé est à 60°) sont chargés dans la cuvette du compartiment G; le registre R est fermé et l'acide chlorhydrique se dégage par le tuyau MM'; au bout d'un certain temps on ouvre le registre, et on amène, à l'aide de râbles, le sulfate de soude du compartiment G dans le compartiment E, où il est soumis à une plus haute température et où la réaction s'achève. Dès que ce transvasement est opéré, on referme le registre.

177. **Appareils de condensation.** — Les appareils de condensation sont le plus souvent des séries de bonbonnes ou dames-jeannes contenant de l'eau et formant appareil de Woolf, comme on le voit en *o, o'* sur la figure 100.

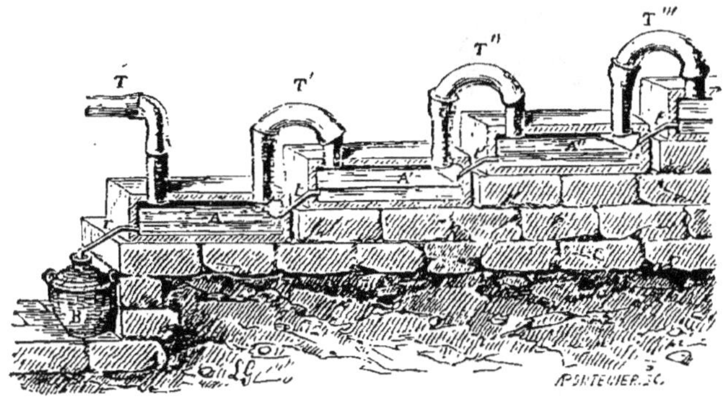

Fig. 103. — Appareil de condensation pour l'acide chlorhydrique.

Dans certaines localités, dans les Vosges ou dans le Midi, où la nature présente des pierres spéciales non attaquables par l'acide chlorhydrique, on remplace les bonbonnes, qui ont l'inconvénient d'être fragiles et de n'offrir qu'une surface restreinte à la condensation, par des sortes de boîtes rectangulaires en grès A, A', A'' (fig. 103), disposées en gradins, remplies d'eau jusqu'au tiers de leur hauteur et communiquant entre elles par des tubes T, T', T'', T''' qui servent à la circulation du gaz de bas en haut, et par des tubes *t, t' t''* qui servent à la circulation de l'eau de haut en bas.

Quel que soit le système employé, l'appareil condenseur doit toujours, à son extrémité postérieure, communiquer avec la cheminée la plus haute de l'usine, pour que les vapeurs soient emportées au loin.

Dans certaines usines, pour achever la condensation, on fait communiquer l'extrémité des séries de bonbonnes avec une colonne double A B (fig. 104), formée de tronçons cylindriques

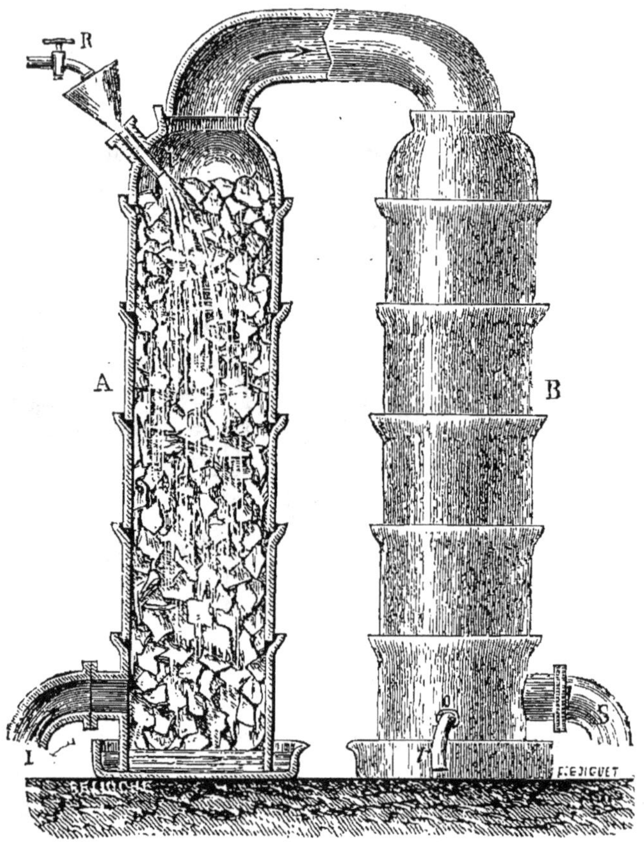

Fig. 104. — Appareil de condensation pour l'acide chlorhydrique.

en terre cuite, évasés à leur partie supérieure et s'emboîtant l'un dans l'autre. Ils sont réunis par un lut argileux. Le dernier tronçon plonge dans une cuvette pleine d'eau qui forme fermeture hydraulique. Les colonnes sont remplies de fragments de poteries. La colonne A est traversée, de haut en bas, par un courant d'eau qu'amènent le robinet R et le tube à entonnoir *t*, de bas en haut par le gaz chlorhydrique non encore condensé qui arrive en I. La colonne B est traversée, de bas en haut, par un jet de vapeur qui arrive en $t'o$, et, de haut en bas, par le gaz chlorhydrique qui vient de A. Les gaz non condensés sortent en S et se rendent dans la cheminée de l'usine. L'eau et la vapeur dissolvent les gaz, et la dissolution, arrivant dans les cuvettes inférieures, s'échappe au dehors par des ouvertures que l'on ne voit pas sur la figure. Nous devons ajouter qu'il est même préférable de supprimer l'arrivée de vapeur et de la remplacer par un filet d'eau qui coule de haut en bas dans la colonne B, comme dans la colonne A. Ce procédé réalise une économie notable.

178. **Usages.** — L'acide chlorhydrique sert à la fabrication du chlore et des hypochlorites, de l'eau régale, dont nous allons parler, de l'acide carbonique destiné à la préparation des eaux gazeuses, du sel ammoniac, des chlorures d'étain employés en teinture, des chlorures de zinc; elle sert, dans l'extraction de la gélatine des os, à dissoudre la partie minérale du tissu osseux; etc., etc.

EAU RÉGALE.

179. L'eau régale est un mélange d'acide chlorhydrique et d'acide azotique. Elle a la propriété de dissoudre l'or et le platine, qui sont inattaquables par chacun de ces acides séparés. Du mélange des deux acides résulte du chlore à l'état naissant, qui transforme le métal en chlorure soluble. Elle doit son nom à cette propriété de dissoudre l'or, que l'on a longtemps appelé le *roi des métaux*.

BROME. — IODE.

Symbole Br. Équivalent 80. — Symbole Io. Équivalent 127.

180. Le brôme et l'iode ont, avec le chlore, des analogies frappantes au point de vue de leurs propiétés chimiques. Le brôme a été découvert, en 1826, par M. Balard, dans les eaux mères des marais salants; l'iode fut trouvé, en 1811, par un salpêtrier nommé Courtois, dans les eaux mères des soudes de varech.

Le brôme est un liquide rouge noirâtre, qui bout à 60°. Sa densité est 2,97 ; il est peu soluble dans l'eau.

L'iode est un corps soluble, gris d'acier, dont la densité est 4,95. Il fond à 107° et bout à 175°, en donnant des vapeurs d'une belle couleur violette; il est peu soluble dans l'eau, mais se dissout bien dans l'alcool. Ils ont tous deux une odeur désagréable qui rappelle celle du chlore.

Le brôme et l'iode se comportent comme le chlore vis-à-vis des métaux. Ils forment avec l'hydrogène les acides bromhydrique et iodhydrique, tout à fait analogues par leurs propriétés à l'acide chlorhydrique.

Le chlore chasse le brôme et l'iode de leurs combinaisons, et le brôme décompose les iodures pour se substituer à l'iode.

181. **Usages.** — La photographie emploie ces deux corps, grâce à la propriété que possèdent le bromure et l'iodure d'argent d'être décomposés par la lumière solaire. L'iodure de potassium est employé par la médecine dans un certain nombre de maladies.

CHAPITRE VIII

CARBONE ET SES COMPOSÉS PRINCIPAUX. BORE. — SILICIUM.

CARBONE.

Symbole C. Equivalent 6.

182. **Charbons.** — On désigne sous le nom général de charbons un certain nombre de substances qui renferment toutes, en quantité considérable, un même corps simple appelé carbone. Dans quelques-unes, comme le diamant et la plombagine, le carbone y est pur; dans d'autres, comme la houille, il est mélangé à des matières étrangères qui sont le plus souvent des carbures d'hydrogène.

Nous diviserons les charbons en deux classes; la première comprendra les charbons *naturels*, diamant, graphite ou plombagine, anthracite, houille, lignites, tourbes; la seconde comprendra les charbons *artificiels*, coke, charbon de cornue, charbon de bois, charbon de Paris, noir de fumée et noir animal. Nous allons faire rapidement l'étude de ces variétés.

CHARBONS NATURELS.

DIAMANT.

183. La véritable nature du diamant est longtemps restée inconnue. Les académiciens d'El Cimento, à Florence, constatèrent, vers la fin du dix-septième siècle, que le diamant brûlait au foyer d'un miroir ardent; Lavoisier et Guyton de Morveau remarquèrent que sa combustion donnait lieu à de l'acide carbonique et en conclurent qu'il renfermait du carbone. C'est à sir Humphry Davy que l'on doit d'avoir prouvé que ce corps était du carbone pur; il constata que le diamant, en brûlant dans l'oxygène, se transformait entièrement en acide carbonique. MM. Dumas et Stass ont confirmé ces résultats par leurs expériences. Le diamant est le plus dur de tous les corps; il les raye tous sans être rayé par aucun. Sa densité varie entre 3,50 et 3,55. Il cristallise dans le système cubique.

Cette substance possède un remarquable éclat que l'on appelle *éclat adamantin*. Elle a pour la lumière un pouvoir réfringent très-considérable, et c'est à cela que sont dus les beaux effets de lumière que produit le diamant taillé.

Le diamant est le plus souvent incolore, mais il est quelquefois légèrement teinté de jaune, de vert et de gris, la teinte bleue est fort rare; il existe des diamants noirs qui semblent plus durs que les autres. On les nomme diamants de nature.

184. Le diamant se trouve au Brésil, aux Indes orientales et en Sibérie. On l'y rencontre au milieu de sables qu'on lave dans un courant d'eau; les particules les plus ténues et les moins denses sont entraînées et il reste un gravier diamantifère qui est ensuite trié à la main.

Les diamants bruts ainsi obtenus sont ensuite livrés au commerce pour subir l'opération de la taille. Les anciens ne connaissaient pas la manière de tailler cette pierre et l'employaient avec ses facettes naturelles; ce n'est qu'au quinzième siècle qu'on commença à savoir tailler les diamants en les usant avec leur propre poussière.

A cet effet, les pierres les plus petites et les plus défectueuses sont réduites en une poudre qu'on nomme *égrisée*. Cette poussière mêlée avec de l'huile sert à enduire une plate-forme d'acier PP' horizontale et mobile autour d'un axe vertical XY (fig. 105). Pendant que la plate-forme tourne rapidement, on

Fig. 105. — Taille du diamant.

appuie contre elle le diamant à tailler, qui est enchâssé dans une masse D d'alliage fusible de plomb et d'étain montée dans un outil AB que représente la figure 106. Quand une facette est formée, on change le diamant de position, et ainsi de suite. La manière dont les facettes sont disposées influe beaucoup sur l'in-

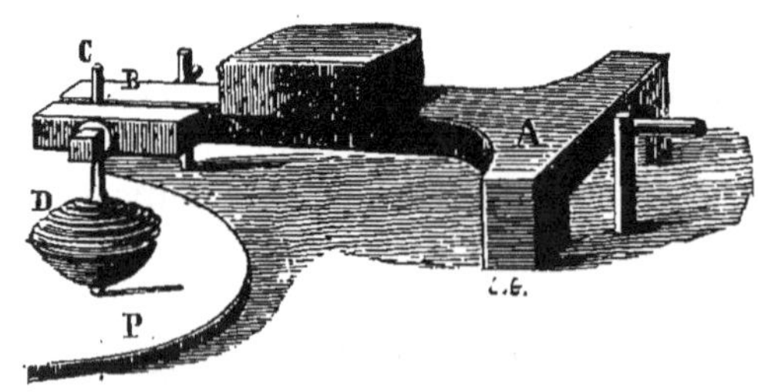

Fig. 106. — Taille du diamant.

tensité de l'éclat projeté par la pierre. On taille aujourd'hui le diamant de deux manières : en *rose* pour les pierres de peu d'épaisseur, en *brillant* pour les pierres plus grosses.

Fig. 107. — Rose.

Fig. 108. — Brillant.

La rose présente, à son sommet, une pyramide à facettes triangulaires et une base plate qui est cachée dans la monture (fig. 107).

Le brillant (fig. 108) se termine, à sa partie supérieure, par une face assez large appelée *table*, entourée de facettes triangulaires qu'on nomme *lentilles* et de facettes en losanges ; sa partie inférieure est formée par une pyramide tronquée à facettes.

Les brillants sont toujours montés à jour : les roses sont montées sur une lame métallique. Les brillants ont plus d'éclat que les roses et sont plus recherchés.

Le prix des diamants, surtout lorsqu'ils sont taillés, est en général très-élevé. Bruts, lorsqu'ils sont susceptibles d'être taillés et qu'ils ne dépassent pas en poids un karat (le karat vaut $0^{gr},205$), ils se vendent 48 francs le karat environ ; taillés, ils valent 125 francs. Mais, pour les brillants, le prix s'élève considérablement avec la grosseur. Le karat coûte généralement de 216 à 240 francs ; le prix en est quelquefois plus élevé encore [1].

[1] Les plus beaux diamants sont :

1° Le diamant du radjah de Mattan, à Bornéo, qui pèse plus de 300 karats ;

2° Le *Kohi Noor* ou *Montagne de lumière*, qui pèse 102 karats 1/2. Il appartient à la Compagnie des Indes ;

3° L'*Orlow*, diamant de l'empereur de Russie, acheté par l'impératrice Catherine 2 500 000 fr. de rente viagère ;

4° Le *Régent*, diamant de France, qui pèse 136 karats, qui a été estimé, en 1848, à 8 000 000 de fr. et que la figure 109 représente en grandeur naturelle.

GRAPHTE OU PLOMBAGINE.

185. Le *graphite*, que l'on désigne aussi sous le nom de *plombagine*, de *mine de plomb*, est une variété de carbone qui se présente sous forme de parcelles brillantes d'un gris d'acier, ou de masses feuilletées, que l'ongle peut rayer et qui laisse des traces noires sur le papier. Sa densité est 2,2. Il conduit bien la chaleur et l'électricité, ne brûle dans l'oxygène qu'à une température élevée. Les mines les plus riches en graphite sont en Angleterre, dans le duché de Cumberland. On le trouve aussi à Passaw, en Bavière, dans le Piémont et dans les Pyrénées.

186. **Usages.** — La plombagine sert à la fabrication des crayons.

Les meilleurs crayons de plombagine anglais se préparent en débitant à la scie des baguettes de graphite pur et préalablement

5° L'*Etoile du Sud*, appartenant à M. Alphen. Ce diamant pesait 254 karats avant

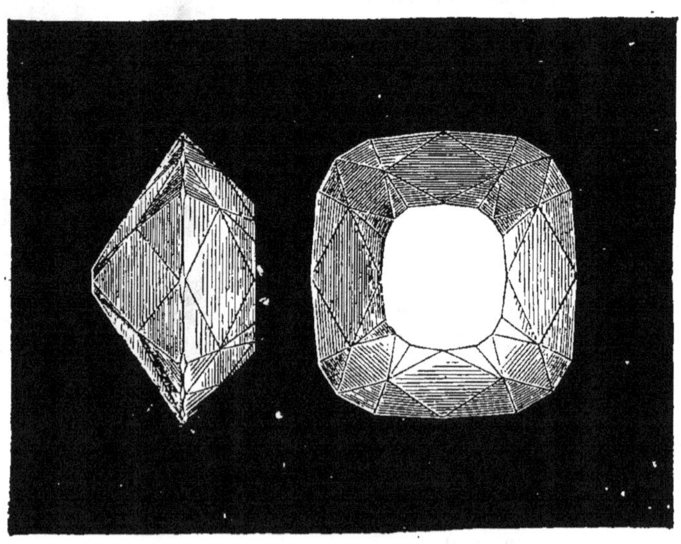

Fig. 109. — Modèle du Régent.

la taille, mais cette opération a réduit son poids à 125 karats. Sa forme et sa limpidité sont parfaites;

6° Le diamant de l'empereur d'Autriche, pesant 139 karats 1/2, et évalué à 2 608 335 fr.

chauffé en vase clos à une forte chaleur rouge. Ces crayons sont habituellement enchâssés dans des baguettes en bois de cèdre. On taille aussi de petits cylindres en graphite très-courts, destinés à être fixés dans des porte-crayons métalliques.

En 1795, Conté[1] inventa un procédé très-simple, qui permet de fabriquer des crayons avec un mélange d'argile et de plombagine. Ces deux substances, réduites en poudre fine, servent à faire avec l'eau une pâte que l'on coule dans les rainures parallèles pratiquées dans des planches. Lorsque la pâte est sèche, on introduit les baguettes ainsi formées dans des creusets, où on les chauffe à une température d'autant plus élevée que l'on veut avoir des crayons plus durs. On les enferme ensuite dans des cylindres en bois que l'on a coupés suivant leur longueur en deux parties inégales; dans le milieu de la plus grosse est pratiquée une rainure où on loge la mine de plomb; les deux morceaux sont ensuite recollés ensemble.

La plombagine unie à l'argile réfractaire sert à faire des creusets pour la fusion de l'acier. Délayée dans un peu d'huile, elle est employée pour noircir les tuyaux de poêle, etc.; pétrie avec des matières grasses, elle fournit un excellent graisseur pour les machines; enfin elle est employée en galvanoplastie pour rendre la surface des moules conductrice de l'électricité.

HOUILLE OU CHARBON DE TERRE.

187. La *houille ou charbon de terre* est essentiellement formée de carbone et bitume unis à une proportion variable de matières terreuses. Lorsqu'on la chauffe à l'abri de l'air, il s'en dégage des combinaisons de carbone et d'hydrogène. Les unes sont liquides à la température ordinaire (naphte, goudron, etc.), les autres sont gazeuses et constituent le gaz d'éclairage. Le résidu de la calcination en vase clos est appelé *coke*.

La houille est un combustible précieux pour l'industrie. A poids égal, elle donne en brûlant plus de chaleur que le bois.

188. Les différentes variétés de houille ne se comportent pas de la même manière pendant leur combustion. Les unes se ra-

[1] Conté (Jacques), industriel distingué, né en 1755, près de Séez, en Normandie, mort à Paris en 1805.

mollissent et se fondent; les autres n'éprouvent pas de ramollissement[1].

La France renferme de nombreux dépôts de houille; le bassin de la Loire, à Saint-Étienne, à Rive-de-Gier, le bassin de l'Allier, ceux du Nord et de l'Auvergne, donnent lieu à d'importantes exploitations. La Belgique et l'Angleterre sont, sous ce rapport, bien plus riches que la France.

La houille se trouve dans la terre à des profondeurs plus ou moins grandes. Elle est due à l'ensevelissement sous les eaux d'anciennes forêts, dont les arbres se sont lentement altérés et sécomposés. Des empreintes de tiges, de feuilles, de fruits, que l'on observe sur certains morceaux de houille, prouvent cette origine d'une manière incontestable.

ANTHRACITE.

189. L'anthracite est une substance noire, sèche au toucher. Elle s'allume assez difficilement; mais, lorsqu'on dispose de moyens énergiques de ventilation, comme dans les établissements métallurgiques, elle devient un combustible très-précieux. Elle donne plus de chaleur que la houille.

On en trouve aux États-Unis, en Angleterre et en France sur les bords de la Loire.

1 On distingue :

1° Les houilles *grasses maréchales* qui éprouvent au feu une espèce de fusion pâteuse et donnent beaucoup de chaleur; brûlées sur grille, elles fondent bientôt, leurs morceaux s'agglutinent et le tirage devient moins actif. Elles altèrent les barreaux des grilles. Elles sont très-bonnes pour le travail de la forge. La plus estimée est celle de Saint-Étienne, celle de Mons vient après ;

2° *Houilles grasses et dures*. — Elles sont moins fusibles que les précédentes. Elles sont très-estimées pour les opérations métallurgiques. Telles sont celles d'Alais et de Rive-de-Gier ;

3° *Houilles grasses à longue flamme*. — Moins fusibles encore que les précédentes, elles sont meilleures pour les grilles. La houille de Mons connue sous le nom de *Flénue* est la meilleure. Elles conviennent au chauffage domestique et à la fabrication du gaz de l'éclairage ;

4° *Houilles sèches à longue flamme*. — Elles ne fondent pas, ne s'agglutinent point ; bonnes encore pour le chauffage des chaudières, elles donnent moins de chaleur que les précédentes ;

5° *Houilles sèches qui brûlent sans flamme*. — Elles brûlent difficilement, donnent un résidu pulvérulent. On les emploie à la cuisson de la chaux et des briques.

LIGNITES.

190. On désigne sous le nom de *lignite* une substance charbonneuse, d'origine analogue à celle de la houille, mais de formation plus récente. Dans certaines localités, le lignite sert de combustible; il donne en brûlant peu de chaleur, beaucoup de fumée, et produit une odeur désagréable.

Le jais ou jayet, avec lequel on fabrique des bijoux de deuil, est une variété de lignite.

TOURBE.

191. La tourbe provient aussi de l'altération sous l'eau de débris végétaux. C'est une substance qui se forme encore de nod jours dans certaines contrées marécageuses. Elle brûle lentement et produit peu de chaleur. En la desséchant et en la comprimant, on obtient un combustible excellent et d'un prix peu élevé.

Les principaux gisements sont en Hollande, en Westphalie, dans le Hanovre, en Prusse, en Silésie. La France, quoique moins riche, possède néanmoins quelques grandes tourbières dans les vallées de la Somme et de l'Oise, dans l'Aisne, dans le Pas-de-Calais et près d'Essonnes.

CHARBONS ARTIFICIELS.

COKE.

192. Le coke est le produit de la calcination de la houille à l'abri du contact de l'air. Cette calcination se fait dans des conditions différentes. Tantôt le coke n'est que l'un des résidus de la fabrication du gaz de l'éclairage, tantôt il est le produit d'une fabrication spéciale, qui se fait soit par la carbonisation en meules, soit par la carbonisation dans des fours.

Le coke provenant de la fabrication du gaz de l'éclairage fournit un bon combustible pour l'économie domestique ou le chauffage des petits foyers; mais sa faible densité et son défaut d'agglomération le rendent peu propre aux usages métallurgiques et au chauffage des locomotives.

Le coke obtenu par les autres méthodes, dit *coke de suffocation*, est d'une densité considérable. On l'emploie en métallurgie et pour le chauffage des locomotives.

Le procédé de carbonisation en meules est peu employé maintenant. Il consiste à faire, avec les morceaux de houille, des tertres coniques que l'on recouvre de paille et de terre humectée. On y met le feu par une ouverture ménagée dans ce but. La combustion se fait lentement, d'une manière incomplète, et au bout de quatre jours de feu on obtient en coke 40 p. 100 de la houille employée.

193. Le procédé de carbonisation dans les fours prend chaque jour plus d'extension. Il est pratiqué par les établissements métallurgiques et les administrations de chemins de fer. Les fours sont disposés de telle sorte que les gaz provenant de la distillation de la houille sont ramenés sur la sole du four avant de se rendre dans la cheminée de l'usine. Ces gaz y brûlent et la chaleur qu'ils dégagent dans leur combustion produit une économie notable de combustible.

194. On désigne sous le nom de *houilles agglomérées* ou *péras artificiels* des briques destinées au chauffage des locomotives et obtenues par le moulage sous pression d'un mélange de 90 parties de menu de houille et de 10 parties de *brai solide* ou résidu charbonneux provenant de la distillation des goudrons que fournit la fabrication du gaz de l'éclairage.

105. **Charbon de cornue.** — On trouve sur les parois des cornues qui servent dans les usines à gaz à la distillation de la houille, un dépôt très-dur de carbone à peu près pur. Il provient de la décomposition des carbures d'hydrogène qui se dégagent pendant l'opération ; il conduit très-bien l'électricité et sert dans la construction des piles de Bunsen. On l'emploie aussi dans les appareils d'éclairage électrique pour faire les électrodes entre lesquels jaillit l'arc lumineux.

CHARBON DE BOIS.

196. Séché à l'air, le bois se compose, sur 100 parties, de :

Carbone	38,48
Oxygène et hydrogène dans les proportions qui constituent l'eau	35,42
Eau libre	25,00
Cendres	1,10
	100,00

Si l'on calcine du bois à l'abri du contact de l'air, il reste un résidu fixe de carbone qui conserve la forme des végétaux et il se dégage des produits volatils qui renferment une partie du charbon que contient le bois; ces produits sont des goudrons, de l'oxyde de carbone, de l'acide carbonique, des hydrogènes carbonés, du vinaigre de bois, esprit-de-bois, etc. Le charbon de bois se fabrique par deux méthodes différentes.

197. 1° *Procédé par distillation.* — La calcination peut se faire dans des cornues en fonte, qui sont de véritables appareils distillatoires communiquant avec des réfrigérants où l'on recueille les produits volatils et condensables (vinaigre de bois, esprit de bois). On obtient environ 17 p. 100 de charbon.

198. 2° *Procédé des meules.* — La fabrication du charbon de bois peut se faire aussi par le procédé des *meules*. Pour cela on dispose en meules, au milieu des forêts, les morceaux de bois que l'on veut carboniser, en ayant soin de ménager des canaux horizontaux aboutissant à une cheminée centrale (fig. 110); on

Fig. 110. — Fabrication du charbon de bois.

recouvre la meule de feuilles, de mousse, de gazon, et enfin d'une couche de terre qui ne laisse libres que la cheminée et les ouvertures des canaux inférieurs. La cheminée est ensuite remplie de bois enflammé. La combustion se communique de proche en proche, et lorsque la fumée, d'abord épaisse et noire, est devenue transparente et d'un bleu clair, on bouche les ouvertures des canaux dites *évents*. Lorsque tous les évents sont bouchés, la combustion s'arrête peu à peu; on recouvre la meule de terre humide et, au bout de 25 heures, la fabrication est terminée.

Les bois employés de préférence sont le chêne, le châtaignier, le pin, le charme, le hêtre, l'érable, le bouleau, le tilleul, etc.

Un bon charbon de bois doit être léger, cassant et sonore.

CHARBON ANIMAL, OU NOIR ANIMAL.

199. Le charbon, que l'on désigne aussi sous le nom de charbon animal ou de noir animal, est le produit que l'on obtient en calcinant des os en vase clos. Cette calcination se fait par deux procédés principaux. Dans le premier, qui est le plus ancien, on recueille les produits volatils qui se dégagent dans la calcination des os (goudron, sels ammoniacaux).

Après avoir concassé les os, on en retire la graisse. Pour cela on les introduit dans un vase en tôle percé de trous que l'on descend dans une chaudière remplie d'eau bouillante. La graisse fond et vient à la surface où elle est enlevée à l'aide d'écumoires.

Les os sont séchés à l'air, puis introduits dans des cornues C, C' (fig. 111), qui communiquent par un tube T avec des ap-

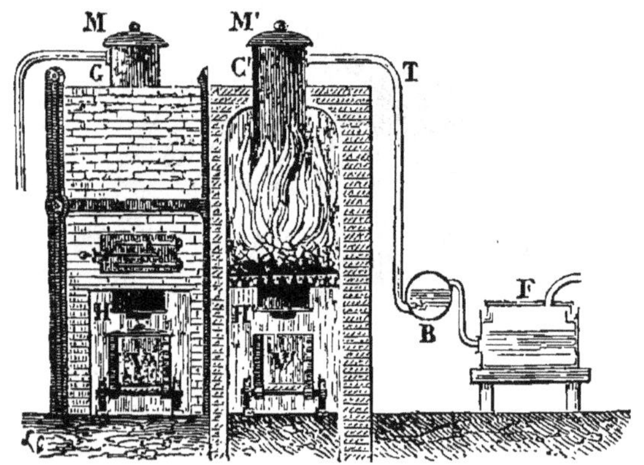

Fig. 111. — Fabrication du noir animal.

pareils B, F, destinés à condenser les produits volatils. Les os sont chargés en enlevant les couvercles M, M'. Après la calcination, on retire les obturateurs H, H' et le noir animal fabriqué tombe dans les étouffoirs V et V'.

Aujourd'hui, la plus grande partie du noir animal se fabrique par un procédé qui laisse perdre les produits volatils, l'indusie du gaz et l'exploitation des eaux des fosses d'aisances fourissant ces produits au commerce en proportion considérable.

Les os sont introduits dans des pots que l'on superpose, de anière que le fond de l'un serve de couvercle à l'autre. Ces ots sont chauffés par les produits de la combustion de la ouille qui passent dans le four. A mesure que la température élève, les gaz inflammables provenant de la décomposition es matières organiques se dégagent et se condensent dans une heminée d'appel. Au bout de 7 à 11 heures la calcination est erminée.

Le charbon, tel qu'il sort des pots, conserve la forme des os. n le broie dans des moulins en cherchant à éviter autant que ossible la production du noir en poudre, qui a moins de valeur ue le noir en grains.

200. **Usages.** — Le noir animal a un pouvoir décolorant conidérable. On s'en sert pour la décoloration des sirops. Lorsqu'il servi pendant un certain temps, il se trouve saturé de maières colorantes et, pour pouvoir servir de nouveau, doit subir n traitement de revivification qui lui rend ses propriétés.

NOIR DE FUMÉE.

201. Le noir de fumée provient de la combustion incomplète le certaines matières carbonées, c'est le corps noir qui s'échappe l'une lampe qui *file*.

202. On distingue, dans le commerce, le noir de résine et le noir de houille ou plutôt de goudron de houille.

On le fabrique en faisant brûler, en présence d'une quantité l'air insuffisante pour leur combustion complète, des goudrons, résines ou autres matières placés dans une capsule en fonte O (fig. 112) qui est chauffée par le foyer F. Les fumées qui en résultent se rendent dans une chambre D et se déposent sur ses parois. Le toit de cette chambre est conique et reçoit un cône mobile en tôle C que l'on peut, au moyen de la corde B, faire monter et descendre dans la chambre cylindrique, dont il ramone ainsi les parois contre lesquelles le noir s'est attaché.

203. **Usages.** — Le noir de fumée est employé pour la peinture et la fabrication des encres d'imprimerie.

Mélangé avec 2/3 de son poids d'argile, il sert à faire les crayons noirs des dessinateurs.

PROPRIÉTÉS DU CARBONE.

204. Quelle que soit son origine, le carbone est un corps inaltérable par la chaleur, sans odeur ni saveur. Despretz a pu le fondre et le volatiliser sous l'influence d'une pile de 500 élé-

Fig. 112. — Fabrication du noir de fumée.

ments. Il est insoluble dans tous les liquides, sauf la fonte de fer en fusion.

Lorsqu'on le chauffe au contact de l'air, il s'unit à l'oxygène et brûle sans résidu solide, en donnant lieu à la formation de produits gazeux.

Lorsque l'oxygène est en excès, le résultat de la combustion est l'acide carbonique. Lorsqu'au contraire c'est le charbon qui est en excès, comme lorsqu'on allume un fourneau rempli de charbon de bois, il se forme en même temps de l'oxyde de carbone qui brûle avec une flamme bleue. La production de ce gaz tient à ce que l'acide carbonique, en présence d'un excès de charbon, est partiellement désoxydé par lui.

Le charbon chauffé au rouge décompose l'eau, met son hydrogène en liberté et forme, avec son oxygène, de l'oxyde de carbone. On le démontre en faisant passer de la vapeur d'eau dans un tube de porcelaine rempli de braises et chauffé au rouge vif.

205. **Pouvoir absorbant du charbon.** — Une des propriétés les plus curieuses du charbon, c'est l'action absorbante qu'il exerce sur les gaz. Si l'on introduit dans une éprouvette remplie de gaz ammoniac et reposant sur le mercure un morceau de braise, que l'on a chauffé au rouge pour chasser l'air renfermé dans ses pores, le gaz est absorbé par lui et le mercure monte dans l'éprouvette qu'il remplit bientôt.

L'absorption des gaz par le charbon est d'autant plus grande que la température est plus basse et que le gaz est plus soluble. Le pouvoir absorbant dépend aussi de la nature du charbon et de sa provenance. Le charbon animal d'os est celui qui jouit de cette propriété au plus haut degré; viennent ensuite, rangés par ordre d'absorption décroissante, le charbon de bois, la braise, le noir de fumée calciné, le coke. Ce qui précède explique l'augmentation de poids que subit le charbon exposé à l'ai atmosphérique.

Les propriétés absorbantes du charbon le font souvent employer comme désinfectant. Les eaux, qui contiennent des matières organiques en putréfaction, exhalent une mauvaise odeur due aux gaz qui se forment dans la décomposition de ces matières. Il suffit, pour les désinfecter, de les laisser en contact avec du charbon pulvérisé. Dans les campagnes où l'on n'a souvent pour boisson que l'eau des mares, toujours odorante et sapide par suite des matières organiques qu'elle renferme, on peut la désinfecter très-facilement par le moyen suivant :

On place à la partie inférieure d'un tonneau, dont le fond est percé de trous, des couches alternatives de sable et de charbon en poussière. On descend ce tonneau dans la mare jusqu'auprès de son ouverture supérieure (fig. 113) et on l'y soutient, soit au moyen de cordes, soit en le faisant reposer sur de grosses pierres; l'eau arrive par les trous dont le fond est percé, filtre à travers les couches de sable sur lesquelles elle

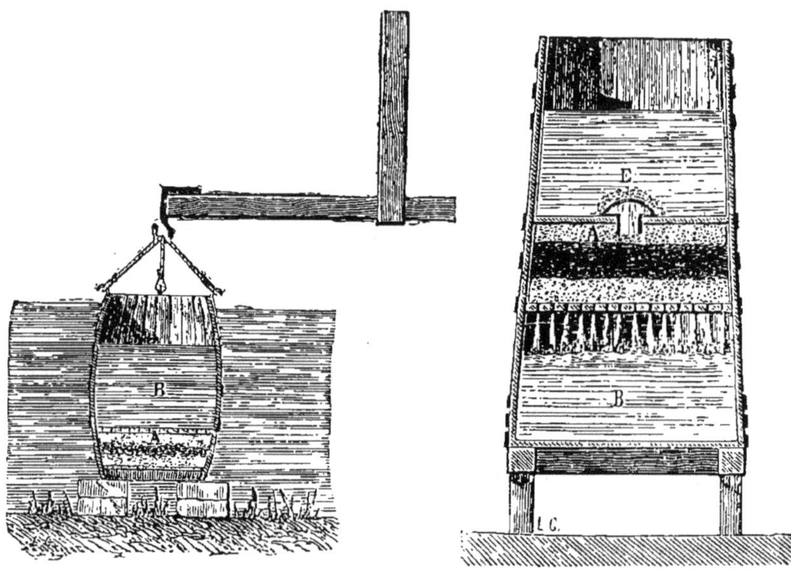

Fig. 113. — Filtre pour les eaux.

Fig. 114. — Filtre pour les eaux.

laisse les matières en suspension qu'elle renferme, se désinfecte sur les couches de charbon, et l'on peut puiser de l'eau potable à la partie supérieure du vase.

206. On trouve maintenant, dans le commerce, des filtres destinés à l'économie domestique et dans lesquels sont appliquées, d'une manière heureuse, les propriétés désinfectantes du charbon. Ils se composent d'un vase en bois, en grès ou métal, dont l'intérieur est divisé en trois compartiments (fig. 114) par deux cloisons horizontales. La première porte à son centre une tête d'arrosoir E entourée d'une éponge; la seconde est également percée de trous. Le second compartiment est rempli par des couches alternatives de sable et de charbon. L'eau versée dans la partie supérieure subit une première filtration sur l'é-

ponge, passe dans A où elle est filtrée sur le sable et désinfectée sur le charbon. Elle arrive de là dans la partie B, d'où elle peut sortir par le robinet.

207. Le charbon peut aussi être employé pour prévenir la putréfaction des viandes. Il suffit de les enfouir dans du poussier de charbon, qui les garantit d'abord du contact de l'air et qui, en absorbant les gaz putrides à mesure qu'ils se produisent, empêche le développement de la putréfaction. Lorsqu'on sort les viandes du poussier, il suffit de les arroser à l'eau fraîche.

Le charbon sert aussi à désinfecter les fosses d'aisances. On l'emploie pour purifier l'atmosphère de certains puits, de certaines caves remplies de gaz irrespirables. On y descend un chaudron rempli de charbon allumé, qui absorbe les gaz nuisibles.

Le pouvoir absorbant du charbon s'exerce aussi sur les matières colorantes, comme nous l'avons vu à propos du noir animal. Il est appliqué à la décoloration des sirops, du miel, etc. Dans cette absorption, la matière colorante n'est pas détruite, mais seulement condensée dans les pores du charbon.

COMPOSÉS OXYGÉNÉS DU CARBONE.

208. Le carbone forme, avec l'oxygène, trois composés importants : l'acide carbonique, l'oxyde de carbone et l'acide oxalique. Nous n'étudierons, pour le moment, que les deux premiers.

ACIDE CARBONIQUE.

Symbole Co^2.

209. **Historique.** — Découvert en 1648, par Van Helmont [1], l'acide carbonique fut étudié successivement par Hales, Black et Priestley. Sa composition fut déterminée par Lavoisier, qui montra qu'il était composé de 6 parties de charbon unies à seize parties d'oxygène.

210. **Propriétés physiques.** — L'acide carbonique est un gaz incolore, d'une saveur aigrelette, à peu près sans odeur. Il

[1] Van Helmont (François-Mercure), né à Vilvorde, près de Bruxelles, en 1618, mort en 1699.

colore le tournesol en rouge vineux, comme tous les acides faibles. A une forte pression, la coloration du tournesol devient *pelure d'oignon*.

L'acide carbonique se liquéfie par la pression ; à la température de 0°, il suffit de le soumettre à une pression de 36 atmosphères. M. Thilorier est parvenu à le solidifier au moyen de l'énorme froid que l'acide carbonique liquide produit lui-même en s'évaporant. Un mélange d'acide carbonique solide et d'éther peut produire un froid de 110°.

L'acide carbonique est soluble dans l'eau, qui en dissout son volume à la température de 15° ; sa solubilité est proportion-

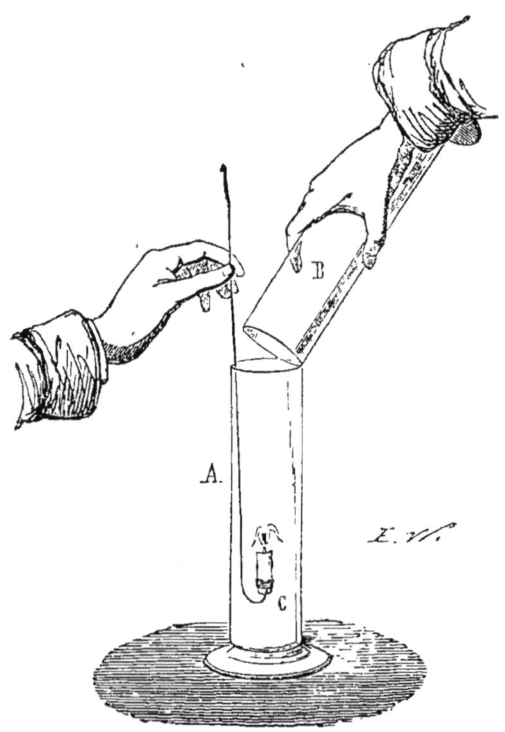

Fig. 115. — L'acide carbonique n'entretient pas la combustion.

nelle à la pression. Sa densité est 1,529. 1 litre de ce gaz pèse 1gr,97.

211. **Propriétés chimiques.** — L'acide carbonique n'entretient ni la combustion ni la respiration. Une bougie que l'on y

plonge s'y éteint; un animal tombe bientôt asphyxié dans une atmosphère de ce gaz. Si l'on place une bougie allumée au fond d'une éprouvette à pied A (fig. 115) et qu'on incline au-dessus d'elle uue éprouvette B remplie d'acide carbonique, le gaz tombe au fond de l'éprouvette A et bientôt éteint la bougie.

Il y a, aux environs de Naples, une grotte dite *grotte du Chien*, et dans laquelle un chien de moyenne grandeur meurt asphyxié, s'il y reste un temps suffisant, tandis que l'homme n'y court aucun danger. Cela tient à ce que, par les fissures du sol, se dégage de l'acide carbonique qui, en vertu de sa grande densité, reste à la partie inférieure de la grotte et y forme une couche où les chiens se trouvent plongés, tandis que l'homme la laisse au-déssous de lui.

L'expérience suivante reproduit en petit ce phénomène. On remplit une large éprouvette à pied avec de l'acide carbonique; on y introduit jusqu'à moitié un corps cylindrique qui déplace l'acide carbonique et le chasse en partie de l'éprouvette. On retire le cylindre, l'air rentre pour le remplacer; et si l'on vient à descendre une bougie allumée dans l'éprouvette, on la voit brûler dans la première moitié de cette atmosphère, s'éteindre dans la seconde où est resté l'acide carbonique.

On peut assainir les atmosphères viciées par la présence de l'acide carbonique en y introduisant une base comme l'ammoniaque, la potasse ou la chaux. Ces corps forment avec lui des carbonates. Nous avons déjà vu que ce gaz trouble l'eau de chaux au milieu de laquelle il forme un carbonate de chaux insoluble.

L'acide carbonique est décomposé par le charbon et ramené par lui à l'état d'oxyde de carbone. On le démontre en faisant passer l'acide carbonique produit par le flacon A (fig. 116) dans un tube TT rempli de braises et traversant un fourneau F où il est porté au rouge. A l'extrémité de l'appareil on recueille dans une éprouvette E un gaz brûlant avec une flamme bleue, et qui est de l'oxyde de carbone.

212. **Préparation.** — L'acide carbonique se prépare en décomposant un carbonate, comme le carbonate de chaux, par l'acide chlorhydrique. L'acide carbonique se dégage, le calcium de la chaux forme, avec le chlore de l'acide chlorhydrique, du

chlorure de calcium ; quant à l'oxygène de la chaux, il reforme

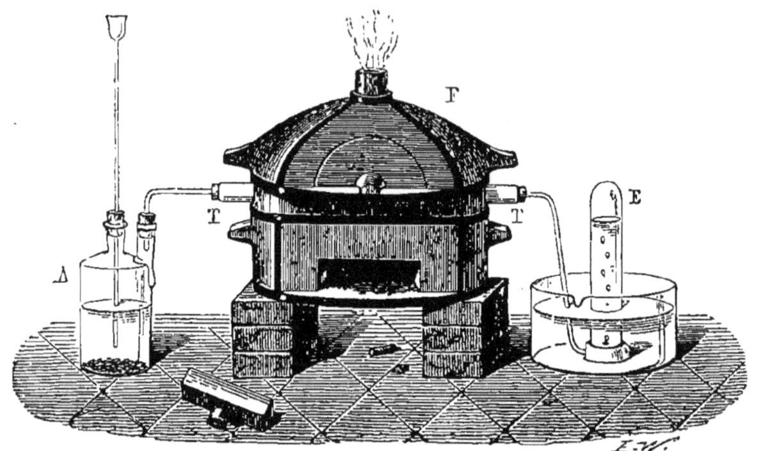

Fig. 116. — Décomposition de l'acide carbonique par le charbon.

de l'eau avec l'hydrogène abandonné par le chlore.

CaO,CO^2	+	HCl	=	CO^2	+	$CaCl$	+	HO
Carbonate de chaux.		Acide chlorhydrique.		Acide carbonique.		Chlorure de calcium.		Eau.

Cette préparation se fait dans un flacon à deux tubulures

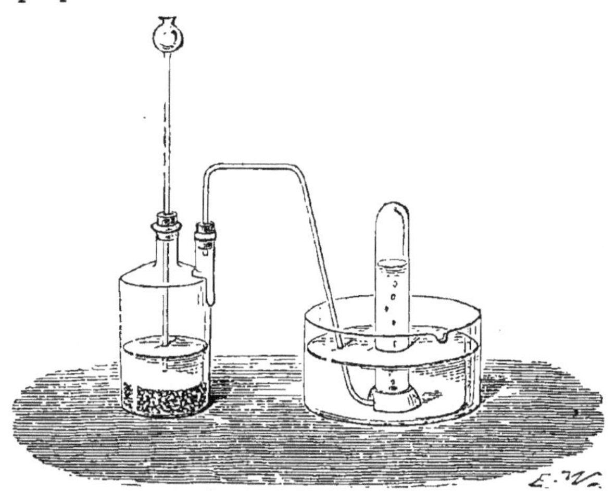

Fig. 117. — Préparation de l'acide carbonique.

(fig. 117) où l'on introduit de la craie, de l'eau et de l'acide chlorhydrique.

213. Usages et applications de l'acide carbonique. — La plus importante application de l'acide carbonique est celle que l'on en fait à la fabrication des eaux de Seltz artificielles et des limonades gazeuses. Cette fabrication repose sur la solubilité croissante de l'acide carbonique avec la pression.

Dans l'industrie, les eaux gazeuses sont fabriquées avec des appareils dont la construction est assez variable. Nous décrirons

Fig. 118. — Préparation des eaux gazeuses.

sommairement celui qui est connu sous le nom d'appareil de Bramah perfectionné.

La pompe aspirante et foulante P (fig. 118) aspire le gaz dans le réservoir par le tube A. Le gaz se lave dans le flacon B, qui sert aussi de flacon témoin destiné à montrer la marche de l'opération ; l'eau que l'on veut rendre gazeuse est en même temps aspirée par le tube T, qui plonge dans le réservoir V. Le mélange de gaz et d'eau se fait dans la pompe qui le refoule dans la sphère creuse et résistante R. Cette sphère est munie d'un manomètre et d'une soupape de pression.

Lorsqu'elle est remplie d'eau gazeuse, on procède à l'embouteillage, qui se fait ordinairement dans des vases appelés *siphons*. Ces siphons sont en verre épais et résistant et portent, à leur partie supérieure, une tubulure à laquelle on adapte un appareil de fermeture permanente en étain. Cette garniture en étain porte un tube plongeur *t* qui descend dans l'eau du siphon, et qui peut être fermée et mise en communication avec l'extérieur à l'aide d'une soupape B (fig. 118) que fait jouer le levier A.

Pour procéder à l'embouteillage, on renverse le siphon E (fig. 118) qui est vide, et l'on introduit le bec *i* dans l'ajutage qui termine le tuyau T″ communiquant avec le réservoir. Il est d'ailleurs fixé sur un support et rendu fixe par le jeu d'une pédale que montre la figure. A l'aide du levier L, on soulève le le-

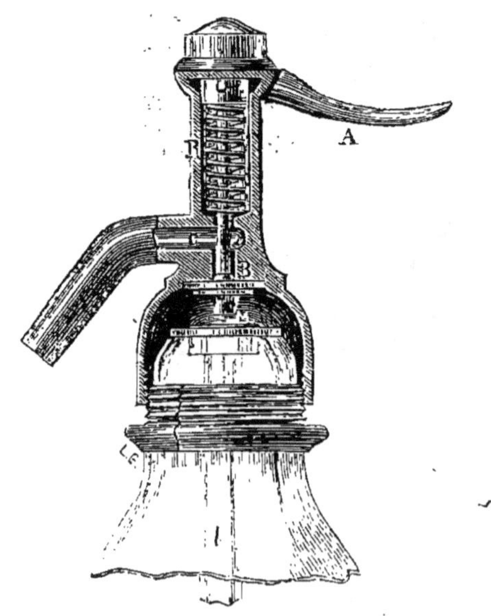

Fig. 119. — Siphon à eau de Seltz.

vier du siphon, de manière à ouvrir celui-ci. Puis, se servant d'un robinet à deux voies I, on fait arriver l'eau gazeuse qui s'élève par le tube de verre que renferme le siphon. Quand il est rempli aux trois quarts, on ouvre dans un autre sens le robinet I, de manière à laisser échapper la plus grande partie du gaz libre qui se trouve dans le siphon, puis on achève le remplissage.

214. Quand on veut extraire l'eau de ce vase, on appuie (fig. 119 et 120) sur le levier A du siphon; la soupape B s'abaisse et

Fig. 120. — Siphon à eau de Seltz.

met en communication l'espace M, où l'eau est poussée par la pression intérieure, avec le conduit C par lequel elle sort de l'appareil. Dès qu'on cesse d'appuyer sur le levier A, le ressort à boudin que montre la figure 119 ramène la soupape dans sa position primitive et le liquide cesse de jaillir. Au moment où le liquide sort, de nombreuses bulles gazeuses se dégagent au milieu de l'eau et montent à la partie supérieure. Ce dégagement continue encore quelque temps après qu'on a cessé d'extraire de l'eau. Cela provient de ce qu'au moment, où le niveau du liquide baisse dans le siphon, le gaz acide carbonique, qui se trouve au-dessus de lui, se répand dans un plus grand volume; sa pression diminue et devient insuffisante pour maintenir dissous tout le gaz que renferme l'eau. Mais ces bulles gazeuses s'accumulant dans la partie supérieure du siphon, la pression augmente et devient suffisante pour maintenir dissous le gaz que l'eau renferme encore. Aussi le dégagement diminue-t-il peu à peu et cesse-t-il même tout à fait, pour recommencer lorsqu'on ouvrira de nouveau le siphon.

215. On emploie, dans les usages domestiques, un appareil qui permet de préparer soi-même les eaux gazeuses. Le plus connu de ces appareils est l'appareil Briet. Il se compose de deux vases A et B (fig. 121) en verre résistant, garnis d'une monture en étain qui permet de les visser l'un sur l'autre. Pour préparer la solution, on met dans le vase A un mélange de poudres qui, à sec, ne réagissent pas l'une sur l'autre, mais qui, en présence de l'eau, donnent un dégagement d'acide carbonique. Puis on adapte le bouchon métallique creux H, qui est percé de trous sur sa surface latérale et se termine, à sa partie supérieure, par une plaque d'argent criblée de trous. Ce bouchon laisse d'ailleurs passer un tube T qui s'élève au-dessus de A. Le vase B, renversé sur son pied, est rempli d'eau; on renverse A sur lui en y introduisant le tube T; on visse et on remet l'appareil dans la position de la figure. L'eau du verre B s'écoule par le tube dans A, jusqu'à ce que l'ouverture supérieure du tube T soit hors du liquide. Cette petite quantité d'eau, arrivant sur le mélange des poudres, produit le dégagement d'acide carbonique. Le gaz monte dans la partie supérieure B et s'y dissout. Le liquide est extrait par le robinet R, qui communique avec le vase B seulement.

Cet appareil est ordinairement entouré d'un treillage en jonc qui, en cas de rupture, s'opposerait à la projection des fragments de verre

216. **État naturel.** — L'acide carbonique est très-abondant dans la nature. Il en existe des masses considérables sous forme de carbonates. L'air en contient de 4 à 6 dix-millièmes. Nous avons vu qu'il est le produit constant de la respiration des animaux et que les parties vertes des plantes, sous l'influence de la lumière, l'absorbent, s'assimilent son carbone et rejettent son oxygène.

Il se dégage des parois de certaines grottes, de certaines cavités souterraines, puits ou caves. Lorsqu'on prévoit qu'une cavité, où l'on a besoin de pénétrer, peut être remplie d'acide carbonique, on a l'habitude d'y introduire des bougies et de voir si elles y brûlent. Ce mode d'essai n'est pas suffisant, car l'air peut contenir assez d'acide carbonique pour être dangereux à respirer et cependant entretenir encore la combustion. Il est préférable de descendre dans la cavité une cloche pleine d'eau, dont l'orifice plonge dans un seau contenant aussi de l'eau : le bouton de la cloche est fixé à une corde que l'on peut tirer du dehors. Lorsque le tout est arrivé dans l'atmosphère que l'on veut essayer, on soulève la cloche hors de l'eau en tirant la corde ; l'air y entre, et, après avoir remonté le seau et la cloche, on essaye l'air que celle-ci contient en y mettant un oiseau.

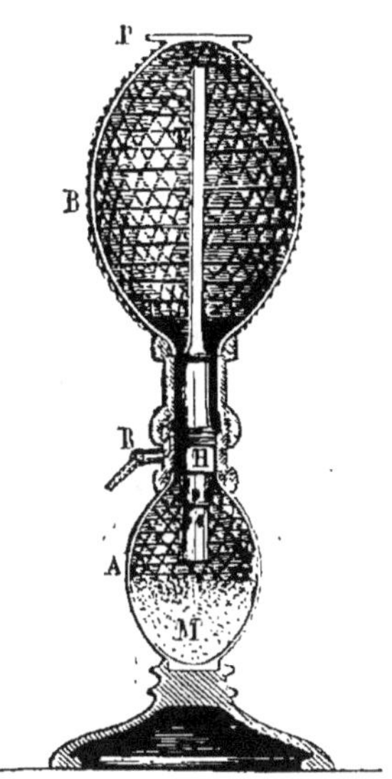

Fig. 121. — Appareil Briet.

L'acide carbonique se produit aussi en quantité considérable pendant la fermentation des liqueurs alcooliques. C'est lui qui rend mousseux le champagne, la bière, le cidre, etc.

OXYDE DE CARBONE.

Symbole CO.

217. **Historique.** — L'oxyde de carbone a été découvert par Priestley. Ses propriétés principales et sa composition ont été déterminées en 1802, par Cruiksank [1].

218. **Propriétés physiques et chimiques.** — L'oxyde de carbone est un gaz permanent, incolore, inodore et insipide. Sa densité est 0,967. 1 litre de ce gaz pèse $1^{gr},250$. Il est très-peu soluble dans l'eau. 1 litre d'eau en dissout 33^{cc} à 0° et 25^{cc} à 15°.

C'est un corps neutre, brûlant avec une flamme bleue et se transformant, par sa combustion, en acide carbonique. C'est un réducteur puissant dont on fait souvent usage en métallurgie

[1] Cruiksank, physicien, né à Édimbourg, en 1746, mort à Londres en 1802.

L'oxyde de carbone est un poison violent. Pendant longtemps, on a attribué à l'acide carbonique le rôle principal dans les asphyxies produites par le charbon brûlant au milieu d'une atmosphère limitée. M. Leblanc a fait voir que, dans la plupart des cas, c'est à l'action toxique de l'oxyde de carbone qu'il faut attribuer la mort des victimes. Un centième ou un demi-centième d'oxyde de carbone rend l'air mortel. Ses effets sont d'autant plus à craindre qu'étant inodore il ne manifeste sa présence que par ses terribles effets sur l'économie. L'empoisonnement par l'oxyde de carbone est ordinairement précédé de violents maux de tête, de vertige et de vomissements. Lorsque ces symptômes se manifestent, il suffit alors d'ouvrir les portes et les fenêtres et de respirer un air pur pour arrêter les effets du poison.

219. **Préparation.** — 1° On peut préparer l'oxyde de carbone en réduisant, comme nous l'avons vu (210), l'acide carbonique par le charbon.

2° On peut aussi décomposer, par l'acide sulfurique, l'acide oxalique, qui peut être considéré comme un mélange d'acide carbonique et d'oxyde de carbone.

$$\underset{\text{Acide oxaliq. hydraté.}}{C^2O^3,3HO} + \underset{\text{Acide sulfurique.}}{SO^3,HO} = \underset{\text{Acide carboniq.}}{CO^2} + \underset{\text{Oxyde de carbone.}}{CO} + \underset{\text{Acide sulfurique.}}{SO^3,HO} + \underset{\text{Eau.}}{3HO}$$

La réaction se fait dans un ballon B (fig. 122). Le mélange des deux gaz passe dans un flacon L contenant une dissolution de potasse qui arrête l'acide carbonique. L'oxyde de carbone se dégage seul dans l'éprouvette E.

HYDROGÈNE PROTOCARBONÉ.

Symbole C^2H^4.

220. Le carbone forme, avec l'hydrogène, un grand nombre de composés (huile de pétrole, benzine, essence de térébenthine, etc.). Nous n'étudierons, pour le moment, que deux carbures gazeux d'hydrogène, l'hydrogène protocarboné et l'hydrogène bicarboné.

221. **Historique.** — Volta fit, en 1788, les premières observations sur ce gaz [1].

[1] Volta (Alexandre), physicien célèbre, professeur de physique à Pavie, né à Côme en 1745, mort en 1826.

222. **Propriétés physiques et chimiques.** — L'hydrogène protocarboné est un gaz incolore, sans odeur ni saveur. Sa den-

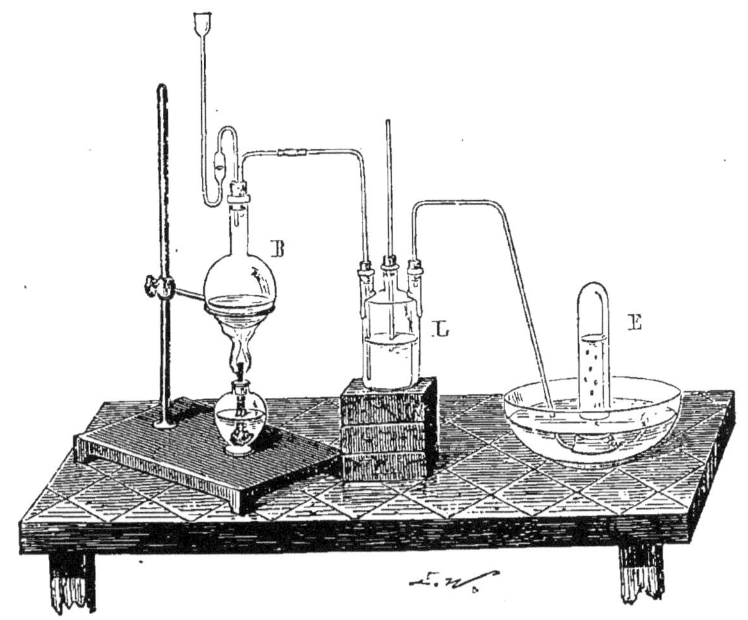

Fig. 122. — Préparation de l'oxyde de carbone.

sité est 0,559, ce qui donne 0gr,727 pour le poids d'un litre. Il est très-peu soluble dans l'eau et n'a pas encore été liquéfié.

Il brûle avec une flamme jaunâtre, bordée de bleu ; les produits de sa combustion sont la vapeur d'eau et l'acide carbonique.

Il constitue, avec l'oxygène, un mélange explosif. Un mélange de quatre volumes de ce gaz et de huit volumes d'oxygène détone avec une violence extrême à l'approche d'une bougie allumée.

Dans les houillères il se dégage quelquefois des parois même de la mine, et prend alors le nom de *feu grisou*. Il forme avec l'air un mélange explosif, et, lorsque la ventilation n'est pas bien faite dans les galeries de la mine, ce mélange peut s'enflammer à l'approche de la lanterne dont les mineurs sont munis, et son explosion coûte souvent la vie à un nombre considérable d'ouvriers.

223. **Lampe de sûreté de Davy.** — Pour éviter ces affreux

accidents, Davy a inventé la lampe de sûreté qui porte son nom. Elle consiste en une lampe entourée (fig. 123) d'un cylindre en toile métallique. Lorsque l'inflammation du mélange aura lieu, ce sera au contact de la flamme, à l'intérieur de la lampe; mais la propriété qu'ont les toiles métalliques de couper les flammes empêchera l'explosion de se prolonger au dehors.

La lampe de Davy a l'inconvénient de donner peu de lu-

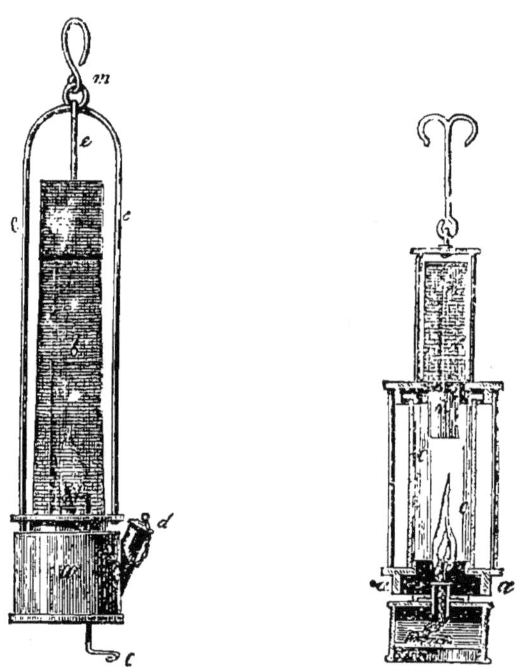

Fig. 123. — Lampe Davy

Fig. 124. — Lampe Davy modifiée par M. Combes.

mière, sa flamme étant enveloppée d'un cylindre en toile métallique. On a proposé différentes modifications. M. Combes, ingénieur des mines, donne à la lampe la disposition que représente la figure 124.

La flamme est entourée d'un cylindre en cristal *c* surmonté par une cheminée cylindrique en toile métallique. Celle-ci enveloppe un tube cylindrique en cuivre qui est destiné à activer le tirage. A la partie inférieure se trouvent deux ouvertures qui sont aussi munies de toiles métalliques et qui permettent à l'air de pénétrer dans la lampe. Enfin, une spirale de platine est ordinairement suspendue au-dessus de la mèche; elle s'échauffe, devient rouge et augmente l'éclat de la flamme.

224. **Préparation.** — L'acide acétique hydraté ou vinaigre peut être considéré comme formé d'hydrogène protocarboné et d'acide carbonique, et si l'on fait passer ce corps en vapeur sur de la mousse de platine chauffée, le dédoublement s'opère.

$$\underset{\text{Acide acétique hydraté.}}{C^4H^3O^3,HO} = \underset{\text{Hydrogène protocarboné.}}{C^2H^4} + \underset{\text{Acide carbonique.}}{2CO^2}$$

Mais il est préférable de faire cette décomposition sous l'influence des alcalis.

En chauffant dans une cornue (fig. 125) un mélange d'acétate

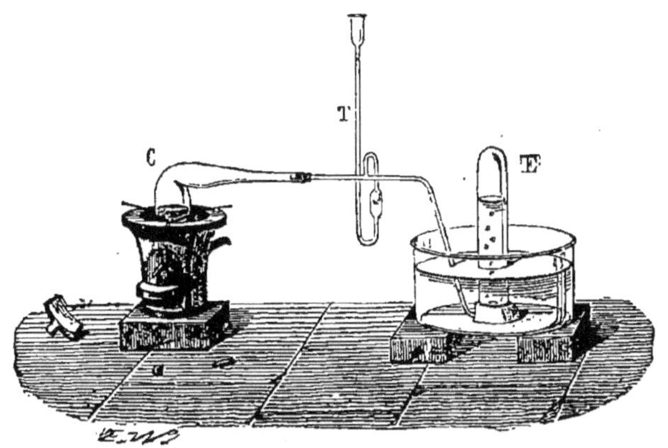

Fig. 125. — Préparation de l'hydrogène protocarboné.

de soude cristallisé, de soude hydratée et de chaux, il se dégage de l'hydrogène protocarboné, et il se forme du carbonate de soude. La chaux n'intervient pas chimiquement; elle n'a d'autre rôle que de rendre la soude moins fusible et de l'empêcher d attaquer le verre. Nous n'en tiendrons pas compte dans la formule.

$$\underset{\text{Acétate de soude.}}{NaO,C^4H^3O^3} + \underset{\text{Soude hydratée.}}{NaO,HO} = \underset{\text{Hydrogène protocarboné.}}{C^2H^4} + \underset{\text{Carbonate de soude.}}{2NaO,CO^2}$$

Nous remarquerons que l'acide acétique anhydre $C^4H^3O^3$, qui se trouve dans l'acétate de soude, fournit, avec l'eau que renferme la soude hydratée, les éléments de l'hydrogène protocarboné et de l'acide carbonique.

225. **État naturel.** — Ce gaz se dégage de la vase des marais et c'est pour cela qu'il a été appelé *gaz des marais.*

HYDROGÈNE BICARBONÉ.

Symbole C^4H^4.

226. **Historique.** — L'hydrogène bicarboné a été découvert, en 1796, par plusieurs chimistes hollandais.

227. **Propriétés physiques et chimiques.** — C'est un gaz incolore, insipide, doué d'une odeur légèrement empyreumatique. Sa densité est 0,97. 1 litre pèse $1^{gr},254$. L'eau en dissout un sixième de son volume à la température ordinaire. M. Faraday a pu le liquéfier sous l'influence simultanée d'une forte pression et d'un mélange d'acide carbonique solide et d'éther.

La chaleur le décompose au rouge vif en carbone et en hydrogène.

Il est inflammable et brûle avec une flamme brillante en produisant de l'acide carbonique et de la vapeur d'eau. Lorsque le gaz est enflammé dans une éprouvette étroite, la combustion est incomplète, par suite d'insuffisance d'air, et on constate un dépôt de charbon.

Mélangé avec trois fois son volume d'oxygène, il détone violemment lorsqu'on approche une bougie enflammée de l'ouverture du flacon qui le renferme.

A la température ordinaire, le chlore et l'hydrogène bicarboné se combinent à volumes égaux et donnent un liquide huileux, d'une saveur et d'une odeur éthérées, connu sous le nom d'*huile des Hollandais*. Cette propriété a fait donner à l'hydrogène bicarboné le nom de *gaz oléfiant*.

228. **Préparation.** — L'hydrogène bicarboné se prépare en chauffant un mélange d'alcool et d'acide sulfurique. Sous l'influence de ce dernier, l'alcool se dédouble en hydrogène bicarboné et en eau.

$$\underset{\text{Alcool.}}{C^4H^6O^2} = \underset{\text{Hydrogène bicarboné.}}{C^4H^4} + \underset{\text{Eau.}}{2HO}$$

Il se produit aussi de l'éther, de l'acide sulfurique et de l'acide carbonique. On condense l'éther dans un flacon laveur C (fig. 126), renfermant de l'acide sulfurique; l'acide sulfureux et l'acide carbonique se combinent avec la potasse dissoute dans un second flacon.

GAZ DE L'ÉCLAIRAGE.

229. **Historique.** — C'est à la fin du siècle dernier que remonte l'invention de l'éclairage au gaz. Les premiers essais

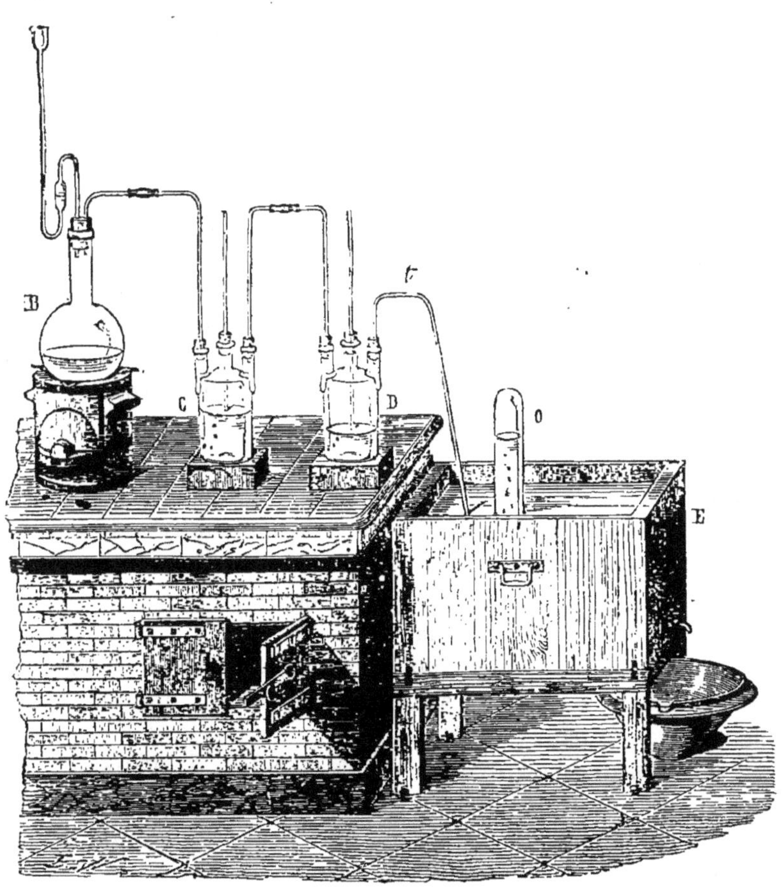

Fig. 126. — Préparation de l'hydrogène bicarboné.

furent faits par Lebon, ingénieur français, né vers 1765, qui, dans un appareil appelé le *thermolampe*, distillait du bois et de la houille et produisait, en même temps que le gaz destiné à éclairer les appartements, la chaleur propre à les chauffer. L'opinion publique accueillit avec indifférence les essais de Lebon, qui furent repris, en Angleterre, par Murdoch. En 1798, Murdoch établit un appareil d'éclairage au gaz dans les manufactures de James Watt, près de Birmingham. En 1805, ce genre d'éclairage était définitivement adopté en Angleterre. En 1812, Winsor fonda une compagnie pour l'éclairage de Londres; il vint à Paris en 1816, et en 1817 y éclaira le passage des Panoramas, le Palais-Royal, le Luxembourg et le pourtour de l'Odéon. Depuis cette époque, l'éclairage au gaz s'est développé et d'importantes compagnies se sont fondées pour exploiter cette industrie.

230. **Matières premières employées pour la fabrication du gaz.** — Les substances organiques qui peuvent, par leur distillation, fournir un gaz propre à l'éclairage, sont assez nombreuses ; mais la houille est certainement la plus avantageuse ; car elle donne non-seulement du gaz, mais encore du coke, dont la valeur est à peu près égale à la moitié de la sienne, du goudron et des sels ammoniacaux que l'industrie utilise.

Distillée en vase clos, la houille donne un volume considérable de gaz hydrogènes carbonés, hydrogène, azote, oxyde de carbone, acide sulfhydrique, du sulfure de carbone, du sulfhydrate d'ammoniaque, etc. On s'expliquera la production de ces divers corps en remarquant que la houille contient, outre son carbone, de l'oxygène, de l'hydrogène, une faible portion d'azote et du soufre provenant des pyrites qu'elle contient.

Les houilles à longue flamme sont celles qui sont les plus propres à la fabrication du gaz d'éclairage. 100 kilogr. de houille peuvent donner 23 mètres cubes de gaz ; les houilles anglaises peuvent en fournir 27 mètres.

231. **Fabrication du gaz de l'éclairage.** — Cette fabrication comprend trois phases distinctes : 1° la distillation de la houille; 2° l'épuration physique du gaz; 3° l'épuration chimique.

232. **Distillation de la houille.** — La houille est chargée dans des cornues en fonte ou en terre C (fig. 127) que l'on dispose par batteries dans des fours adossés deux à deux. Elles peuvent être fermées à l'aide d'un obturateur et de leur tête part un tube abducteur. Ces cornues sont portées au rouge vif au moment où l'ouvrier les emplit; les premières portions de char-

bon qu'on y projette distillent immédiatement et le remplissent de gaz, de sorte que, lorsque l'ouvrier pose l'obturateur, l'air est chassé. Au sortir des cornues, tous les produits de la distillation se rendent, par les tubes abducteurs T, dans un cylindre B, appelé *barillet*, qui court le long des fours et qui est à moitié

Fig. 127. — Cornues à gaz Barillet.

rempli d'eau. Chaque tube T plonge dans l'eau, de sorte que chaque cornue est séparée par cette eau du reste de l'appareil; et, si l'une d'elles venait à se briser, le gaz contenu au delà du barillet ne pourrait ni s'enflammer, ni se mélanger à l'air. Le barillet a de plus l'avantage de condenser déjà une certaine quantité d'eau, de goudron, etc.

233. **Épuration physique.** — A la sortie du barillet, le gaz se rend dans un appareil réfrigérant composé d'une série de tubes en U renversés D (fig. 128), qui viennent aboutir sur une caisse V que le gaz traverse pour se rendre de l'un à l'autre. C'est dans ces tubes que le gaz dépose son eau, ses goudrons, ses sels ammoniacaux, qui tombent de là dans l'eau de la caisse V. L'épuration physique s'achève dans une colonne E remplie de coke et divisée en deux compartiments. Le gaz traverse le pre-

mier compartiment de haut en bas et le second de bas en haut.

234. **Épuration chimique.** — Le gaz, dépouillé d'eau et de goudron, contient encore de l'acide sulfhydrique, du carbonate d'ammoniaque et du sulfhydrate d'ammoniaque. L'épuration chimique le débarrasse de ces corps. Pour cela on lui fait traverser des caisses F,F', garnies de claies superposées, sur lesquelles on a étendu un mélange de sesquioxyde de fer et de sulfate de chaux divisé par de la sciure de bois. Pour obtenir ce mélange, on précipite, au moyen de la chaux éteinte, une dissolution concentrée de sulfate de fer ; il se forme du sulfate de chaux et du protoxyde de fer insolubles. L'exposition à l'air pendant un certain temps fait passer le protoxyde à l'état de sesquioxyde.

Au contact de ce mélange, le sulfhydrate d'ammoniaque se change en sulfate d'ammoniaque et en acide sulfhydrique. Ce dernier est retenu par le peroxyde de fer, qui se transforme en sulfure. Le carbonate d'ammoniaque et le sulfate de chaux produisent du carbonate de chaux et du sulfate d'ammoniaque.

De temps en temps on lessive ces matières épurantes pour dissoudre le sulfate d'ammoniaque, et on les expose ensuite au contact de l'air en y ajoutant un peu de chaux. L'action combinée de l'air et de la chaux révivifie le mélange qui peut servir de nouveau.

A la sortie des caisses d'épuration, le gaz arrive par le tube GG dans une grande cloche renversée sur l'eau et appelée *gazomètre*. Cette cloche est soutenue par des chaînes passant sur des poulies et soutenant des contre-poids. Elle se soulève à mesure que le gaz arrive. Quand on veut lancer celui-ci par le tuyau HH dans les conduites de distribution, on retire une partie des contre-poids, la cloche descend par l'effet de son poids et chasse le gaz.

235. **Becs.** — Le gaz est brûlé dans des becs de systèmes différents.

1° Le bec-bougie s'emploie dans l'éclairage d'ornement, dans les lustres ou candélabres ; le gaz en sort par un trou circulaire unique. La combustion est incomplète et ce bec est fort peu économique.

2° Le bec *papillon-éventail* ou bec *chauve-souris*, dans lequel

Fig. 128. — Fabrication du gaz de l'éclairage.

la combustion se fait déjà dans de meilleures conditions, grâce à la forme aplatie de la flamme, offre une plus grande surface de contact avec l'air. L'orifice de sortie du gaz est une fente

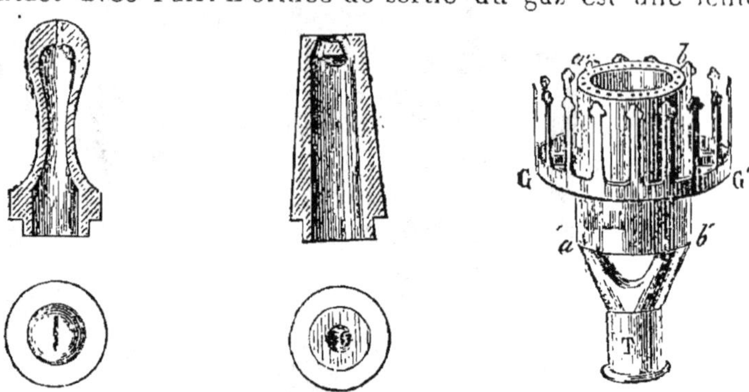

Fig. 129. — Bec papillon. Fig. 130. — Bec Manchester. Fig. 131. — Bec d'Argand

pratiquée dans la tête du bec (fig. 129). Ce bec est employé pour l'éclairage public, pour l'intérieur des habitations.

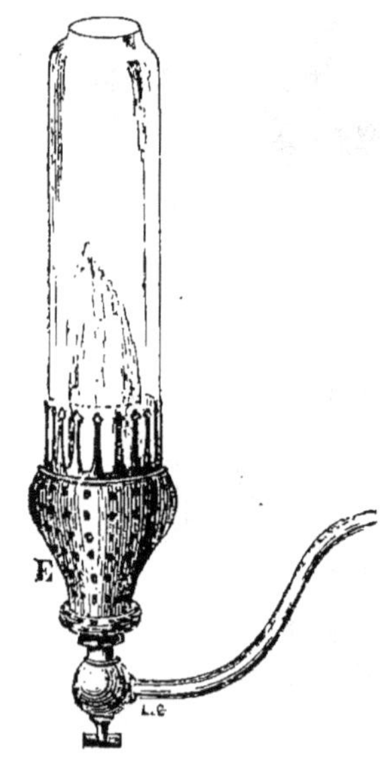

Fig. 132. — Bec à gaz perfectionné.

3° Le bec *Manchester* doit être préféré au précédent à cause de l'éclat de la flamme qu'il fournit et de l'économie qu'il procure. Il a la forme d'un cône tronqué; le gaz arrive dans un conduit central (fig. 130) jusqu'à une petite distance du sommet : là, il se divise pour suivre deux trous qui se recourbent l'un vers l'autre, de telle sorte que les deux jets se rencontrent à la sortie. De ce choc résultent un aplatissement de la flamme, qui s'étale dans un plan perpendiculaire à l'orifice de sortie et un ralentissement dans l'écoulement du gaz.

4° Les becs à double courant d'air, dits *becs d'Argand*, sont circulaires. L'extrémité du tube conducteur T (fig. 131) se bifurque et amène le gaz dans une enveloppe annulaire *aa'bb'*, dont la base supérieure forme une couronne percée de trous circulaires en nombre variable. C'est par ces trous que le gaz sort. L'air a de nombreux points de contact avec la flamme, puisqu'il arrive à l'extérieur et à l'intérieur de l'enveloppe métallique. Ce bec porte ordinairement une galerie GG', sur laquelle on pose une cheminée en verre destinée à activer le tirage et à rendre la flamme moins vacillante.

On a imaginé aussi, pour donner à la flamme plus de fixité, d'entourer (fig. 132) la partie inférieure des becs d'une enveloppe E en toile métallique ou en porcelaine percée de trous.

236. **Gaz oxhydrique.** — Lorsqu'on dirige sur un bâton de chaux vive la flamme d'un chalumeau alimenté par du gaz de l'éclairage et par de l'oxygène, la chaux prend un éclat éblouissant et l'on obtient ce que l'on désigne dans les laboratoires sous le nom de *lumière Drummond.* M. Tessié du Motay a eu l'idée d'appliquer ce fait à l'éclairage en faisant arriver dans des becs convenablement disposés du gaz de l'éclairage et de l'oxygène qu'amènent des conduites spéciales. Les deux gaz ne se mélangent qu'à la sortie du bec. Le corps solide qu'il emploie n'est pas la chaux qui se délite à l'air, mais la zircone, qu'il prétend pouvoir préparer d'une manière économique à l'aide du zircon que l'on trouve dans la nature. Le gaz oxygène employé pour l'alimentation des becs est préparé à l'aide d'un mélange de bioxyde de manganèse et de soude sur lequel on fait passer à chaud un courant d'air. Le mélange se transforme par l'oxydation en manganate de soude, qui, sous l'influence d'un courant de vapeur surchauffée, rend l'oxygène qu'il a pris à l'air et se transforme en un nouveau mélange de soude et de bioxyde de manganèse propre à reproduire la même réaction.

Le gaz obtenu par M. Tessié du Motay donne une magnifique lumière; des essais sont faits depuis quelque temps sur le boulevard des Capucines, et chacun a pu juger de la supériorité de ce nouveau gaz sur l'ancien. Reste à savoir si son emploi est pratique au point de vue industriel : la question est encore discutée, et l'on ne peut que souhaiter le succès de cette admirable invention.

CYANOGÈNE.

Symbole $= C^2Az$.

237. **Historique.** — Le cyanogène a été découvert, en 1814, par Gay-Lussac, qui montra ses analogies avec le chlore, le

brôme et l'iode. Cette découverte donna le premier exemple d'un corps composé jouant le rôle d'un corps simple. Le cyanogène, composé de carbone et d'azote, peut en effet former un hydracide avec l'hydrogène, et avec les métaux des cyanures analogues aux chlores, bromures et iodures.

238. **Propriétés physiques et chimiques.** — Le cyanogène est un gaz incolore, doué d'une odeur pénétrante. Sa densité est 1,806. Il est soluble dans l'eau et a pu être liquéfié. Il est inflammable et brûle avec une belle flamme pourpre, en produisant de l'azote et de l'acide carbonique. Il forme, avec l'hydrogène, un acide dit *acide cyanhydrique* ou *acide prussique,* qui est le poison le plus violent que l'on connaisse.

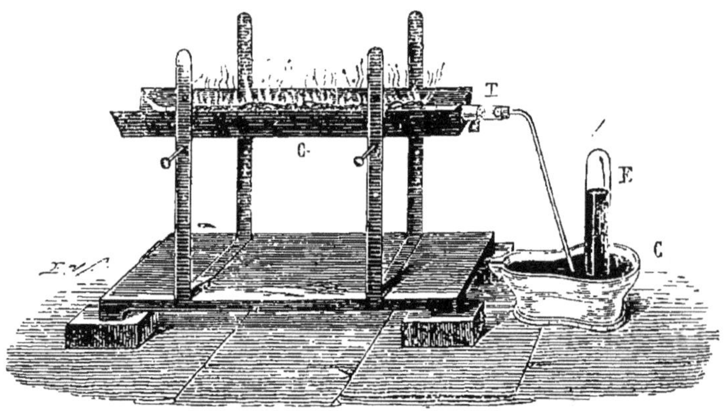

Fig. 133. — Préparation du cyanogène.

239. **Préparation.** — On prépare le cyanogène en chauffant, dans un tube de verre (fig. 133) ou dans une cornue, du cyanure de mercure, qui se dédouble en mercure et en cyanogène.

$$\underset{\text{Cyanure de mercure.}}{HgC^2Az} = \underset{\text{Mercure.}}{Hg} + \underset{\text{Cyanogène.}}{C^2Az}$$

SULFURE DE CARBONE.

240. Le soufre et le carbone s'unissent ensemble pour former un corps appelé sulfure de carbone ou acide sulfocarbonique.

241. **Préparation.** — On l'obtient, dans les laboratoires, de la manière suivante. On pose, sur un fourneau légèrement incliné (fig. 134), un tube TT en porcelaine, rempli de braises concassées et communiquant par une allonge A avec un flacon B,

pans lequel se trouve de l'eau et qui plonge lui-même dans un

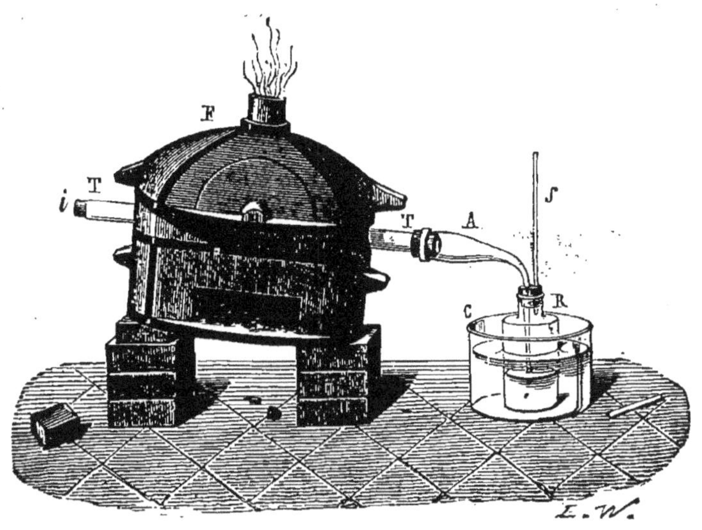

Fig. 134. — Préparation du sulfure de carbone.

vase C plein d'eau froide. On porte le tube au rouge et on y intro-

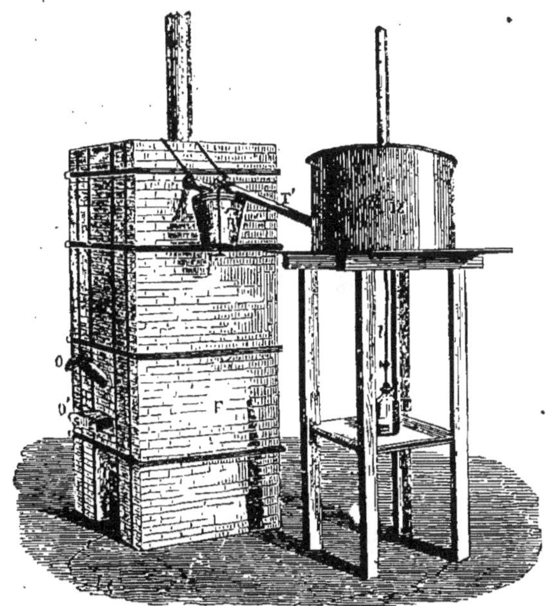

Fig. 135. — Préparation industrielle du sulfure de carbone.

duit, de temps en temps, des morceaux de soufre, en ayant soin, après chaque introduction, de le fermer avec le bouchon *i*. Le soufre et le charbon se combinent, le sulfure de carbone distille et va se condenser au fond de l'eau que contient le flacon R.

242. Dans l'industrie, l'appareil est différent. Le charbon remplit un cylindre vertical disposé dans un massif en maçonnerie F (fig. 135). Le cylindre porte deux ajutages à sa partie inférieure : l'un O incliné sert à l'introduction du soufre ; l'autre O' est destiné à enlever le résidu des opérations terminées. D'une tubulure supérieure part un tube qui communique avec un récipient R, où se condense du soufre entraîné mécaniquement. Le sulfure de carbone distille dans un réfrigérant M, d'où il s'écoule, par le tube *t*, dans un flacon E. Ce réfrigérant, que représente à part la figure 136, se compose d'une sorte de caisse lenticulaire E, sur laquelle se dressent des tuyaux T, T, T, qui débouchent dans une deuxième lentille F, ouverte par en haut et recouverte par une sorte de chapeau formant fermeture hydraulique. Le tout est dans un vase plein d'eau froide. Les vapeurs de sulfure non condensées s'échappent au dehors de l'atelier par le tube D.

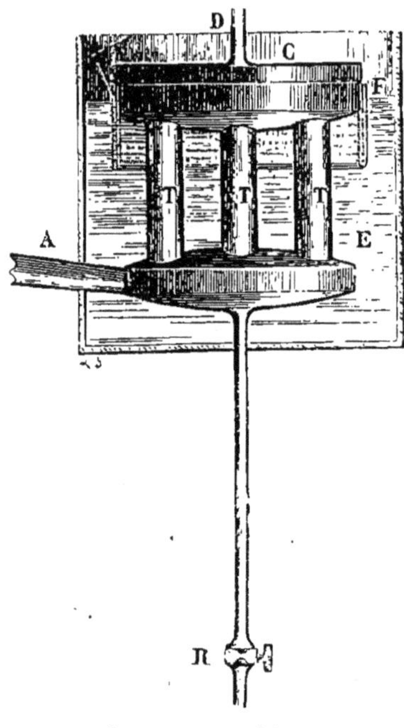

Fig. 136. — Réfrigérant.

Après cette fabrication, le sulfure de carbone doit être distillé à nouveau.

243. **Propriétés.** — Le sulfure de carbone est un liquide très mobile, incolore, très-réfringent et exhalant une odeur qui rappelle celle des choux pourris. Sa densité est, à 0°, 1,293. Il bout à 46° n'a pas encore été solidifié. Il n'est pas soluble dans l'eau. Il est inflammable et brûle avec une flamme bleue en produisant de l'acide sulfureux et de l'acide carbonique. Sa vapeur mélangée à l'air peut s'enflammer avec détonation. Aussi ce corps doit-il être manié avec de grandes précautions.

244. **Usages.** — Les emplois du sulfure de carbone tendent

à se multiplier chaque jour. Il sert à modifier les propriétés du caoutchouc et à faire ce qu'on appelle du caoutchouc vulcanisé. Le pouvoir dissolvant qu'il exerce sur les corps gras le fait employer pour extraire les énormes quantités d'huiles et de graisses que renferment les tourteaux d'huiles, les os de cuisine, les chiffons gras, etc...

BORE ET SILICIUM.

Symbole = Bo. Équivalent = 10,89. — Symbole = Si. Équivalent = 21.

245. Le bore et le silicium présentent les plus grandes analogies avec le charbon. Tous deux peuvent être obtenus à l'état cristallisé et fournissent alors une substance analogue au diamant. A l'état amorphe, le bore est vert, le silicium est brun. Tous deux peuvent s'obtenir sous une forme analogue à celle du graphite.

Ils forment, avec l'oxygène, deux acides solides. L'un, l'acide borique (BoO^3), entre dans la composition du borax ou borate de soude qui, lorsqu'il est fondu, a la propriété de dissoudre les oxydes métalliques et sert, par suite, au décapage des métaux avant leur soudure; l'autre, l'acide silicique (SiO^3), entre dans la composition des poteries, des porcelaines, des verres, etc. Ce dernier corps est très-abondant dans la nature où, à l'état de pureté, il constitue le cristal de roche ou quartz. L'agate, l'améthyste, la cornaline, sont du quartz coloré par des oxydes métalliques. Les pierres meulières, les cailloux ou silex, les grès, les sables sont de la silice mêlée d'alumine et d'oxyde de fer.

CHAPITRE IX

PHOSPHORE ET SES COMPOSÉS PRINCIPAUX. — ARSENIC. CLASSIFICATION DES MÉTALLOIDES.

PHOSPHORE.

Symbole = Ph. Équivalent = 31.

246. **Historique.** — Le phosphore a été découvert, en 1669, par un marchand de Hambourg, nommé Brandt, qui tint son

procédé secret. On sut seulement qu'il le retirait de l'urine. Kunckel[1], après avoir fait de vains efforts pour connaître le mode de préparation, parvint aussi à retirer le phosphore de l'urine. Plus tard, Gahn, chimiste suédois, découvrit du phosphore dans les os, et Scheele, son ami, trouva bientôt un moyen de l'extraire des cendres d'os. Le procédé qu'il indiqua est encore suivi de nos jours.

247. **Préparation du phosphore.** — Les os des animaux sont composés de matière organique, la gélatine, et de sels minéraux, le phosphate et le carbonate de chaux. Lorsqu'on les calcine, la matière organique brûle et on a un résidu formé des sels que nous venons de citer. C'est le phosphate que contient ce mélange qui va nous fournir le phosphore; mais il doit d'abord être transformé. Ce phosphate (3CaO) PhO^5, contient trois équivalents de chaux pour un équivalent d'acide; il est dit *tribasique* et il est *insoluble*. On le transforme en phosphate *soluble*, dit phosphate acide, (CaO, 2HO) PhO^5, qui ne contient plus qu'un équivalent de chaux pour un équivalent d'acide. Pour cela, on fait agir sur la cendre d'os l'acide sulfurique, qui transforme le carbonate de chaux en sulfate et enlève au phosphate tribasique les deux tiers de la chaux, pour former du sulfate de chaux.

On traite par l'eau le mélange de sulfate et de phosphate acide; ce dernier seul se dissout. On évapore sa dissolution jusqu'à consistance sirupeuse, on y incorpore une certaine quantité de charbon et on chauffe au rouge sombre pour chasser l'acide sulfurique, qui, réduit par le charbon, se dégage à l'état d'acide sulfureux.

Fig. 137. — Préparation du phosphore.

La masse sèche et concassée est placée dans des cornues de grès C (fig. 137), dont le col vient entrer dans le bec *a* du récipient en cuivre R, qui contient de l'eau jusqu'au trop-plein *b*. Le récipient R est lui-même plongé dans une bassine B contenant de l'eau froide. On chauffe d'abord doucement,

[1] Jean Kunckel, chimiste, né en 1630, dans le duché de Sleswig, mort à Stockholm en 1720.

puis au rouge vif; il se dégage de la vapeur d'eau, de l'hydrogène et de l'oxyde de carbone, provenant de l'action du charbon sur l'eau que contient le phosphate acide, et enfin une petite quantité d'un gaz que nous étudierons sous le nom de phosphure d'hydrogène. Quant au phosphate acide, il perd une partie de son acide phosphorique qui est réduit par le charbon. Le phosphore provenant de cette réduction distille et se condense en R; son oxygène forme avec le charbon de l'oxyde de carbone. La portion d'acide phosphorique non décomposée donne, avec la chaux, du phosphate neutre qui reste comme résidu dans le fond des cornues.

$3(CaO,2HO,PhO^5)$	$+ 10C =$	$10CO +$	$2Ph +$	$(3CaO), PHO^5 +$	$6HO$
Phosphate acide de chaux.	Carbone.	Oxyde de carbone.	Phosphore.	Phosphate neutre de chaux.	Eau.

Le phosphore, à la sortie des cornues, est très-impur. Pour le débarrasser des matières étrangères qu'il contient, on le fond sous l'eau et on le fait passer à travers une peau de chamois: on le coule ensuite dans des tubes de verre où il se fige.

248. **Propriétés physiques et chimiques.** — Le phosphore est soluble à la température ordinaire ; récemment fondu, il est flexible et peut être rayé par l'ongle. Il est incolore ou légèrement jaune. Son odeur rappelle celle de l'ail, sa densité est 1,83. Il fond à 44° et bout à 290°. Insoluble dans l'eau, il est soluble dans le sulfure de carbone et dans la benzine, où l'on peut le faire cristalliser; il a la propriété de luire dans l'obscurité.

Le phosphore peut subir des modifications moléculaires assez curieuses.

Distillé plusieurs fois, puis chauffé à 70° et refroidi brusquement dans de l'eau à 0°, il devient noir. Le phosphore noir, chauffé de nouveau, reprend son état primitif.

249. L'action prolongée de la lumière solaire ou de la chaleur transforme le phosphore ordinaire en phosphore rouge qui est doué de propriétés particulières. Sa densité est 1,96. Il ne peut cristalliser, est insoluble dans le sulfure de carbone, n'est pas phosphorescent et s'enflamme à 260°, tandis que le phosphore ordinaire s'enflamme à l'air à 60°; il n'a pas les propriétés vénéneuses du phosphore ordinaire.

On prépare le phosphore rouge de la manière suivante : On

place le phosphore dans un vase cylindrique en fonte c (fig. 138), qui se trouve plongé dans un second vase également en fonte *aa*

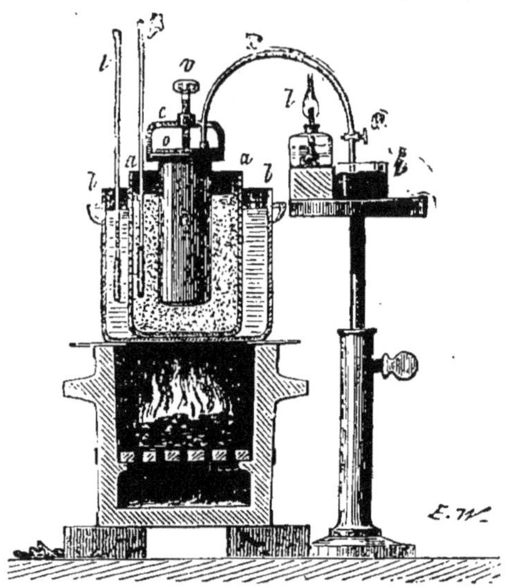

Fig. 138. — Préparation du phosphore rouge.

contenant du sable. Ce vase *aa* est lui-même plongé dans un troisième contenant un alliage fusible formé de parties égales de plomb et d'étain. Le cylindre C est fermé à l'aide d'un couvercle en fonte maintenu par un étrier à vis. De ce couvert part un tube *r*, qui se rend dans le mercure. Cet appareil n'est en définitive qu'un double bain-marie, à l'aide duquel on pourra chauffer au degré voulu. On chauffe d'abord graduellement, pour chasser l'air, jusqu'à ce qu'il se dégage à travers le mercure des vapeurs s'enflammant au contact de l'air. Puis on élève la température jusqu'à 170°, et on l'entretient à ce point pendant dix ou douze jours. Au bout de ce temps, la transformation est opérée; il ne reste plus qu'à enlever toute trace de phosphore ordinaire par l'action du sulfure de carbone, qui le dissout en respectant le phosphore rouge.

Le phosphore rouge est employé, comme nous le verrons, dans la préparation des allumettes dites *allumettes au phosphore amorphe*.

250. Le phosphore ordinaire a une très-grande affinité pour l'oxygène. Exposé humide à l'action de l'air, il y répand des fumées blanches et se transforme en acide phosphoreux. Il s'en-

flamme à 60°, en donnant lieu à de l'acide phosphorique. Sa facile inflammation en rend le maniement dangereux. Sa combustion vive, au milieu de l'oxygène, donne lieu à de l'acide phosphorique. Il se combine directement au chlore en s'enflammant spontanément.

L'acide azotique le transforme en acide phosphorique hydraté

251. **Usages.** — Le phosphore est employé à la fabrication des *allumettes chimiques*. Cette fabrication consomme annuellement 3,600 kilogr. de phosphore ordinaire et 2,000 kilogr. de phosphore amorphe.

Les allumettes chimiques ordinaires se fabriquent de la manière suivante :

252. **Fabrication des allumettes.** — Les allumettes ordinaires sont généralement faites en bois de tremble ou de peuplier blanc de Hollande, les allumettes rondes en bois de pin.

On coupe le bois en bûches et on le fait sécher au four. On le débite ensuite en bûchettes cylindriques de 5 à 10 centimètres de hauteur, qu'on refend à leur tour à l'aide d'un outil spécial. Les allumettes rondes sont préparées au moyen d'un rabot mécanique qui débite le bois en longues baguettes. Cette opération se fait principalement en Autriche et dans le Wurtemberg, où nos marchands achètent les tiges entières pour les couper ensuite à la scie circulaire.

Ainsi débitées, les allumettes sont placées dans des cadres qui laissent sortir une partie de l'allumette et permettent d'en plonger un grand nombre à la fois, jusqu'à une hauteur de $0^m,005$ à $0^m,006$, dans un bain de soufre fondu. On garnit ensuite l'extrémité soufrée d'une pâte inflammable; il suffit, pour cela, de poser les cadres sur une table de marbre maintenue tiède et recouverte de la pâte inflammable sur une épaisseur de $0^m,003$.

La composition de la pâte peut varier. Voici deux recettes qui sont employées :

PATE A LA COLLE.		PATE A LA GOMME.	
Phosphore	2,5	Phosphore	2,5
Colle forte	2,0	Gomme	2,5
Eau	4,5	Eau	3,0
Sable fin	2,0	Sable fin	2,0
Ocre rouge	0,5	Ocre rouge	0,5
Vermillon	0,1	Vermillon	0,1

Les allumettes sont ensuite séchées à l'étuve.

Quand on veut les enflammer, il suffit de frotter l'extrémité garnie de pâte contre un autre corps. Le frottement dégage assez de chaleur pour enflammer le phosphore ; sa combustion enflamme le soufre qui, en brûlant lui-même, détermine l'inflammation de l'allumette.

L'odeur désagréable d'acide sulfureux que produit le soufre en brûlant peut être évitée en remplaçant ce corps par l'acide stéarique. Mais, comme celui-ci est moins facilement inflammable que le soufre, on introduit dans la pâte un peu de chlorate de potasse destiné à activer la combustion.

Allumettes-bougies. — On trouve, dans le commerce, des allumettes-bougies qui ont l'avantage de brûler pendant un temps plus long que les allumettes en bois. Elles se fabriquent de la manière suivante. Cent ou deux cents mèches, composées de brins de coton non tordus, se déroulent d'un cylindre et sont maintenues écartées par les dents d'un peigne. Elles passent dans un bain de cire fondue et dans une filière qui régularise la couche de cire. Un couteau mécanique coupe toutes ces bougies, à la longueur voulue. On les garnit ensuite de pâte inflammable, dans laquelle doit entrer du chlorate de potasse destiné à activer la combustion de la cire.

Allumettes au phosphore amorphe. — La facilité avec laquelle les allumettes s'enflamment, les propriétés toxiques du phosphore qu'elles renferment, constituent un double danger qui peut être évité par l'emploi des allumettes au phosphore rouge ou phosphore amorphe.

L'allumette est garnie d'une pâte composée de six parties de chlorate de potasse, trois parties de sulfure d'antimoine et une partie de colle forte. Pour être enflammée, l'allumette doit être frottée sur un carton recouvert de la composition suivante :

Phosphore amorphe en poudre	10
Sulfure d'antimoine	8
Colle	3

L'allumette ne peut s'enflammer d'elle-même, puisqu'elle ne contient pas de phosphore. Lorsqu'on la frotte sur le carton, elle en détache des particules de phosphore qui suffisent à l'enflammer.

L'emploi du phosphore rouge conjure le danger d'empoisonnement.

Les propriétés toxiques du phosphore le font employer dans la composition d'une pâte destinée à empoisonner les rats.

COMPOSÉS OXYGÉNÉS DU PHOSPHORE.

253. Le phosphore forme, avec l'oxygène, trois composés :

1° L'acide hypophosphoreux (PhO), qui prend naissance quand on chauffe du phosphore en présence d'une base alcaline ;

2° L'acide phosphoreux (PhO^3), qui se produit quand le phosphore se trouve exposé, à froid, à l'action de l'oxygène ou de l'air. Il existe anhydre ou combiné à trois équivalents d'eau ;

3° L'acide phosphorique (PhO^5), qui existe, soit anhydre, soit combiné à un, deux ou trois équivalents d'eau.

L'acide anhydre (PhO^5) est un corps blanc, très-avide d'humidité, que l'on emploie dans les laboratoires pour dessécher les gaz.

On le prépare en faisant brûler du phosphore dans une coupelle *c* (fig. 139) suspendue au milieu d'un ballon B que traverse

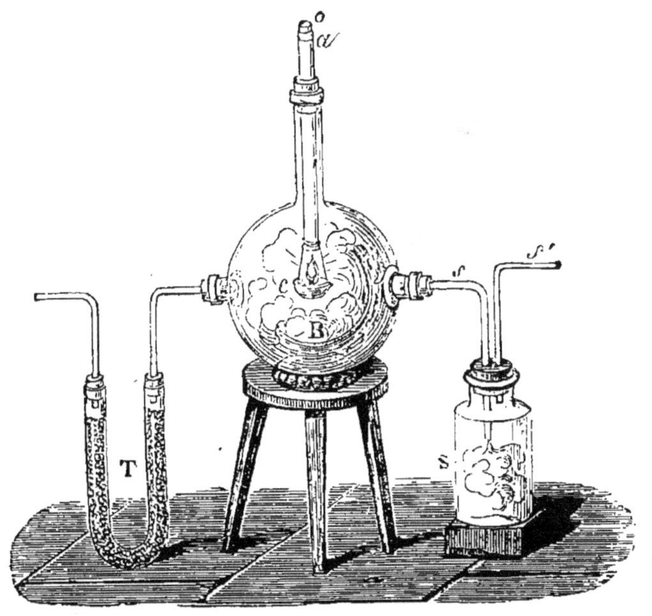

Fig. 139. — Préparation de l'acide carbonique.

un courant d'air qui s'est desséché dans le tube T. L'acide produit est recueilli en S.

L'acide à un équivalent d'eau (PhO^5,HO) est appelé acide métaphosphorique. Celui qui contient deux équivalents ($PhO^5,2HO$) reçoit le nom d'acide pyrophosphorique. Enfin, l'acide phosphorique hydraté ordinaire (PhO^5, $3HO$) contient trois équivalents d'eau. Ils se préparent tous trois par d'autres procédés.

COMPOSÉS HYDROGÉNÉS DU PHOSPHORE.

254. Le phosphore forme trois composés avec l'hydrogène : le phosphure solide, qui est un corps jaune (Ph^2H) ; le phosphure liquide (PhH^2), qui s'enflamme au contact de l'air ; et le phosphure gazeux (PhH^3).

On prépare un hydrogène phosphoré spontanément inflammable, en chauffant dans un ballon de la potasse en dissolution et du phosphore, ou bien encore en chauffant (fig. 140) dans un

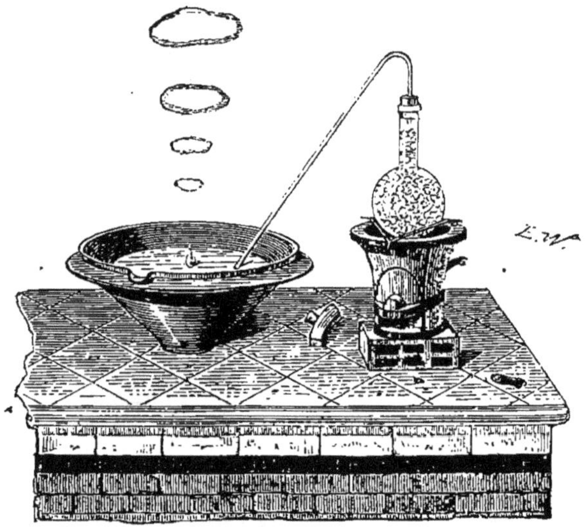

Fig. 140. — Préparation de l'hydrogène phosphoré.

ballon des boulettes faites avec de la chaux délayée dans l'eau et au centre desquelles on a introduit un petit morceau de phosphore.

Le gaz qui se dégage s'enflamme spontanément à l'air et y produit des couronnes blanches, dont le diamètre s'agrandit à mesure qu'elles s'élèvent dans l'air. Il doit son inflammabilité à la présence d'hydrogène phosphoré liquide en vapeur.

On peut aussi produire ce gaz en jetant dans l'eau du phosphure de calcium.

Il se forme spontanément, dans les lieux où sont enfouies des matières organiques en décomposition, dans les marais, dans les cimetières humides. Le phosphore que contiennent ces substances s'unit à l'hydrogène naissant que produit la putréfaction ; l'hydrogène phosphoré formé s'échappe par les fissures du sol, s'enflamme à l'air, et donne lieu à ce que l'on désigne sous le nom de *feux follets*, *feux ardents*, *flambards*.

ARSENIC.

Symbole = As. Équivalent = 75.

255. **Propriétés physiques et chimiques.** — L'arsenic est un corps solide, gris d'acier, cristallisant assez facilement. Sa densité est 5,63. Il se volatilise au rouge sombre sans se fondre. Projeté sur des charbons ardents, il se vaporise en répandant une odeur d'ail caractéristique.

En brûlant, il produit de l'acide arsénieux (AsO^3), corps blanc, vulgairement appelé *arsenic* ou *mort aux rats*. C'est un poison violent, que l'on doit combattre en provoquant des vomissements qui expulsent l'acide que contient encore l'estomac. On fait ensuite avaler au malade de la magnésie ou de l'hydrate de sesquioxyde de fer, qui forment avec l'acide arsénieux des composés insolubles.

L'arsénite vert d'oxyde de cuivre est employé, en peinture, sous le nom de *vert de Scheele*.

L'arsenic forme, avec l'oxygène, un acide plus oxygéné que le précédent et qu'on appelle acide arsénique (AsO^5).

Avec l'hydrogène, il forme un composé gazeux qu'on appelle arséniure d'hydrogène (AsH^3) et qui est un poison violent.

CLASSIFICATION DES MÉTALLOIDES.

256. M. Dumas a groupé les métalloïdes en quatre familles naturelles, en mettant l'hydrogène à part, ce corps pouvant, comme nous l'avons déjà dit, être considéré comme un métal.

La première famille comprend le chlore, le brôme, l'iode et le fluor.

La seconde famille comprend l'oxygène, le soufre, le sélénium et le tellure.

La troisième famille comprend l'azote, le phosphore et l'arsenic.

La quatrième famille comprend le carbone, le bore et le silicium.

257. **Première famille. Chlore, brôme, iode et fluor.** — Les corps de cette famille forment, avec l'hydrogène, des hydracides énergiques, dont la composition est la même et dont les propriétés sont analogues ; ces oxydes sont gazeux à la température ordinaire, fumants à l'air, très-solubles dans l'eau.

Les composés oxygénés de ces trois corps sont peu solubles.

Les chlorures, bromures et iodures sont isomorphes.

Les chlorates, bromates et iodates sont aussi isomorphes.

On a placé dans cette famille un corps appelé *fluor*, qui n'a pas été isolé, mais dont les composés offrent de frappantes analogies avec celles des composés du chlore, du brôme et de l'iode.

258. **Deuxième famille. Oxygène, soufre, sélénium et tellure.** — Ces quatre corps donnent, avec l'hydrogène, des composés formés d'un volume de l'un d'eux avec deux volumes d'hydrogène. Les oxydes, les sulfures, les séléniures, les tellurures, ont une composition analogue.

Les acides sulfhydrique, sélénhydrique, tellurhydrique sont des gaz peu solubles dans l'eau, d'une odeur caractéristique et repoussante.

259. **Troisième famille. Azote, phosphore, arsenic.**

Ces corps ont pour caractère essentiel la propriété de former, avec l'hydrogène, des composés gazeux, qui jouent le rôle de base ou de corps neutre.

Les phosphates et les arséniates sont isomorphes.

L'azote diffère du phosphore et de l'arsenic par plusieurs particularités. Il doit être mis un peu à part dans cette famille.

260. **Quatrième famille. Carbone, bore et silicium.** — Ces trois corps ont surtout des analogies frappantes au point de vue physique ; ils se présentent tous trois sous les états amorphe, graphitoïde et cristallisé. Ils n'ont qu'une seule espèce de dissolvant, ce sont les métaux fondus.

Ils ont tous trois pour l'azote une affinité puissante.

LIVRE II

MÉTAUX

CHAPITRE PREMIER

PROPRIÉTÉS GÉNÉRALES

261. Nous avons vu (30) que les métaux sont des corps possédant, quand ils sont en masse suffisante, un éclat particulier appelé *éclat métallique,* qu'ils conduisent bien la chaleur et l'électricité et ont pour caractère essentiel de former, avec l'oxygène, au moins une base.

262. **Opacité et couleur des métaux.** – Les métaux présentent, en général, une opacité très-grande, car ils ne laissent point passer de lumière, même lorsqu'ils sont réduits en feuilles d'une épaisseur extrêmement petite. Cependant l'or, à l'état de feuilles très-minces, telles que celles dont se servent les doreurs, laisse passer une quantité notable de lumière d'une belle couleur verte.

La plupart des métaux ont une couleur grise, plus ou moins foncée, lorsqu'ils sont pulvérulents ; quand ils sont agrégés et polis, ils deviennent plus blancs. Quelques métaux ont une couleur prononcée : ainsi, le cuivre est rouge, l'or est jaune.

263. **Malléabilité des métaux.** — Lorsqu'on soumet les métaux au choc du marteau, on reconnaît que les uns s'aplatissent en lames, que les autres se brisent; les premiers sont appelés *métaux malléables*, les seconds *métaux cassants.*

On réduit les métaux en lames, soit par le battage au marteau, soit en les faisant passer au *laminoir*.

Le laminoir se compose de deux cylindres d'acier ou de fonte de fer (fig. 141), dont la surface, unie et polie, est très-dure. Ils sont placés horizontalement l'un au-dessus de l'autre et mar-

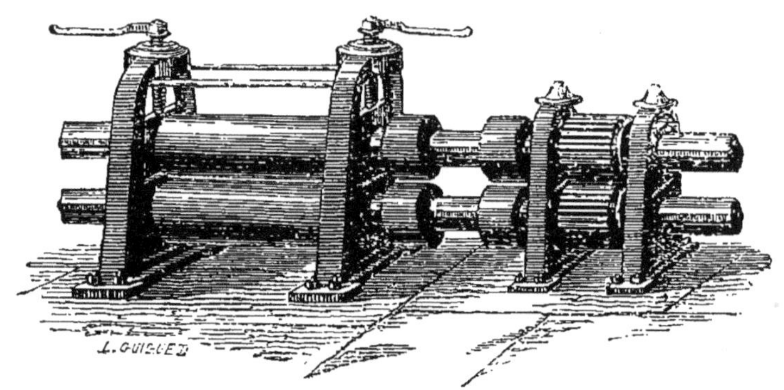

Fig. 141. — Laminoir.

chent en sens contraire, par suite du mouvement de roues d'engrenage, mues par l'action d'un moteur. Les cylindres peuvent être placés à des distances différentes l'un de l'autre par l'action des vis que représente la figure, et que l'on peut faire monter ou descendre à l'aide des clefs dont elles sont armées. On leur donne un écartement moindre que l'épaisseur de la lame métallique que l'on veut étirer. On amincit celle-ci sur l'un de ses bords, de manière qu'on puisse l'introduire d'une petite quantité entre les deux cylindres. Lorsqu'elle est ainsi engagée dans l'intervalle qui les sépare, elle est obligée de les suivre dans leur mouvement et de s'étendre de manière à ne conserver que l'épaisseur égale à leur écartement. On peut ensuite la faire passer de nouveau entre les cylindres que l'on a rapprochés davantage en serrant les vis, et on obtient ainsi des feuilles de plus en plus minces.

Quelques métaux peuvent être laminés à froid ; d'autres ont besoin d'être portés à une température plus ou moins élevée.

Pendant son passage au laminoir, le métal éprouve souvent, dans sa structure moléculaire, un changement qui altère sa malléabilité et le rend cassant ; et, si l'on voulait continuer le laminage, les feuilles se gerceraient et se déchireraient. On dit alors que le métal s'est *écroui*. On lui rend ses propriétés primitives en le *recuisant*, c'est-à-dire en le chauffant au rouge et en le laissant ensuite refroidir lentement.

Les métaux usuels peuvent être rangés, au point de vue de leur malléabilité, dans l'ordre suivant :

Or,	Platine,
Argent,	Plomb,
Aluminium,	Zinc,
Cuivre,	Fer,
Étain,	Nickel.

264. **Ductilité des métaux.** — La ductilité est la faculté qu'ont les métaux de pouvoir s'étirer en fils plus ou moins fins. Il n'y a de *ductiles* que les métaux malléables ; mais il faut, de plus, qu'ils soient capables de ne pas se rompre sous l'effort de la traction qu'il faut exercer sur eux pour les étirer en fils.

On se sert, pour fabriquer les fils métalliques, d'une machine appelée *banc à tirer*. Elle se compose d'un banc en bois, formé de madriers assemblés et solidement fixés au sol. A l'un des bouts du banc se trouve une forte pièce de fonte *a* (fig. 142), sur

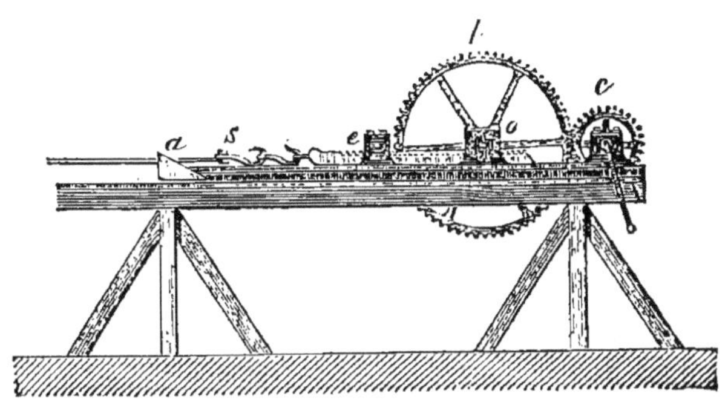

Fig. 142. — Banc à tirer.

laquelle on ajuste une plaque d'acier trempé, appelée *filière*, dans laquelle sont pratiquées des ouvertures de diamètres différents.

Les bords de ces ouvertures sont aiguisés. A l'autre bout se trouve un système d'engrenage *c*, *l*, mû à la main ou à la vapeur, et engrenant avec une crémaillère *e* ou une chaîne de fer articulée. La tige métallique est effilée, à l'une de ses extrémités, de manière à passer, par exemple, dans le trou n° 1 de la filière. On saisit cette extrémité avec une pince S, fixée à la chaîne ou à la crémaillère, et on fait tourner lentement l'engrenage, de manière à exercer sur le fil une traction qui le force à passer à travers le trou. A mesure qu'il passe à travers le trou 1, il en prend la forme et le diamètre. Pour avoir des fils de plus en plus fins, il faut faire passer le métal à travers les trous nos 2, 3, 4, qui ont des diamètres de plus en plus petits.

Les métaux s'écrouissent pendant cette opération, comme pendant le laminage, et, de temps en temps, on est obligé de les recuire pour leur rendre leur ductilité primitive.

Au point de vue de la ductilité, les métaux usuels peuvent être rangés dans l'ordre suivant :

Or,	Cuivre,
Argent,	Zinc,
Platine,	Étain,
Aluminium,	Plomb.
Fer,	

265. **Ténacité des métaux.** — La ténacité des métaux est la propriété qu'ils possèdent de résister à des efforts assez considérables sans se rompre. On peut représenter la ténacité du métal par le nombre de kilogrammes dont il faut charger un fil de 1 millim. carré de section pour en déterminer la rupture. On a trouvé les nombres suivants :

Nickel,	80 kilogr.	Or,	16,5.
Fer,	62,3.	Zinc,	12,4.
Cuivre,	34,4.	Étain,	3,9.
Platine,	31,2	Plomb,	2,4.
Argent,	21,1.		

266. **Dureté des métaux.** — Les métaux peuvent-être considérés au point de vue de leur dureté ou de la facilité avec laquelle ils rayent certains corps ou sont rayés par eux.

Le chrôme raye et coupe le verre.

Le fer, le nickel et le zinc sont rayés par le verre, mais rayent le spath d'Islande ou carbonate de chaux.

Le platine, le cuivre, l'or, l'argent, l'étain, sont rayés par le carbonate de chaux.

Le plomb est rayé par l'ongle.

Le potassium et le sodium peuvent être pétris entre les doigts.

Le mercure est liquide à la température ordinaire.

267. **Fusibilité des métaux.** — Tous les métaux, à l'exception de l'osmium, ont été fondus :

Le tableau suivant indique leur point de fusion.

TEMPÉRATURE DE FUSION.

Mercure	— 39°	Aluminium	tempér. rouge.
Potassium	+ 55°	Argent	1000° (rouge vif).
Sodium	90°	Cuivre	1100°
Étain	228°	Or	1250°
Plomb	335°	Fer forgé	1500°
Zinc	410°	Platine	2000°

268. **Volatilité.** — Il n'est aucun métal qui soit absolument fixe. Tous ont pu être volatilisés ; le platine lui-même l'a été par M. Henri Sainte-Claire Deville.

CLASSIFICATION DES MÉTAUX.

269. Les métaux ont été groupés en six classes par Thénard, qui a fondé sa classification sur l'affinité de ces corps pour l'oxygène.

Cette affinité peut être appréciée par trois procédés :

1° Par la manière dont les métaux se comportent aux différentes températures, en présence de l'oxygène et de l'air. Le potassium et le sodium s'oxydent rapidement en présence de l'air sec. L'or, le platine et l'argent résistent à l'oxydation à toutes les températures. Les autres métaux s'oxydent, soit lentement à l'air humide, soit rapidement aux températures élevées ;

2° Par la facilité plus ou moins grande avec laquelle la chaleur décompose les oxydes métalliques ;

3° Par l'action que les métaux exercent aux diverses températures sur l'eau, soit en présence des acides, soit en présence des bases.

Depuis Thénard, les propriétés des différents métaux ont été mieux étudiés et on a dû modifier la classification donnée par Thénard. Nous adopterons celle qu'a donnée M. Debray, dans son traité de Chimie, et nous la résumerons dans le tableau suivant où les noms des métaux les plus importants sont imprimés en caractères plus gros.

PREMIÈRE FAMILLE. — MÉTAUX COMMUNS.					DEUXIÈME FAMILLE. — MÉTAUX INTERMÉDIAIRES.	TROISIÈME FAMILLE. — MÉTAUX PRÉCIEUX.	
Ils s'oxydent à une température plus ou moins élevée. Leurs oxydes sont irréductibles (du moins complétement) par la chaleur seule.					Ils ne s'oxydent pas sensiblement à l'air; leurs oxydes sont irréductibles par la chaleur et même par le charbon et l'hydrogène seuls.	Leurs oxydes se décomposent facilement par la chaleur, et le métal est régénéré.	
1re SECTION.	2e SECTION.	3e SECTION.	4e SECTION.	5e SECTION.	6e SECTION.	7e SECTION.	8e SECTION.
Ils décomposent l'eau à la température ordinaire.	Ils décomposent l'eau vers 100°.	Ils décomposent l'eau vers le rouge et à froid en présence des acides energiques.	Ils décomposent l'eau au-dessus du rouge, mais pas à froid en presence des acides énergiques. Leur tendance à former des oxydes acides fait qu'ils décomposent l'eau en présence des bases énergiques.	Ils ne décomposent l'eau qu'à une température très-élevée et encore très-faiblement. Ils ne la décomposent ni en présence des bases, ni en présence des acides énergiques.	»	Ils s'oxydent à une température peu élevée; mais une temper. plus elevée réduit l'oxyde formé.	Ils sont inaltérables à toutes les températures.
POTASSIUM. SODIUM. LITHIUM. Cœsium. Rubidium. (Métaux alcalins.) BARYUM. STRONTIUM. CALCIUM. (Métaux alcalino-terreux.)	MAGNÉSIUM. MANGANÈSE.	FER. NICKEL. Cobalt. CHRÔME. ZINC. Vanadium. Uranium. Thallium.	Tungstène. Molybdène. Osmium. Tantale. ETAIN. Titane.	CUIVRE. PLOMB. Bismuth.	ALUMINIUM. Glucinium.	MERCURE. Palladium. Rhodium. Ruthenium.	ARGENT. PLATINE. OR. Iridium.

CHAPITRE II

ALLIAGES MÉTALLIQUES.

270. **Utilité des alliages.** — Les alliages métalliques sont des composés qu'il faut placer parmi les corps les plus utiles que nous connaissions. La plupart des métaux ne pouvant être employés à l'état isolé, parce que chacun d'eux ne possède que rarement toutes les propriétés exigées par telle ou telle application industrielle, on modifie leurs propriétés en les alliant ensemble suivant des proportions différentes.

L'or et l'argent, par exemple, sont trop mous pour pouvoir être employés aux différents usages auxquels on les destine (fabrication des monnaies, des bijoux, etc.), on leur donne la dureté nécessaire en les unissant à une petite quantité de cuivre.

Pour la construction des canons, on a besoin d'un métal qui soit dur sans être cassant, qui puisse être moulé et travaillé au tour. Le cuivre pur réunit une partie de ces qualités, mais il est trop mou ; on corrige ce défaut en l'alliant à l'étain dans la proportion de 90 parties de cuivre pour 10 d'étain. On obtient alors le *bronze*, qui est aussi employé pour la fabrication d'objets d'art, statues, candélabres, etc.

Pour les caractères d'imprimerie, il faut un métal facilement fusible, prenant exactement l'empreinte du moule, jouissant d'une certaine dureté sans être cassant. Aucun métal ne présente toutes ces qualités réunies, tandis qu'on les rencontre dans un alliage de 80 parties de plomb et de 20 d'antimoine.

271. **Préparation.** — Les alliages métalliques se préparent en fondant ensemble les métaux que l'on veut allier. Si l'un des métaux est très-oxydable, il convient de recouvrir le bain avec de la poudre de charbon, qui le préserve du contact de l'air.

272. **Propriétés.** — Ce sont, en général, de véritables combinaisons chimiques, ordinairement dissoutes dans un excès de l'un des métaux constituants. Souvent un même alliage est formé de plusieurs de ces combinaisons.

Le phénomène de la *liquation* met en évidence la constitution des alliages. Voici en quoi il consiste. Lorsqu'un alliage est fondu, il arrive souvent que, malgré son homogénéité apparente, il se sépare, à une température voisine de celle de sa solidification, en plusieurs alliages à proportions définies, qui étaient dissous dans un excès de l'un des métaux ; et, ce qui le prouve, c'est que, si l'on suit la marche d'un thermomètre plongé dans l'alliage en fusion, on voit que la température, après s'être abaissée d'une manière continue, reste stationnaire pendant quelques instants, et qu'en même temps une partie du liquide se solidifie pour présenter un alliage bien défini et souvent cristallisé. Si on l'enlève et qu'on laisse encore refroidir le liquide, le même phénomène peut se reproduire plusieurs fois.

La liquation constitue un inconvénient sérieux dans la coulée des canons. Le bronze, en se refroidissant dans le moule, fournit un alliage trop riche en étain à la partie supérieure, appelée *masselotte*. Pour remédier à cet inconvénient, on donne au moule une hauteur beaucoup plus grande que celle du canon, et la *masselotte* est enlevée après solidification pour servir dans une nouvelle fusion.

La liquation se produit aussi lorsqu'on chauffe à une température voisine de leurs points de fusion certains alliages solides, en apparence homogènes. On voit se séparer successivement de la masse plusieurs alliages qui se liquéfient à des températures différentes. Cela arrive surtout lorsque l'alliage, au moment de la fabrication, a été refroidi brusquement.

Cet inconvénient a fait renoncer à l'emploi des *plaques fusibles*, autrefois employées comme soupapes de sûreté dans les machines à vapeur. On avait espéré pouvoir prévenir les explosions des chaudières, en faisant communiquer avec elles un large tuyau fermé par une rondelle faite avec un alliage capable de se fondre à une température inférieure de quelques degrés à celle que l'eau ne devait pas dépasser, sous peine d'acquérir une force élastique trop grande pour la résistance de la chaudière. Lorsque, par négligence du chauffeur, la température arrivait à cette limite dangereuse, la rondelle devait se fondre et laisser échapper la vapeur.

On reconnut bientôt que l'alliage se séparait souvent en plusieurs autres, dont les plus fusibles, en s'écoulant, déterminaient des fuites bien avant que la température fût arrivée à la limite qu'elle ne devait pas dépasser.

Les alliages ont les plus grands rapports avec les métaux qui les constituent. Ils sont toujours plus fusibles que le moins fusible de ceux qui entrent dans leur composition ; ils sont, en général, plus durs que les métaux constituants, mais souvent moins tenaces, moins malléables et moins ductiles.

Les alliages sont, en général, moins oxydables que les métaux qu'ils renferment ; cependant, si l'un des métaux en s'oxydant peut passer à l'état d'acide et l'autre à l'état de base, l'oxydation de l'alliage est plus rapide que celle des métaux isolés.

COMPOSITION DES PRINCIPAUX ALLIAGES EMPLOYÉS DANS L'INDUSTRIE.

Alliage	Métal	Proportion
Monnaies d'or	Or	900
	Cuivre	100
Bijouterie d'or	Or	750
	Cuivre	250
Monnaies d'argent (pièces de 5 fr., 2 fr., 1 fr.)	Argent	900
	Cuivre	100
Monnaies d'argent (pièces de 50 c. et 20 c.)	Argent	835
	Cuivre	165
Vaisselle et médailles d'argent	Argent	950
	Cuivre	50
Bijouterie d'argent	Argent	800
	Cuivre	200
Bronze des monnaies et des médailles	Cuivre	95
	Étain	4
	Zinc	1
Bronze des canons	Cuivre	90
	Étain	10
Bronze des cloches	Cuivre	78
	Étain	22
Bronze des tam-tams et des cymbales	Cuivre	80
	Étain	20
Chrysocale	Cuivre	90
	Zinc	10
Laiton ou cuivre jaune	Cuivre	65
	Zinc	35
Maillechort	Cuivre	50
	Zinc	25
	Nickel	25
Métal anglais	Étain	100
	Antimoine	8
	Bismuth	1
	Cuivre	4
Poterie d'étain (vaisselle et robinets)	Étain	92
	Plomb	8
Caractères d'imprimerie	Plomb	80
	Antimoine	20
Mesures d'étain (litre, décilitre)	Étain	82
	Plomb	18
Soudure des plombiers	Étain	67
	Plomb	33

CHAPITRE III

ACTION DE L'OXYGÈNE, DU SOUFRE ET DU CHLORE SUR LES MÉTAUX. — OXYDES, SULFURES ET CHLORURES MÉTALLIQUES.

273. **Action de l'oxygène et de l'air sec.** — L'oxygène sec n'a d'action, *à froid*, que sur le potassium ; tous les autres métaux résistent à son action comme à celle de l'air. Mais, à une température élevée, tous les métaux s'oxydent, en présence de l'oxygène sec ou de l'air sec, à l'exception toutefois de l'or, de l'argent et du platine.

En général, l'absorption de l'oxygène est accompagnée d'un régagement de chaleur plus ou moins considérable, qui se manifeste quelquefois par une vive incandescence ; tel est le cas du zinc qui, chauffé dans un creuset ouvert, brûle avec flamme ; de l'antimoine qui, coulé dans l'air, rejaillit sur le sol en gouttelettes incandescentes, brûlant avec éclat et produisant des fumées d'oxyde d'antimoine.

Pour que la combustion soit complète, il faut qu'il y ait toujours contact entre l'oxygène et le métal, ce qui arrive lorsque celui-ci est volatil, comme le zinc, ou lorsque son oxyde, facilement fusible, se détache de lui-même et met constamment sa surface à nu. Ce dernier cas se présente dans la combustion vive du fer au milieu de l'oxygène.

274. **Action de l'oxygène humide.** — L'oxygène humide n'exerce d'action, à la température ordinaire, que sur les métaux de la première section qui ont la propriété de décomposer l'eau à froid pour se combiner avec son oxygène. Il n'a d'action sur les autres métaux que lorsqu'il renferme des acides ; la présence des plus faibles et des plus dilués suffit pour déterminer l'oxydation. Dans ce cas, le métal s'oxyde d'autant plus facilement que l'oxyde qui tend à se former a plus d'affinité pour l'acide.

275. **Action de l'air humide.** — A l'exception de l'or, de l'argent et du platine, tous les métaux s'oxydent à l'air humide.

L'acide carbonique que renferme l'air est la cause déterminante de l'oxydation. Le fer, par exemple, qui s'oxyde si facilement dans l'air humide, ne s'oxyde pas dans l'eau privée d'acide carbonique. Il ne s'altère même pas dans l'eau ordinaire, lorsqu'elle contient une matière capable de fixer cet acide. On sait que dans les savonneries, les instruments en fer restent parfaitement brillants, parce qu'ils sont ordinairement plongés dans des liquides contenant en dissolution des alcalis qui se combinent à l'acide carbonique.

Les fabricants de glaces, lorsqu'ils ne travaillent pas, préservent les plaques de fonte dont ils se servent dans l'étamage, en les recouvrant d'une bouillie de chaux capable d'absorber l'acide carbonique et de détourner son action.

Pour certains métaux, l'oxydation n'est jamais profonde : tels sont, par exemple, le zinc, le plomb, le cuivre, qui se recouvrent, à l'air humide, d'une couche adhérente de carbonate hydraté de zinc, de cuivre ou de plomb. Cette couche agit alors comme un vernis protecteur et les préserve d'une oxydation plus profonde.

Pour le fer, au contraire, non-seulement l'oxyde formé est perméable, non adhérent et ne protége pas le métal, mais il se crée une action secondaire qui fait que l'oxydation, d'abord lente à se produire, se propage avec rapidité dès qu'elle est commencée. L'oxygène de l'air, en présence de l'acide carbonique, oxyde le fer qui tend à se transformer en carbonate de protoxyde. Mais ce carbonate se transforme bientôt lui-même en sesquioxyde de fer, ou rouille, qui forme, avec le fer encore métallique, un couple voltaïque dans lequel le métal joue le rôle de pôle négatif. Ce couple décompose l'eau, dont l'oxygène s'unit au fer. Quant à l'hydrogène naissant, il se dégage ou se combine avec l'azote pour former de l'ammoniaque. C'est ce qui explique la présence de ce dernier corps dans la rouille qui recouvre le fer.

276. **Moyens de préserver les métaux de l'oxydation.** — L'importance et le grand nombre des applications industrielles des métaux, et surtout du fer, ont fait rechercher les moyens de les préserver de l'oxydation.

On recouvre le fer et le cuivre d'une couche d'étain, métal moins oxydable et moins attaquable par les acides. Le fer recouvert d'étain est appelé *fer-blanc* ou *fer étamé*. Souvent aussi, le fer est, dans ce but, recouvert de zinc. On l'appelle alors *fer galvanisé*. Ce dernier est supérieur au fer-blanc, parce que, dans le fer-blanc, le fer et l'étain forment un couple voltaïque dans lequel le fer est l'élément oxydable. Aussi, lorsqu'en coupant une lame de fer-blanc on a mis quelques points du fer en contact avec l'air, on voit ce métal s'altérer rapidement. Le fer galvanisé résiste mieux, parce que, dans le couple voltaïque formé par le fer et le zinc, c'est ce dernier qui est l'élément oxydable.

C'est aussi dans le but de les garantir de l'oxydation que l'on recouvre d'émail certains ustensiles de ménage en fer ou en fonte.

277. **Propriétés des oxydes métalliques.** — Les oxydes métalliques sont tous solides à la température ordinaire, tous inodores, excepté l'acide osmique; d'une couleur variable, d'une densité plus grande que celle de l'eau, ordinairement insolubles dans l'eau, à l'exception des oxydes des métaux de la première section, de la magnésie, des oxydes de plomb et d'argent.

278. **Action des principaux métalloïdes.** — Quelques oxydes peuvent, lorsqu'on les chauffe au contact de l'air, se

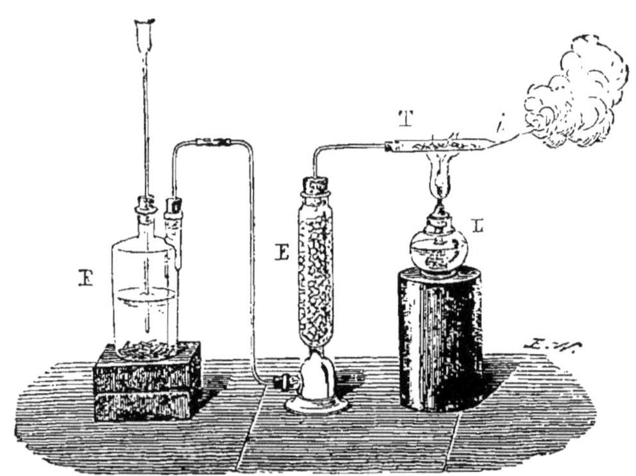

Fig. 143. — Décomposition de l'oxyde de cuivre par l'hydrogène.

suroxyder avec incandescence: tels sont le protoxyde de fer, qui passe à l'état d'oxyde magnétique; le protoxyde d'étain, qui est brun et qui passe à l'état de bioxyde blanc.

279. L'hydrogène décompose les oxydes des métaux des qua-

tre dernières sections, forme de l'eau avec leur oxygène et le métal est mis à nu.

Si l'on fait arriver de l'hydrogène sec sur de l'oxyde de cuivre en poudre contenu dans un tube à extrémité effilée (fig. 143), et qu'après l'expulsion de l'air de l'appareil on chauffe le tube avec une lampe à alcool, on voit aussitôt la vapeur d'eau sortir et l'oxyde de cuivre, qui était noir, prendre la couleur rouge du cuivre.

Le sesquioxyde de fer réduit dans les mêmes circonstances se transforme en fer *pyrophorique* qui, projeté dans l'air, s'oxyde instantanément avec incandescence.

280. Le charbon a, plus que l'hydrogène encore, la propriété de réduire les oxydes métalliques ; la plupart d'entre eux ne peuvent échapper à son action réductrice que subissent même la potasse et la soude. Les produits de la réaction sont :

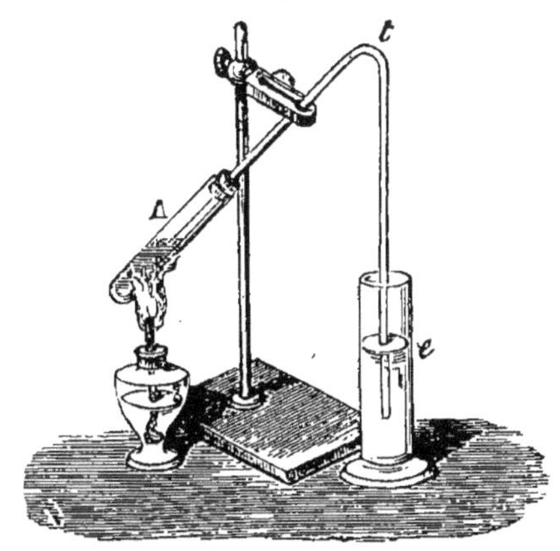

Fig. 144. — Décomposition de l'oxyde de cuivre par le charbon.

1° L'acide carbonique, lorsque l'oxyde est facile à réduire, comme l'oxyde d'argent et l'oxyde de cuivre (fig. 144);

2° L'oxyde de carbone, lorsque l'oxyde est difficile à réduire et qu'il exige une température élevée. L'oxyde de zinc est dans ce cas. La figure 145 montre l'appareil employé pour le réduire. C'est une cornue en grès contenant le mélange d'oxyde de zinc et de charbon. Elle est chauffée dans un fourneau à réverbère. *a* est une allonge où se condense du zinc métallique, *t* un tube abducteur par lequel se dégage l'oxyde de carbone.

281. Le soufre décompose, à chaud, les oxydes métalliques, à l'exception de l'alumine et du sesquioxyde de chrôme. Il donne naissance à des sulfures et à des sulfates.

282. Le chlore les décompose aussi et produit des chlorures, des chlorates et des hypochlorites suivant les cas.

283. **Classification des oxydes.** — On divise les oxydes en cinq classes :

1° Les oxydes *basiques* qui, comme la potasse, la soude, le

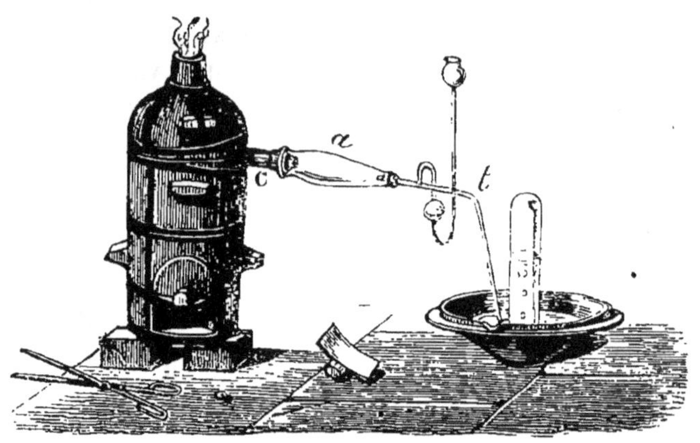

Fig. 145. — Décomposition de l'oxyde de zinc par le charbon.

protoxyde de fer, etc., s'unissent aux acides pour former des sels ;

2° Les *oxydes acides* qui, comme le bioxyde d'étain, l'acide chromique, jouent le rôle d'acides vis-à-vis des bases et se combinent avec elles pour former des sels ;

3° Les *oxydes indifférents*, qui peuvent jouer le rôle de base ou d'acide. Ainsi l'alumine, vis-à-vis de la soude, joue le rôle d'acide et forme avec elle l'aluminate de soude ; vis-à-vis de l'acide sulfurique, elle joue le rôle de base et forme avec lui le sulfate d'alumine ;

4° Les *oxydes singuliers*, qui ne se combinent ni avec les acides, ni avec les bases. Mis en présence des acides forts, ils perdent de l'oxygène et se transforment en protoxydes basiques, qui se combinent à l'acide ; mis en présence des bases, ils se suroxydent et se transforment en oxydes acides qui se combinent à la base. Tel est le bioxyde de manganèse qui, chauffé avec l'acide sulfurique, donne du sulfate de protoxyde de manganèse et de l'oxygène.

MnO^2	+	SO^3,HO	=	MnO,SO^3	+	O	+	HO
Bioxyde de manganèse.		Acide sulfurique hydraté.		Sulfate de protoxyde de manganèse.		Oxygène.		Eau.

Chauffé avec de la potasse, il se suroxyde et donne du manganate de potasse ;

5° Les oxydes *salins*, que l'on peut regarder comme le résultat de la combinaison d'un oxyde basique et d'un oxyde acide.

Exemple :

Oxyde magnétique de fer : $Fe^3O^4 = FeO,Fe^2O^3$.
Minium : $Pb^3O^4 = (2PbO),PbO^2$.

284. **Préparation.** — Les oxydes métalliques se préparent :

1° *Par l'oxydation du métal.* — Exemple : Oxydes de zinc, de plomb ;

2° *Par la décomposition d'un sel par voie sèche.* — Exemples : La chaux se prépare en décomposant parla chaleur le carbonate de chaux ; l'oxyde de cuivre peut se préparer en décomposant son azotate ;

3° *Décomposition d'un sel par voie humide.* — On obtient plusieurs oxydes métalliques en les déplaçant, par une autre base, de leurs sels dissous dans l'eau. Si l'on verse de la potasse dans une dissolution de sulfate de cuivre, il se forme du sulfate de potasse et il se précipite de l'oxyde de cuivre.

ACTION DU SOUFRE SUR LES MÉTAUX. — SULFURES MÉTALLIQUES.

285. Le soufre sec n'agit pas sur les métaux à la température ordinaire ; mais, chauffé, il se combine avec eux, et souvent même il y a dégagement de chaleur, comme nous l'avons vu à propos du cuivre (3).

En présence de l'eau, la combinaison du soufre et du métal se fait à la température ordinaire. Ainsi, deux parties de limaille de fer et une partie de fleur de soufre, mélangées avec un peu d'eau tiède, se combinent bientôt avec dégagement de chaleur et vaporisation de l'eau introduite dans la pâte.

286. **Propriétés des sulfures métalliques.** — Les sulfures ont ordinairement l'éclat métallique, sont de couleur variable, insolubles dans l'eau, à l'exception des sulfures des métaux de la première section et du sulfure de magnésium. Chauffés au contact de l'air, ils s'oxydent et donnent des produits

variables (sulfate, mélange de sulfate et d'oxyde, métal avec dégagement d'acide sulfureux).

287. **Préparation.** — Les sulfures se préparent soit en faisant agir la vapeur de soufre sur le métal, soit en décomposant les oxydes ou les sels métalliques par l'acide sulfurique, soit aussi en chauffant les sulfates avec le charbon.

ACTION DU CHLORE SUR LES MÉTAUX. — CHLORURES MÉTALLIQUES.

288. Le chlore peut se combiner directement avec tous les métaux.

289. **Propriétés des chlorures métalliques.** — La plupart des chlorures métalliques sont solides, quelques-uns, comme le bichlorure d'étain, sont liquides. Leur couleur est variable. Ils sont en général capables de se volatiliser sous l'influence de la chaleur. La plupart sont très-solubles; le chlorure de plomb l'est peu; le chlorure d'argent et le protochlorure de mercure (calomel) sont insolubles.

L'oxygène décompose quelques-uns d'entre eux par suite de son affinité pour le métal.

L'hydrogène peut en décomposer un certain nombre par suite de son affinité pour le chlore.

290. **Préparation.** — Les chlorures métalliques peuvent se préparer soit par l'action du chlore, soit par celle de l'acide chlorhydrique sur le métal, sur les oxydes, les sulfures ou les carbonates.

CHAPITRE IV

SELS.

291. **Définition des sels.** — On appelle *sel* le résultat de la combinaison d'un acide et d'une base.

Lorsqu'on combine un acide et une base, on peut employer des quantités de ces deux corps telles qu'après la combinaison les propriétés de l'un soient masquées, neutralisées par les pro priétés de l'autre et réciproquement, c'est-à-dire que le sel résultant n'ait plus la propriété que possédait l'acide de rougir la teinture bleue de tournesol, ni celle que possédait la base de bleuir cette même teinture rougie par un acide.

292. **Loi de Berzélius.** — Berzélius, en analysant un certain nombre de sels n'ayant pas d'action sur la teinture de tournesol, ayant tous le même acide et ne différant que par la base, a trouvé que, dans tous ces sels, le rapport entre la quantité d'oxygène contenue dans la base et celle que contenait l'acide était le même ; ce rapport était celui de 1 à 3 dans les sulfates, de 1 à 5 dans les azotates.

Cela posé, tout sel, quelle que soit son action sur le tournesol, sera dit *neutre* lorsque la quantité d'oxygène que renferme la base sera à celle que contient son acide dans le rapport constant où on les rencontre dans les sels du même genre (contenant le même acide) *neutres au tournesol*. Ainsi les sulfates de fer, de zinc, de cuivre, ont une réaction légèrement acide au tournesol, et cependant on les considère comme des *sels neutres*, parce que le rapport entre l'oxygène de la base et l'oxygène de l'acide est celui de 1 à 3, rapport trouvé constant chez d'autres sulfates *neutres au tournesol* (sulfates de potasse, soude, chaux).

On appelle sulfate neutre tout sulfate dans lequel le rapport de l'oxygène de la base à celui de l'acide est de 1 à 3 ; azotate neutre, tout azotate dans lequel ce rapport est de 1 à 5 ; carbonate neutre, tout carbonate dans lequel ce rapport est de 1 à 2 ; phosphate neutre, tout phosphate dans lequel ce rapport est de 3 à 5.

293. Disons maintenant pourquoi on a dû abandonner la teinture de tournesol pour reconnaître la neutralité d'un sel.

La teinture bleue de tournesol est un sel résultant de l'union d'un acide végétal rouge, l'acide lithmique, avec une base qui est ordinairement la soude. Lorsqu'on verse un acide dans cette teinture bleue, l'acide sulfurique, par exemple, il s'empare de la soude du lithmate et, en formant du sulfate de soude, met l'acide lithmique rouge en liberté. Voilà pourquoi la teinture bleue rougit au contact des acides.

La teinture rougie par un acide bleuit, au contraire, en présence d'une base, parce que cette base, s'emparant de l'acide lithmique libre, forme avec lui un lithmate bleu.

Le sulfate de cuivre, dont nous parlions tout à l'heure, rougit la teinture de tournesol quoiqu'ayant la composition des sulfates neutres, parce que, lorsqu'on le verse dans la teinture bleue de tournesol, il se forme, par l'échange des acides, du sulfate de soude et du *lithmate de cuivre qui est rouge*. Il en est de même pour les sulfates de fer et de zinc.

On voit donc que les caractères que l'on pourrait tirer de l'action des sels sur la teinture de tournesol sont tout à fait insuffisants, et qu'il est préférable de faire reposer la définition de leur neutralité sur une loi de composition, comme l'a fait Berzélius.

294. **Sel acide.** — En partant de la définition du sel neutre, on appellera *sel acide* tout sel dans lequel la proportion d'acide combinée sera plus grande que dans le sel neutre du même genre. Le bisulfate de potasse, qui contient deux fois plus d'acide que le sulfate neutre, sera dit un sel acide.

295. **Sel basique.** — On appellera au contraire *sel basique*, tout sel dans lequel la proportion de base combinée sera plus grande que dans le sel neutre du même genre. Ainsi, en faisant digérer de l'oxyde de plomb (PbO) avec de l'acétate neutre de plomb, on obtient un acétate tribasique de plomb contenant trois fois plus d'oxyde de plomb que l'acétate neutre.

PROPRIÉTÉS GÉNÉRALES DES SELS.

296. Tous les sels sont solides, d'une densité plus grande que celle de l'eau ; tous sont susceptibles de cristalliser en passant peu à peu de l'état liquide à l'état solide.

Ils se présentent à nous sous différentes couleurs ; ils sont incolores quand la base et l'acide sont eux-mêmes incolores. Quand la base et l'acide sont colorés, ou quand l'un d'eux seulement l'est, le sel se colore.

TABLEAU DE LA COULEUR DES PRINCIPAUX SELS COLORÉS.

Les sels de manganèse sont...............	roses.
— de protoxyde de fer...............	verts.
— de sesquioxyde de fer..............	d'un jaune rougeâtre
— de sesquioxyde de chrôme..........	verts d'herbe.
— de cobalt.........................	roses ou d'un bleu violacé.
— de cuivre.........................	bleus ou verts.
— de nickel.........................	verts ou blancs-verdâtres.
— d'or..............................	jaune d'or.
— de platine........................	jaune orangé.

La saveur des sels est plus ou moins marquée suivant leur solubilité dans l'eau. Ceux qui sont insolubles n'ont pas de saveur. En général, les sels d'une même base ont constamment la même saveur : il faut en excepter les sels de potasse et de soude.

TABLEAU DE LA SAVEUR DES DIFFÉRENTS SELS.

Sels d'alumine	saveur astringente.
— de magnésie	— amère.
— de potasse et soude	— variable.
— de chaux	— piquante.
— de plomb	— sucrée, puis âcre et styptique.
Sels autres que les précédents	Acres très-styptiques, excitant la salivation, ayant le plus souvent cette saveur insupportable qu'on appelle *saveur métallique*.

297. **Action de l'eau sur les sels.** — L'eau dissout un grand nombre de sels, mais il en est qui sont complétement insolubles dans ce liquide. En général, la solubilité d'un sel augmente avec la température ; quelques-uns cependant se comportent d'une manière différente. Le sulfate de chaux ou plâtre est moins soluble à 100° qu'à la température ordinaire ; il présente un maximum de solubilité vers 35° ; le sulfate de soude présente un maximum à 33°.

Lorsqu'un sel déjà hydraté se dissout dans l'eau, il y a, en général, abaissement de température ; mais, si le sel est anhydre et qu'il ait de l'affinité pour l'eau, la dissolution est accompagnée d'un dégagement de chaleur.

Nous avons vu (12) que lorsqu'une dissolution d'un sel saturée à chaud se refroidit lentement, il se dépose en général des cristaux pendant le refroidissement. Mais il peut arriver que le refroidissement de la liqueur n'amène pas la cristallisation de la substance. L'eau contient alors plus de sel qu'elle n'en dissout normalement ; on dit qu'elle est *sursaturée*. Souvent alors une agitation vive du liquide, la chute au milieu de lui d'un corps étranger ou mieux d'un cristal du sel, suffit pour déterminer la cristallisation instantanée.

Introduisons, dans un tube en verre fermé par un bout et effilé à l'autre, une dissolution bouillante et presque saturée de sulfate de soude, faisons bouillir le liquide dans le tube, de manière à chasser l'air ; puis, après avoir fermé le tube à la lampe (fig. 146), laissons-le se refroidir lentement sans l'agiter ; le sulfate de soude ne cristallisera pas. Mais dès que nous briserons la pointe du tube, la rentrée de l'air produira une agitation qui déterminera la cristallisation immédiate et complète du sel.

298. **Eau d'interposition. Eau d'hydratation.** — Lorsqu'un sel cristallise dans l'eau, il entraîne toujours avec lui une

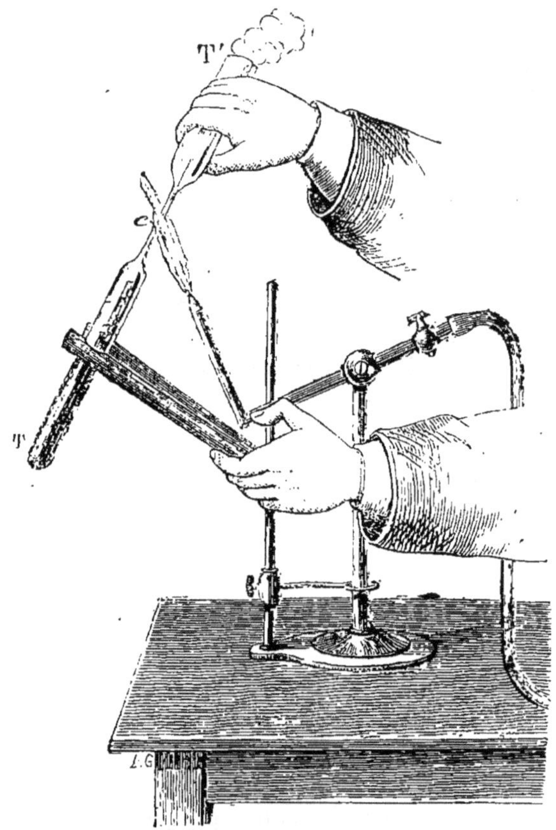

Fig. 146. — Sursaturation du sulfate de soude.

certaine quantité du liquide. Lorsque l'eau est seulement interposée entre les différentes couches de molécules dont l'ensemble forme le cristal, on l'appelle *eau d'interposition ;* c'est elle qui, en se vaporisant, fait décrépiter certains sels quand on les chauffe.

Un grand nombre de sels contiennent l'eau à un autre état qu'à l'état d'eau d'interposition ; ils sont combinés avec elle et sont de véritables hydrates. Cette eau est appelée *eau d'hydratation.* C'est ainsi que le sulfate de magnésie cristallisé contient sept équivalents d'eau d'hydratation à la température ordinaire.

299. **Eau de constitution.** — L'eau d'interposition et l'eau d'hydratation peuvent, à l'aide de la chaleur, être enlevées à un sel, sans que ses propriétés chimiques soient modifiées; si on le dissout de nouveau dans l'eau et qu'on le fasse cristalliser, il reprendra en cristallisant la quantité d'eau qui lui avait été enlevée.

Mais il peut arriver que l'eau joue un rôle plus essentiel dans la composition des sels, et que, si l'on vient alors à la leur enlever, leurs propriétés soient radicalement modifiées. Elle est dite alors *eau de constitution*. Le phosphate de soude du commerce contient vingt-cinq équivalents d'eau ; vingt-quatre peuvent lui être enlevés impunément, sans que ses propriétés soient changées; mais il ne peut perdre le vingt-cinquième sans être radicalement modifié ; le dernier équivalent est l'eau de constitution du sel.

300. **Sels efflorescents. Sels déliquescents.** — Certains sels exposés à l'air peuvent, comme le carbonate de soude, céder à l'atmosphère une partie de l'eau qu'ils contiennent, perdre une partie de leur transparence et se transformer même en poussière. Ils sont dits alors *sels efflorescents*. D'autres, au contraire, comme le carbonate de potasse, absorbent l'humidité de l'eau et s'y dissolvent peu à peu ; ils sont dits *déliquescents*.

301. **Action de la chaleur sur les sels.** — La chaleur décompose un grand nombre de sels; mais, avant de se décomposer, ils éprouvent une véritable fusion. Il y a lieu de distinguer deux phases dans cette fusion. Lorsque le sel est hydraté, l'action de la chaleur commence par séparer de lui l'eau d'hydratation dans laquelle il se dissout. On dit alors qu'il subit la *fusion aqueuse*. — L'action de la chaleur continuant, l'eau s'évapore, le sel devenu anhydre se fond de nouveau et subit ce qu'on appelle la *fusion ignée*.

302. **Action de l'électricité sur les sels. Décomposition des sels.** — Lorsqu'on soumet à l'action d'un courant électrique la dissolution d'un sel dont le métal ne décompose pas l'eau à la température ordinaire, on constate sur l'électrode négative le dépôt du métal du sel, sur l'électrode positive un dégagement d'oxygène et la présence de l'acide du sel. L'expérience peut être faite de la manière suivante :

Un tube en U (fig. 147) contient une dissolution de sulfate de cuivre : en *a* et *b* plongent des fils de platine communiquant avec les pôles d'une pile. Dès que le contact est établi, on constate autour du fil *b* un dépôt de cuivre, autour du fil *a* un dégagement d'oxygène, et l'on peut reconnaître que la liqueur est devenue acide en *a*. Si, au lieu d'employer des fils de platine, on se sert comme électrodes de fils attaquables par l'action combinée de l'oxygène et de l'acide qui vont au pôle positif, de fils de cuivre, par exemple, on s'aperçoit qu'il n'y a plus de dégagement d'oxygène au pôle positif et que l'électrode positive se dissout. L'explication de ce phénomène est facile à saisir; l'oxygène, à mesure qu'il arrive au pôle positif, se combine avec le fil de cuivre, y forme de l'oxyde qui se combine lui-même avec l'acide sulfurique accompagnant l'oxygène et donne naissance à du sulfate de cuivre. Celui-ci se dissout et entretient la saturation de la liqueur.

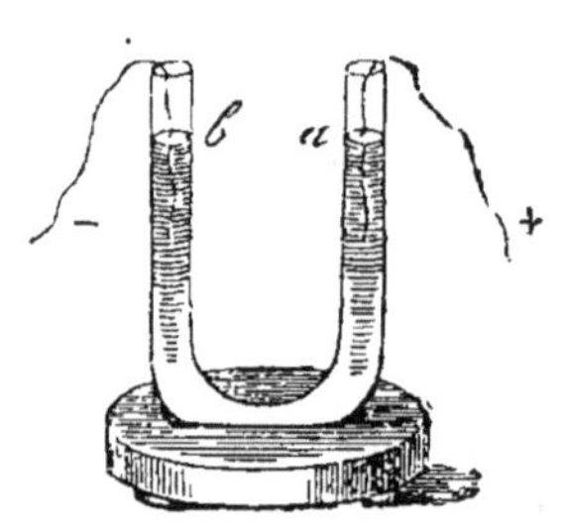

Fig. 147. — Décomposition d'un sel par la pile.

Il est des dissolutions qui, soumises à l'action du courant, semblent donner lieu à des résultats différents de ceux que nous venons d'étudier, quoiqu'en réalité elles obéissent à la loi générale. Mettons dans le tube en U de la figure 147 une dissolution de sulfate de potasse et colorons la liqueur avec quelques gouttes de sirop de violettes, dont la propriété est de rougir en présence des acides et de verdir en présence des bases. Faisons passer le courant et nous constaterons que le liquide devient vert autour du fil *b*, contre lequel se dégagent des bulles d'hydrogène, qu'il devient rouge autour du fil *a* où se produit de l'oxygène. La coloration verte de la liqueur en *b* nous indique la présence d'une base, la potasse; la coloration rouge en *a* nous indique la présence de l'acide, l'acide sulfurique. Ici donc, la base semble avoir résisté à l'action décomposante du courant et s'être seulement séparée de l'acide avec lequel elle s'était combinée. Il n'en est rien cependant; les phénomènes se sont passés à l'origine, comme dans l'expérience faite sur le sulfate de cuivre; l'oxygène et l'acide sulfurique se sont rendus au pôle positif *a*, le métal de la potasse, le potassium, au pôle négatif *b*; mais ce corps, ayant la propriété de décomposer l'eau à la température ordinaire, s'est emparé, en arrivant en *b*, de l'oxygène de l'eau de la dissolution pour reformer de la potasse qui a fait virer au vert la couleur du sirop de violettes et l'hydrogène de cette eau s'est dégagé.

Nous admettons la loi générale suivante : *Lorsqu'on soumet un sel à l'action d'un courant électrique, le sel est décomposé, le métal se rend au pôle négatif, l'oxygène et l'acide au pôle positif.*

C'est sur ces propriétés qu'est fondée la galvanoplastie [1].

303. **Action de la lumière.** — La lumière agit sur certains sels, spécialement sur les sels d'argent, pour les décomposer. Cette propriété fait la base des procédés photographiques.

304. **Action des métaux.** — Les dissolutions salines peuvent être décomposées par les métaux. En général, *un métal oxydable déplace toujours un métal moins oxydable.* C'est ainsi qu'une lame de zinc, plongée dans une dissolution de cuivre, précipitera le cuivre à l'état métallique et se transformera en sulfate de zinc. L'électricité n'est pas étrangère à ce phénomène. Dès que la première parcelle de cuivre est précipitée, il se forme, entre les deux métaux, en présence de l'acide de la dissolution, un couple voltaïque dans lequel le zinc est l'élément attaqué. Il s'établit dans la liqueur un courant qui décompose le sulfate de cuivre, précipite le cuivre et met en liberté l'acide sulfurique qui dissout le zinc.

Cela est si vrai que l'étain, métal moins oxydable que le plomb, ne précipite pas les dissolutions de sels de plomb, parce que la première parcelle de plomb précipitée formerait un couple voltaïque dans lequel le plomb serait l'élément attaqué, que l'action du courant électrique serait de porter l'acide sur le plomb et, par suite, de reformer le sel.

Les expériences connues sous le nom d'arbres de Saturne et de Diane sont basées sur le principe précédent.

Arbre de Saturne. — On dissout 40 grammes d'acétate de plomb dans un litre d'eau, on l'acidule par quelques gouttes d'acide acétique et l'on remplit de cette dissolution un vase à large ouverture. Au bouchon en liége de ce vase (fig. 148) on fixe un morceau de zinc d'où partent des fils de laiton qui se dispersent dans la liqueur. Le plomb, que les alchimistes appelaient Saturne, se précipite sur le zinc qui figure le tronc d'un arbre,

[1] Voir nos Leçons de physique, pages 299 et suivantes.

puis plus faiblement sur les fils de laiton qui semblent en être les branches.

Arbre de Diane. On verse du mercure dans un verre, et on le recouvre d'une solution de nitrate d'argent. L'argent se précipite et s'allie au mercure pour donner un amalgame en longues aiguilles figurant encore une arborescence.

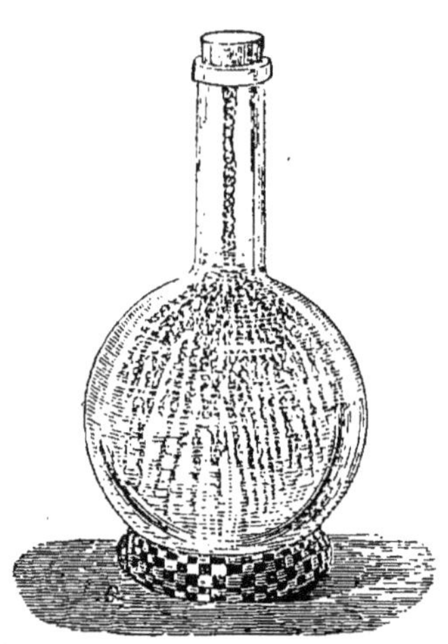

Fig. 148. — Arbre de Saturne.

LOIS DE BERTHOLLET.

305. Berthollet a étudié l'action des acides sur les sels, des bases sur les sels, et des sels entre eux, et a formulé un certain nombre de lois qui résument toutes ces actions.

306. 1° **Action des acides sur les sels.** — *Chaque fois que du mélange d'un acide et d'un sel pourra résulter un composé moins soluble ou plus volatil que ceux que l'on emploie, ce composé se formera toujours.*

Versons de l'acide sulfurique dans de l'azotate de plomb en dissolution ; l'acide sulfurique pouvant former avec l'oxyde de plomb un corps insoluble, le sulfate de plomb, la décomposition a lieu, le sulfate de plomb se précipite et l'acide azotique reste dans la dissolution.

PbO,AzO^5	+	SO^3,HO	=	PbO,SO^3	+	AzO^5,HO
Azotate de plomb.		Acide sulfurique.		Sulfate de plomb.		Acide azotique.

Si l'on verse de l'acide sulfurique sur du carbonate de soude, l'acide carbonique, corps plus volatil que l'acide sulfurique, se dégage sous forme de gaz et il se forme du sulfate de soude.

NaO,CO^2	+	SO^3,HO	=	NaO,SO^3	+	HO	+	CO^2
Carbonate de soude.		Acide sulfurique		Sulfate de soude.		Eau.		Acide carbonique.

307. 2° **Action des bases sur les sels.** — *Chaque fois que du mélange d'une base et d'un sel pourra résulter un composé moins*

soluble ou plus volatil que ceux que l'on emploie, ce composé se formera toujours.

Quand on verse une dissolution de potasse dans une dissolution de sulfate de protoxyde de fer, il se forme un précipité d'oxyde de fer insoluble et l'acide sulfurique forme, avec la potasse, du sulfate de potasse.

$$FeO,SO^3 + KO = KO,SO^3 + FeO$$

Sulfate de protoxyde de fer. Potasse. Sulfate de potasse. Protoxyde de fer.

Lorsqu'on verse une dissolution de potasse dans du sulfate d'ammoniaque, l'ammoniaque volatile se sépare de l'acide sulfurique, qui se combine avec la potasse pour former du sulfate de potasse.

$$AzH^3,HO,SO^3 + KO = KO,SO^3 + HO + AzH^3$$

Sulfate d'ammoniaque. Potasse. Sulfate de potasse. Eau. Ammoniaque.

308. 3° **Action des sels sur les sels.** — *Quand on mélange les dissolutions de deux sels et qu'il peut se former, par l'échange des acides et des bases, un sel insoluble ou deux sels insolubles, ou des sels moins solubles que ceux que l'on emploie, ces sels se forment toujours.*

Si l'on verse du sulfate de potasse, sel soluble, dans de l'azotate de plomb, sel soluble, on forme du sulfate de plomb insoluble et de l'azotate de potasse soluble.

$$KO,SO^3 + PbO,AzO^5 = PbO,SO^3 + KO,AzO^5$$

Sulfate de potasse. Azotate de plomb. Sulfate de plomb. Azotate de potasse.

4° *Lorsqu'on fait chauffer ensemble deux sels qui, par l'échange de leurs acides et de leurs bases, peuvent donner lieu à un sel volatil ou plus volatil que ceux que l'on emploie, il y a toujours double décomposition.*

C'est ce qui arrive, par exemple, lorsqu'on chauffe dans une cornue du carbonate de chaux et du sulfate d'ammoniaque ; il se forme du sulfate de chaux et du carbonate d'ammoniaque, sel plus volatil que le sulfate d'ammoniaque.

$$CaO,CO^2 + AzH^3,HO,SO^3 = CaO,SO^3 + AzH^3,HO,CO^2$$

Carbonate de chaux. Sulfate d'ammoniaque. Sulfate de chaux. Carbonate d'ammoniaque.

Au contraire, si l'on mélangeait des dissolutions de sulfate de chaux et de carbonate d'ammoniaque, la réaction inverse aurait lieu, il se formerait du sulfate d'ammoniaque et du carbonate de chaux, parce qu'ici ce serait l'insolubilité du carbonate de chaux, plus grande que celle du sulfate de chaux, qui déterminerait la décomposition.

AzH^3,HO,CO^2	+	CaO,SO^3	=	AzH^3,HO,SO^3	+	CaO,CO^2
Carbonate d'ammoniaque.		Sulfate de chaux.		Sulfate d'ammoniaque.		Carbonate de chaux.

Les lois de Berthollet sont d'une application continuelle dans les laboratoires et dans l'industrie. La plupart des opérations de la teinture sont fondées sur elles.

CHAPITRE V

PROPRIÉTÉS ET CARACTÈRES DES PRINCIPAUX GENRES DE SELS. — CARBONATES. SULFATES. — AZOTATES.

CARBONATES.

309. Les carbonates sont tous solides, inodores, à l'exception des carbonates d'ammoniaque; de couleur variable, insolubles dans l'eau, excepté les carbonates des métaux alcalins et les carbonates d'ammoniaque. Le carbonate de chaux peut se dissoudre dans l'eau à l'aide d'un excès d'acide carbonique.

A chaud, le charbon décompose tous les carbonates. Quand l'oxyde du carbonate est facilement réductible, on obtient le métal comme résidu.

A l'exception des carbonates alcalins et des carbonates de baryte, ils sont tous décomposés par la chaleur.

Les acides décomposent les carbonates avec effervescence ; il se dégage un gaz inodore, l'acide carbonique, qui éteint les bougies et trouble l'eau de chaux. C'est là le caractère distinctif des carbonates.

310. **État naturel.** — Un grand nombre de carbonates se trouvent dans la nature. Le carbonate de chaux forme, à lui seul, une grande partie de l'écorce terrestre.

311. **Préparation.** — La préparation de la plupart d'entre eux est fondée sur leur insolubilité. On verse dans un sel soluble de l'oxyde que l'on veut carbonater un carbonate alcalin, dont l'acide carbonique forme avec cet oxyde le carbonate insoluble qui se précipite.

SULFATES.

312. Les sulfates sont tous solides, solubles dans l'eau, à l'exception des sulfates de baryte et de plomb. La chaleur les décompose, à l'exception des sulfates alcalins, des sulfates de chaux, de baryte, de strontiane et de plomb. Le charbon réduit tous les sulfates à une température suffisamment élevée.

Les sulfates ne sont pas décomposés par la plupart des autres acides ; il n'y a que les acides plus fixes que l'acide sulfurique qui puissent les décomposer (acides phosphorique, borique, silicique).

Les sulfates solubles donnent, avec un sel de baryte soluble, un précipité blanc de sulfate de baryte insoluble dans les acides. C'est là leur caractère générique.

313. **État naturel.** — Un certain nombre de sulfates, sulfate de chaux ou plâtre, sulfate de magnésie (sel d'Epsom ou de Sedlitz, etc.), se trouvent dans la nature.

314. **Préparation.** — On prépare les sulfates, soit par le grillage à l'air des sulfures métalliques, soit par l'action de l'acide sulfurique sur le métal.

AZOTATES.

315. Les azotates sont tous solides, tous solubles dans l'eau, sauf quelques rares exceptions. Ils sont tous décomposables par la chaleur et laissent l'oxyde comme résidu de la décomposition. Chauffés avec le charbon, ils se réduisent à plus forte raison. L'acide sulfurique, moins volatil que l'acide azotique, décompose les azotates conformément aux lois de Berthollet.

Jetés sur les charbons ardents, ils fusent. Mêlés avec de la tournure de cuivre et de l'acide sulfurique, ils donnent du bioxyde d'azote qui, au contact de l'air, produit des vapeurs rutilantes. C'est là leur caractère distinctif.

316. **État naturel.** — Quelques azotates se trouvent tout formés dans la nature; tels sont l'azotate de potasse ou salpêtre, l'azotate de soude, qui existe au Pérou en bancs très-épais.

317. **Préparation.** — On prépare les azotates en faisant agir l'acide azotique soit sur un métal, soit sur un oxyde, soit sur un sulfure.

LIVRE III

318. Après avoir exposé les propriétés générales des métaux et de leurs composés usuels, nous allons étudier ces corps au point de vue de leurs applications dans l'industrie et dans l'économie domestique; nous laisserons de côté tous ceux qui sont sans application et n'offrent qu'un intérêt purement scientifique.

CHAPITRE PREMIER

POTASSIUM, SODIUM ET LEURS COMPOSÉS USUELS.

POTASSIUM.

Symbole = K. Équivalent = 39.

319. Le potassium a été découvert, en 1807, par Davy, qui montra que les alcalis et les terres (potasse, soude, chaux), que l'on avait toujours considérés comme des corps simples, étaient des métaux oxydés. Il obtint ce résultat en décomposant par la pile la potasse ou oxyde de potassium.

320. **Préparation.** — On prépare actuellement le potassium en chauffant dans un vase de fer (fig. 149) un mélange intime de carbonate de potasse et de charbon. Le carbonate est réduit, le potassium distille et vient se condenser dans une espèce de boîte aplatie, formée de deux parties qui s'appliquent l'une sur l'autre (fig. 150). Cette boîte communique avec la bouteille en fer, comme le représente la figure 149, où l'on voit l'appareil disposé dans le fourneau.

321. **Propriétés physiques et chimiques.** — Le potassium

possède un éclat argentin lorsqu'il est fraîchement coupé. Au contact de l'air, il le perd rapidement et se transforme en potasse ou oxyde de potassium. Sa densité est 0,865. Il est mou à la température ordinaire, fond à 55° et bout à la chaleur rouge. C'est

Fig. 149. — Préparation du potassium.

un des corps les plus oxydables; lorsqu'on jette un morceau de potassium dans l'eau, il la décompose avec une énergie telle que la température s'élève assez pour enflammer l'hydrogène mis en liberté. Aussi voit-on le globule métallique courir enflammé à la surface du liquide (fig. 151).

Ce métal se conserve dans l'huile de naphte, corps liquide qui ne contient pas d'oxygène.

322. **Potasse caustique, ou potasse, ou oxyde de potassium.** — On désigne sous le nom de *potasse caustique*, de *pierre à cautère*, une base excessivement énergique qui est un

protoxyde hydraté de potassium (KO,HO). Elle se présente sous forme de plaques épaisses, blanches, tombant à l'air en déliquescence et se carbonatant en même temps. Elle se dissout dans l'eau en toutes proportions.

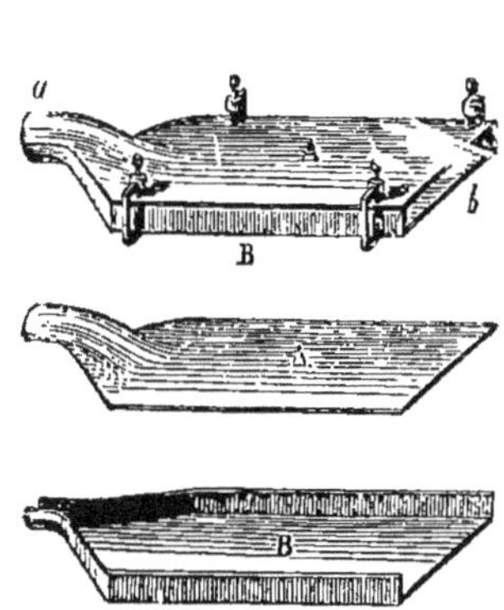

Fig. 150. — Préparation du potassium.

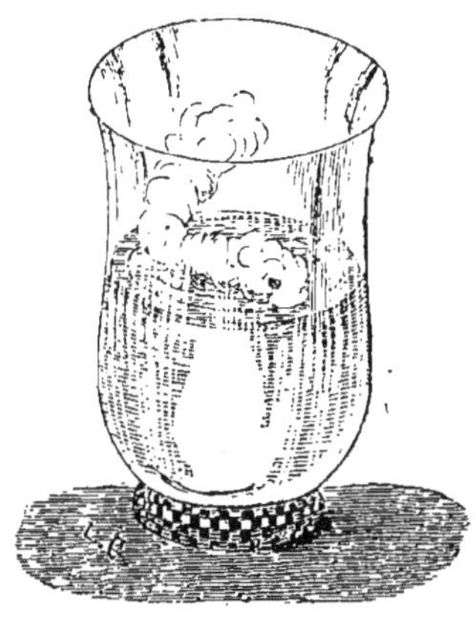

Fig. 151. — Décomposition de l'eau par le potassium.

323. On la prépare en traitant par la chaux une dissolution bouillante de carbonate de potasse. Le carbonate de potasse est décomposé, il se forme du carbonate de chaux insoluble, et la potasse reste dissoute. On évapore la liqueur filtrée et on a, comme résidu, la potasse dite *potasse à la chaux*. En cet état, elle contient des sels étrangers. Pour l'avoir plus pure, on la dissout dans

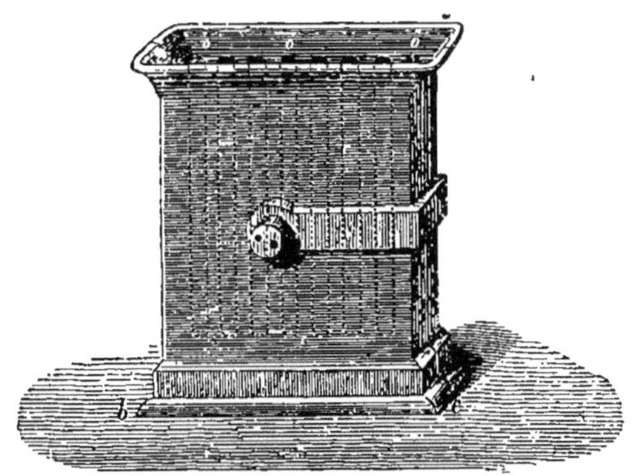

Fig. 152. — Moule à couler la potasse.

l'alcool, qui ne dissout pas les sels étrangers, et l'évaporation de la liqueur alcoolique donne comme résidu la potasse pure, dite *potasse à l'alcool.*

La potasse caustique sert, en médecine, sous le nom de *pierre à cautère.* On lui donne alors la forme de baguettes, en la coulant dans un moule semblable à celui que représente la figure 152.

POTASSES DU COMMERCE.

324. Lorsqu'on fait brûler à l'air des végétaux, on obtient pour résidu une poudre grisâtre qu'on appelle *cendre.* Ce résidu se compose de toutes les substances minérales fixes que les végétaux avaient prises au sol. La composition de ce résidu varie suivant la nature du terrain dans lequel les plantes ont poussé : celles qui croissent dans l'intérieur des terres donnent un résidu riche surtout en sels de potasse; les plantes marines fournissent des cendres plus riches en sels de soude.

325. Dans le commerce, on désigne sous le nom de *potasse* le carbonate de potasse plus ou moins pur que fournissent les cendres des plantes qui ont végété dans l'intérieur des terres.

L'incinération est pratiquée dans les pays riches en bois, comme la Russie, l'Amérique, la Toscane, et même dans certaines localités de la France. Elle donne un résidu blanc-grisâtre composé de différents sels : parmi eux, les uns sont solubles, comme le carbonate de potasseles; autres insolubles, comme le carbonate de chaux.

Ces cendres sont lessivées à l'eau dans des tonneaux sciés par la moitié. Les liqueurs fournies par le lessivage sont évaporées à siccité et donnent un résidu coloré désigné sous le nom de *salin.* La coloration du salin est due à la présence de matières organiques très-carburées, dont on le débarrasse en le calcinant dans des fours que représente la figure 153. Ils se distinguent des fours ordinaires en ce que la flamme du foyer, après en avoir parcouru l'intérieur, sort en avant par la porte où s'effectue le travail de la matière, qu'un ouvrier armé d'une spatule en fer écrase et transforme en petits fragments auxquels on donne le nom de potasse perlasse (*pearl ashes*, cendres en perles).

326. On désigne sous le nom de *cendres gravelées*, de *védasse*, une variété de carbonate que l'on obtient en décomposant

par la chaleur le bitartrate de potasse renfermé dans les lies de vin.

327. La distillation des mélasses fermentées de betteraves donne un résidu qui contient aussi des sels de potasse et que l'on utilise pour la fabrication d'une potasse dite *potasse de mélasse.*

328. **Usages.** — Les potasses du commerce servent dans la fabrication des verres de Bohême, dans la cristallerie, dans la confection des savons mous, dans le chamoisage des peaux, etc.[1].

Fig. 153. — Fabrication de la potasse.

[1] *Essais des potasses du commerce.* — On comprend, d'après ce que nous venons de dire, que les potasses peuvent renfermer des quantités plus ou moins considérables d'alcali : aussi est-il important de les essayer. Les procédés suivants sont d'une application facile. Ils sont dus à Gay-Lussac.

On sait que la potasse libre ou carbonatée exerce sur la teinture de tournesol une réaction alcaline. Si donc, après avoir coloré en bleu par quelques gouttes de tournesol une dissolution de potasse commerciale, on y verse peu à peu de l'acide sulfurique, on saturera l'alcali, et, quand l'acide sera en excès, la teinture prendra la couleur pelure d'oignon. Ordinairement, l'alcali étant carbonaté, l'acide carbonique est d'abord chassé et donne à la teinture bleue de tournesol la couleur du rouge vineux ; mais ce n'est qu'au moment où l'acide sulfurique est en excès que la teinture prend la couleur pelure d'oignon. C'est à ce signe que l'on reconnaît que la saturation de l'alcali est complète : de la quantité d'acide sulfurique employée on déduit la quantité d'alcali contenue dans l'échantillon de potasse essayé.

Soit, par exemple, à essayer de la potasse perlasse. On en prend 48gr,07 que l'on dissout dans un demi-litre d'eau pure. On prépare d'autre part une dissolution titrée d'acide sulfurique, contenant 100 grammes d'acide concentré pour un litre d'eau. On prend, à l'aide d'une pipette, 50 centimètres cubes de cette dissolution, et on les verse dans un vase à précipité ; on y ajoute un peu de tournesol pour colorer la liqueur en bleu. On prend ensuite une burette qui contient 50 centimètres cubes et qui est divisée en 100 parties ; on la remplit de la dissolution sulfurique. La burette renferme donc 5 grammes d'acide sulfurique, puisque la dissolution d'acide a été faite en mettant 100 grammes d'acide dans un litre d'eau. Si la potasse employée était de la potasse pure, il faudrait verser dans le vase à précipité tout le contenu

329. **Azotate de potasse (nitre ou salpêtre).** — L'azotate de potasse (KO, AzO^5), appelé aussi *salpêtre*, *nitre*, *sel de nitre*, *nitrate de potasse*, est très-répandu aux Indes, en Égypte, à l'île Ceylan, en Espagne et dans quelques localités de l'Italie et de la France méridionale. Dans l'Inde, il vient affleurer à la surface du sol où on le recueille avec de longs balais en houssine, d'où le nom de *salpêtre de houssage*. Souvent aussi on lave la terre salpêtrée, et les lessives évaporées rapidement donnent des cristaux de salpêtre impur, qui, arrivés en Europe, sont soumis à un raffinage.

La plus grande partie du salpêtre que consomme l'Europe est obtenue au moyen de l'azotate de soude que produit le Pérou. Cet azotate, dissous dans l'eau, est traité à chaud par le chlorure de potassium; la concentration à chaud détermine une double décomposition, il se forme du chlorure de sodium qui cristallise à l'ébullition et de l'azotate de potasse que la liqueur laisse déposer par refroidissement.

330. Le salpêtre se trouve aussi en assez grande quantité dans les plâtras provenant des démolitions des parties inférieures de vieux bâtiments. On lessive ces matériaux. Les lessives qui en proviennent contiennent, outre le salpêtre, des azotates de chaux, de magnésie, des chlorures de potassium et de sodium, dont on les débarrasse par une série d'opérations dans le détail desquelles nous n'entrerons pas.

331. La production naturelle du salpêtre a excité depuis longtemps l'attention des chimistes, qui expliquent maintenant ce phénomène de la manière suivante :

de la burette pour atteindre la saturation, car les 5 grammes d'acide sulfurique qu'elle contient représentent la quantité d'acide nécessaire pour saturer les 4gr,8 de potasse contenus dans les 50 centimètres cubes que renferme le vase à précipité; mais il n'en est pas ainsi avec les potasses du commerce, et l'on atteint la couleur pelure d'oignon avant d'avoir vidé entièrement la burette. Si la burette a été vidée jusqu'au 30e degré, la matière essayée contient 30 p. 100 de potasse; elle en contient 60 s'il a fallu 60, parties de liqueur acide.

Le tableau suivant indique le titre que doivent avoir les principales potasses du commerce :

Potasse de Toscane	20,0
— de Russie	50,4
— rouge d'Amérique	55,25
— perlasse	60,6
— des Vosges	30,0
— de betteraves épurée	56,0
— épurée par cristallisation	66,0

La combustion lente des matières organiques azotées produit de l'acide azotique qui se combine avec les bases en présence desquelles il se trouve (potasse, chaux, etc.). Cette influence intervient non-seulement dans les pays chauds, où l'on trouve le salpêtre dans le sol, mais aussi dans nos contrées, dans les écuries, les étables et les caves.

A ces causes de production il faut ajouter l'action de l'acide azotique qui se forme dans les orages si fréquents des pays chauds. Entraîné par les pluies, il se combine avec les bases qu'il rencontre dans le sol.

332. On peut produire artificiellement le salpêtre en réunissant toutes les conditions de sa formation. On mêle, pour cela, du fumier avec des terres poreuses contenant de la chaux et des alcalis et on construit, avec ce mélange, soit des murs, soit des tas coniques que l'on arrose avec de l'urine. Les matières azotées du fumier et de l'urine s'oxydent lentement, forment de l'acide azotique qui se combine aux bases, et le salpêtre vient s'effleurir à la surface. On enlève la couche superficielle et on la lessive. Cette industrie a perdu beaucoup de son importance depuis que l'azotate de soude du Pérou nous fournit la plus grande partie du salpêtre employé dans le commerce.

333. Le salpêtre obtenu par l'une des méthodes précédentes est dit *brut* ; il contient encore des chlorures qui, par leur déliquescence, le rendraient impropre à la fabrication de la poudre. On l'en débarrasse dans le raffinage par une nouvelle cristallisation et en versant à froid sur les cristaux une dissolution saturée d'azotate de potasse pur, qui déplace peu à peu les chlorures.

Le salpêtre raffiné ne doit pas contenir plus de $\frac{1}{1000}$ de chlorure.

334. **Propriétés.** — Le salpêtre est blanc, sa saveur est fraîche. Il est soluble dans l'eau qui, au-dessus de 99°, le dissout en toutes proportions. Il fond à la température rouge et se décompose en donnant lieu à un dégagement d'oxygène ; c'est ce qui fait que ce corps active au rouge la combustion du charbon, du soufre, du phosphore, du fer, etc.

C'est aussi sur cette propriété qu'est fondé son emploi dans la fabrication de la poudre à canon.

335. **Poudre à canon.** — La poudre à canon est un mélange de salpêtre, de soufre et de charbon. Lorsqu'on enflamme

ce mélange, l'oxygène renfermé dans l'azotate de potasse oxyde le charbon et le transforme en acide carbonique; le soufre forme avec le potassium du sulfure de potassium. L'acide carbonique porté à une haute température dans un espace relativement restreint, l'âme d'un fusil ou d'un canon, par exemple, y prend une force élastique considérable qui lance en avant le projectile que renferme l'arme. Le soufre introduit dans le mélange sert à lui donner l'inflammabilité qui lui est nécessaire, le charbon lui donne la force de projection.

Les compositions des poudres françaises sont les suivantes:

Poudre de guerre	Salpêtre	75.0
	Charbon	12,5
	Soufre	12.5
Poudre de chasse	Salpêtre	76.9
	Soufre	9.6
	Charbon	13,5
Poudre de mine	Salpêtre	62,0
	Soufre	20.0
	Charbon	18,0

Nous devons ajouter que, dans la combustion de la poudre, les phénomènes ne sont pas aussi simples que nous l'avons supposé, qu'il se produit aussi de l'oxyde de carbone, de l'acide sulfhydrique, de l'hydrogène carboné, etc.; mais la réaction principale est celle que nous avons indiquée.

Le choix des matières premières est très-important pour obtenir une poudre de bonne qualité. Le charbon employé est ordinairement, pour la poudre de guerre et de chasse, du charbon de bourdaine; pour la poudre de mine, des charbons de peuplier, d'aulne, de tilleul, de saule. Ces charbons sont obtenus par le procédé des meules ou par la distillation du bois en vase clos. Pour la poudre de chasse, le charbon doit être roux; il est obtenu par la seconde méthode.

Le charbon et le soufre sont pulvérisés ensemble, puis mêlés au salpêtre et humectés d'une petite quantité d'eau. Le mélange est d'abord remué à la main, ensuite par des pilons mus mécaniquement, qui le triturent dans des mortiers en chêne. La figure 154 représente un pilon et un mortier. Les pilons sont quelquefois remplacés par des meules verticales tournant dans des auges. La matière est ensuite pressée pour la réduire en *galettes*, séchée, puis divisée sur un crible appelé *guillaume*, par l'action d'un disque lenticulaire D (fig. 155), qui dans un mouvement de va-et-vient imprimé à l'appareil, tourne contre la circonférence du crible, et force la poudre à se diviser en grains assez petits pour passer à travers les trous. Les grains passent ensuite à travers deux tamis destinés, le premier, à retenir ceux qui sont trop gros, le second, à laisser passer seulement ceux qui sont trop petits.

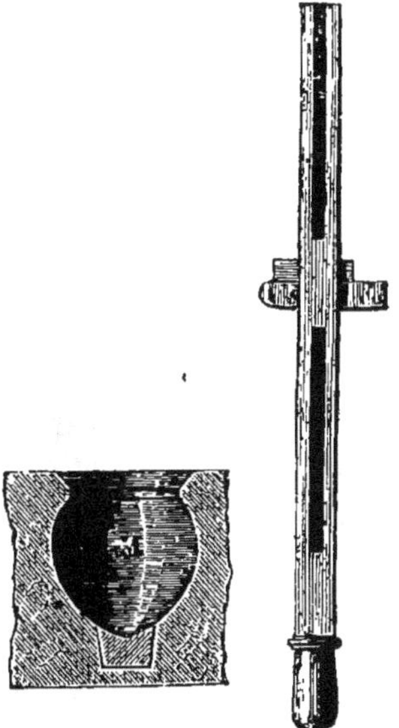

Fig. 154. — Pilon pour la fabrication de la poudre.

La poudre est ensuite séchée par un courant d'air.

Avant le séchage, la poudre de chasse est soumise à une nouvelle opération qu'on appelle le *lissage*. Elle est remuée dans des tonneaux armés, à l'intérieur, de côtes saillantes et mis en mouvement de rotation. Le frottement que subissent les grains leur donne une surface polie et brillante, ce qui fait que la poudre n'a plus de tendance à s'égrener davantage et à se réduire en poussière trop fine.

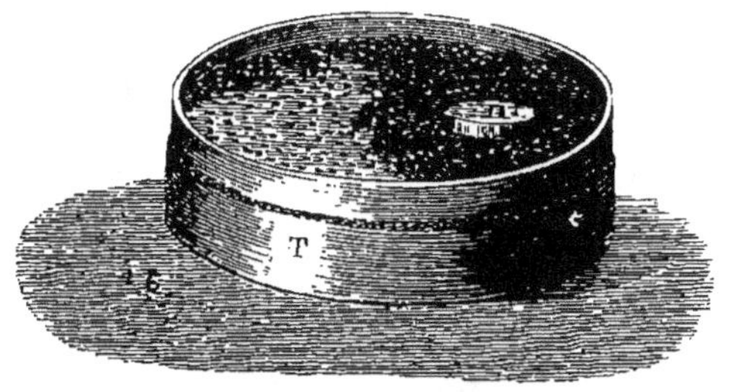

Fig. 155. — Guillaume

SODIUM.

Symbole = Na. Équivalent = 23.

336. Propriétés physiques et chimiques. — Ce métal n'existe pas libre dans la nature ; ses composés y sont très-abondants.

Il est d'un blanc d'argent, brillant quand il est fraîchement coupé, se ternit à l'air, fond à 90°, distille au rouge. Il est mou à 15° et devient cassant à une basse température. Comme le potassium, il décompose l'eau à la température ordinaire. Il n'y a d'inflammation que si on force le métal à rester immobile à la surface du liquide, ce qui peut se faire en employant une eau gommeuse. On le conserve dans l'huile de naphte.

337. L'extraction du sodium, devenue tout à fait industrielle depuis les travaux de M. H. Sainte-Claire Deville, consiste à réduire le carbonate de soude par le charbon. On ajoute au mélange une certaine quantité de craie dont l'effet est d'empêcher la fusion du carbonate de soude qui, une fois fondu, se sépare du charbon et échappe à son action réductrice.

Les appareils de fabrication sont analogues à ceux que nous avons indiqués pour le potassium.

338. **Hydrate de soude.** — L'hydrate de soude (NaO,HO) est analogue à l'hydrate de potasse. On l'obtient en traitant le carbonate de soude par la chaux. On distingue aussi la soude à la chaux et la soude à l'alcool.

339. **Soudes du commerce.** — Dans le commerce on désigne sous le nom de *soudes* des carbonates de soude plus ou moins impurs, que l'on divise en *soudes naturelles* et en *soudes artificielles*.

340. **Soudes naturelles.** — Dans les contrées méridionales, on rencontre sur le bord de la mer certaines plantes qui, comme les *barilles*, les *salicors*, absorbent par leurs racines le chlorure de sodium dont le sol est imprégné, élaborent ce composé pendant leur végétation et le transforment partiellement en sels organiques à base de soude. Lorsqu'on fait brûler ces plantes, elles laissent un résidu composé de chlorure de sodium et de carbonate de soude, ce dernier provenant de la calcination des sels organiques à base de soude. La combustion se fait dans des fosses à moitié remplies; les cendres subissent une demi-fusion, et le produit de l'opération est livré au commerce sous le nom de *soudes naturelles*. Il constitue une masse brune. L'usage des soudes naturelles, dont les plus estimées sont celles d'Alicante et de Malaga, qui contiennent 20 à 25 pour 100 de carbonate de soude sec, est maintenant remplacé par celui des *soudes artificielles*.

341. Soudes artificielles. — On doit à Leblanc, chimiste français, un procédé de fabrication de soude artificielle, qu'il inventa en 1791, à l'époque où la guerre continentale empêchait l'importation en France des soudes espagnoles.

Ce procédé consiste à chauffer dans un four à réverbère un mélange de sulfate de soude, de craie ou carbonate de chaux et de charbon. A cette température, les deux premiers corps donnent lieu, par leur contact, à une double décomposition et à la production de carbonate de soude et de sulfate de chaux qui, réduit lui-même par le charbon, forme du sulfure de calcium. On trouve aussi dans la masse une certaine quantité de chaux provenant de l'action réductrice du charbon sur un excès de carbonate de chaux. On a cru longtemps que ces deux corps, la chaux et le sulfure de calcium, étaient combinés ensemble et formaient un oxysulfure de calcium, mais on n'admet plus l'existence de cette combinaison.

La calcination du mélange se fait dans des fours que représente la figure 156. La flamme du foyer passe sur la matière

Fig. 156. — Fabrication de la soude.

qui est étalée sur la sole du fourneau et qu'un ouvrier peut brasser à l'aide de râbles introduits par les portes P, P'. Lorsque la calcination est faite, l'ouvrier sort du four la masse fondue et la fait tomber dans un petit chariot en fer C où on la laisse se refroidir et se solidifier. Cette masse brunâtre constitue la *soude brute* que l'on utilise directement dans certaines industries (fabrication du verre à bouteilles et des savons).

La soude brute est ensuite lessivée, l'eau dissout le carbonate de soude et laisse comme résidu la chaux, le sulfure de calcium et le charbon. Les lessives sont évaporées, d'abord dans des cuves D et E (fig. 157) placées au-dessus du four B, puis sur la sole du four à réverbère B, où des ouvriers remuent la masse et la réduisent en grains. Le produit blanc ainsi obtenu cons-

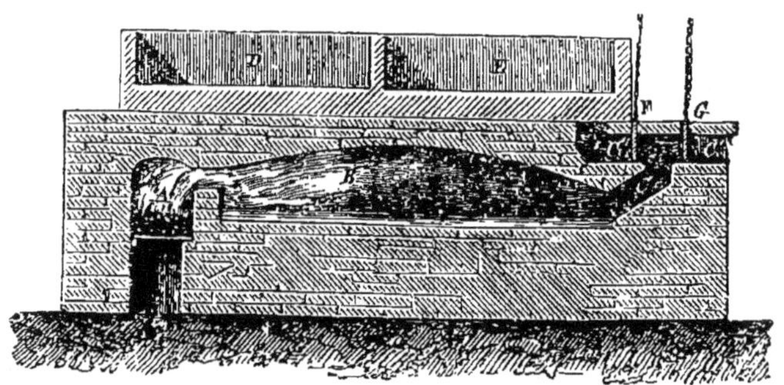

Fig. 157. — Fabrication de la soude.

titue ce que l'on appelle le *sel de soude*. Il contient du sulfate de soude et du chlorure de sodium.

Quant au produit désigné sous le nom de *cristaux de soude*, et qui est beaucoup plus pur, on l'obtient en dissolvant le sel de soude et en le faisant cristalliser de nouveau [1].

342. **Usages des sels de soude**. — Les emplois du carbonate de soude sont très-importants et très-nombreux. Il sert, à l'état brut, aux savonniers, aux blanchisseurs qui le transforment en soude caustique, aux fabriques de verre à bouteilles. Raffiné, il est employé dans la fabrication des glaces, de la verrerie fine, des savons de toilette. La teinture, le blanchissage, l'impression des tissus, en font aussi un usage considérable, etc.

CHLORURE DE SODIUM.

Symbole = NaCl.

343. Sous les noms de *sel commun*, de *sel de cuisine*, on désigne un composé de chlore et de sodium que la nomenclature chimique appelle *chlorure de sodium* et auquel on donne les

[1] L'essai alcalimétrique se fait comme celui des potasses ; seulement, au lieu de 48gr,07, on prend pour l'essai 31gr,85 de sel.

Voici le tableau des degrés qu'elles doivent marquer :

Soudes d'Alicante	34 à 37
Sel de soude brut	25 à 44
Sel de soude raffiné, caustique	31 à 50
Cristaux de soude	21 à 22

noms de *sel marin*, de *sel gemme*, pour rappeler sa présence soit dans les eaux de la mer, soit dans certaines mines, où on le rencontre cristallisé comme une pierre précieuse.

Ce corps, que l'économie domestique et l'industrie emploient en quantité considérable, provient de trois sources principales : 1° mines de sel gemme ; 2° sources salées ; 3° eaux de la mer.

344. 1° **Mines de sel gemme.** — On rencontre, dans certains pays, de véritables mines de sel ; il est alors désigné sous le nom de *sel gemme*. Les plus importantes sont celles de Wieliczka et de Bochnia en Pologne, de Cordoue en Espagne. Il en existe aussi dans l'Allemagne méridionale et dans quelques localités de la France (Vic, Dieuze, etc.). Le sel est extrait à la pioche.

Les mines de Cordoue sont exploitées à ciel ouvert, celles de Wieliczka sont souterraines.

Quand le sel est mélangé à des matières étrangères, comme en Souabe, en Bavière et en Wurtemberg, on pratique dans la mine un trou de sonde dans lequel on place un tube percé d'ouvertures à sa partie inférieure. Entre ce tube et les parois du trou de sonde, on fait arriver de l'eau qui dissout le sel. La solution descend au fond du trou en vertu de sa densité plus grande et pénètre dans le tube par les ouvertures inférieures. Des pompes vont l'y puiser, et elle est ensuite évaporée dans des chaudières où elle laisse déposer du sel très-pur.

345. 2° **Sources salées. Bâtiments de graduation.** — Les sources salées proviennent d'eaux d'infiltration qui, dans leur course, ont rencontré du sel gemme. Elles ne sont pas, en général, assez riches en sel pour qu'on les évapore immédiatement par l'action de la chaleur. Les frais de combustible seraient trop considérables. On commence par concentrer les eaux à l'air libre. Pour cela on les amène, à l'aide de pompes, dans une rigole située à la partie supérieure de hangars dits *bâtiments de graduation*. Elle est déversée de là sur des masses de fagots (fig. 158), orientées de telle manière qu'elles soient exposées à l'action des vents régnant le plus fréquemment dans la localité. En coulant le long de ces fagots, sur lesquels elles se divisent sur une large surface, les eaux s'évaporent et se concentrent ; elles sont recueillies dans des bassins d'où elles sont lancées de nouveau à la partie supérieure des *bâtiments*.

Lorsqu'elles ont été amenées par ce traitement à un degré de concentration suffisante, on les évapore dans des chaudières. On les porte d'abord à l'ébullition qui détermine la séparation du *schlot* (sulfate double de chaux et de soude); puis, lorsque le chlorure de sodium commence à se déposer, on laisse la température s'abaisser pour éviter le dépôt du sulfate de magnésie, qui donnerait de l'amertume au sel.

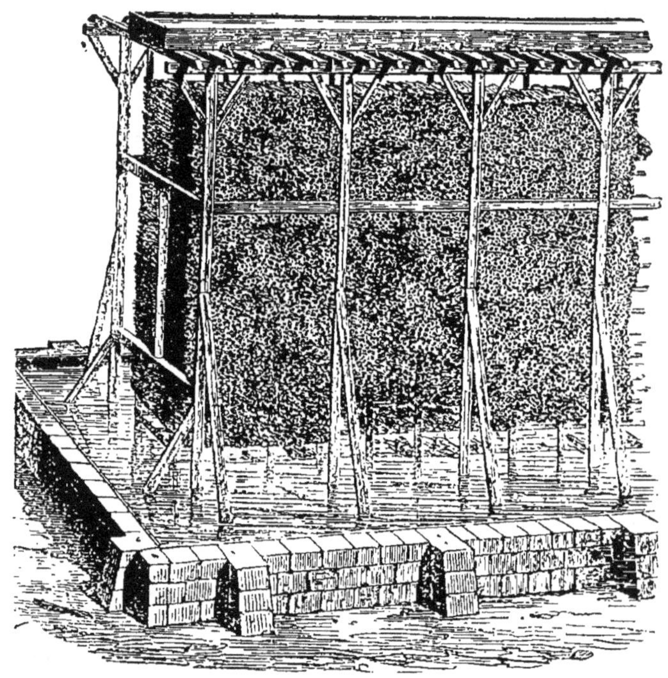

Fig. 138. — Bâtiments de graduation.

Cette industrie devient de jour en jour moins importante.

346. 3° **Extraction du sel des eaux de la mer.** — Le sel s'extrait des eaux de la mer par évaporation spontanée à l'air libre, dans des bassins imperméables, peu profonds, dits *marais salants*. Le sol choisi pour l'évaporation doit être, en général, argileux et peu perméable.

Dans le midi de la France, les eaux déposent dans un premier bassin les matières qu'elles tiennent en suspension ; elles passent de là dans une suite de bassins rectangulaires où elles laissent déposer du carbonate de chaux et du sesquioxyde de fer.

Des machines hydrauliques les élèvent et les déversent ensuite dans de nouveaux bassins d'évaporation plus nombreux où se dépose le sulfate de chaux. De là, les eaux passent successivement dans des bassins plus petits et plus profonds, dans lesquels se forme le dépôt de sel et qu'on appelle *tables salantes*. Ce dépôt est annoncé par l'apparition d'une teinte rouge, due à l'existence de myriades d'êtres microscopiques, qui trouvent les conditions de leur existence dans les eaux arrivées à un certain degré de concentration. Quand la couche de sel a atteint une épaisseur de 4 à 6 centimètres, on l'enlève au moyen de pelles plates, munies d'un manche faisant avec elles un angle de 45°, et on l'amasse en tas appelés *gerbes*. Cette opération est appelée *levage*. Le sel s'égoutte et le chlorure de magnésium déliquescent s'infiltre peu à peu dans le sol. Le sel obtenu est très-pur.

Les eaux qui ont laissé déposer le chlorure de sodium, dites *eaux mères*, étaient autrefois rejetées à la mer. M. Balard a indiqué les moyens de les utiliser et d'en extraire du sulfate de soude et des sels de potasse.

347. Dans l'ouest de la France, le procédé d'évaporation des eaux de la mer est un peu différent ; il donne un sel coloré par un peu d'argile et appelé *sel gris*.

348. **Propriétés et usages du chlorure de sodium.** — Le chlorure de sodium cristallise en cristaux cubiques qui décrépitent sur le feu ; il est blanc, soluble dans l'eau. Lorsqu'il est pur, il n'est pas déliquescent, mais il le devient dans un air très-humide.

Il est employé dans l'économie domestique pour assaisonner les aliments et conserver les viandes. La fabrication de l'acide chlorhydrique, du sulfate de soude et des chlorures, en emploie des quantités considérables.

CHAPITRE II

CALCIUM, CHAUX, CARBONATE DE CHAUX ET SULFATE DE CHAUX.

349. Le calcium a été isolé par Davy, qui décomposa par la pile la chaux ou oxyde de calcium. C'est un métal d'un blanc jaune, très-brillant quand il est fraîchement coupé, s'altérant à l'air et décomposant l'eau à la température ordinaire.

CHAUX.

Symbole = CaO. Équivalent 28.

350. Le calcium forme, avec l'oxygène, un protoxyde appelé *chaux* (CaO) qui est d'une grande importance. C'est une matière blanche, amorphe, très-caustique, infusible, d'une densité égale à 2,3.

Elle a une grande affinité pour l'eau : lorsqu'on verse ce liquide sur la chaux vive pure, elle l'absorbe en s'échauffant assez pour faire monter le thermomètre à 300°. On la voit se gonfler, se fendiller et se réduire en poussière ; on dit alors que la chaux est *éteinte*. En cet état elle constitue un hydrate, CaO,HO. Elle est peu soluble dans l'eau ; lorsqu'on en délaye une assez grande quantité dans ce liquide, on obtient une bouillie blanche ordinairement appelée *lait de chaux*.

Exposée à l'air, elle s'hydr.te, se carbonate et tombe en poussière. On dit alors qu'elle se *délite*. Aussi doit-elle être conservée en vases clos.

Sa principale application est celle que l'on en fait à la fabrication des *mortiers* dont nous parlerons plus loin.

351. **Préparation, cuisson de la chaux.** — On prépare la chaux vive en décomposant par la chaleur du carbonate de chaux ou pierre à chaux. L'acide carbonique se dégage, et la chaux reste.

Cette opération se fait dans des fours dits *fours à chaux*.

Il y en a de plusieurs sortes.

Les uns, dits *fours de campagne*, sont des cylindres en briques que l'on revêt d'argile pour éviter les déperditions de chaleur (fig. 159); on les emplit de carbonate de chaux que l'on

Fig. 159. — Four à chaux.

chauffe avec du bois placé dans un foyer situé à la partie inférieure.

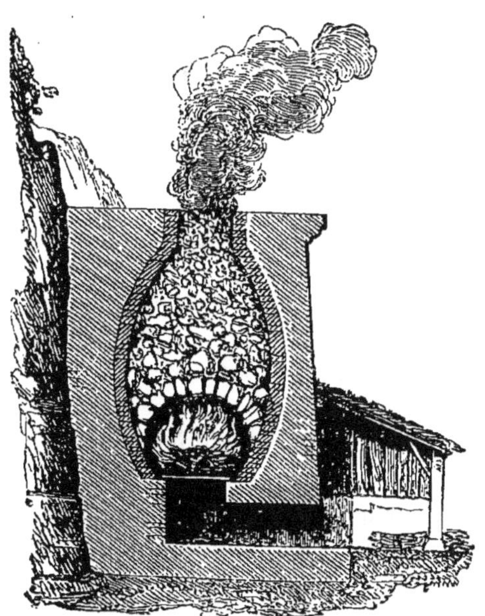

Fig. 160. — Four à chaux.

Le four que représente la figure 160 est d'une installation plus coûteuse, mais plus convenable. Il est de forme ovoïde, construit en briques et garni, à l'intérieur, de briques réfractaires. Pour le charger, on fait, au-dessus de la grille sur laquelle on brûle le combustible, une espèce de voûte avec de gros morceaux de pierre à chaux, et on achève de remplir le four avec des morceaux de moins en moins gros. On brûle dans le foyer des fagots, des broussailles ou de la tourbe. Lorsque la cuisson est terminée, on décharge le four.

Ces fours sont dits *intermittents*, parce qu'à chaque cuisson on est obligé d'arrêter le feu et de les décharger tout entiers.

Les fours dits *coulants*, que représentent les figures 161 et 162,

Fig. 161. — Four à chaux.

sont plus économiques. Ils sont employés dans la Mayenne. La pierre à chaux et le combustible y sont chargés par couches alternatives. On défourne la chaux par le bas, à mesure qu'elle est cuite, et par l'orifice supérieur on ajoute de nouvelles charges de pierre à chaux et de combustible. On voit que, dans ce procédé, la cuisson est continue et qu'on n'a pas besoin d'arrêter le feu pour recharger le four.

La figure 163 représente une autre sorte de four coulant qui offre un foyer latéral A, dans lequel on place le combustible. Un

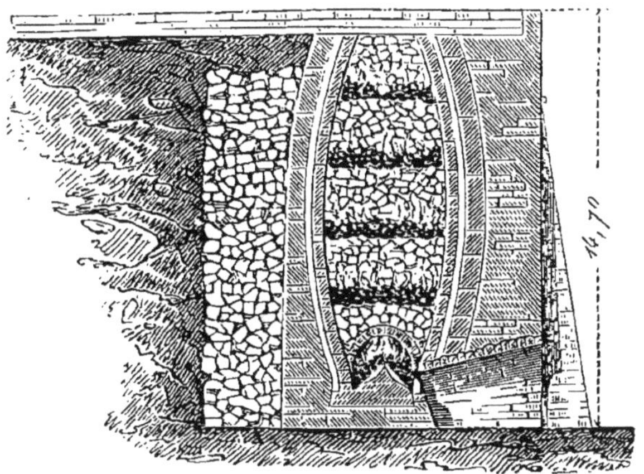

Fig. 162. — Four à chaux.

conduit B mène la flamme vers trois ouvertures pratiquées dans la circonférence du four et dans un même plan horizontal ; c'est

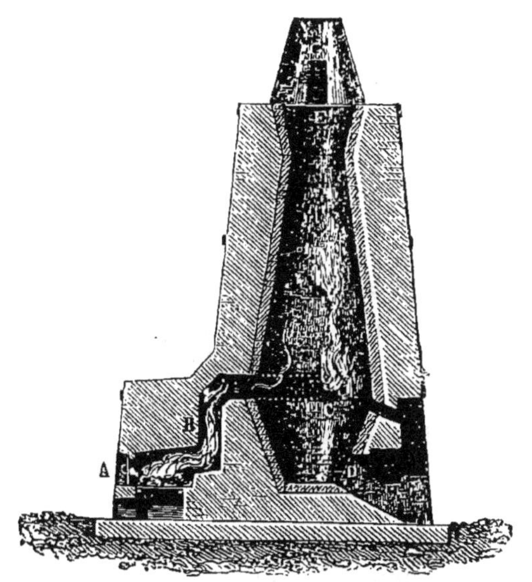

Fig. 163. — Four à chaux.

en ces points que s'effectue surtout la cuisson. La chaux, à mesure qu'elle est cuite, est extraite par l'ouverture D.

352. **Chaux grasses. — Chaux maigres. — Chaux hydrau-**

liques. — Sous le rapport de leurs propriétés, les chaux se divisent en *chaux aériennes*, qui comprennent les *chaux grasses* et les *chaux maigres*, et en *chaux hydrauliques*.

353. La *chaux grasse* foisonne beaucoup par l'extinction ; elle est ordinairement très-blanche, d'une pureté assez grande, se dissout dans l'acide chlorhydrique presque sans effervescence et sans résidu. Elle forme, avec l'eau, une bouillie très-liante et très-forte. Lorsqu'on fait une boule avec de la chaux grasse en pâte et qu'on l'expose à l'air libre ou mieux à un courant d'acide carbonique, elle se carbonate et reprend tous les caractères de la pierre calcaire. La chaux grasse provient de la calcination complète de la craie, du marbre, enfin des pierres à chaux les plus pures.

354. On donne le nom de *chaux maigres* à celles qui proviennent de pierres calcaires renfermant des proportions assez fortes de carbonates de magnésie et de fer. Elles foisonnent peu, sont grises ou fauves, ne s'échauffent guère et donnent, avec l'eau, une pâte courte et peu liante. Lorsqu'on les traite par l'acide chlorhydrique, elles laissent un résidu de sable. L'ammoniaque ajoutée à la liqueur y produit un précipité assez abondant de magnésie ; les chaux grasses ne présentent pas ce précipité, ou tout au moins il y est très-léger.

355. On appelle *chaux hydrauliques* celles qui se solidifient promptement sous l'eau : les unes, moyennement hydrauliques, font prise sous l'eau au bout de six à huit jours et acquièrent, après six mois, la consistance de la pierre tendre ; d'autres, éminemment hydrauliques, n'exigent pas quatre jours pour la prise et six mois après sont transformées en pierre faisant feu au briquet. Elles se dissolvent dans l'acide chlorhydrique sans effervescence, en laissant un résidu plus ou moins abondant. La liqueur évaporée donne une poudre qui, traitée par l'eau, laisse un résidu insoluble d'argile. (Nous verrons plus loin que l'argile est un silicate d'alumine.)

Vicat, ingénieur des Ponts-et-chaussées, a donné la théorie suivante sur la formation et la solidification des chaux hydrauliques. Elles ne sont produites que par les calcaires argileux. Pendant la cuisson, le carbonate de chaux se décompose et une partie de la chaux réagit sur l'argile pour former du silicate de chaux avec une partie de la silice qu'elle contient. La chaux hydraulique cuite est donc un mélange de silicate de chaux, de silicate d'alumine et d'un grand excès de chaux vive. Mis en présence de l'eau, les trois corps s'hydratent et constituent une substance insoluble et excessivement dure.

Vicat a montré qu'on peut faire artificiellement de la chaux hydraulique en calcinant un mélange de craie et d'argile, composé de quatre parties de craie de Meudon et d'une partie d'argile de Vanves.

356. **Ciment.** — On appelle *ciments* des chaux tellement hydrauliques qu'elles n'ont besoin que d'être gâchées avec une quantité d'eau convenable pour se solidifier presque immédiatement. Tels sont les ciments romains de Vassy, de Boulogne, de Portland. On peut obtenir des ciments artificiels par la cuisson d'un mélange de carbonate de chaux et de 40 pour 100 d'argile.

357. **Pouzzolanes.** — On appelle *pouzzolanes* des argiles poreuses d'origine volcanique qui, lorsqu'elles sont gâchées en proportions convenables avec la chaux grasse, la rendent instantanément hydraulique. C'est avec elles que les architectes romains durcissaient leurs mortiers.

358. **Mortiers.** — On appelle *mortiers* des mélanges de chaux éteinte et de sable destinés à unir les matériaux des constructions.

Les mortiers ordinaires sont faits avec des chaux aériennes. Ils acquièrent peu à peu de la dureté, parce que la chaux, en se carbonatant à l'air, acquiert une grande adhérence pour les grains de sable dont le rôle est purement physique et a pour effet d'atténuer le retrait considérable que subit la chaux en se solidifiant. Les mortiers ordinaires ne résistent pas à l'action de l'eau qui les désagrége.

Les mortiers hydrauliques destinés à la construction des canaux, des ponts, des citernes, etc., résultent du mélange de chaux hydraulique et de sable, ou du mélange de chaux grasse et de matières argileuses cuites comme les tuiles, les poteries, les briques pilées, les pouzzolanes, etc. Leur solidification s'explique facilement d'après ce que nous avons dit sur les chaux hydrauliques. Ils résistent à l'action de l'eau.

359. **Béton.** — On donne le nom de *béton* à des mélanges de mortier hydraulique et de petites pierres. Il est utilement employé dans les constructions hydrauliques, permet d'entreprendre

des travaux que l'on considérait autrefois comme inexécutables et de produire, dans certains cas, un sol artificiel très-résistant et propre aux constructions.

CARBONATE DE CHAUX.

Symbole = CaO,CO^2.

360. Le carbonate de chaux est très-abondant dans la nature. On l'y rencontre cristallisé en rhomboèdres, et sous la forme de cristaux qui sont incompatibles avec le rhomboèdre et appartiennent au système du prisme droit à base rectangle ; dans le premier cas, il est désigné sous le nom de *spath d'Islande*, dans le second sous celui d'*arragonite*. Ce sont les deux variétés les plus pures du carbonate de chaux.

361. Les marbres sont des variétés de carbonate de chaux à texture cristalline. Le marbre blanc est du carbonate de chaux presque pur. Les marbres colorés doivent leur coloration à des oxydes métalliques disséminés dans leur masse. Les marbres noirs sont colorés par des matières organiques carbonées, bitumes, goudrons, etc.

362. L'albâtre calcaire est une variété translucide de carbonate de chaux.

363. Le calcaire grossier ou pierre à bâtir des environs de Paris et le calcaire jurassique, qui est aussi une excellente pierre de construction, sont encore des variétés de carbonate de chaux.

364. La craie ou carbonate de chaux à tissu lâche, à cassure terreuse, est friable, très-tendre et presque blanche. C'est avec elle qu'on prépare le *blanc d'Espagne*, le *blanc de Meudon*, le *blanc de Bougival*.

365. La *pierre lithographique* est un carbonate de chaux susceptible d'un beau poli.

L'art de la lithographie, qui fut inventé, en 1799, par Senefelder, chanteur du théâtre de Munich, consiste à tracer, avec un crayon gras, sur la pierre polie le dessin que l'on veut reproduire. Les traits sont fixés par un lavage à l'eau de gomme acidulée par l'acide azotique. L'acide agit à la fois sur le dessin et sur la pierre, décompose les caractères tracés au crayon, augmente leur adhérence à la pierre et détermine en même temps la décomposition de cette dernière en donnant naissance à un composé particulier d'où résulte la solidité du dessin. L'acide a aussi pour effet de mettre le dessin un peu en relief, de changer la surface non recouverte par lui en azotate de chaux et de la rendre imperméable aux corps gras.

Sur cette surface ainsi préparée et que l'on maintient humide en y passant une éponge mouillée, on étend, avec un rouleau, de l'encre d'imprimerie, corps gras qui ne se fixe pas sur la partie humide, mais seulement sur les traits du dessin. Il suffit alors d'appliquer sur la pierre une feuille de papier humide pour que ceux-ci se reproduisent à la surface.

366. **Propriétés.** — Le carbonate de chaux est insoluble dans l'eau, mais l'eau chargée d'acide carbonique en dissout une proportion notable. Certaines sources, comme celles de Saint-Allyre, près de Clermont-Ferrand, de Saint-Martin, dans le Puy-de-Dôme, en contiennent une quantité assez considérable. Aussi, lorsqu'on fait couler ces source ssur des objets solides, comme des morceaux de bois, des grappes de raisin, des nids d'oiseaux, etc., elles les recouvrent d'une couche de calcaire qui leur donne l'aspect de la pierre.

Fig. 164. — Stalactites et stalagmites.

Lorsque des eaux ainsi chargées de bicarbonate de chaux s'infiltrent à travers le sol et viennent suinter à la voûte de cavités souterraines, elles laissent, par leur évaporation, les molécules de calcaire à sec; celles-ci se recouvrent de nouvelles molécules et de cette superposition continuelle résultent des tubes cylindro-coniques qui pendent à la voûte des cavernes. On les appelle *stalactites*. On désigne sous le nom de *stalagmites* ceux qui s'élèvent de bas en haut par suite de la chute du liquide sur le sol. Il arrive souvent que les stalactites et les stalagmites superposées se rejoignent et forment des espèces de colonnes rétrécies vers le milieu (fig. 164).

Nous rappelons ici le rôle que le carbonate de chaux des eaux joue dans la formation des incrustations des chaudières à vapeur.

SULFATE DE CHAUX.

Symbole = CaO,SO^3.

367. Le sulfate de chaux anhydre (CaO,SO^3) est appelé *anhydrite*. Il est presque sans usages. On en connaît une variété bleue qui sert, en Italie, à faire des chambranles de cheminée.

Lorsqu'il est hydraté ($CaO,SO^3,2HO$), il est appelé *gypse* ou *pierre à plâtre*. Il est très-abondant dans les environs de Paris, à Montmartre, à Pantin. Il est parfois nettement cristallisé et constitue des cristaux ayant la forme de *fers de lance*, qui s'exfolient à la chaleur; on peut facilement, avec un canif, les diviser en lames très-minces.

On en connaît une variété appelée *albâtre gypseuse.*

Le sulfate de chaux est peu soluble dans l'eau; il l'est plus à froid qu'à chaud; nous avons vu que les eaux qui en contiennent sont appelées séléniteuses, et que c'est lui qui donne de la dureté aux incrustations des chaudières à vapeur.

Le gypse chauffé perd son eau et se transforme en plâtre. Cette substance, réduite en poudre fine et mélangée avec l'eau de manière à faire une pâte liquide, se prend bientôt en une masse solide de sulfate de chaux hydraté. Les particules, qui étaient désagrégées dans la pâte liquide, se sont agrégées en petits cristaux au moment où elles se sont combinées avec l'eau et de leur enchevêtrement est résultée une masse solide.

Une bouillie de plâtre versée dans un moule se répand exactement dans toutes ses cavités, s'y solidifie et, après quelque temps, on obtient un morceau de plâtre solide présentant en relief toutes les cavités du moule.

La propriété qu'a le plâtre de durcir en présence de l'eau le fait employer pour revêtir les plafonds, les murs construits en pierres irrégulières, et pour sceller le fer dans la pierre.

Le plâtre est aussi employé à la fabrication du *stuc*, composition qui imite parfaitement le marbre et se laisse polir facilement. Pour le fabriquer, on délaye du plâtre récemment cuit et très-fin dans une solution de colle de Flandre, et on ajoute diverses substances colorantes pour reproduire les teintes des marbres. La pâte ainsi formée s'étend, comme le plâtre, sur les surfaces que l'on veut revêtir. Elle durcit en place et peut recevoir un très-beau poli.

On fait usage du plâtre, en agriculture, pour amender les terres destinées à être converties en prairies artificielles.

368. **Cuisson du plâtre.** — Le plâtre se cuit comme la chaux dans des fours analogues à ceux que nous avons décrits.

On trouve, aux environs de Paris, à Vaujours, des usines fort bien montées. Le gypse est apporté (fig. 165) sur des chemins

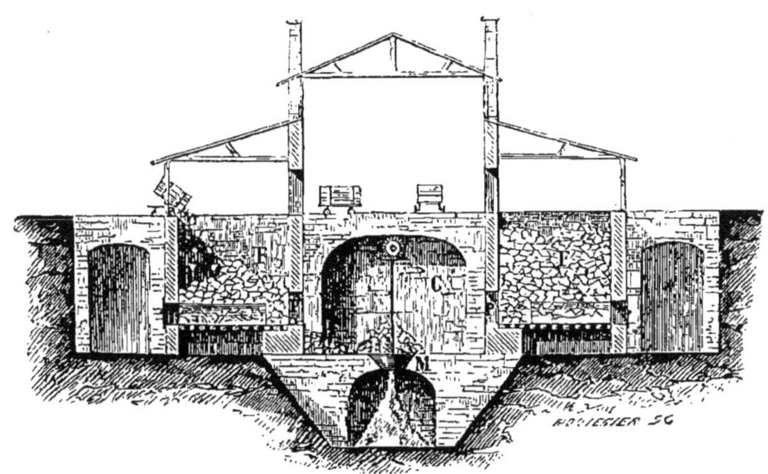

Fig. 165. — Fabrication du plâtre.

de fer par des wagons, jusqu'au bord des fours ; il est jeté dans les fours F, F, au fond desquels on a disposé à l'avance de gros morceaux de gypse, comme dans la cuisson de la chaux ; au-dessous on allume du bois, et, lorsque le feu a duré vingt-quatre heures environ, on défourne par une porte latérale les pierre cuites et on les jette dans une espèce de moulin M qui les broie La poudre blanche qui en résulte tombe dans une cavité où ell est recueillie pour être mise en sacs.

ALUMINIUM ET SES COMPOSÉS USUELS.

369. L'aluminium a été isolé pour la première fois pa M. Wöhler, chimiste allemand; mais c'est à M. Henri Sainte Claire Deville que l'on doit d'avoir obtenu ce métal en masse assez considérables pour qu'il puisse être employé dans l'indus trie. Il décompose, pour cela, par le sodium, le chlorure doubl d'aluminium et de sodium.

370. **Propriétés physiques et chimiques.** — Ce métal es blanc, légèrement bleuâtre; il est très-peu dense; sa densité es 2,56. Il est ductile et malléable, doué d'une grande sonorité L'acide chlorhydrique le dissout facilement; mais, à froid, le acides sulfurique et azotique sont sans action sensible sur lui. Il le dissolvent lentement à chaud. Il est facilement dissous par le solutions alcalines; inaltérable à l'air à toutes les températures il ne décompose pas l'eau et ne noircit pas, comme l'argent, au contact de l'hydrogène sulfuré.

L'aluminium ne s'allie pas au mercure, mais il peut s'unir à la plupart des autres métaux. Il forme, avec le cuivre, un alliage appelé *bronze d'aluminium*, qui est d'une belle couleur jaune, susceptible d'un beau poli, d'une ténacité supérieure à celle du fer et capable d'être martelé facilement à chaud. Il est peu altérable à l'air. On fait aujourd'hui, avec le bronze d'aluminium, des couverts, des montres, des chaînes de montres et un grand nombre d'objets d'art. Cet alliage a été découvert par M. Debray.

Quant à l'aluminium, il est employé pour tous les usages où l'on a besoin d'une grande légèreté unie à une grande ténacité. On s'en sert pour la fabrication des longues-vues, des lorgnettes de spectacle, etc.

371. **Alumine.** — L'aluminium forme, avec l'oxygène, un sesquioxyde appelé alumine, dont la formule est Al^2O^3.

L'alumine pure est blanche; elle constitue une poudre légère, qui happe à la langue. Elle a une grande affinité pour les matières colorantes avec lesquelles elle forme des composés insolubles appelés *laques*. Pour montrer cette affinité, on peut faire bouillir une décoction de cochenille avec de l'alumine en gelée obtenue en précipitant par l'ammoniaque un sel soluble d'alumine, l'alun par exemple. Si l'on filtre ensuite la liqueur, qui était rouge de carmin avant l'ébullition, elle passe incolore et on recueille sur le filtre une laque rouge formée d'alumine et de carmine.

A l'état de pureté, l'alumine est assez rare dans la nature; cristallisée et incolore, elle constitue la pierre précieuse appelée *corindon*; colorée par des oxydes métalliques, elle constitue le *rubis*, qui est rouge de feu, la *topaze orientale*, qui est jaune, le *saphir oriental*, qui est bleu, l'*améthyste orientale*, qui est pourpre ou violette.

L'*émeri* n'est autre que du corindon pulvérisé.

ALUNS.

372. On appelle *alun*, dans le commerce, soit le sulfate double d'alumine et de potasse, soit le sulfate double d'alumine et d'ammoniaque.

L'alun de potasse ($KOSO^3 + Al^2O^3,3SO^3, + 24HO$) est un sel blanc qui cristallise, avec vingt-quatre équivalents d'eau, en octaèdres réguliers ou en cubes transparents. Il a une saveur astringente; à froid, il est peu soluble; à chaud, il l'est plus. Sous l'influence de la chaleur, il fond d'abord dans son eau de cristallisation et donne, par le refroidissement, une masse vitreuse appelée *alun de roche*; chauffé plus fortement, il perd toute son eau, se boursoufle et forme, au-dessus du creuset où se fait la fusion, une espèce de champignon. Il se présente alors sous la forme d'une matière pulvérulente anhydre, appelée *alun calciné*, que les médecins emploient comme caustique. Une plus haute température le décompose et laisse pour résidu un mélange d'alumine et de sulfate de potasse.

L'alun d'ammoniaque cristallise en octaèdres avec vingt-quatre équivalents d'eau ($AzH^3,HO,SO^3 + Al^2O^3,3SO^3 + 24HO$). Il est blanc et a tout à fait l'aspect de l'alun de potasse. Trituré avec de la chaux et un peu d'eau dans un mortier, il laisse dégager une odeur ammoniacale qui permet de le distinguer facilement de l'alun de potasse. Soumis à la calcination, il se décompose et laisse un résidu d'alumine. L'alun ammoniacal est maintenant le plus employé dans l'industrie.

373. Les teinturiers, qui fon un emploi très-fréquent de l'alun, ont longtemps préféré aux aluns précédents une sorte d'alun dite *alun de Rome*, que l'on reconnaît à sa couleur rosée et qu'on retire, par calcination, d'un minéral appelé *alunite*. Sa supériorité tient à ce qu'il contient trois fois plus d'alumine que les aluns ordinaires. On peut communiquer à l'alun ordinaire toutes les propriétés de l'alun de Rome, en faisant bouillir sa dissolution avec trois centièmes de carbonate de soude. La soude s'empare d'une partie de l'acide sulfurique du sulfate d'alumine et le transforme en un sulfate plus riche en alumine. L'alun de Rome n'a plus la vogue qu'il a eue autrefois; car on s'est aperçu que la couleur rosée qui le caractérisait était souvent communiquée artificiellement à l'alun ordinaire, en le faisant rouler dans une poussière formée de rouge d'Angleterre et d'alun.

Les teinturiers doivent surtout rechercher les aluns qui ne contiennent pas de fer [1].

374. **Usages.** — La principale application de l'alun est celle qu'en font les teinturiers et les imprimeurs sur tissus. Il leur sert de *mordant*, c'est-à-dire de substance capable de créer entre le tissu et la matière colorante une affinité plus grande et de former avec cette dernière un composé *insoluble* coloré qui se fixe sur l'étoffe.

L'alun est aussi employé pour la conservation des gélatines, pour la préparation des peaux, pour l'encollage de la pâte à papier, pour l'épuration des suifs, etc.

375. **Préparation.** — On prépare l'alun par deux méthodes différentes :

1° On abandonne au contact de l'air, ou l'on grille à l'air des schistes alumineux que la nature offre mélangés à des pyrites de fer ou sulfures de fer. Le soufre des pyrites s'oxyde et forme de l'acide sulfurique qui se combinant, d'une part, à l'alumine des schistes, et, de l'autre, au fer des pyrites, produit du sulfate d'alumine et du sulfate de fer. On dissout ces deux sels par des

[1] Pour reconnaître la présence du fer dans un alun, on verse de l'acide tartrique dans sa dissolution, on sature par l'ammoniaque, et on ajoute du sulfhydrate d'ammoniaque : si le fer est en quantité un peu notable, il se forme un précipité noir de sulfure de fer.

lessivages à l'eau. On évapore les lessives et on les fait cristalliser. Le sulfate de fer ou couperose verte cristallise d'abord ; on le sépare du liquide dans lequel on verse du sulfate de potasse qui forme de l'alun avec le sulfate d'alumine encore dissous. L'alun se dépose en raison de son peu de solubilité à froid. On le purifie par des lavages à l'eau froide et par une cristallisation à l'eau bouillante. C'est ainsi que se fabriquent les aluns de Picardie, de Liége, d'Allemagne et d'Angleterre.

2° L'alun de Paris se prépare en traitant par l'acide sulfurique des argiles très-pures. A 70° environ il se forme du sulfate d'alumine. On verse dans les liqueurs concentrées du sulfate de potasse, et l'alun se précipite. C'est ce qu'on appelle le *brevetage*.

La préparation de l'alun ammoniacal ne diffère de celle de l'alun de potasse qu'en ce qu'au lieu de verser du sulfate de potasse dans le sulfate d'alumine, on y verse du sulfate d'ammoniaque que les usines à gaz d'éclairage fournissent maintenant en quantité considérable.

CHAPITRE III

ARGILES. — POTERIES. — FAIENCE. — PORCELAINE. VERRES. — CRISTAL.

376. **Argiles.** — L'argile pure est un silicate d'alumine. C'est une matière blanche, douce au toucher et difficilement fusible. L'argile est douée de plasticité, c'est-à-dire qu'elle peut former, avec l'eau, une pâte liante, facile à pétrir et à façonner. Lorsqu'on la soumet à l'action de la chaleur, elle subit un retrait accompagné de fendillements dans la masse. Lorsqu'elle a été calcinée, elle absorbe l'eau avec rapidité. Posée sur la langue, elle absorbe la salive qui la mouille ; on dit alors qu'elle *happe* à la langue.

L'argile la plus pure est le *kaolin*, ou *terre à porcelaine*, que l'on trouve dans les environs de Limoges et en Saxe.

La plupart des argiles n'ont pas la pureté du kaolin. En outre du silicate d'alumine, elles contiennent de l'oxyde de fer et de la chaux, qui leur donnent une fusibilité que n'a pas l'argile pure.

377. On distingue :

1° Les *argiles plastiques*, qui sont onctueuses au toucher et forment, avec l'eau, une pâte très-liante et longue qui, sans fondre, acquiert une grande densité par la chaleur. Telles sont les argiles de Nanterre, de Forges-les-Eaux et de Gournay. Elles servent à la fabrication des poteries, des briques réfractaires, des creusets, etc.

2° Les argiles *smectiques*, qui, bien qu'onctueuses, ne forment avec l'eau qu'une pâte ductile et fusible à la température des fours à porcelaine. On les emploie pour le dégraissage et le foulage des draps. On les connaît sous le nom de *terres à foulon*. Les plus renommées sont celle d'Issoudun, de Villeneuve (Isère) et Ritteneau, en Alsace.

3° Les argiles *figulines*, qui sont facilement fusibles et sont douées d'un peu de plasticité. On les emploie dans la fabrication des poteries grossières, à pâte poreuse et rougeâtre, dans celle des vases dits de *terre cuite*. Vanves, Arcueil et Vaugirard en fournissent de grandes quantités.

4° Les *marnes* sont des mélanges d'argile et de craie employés en agriculture pour l'amendement des terres.

POTERIES.

378. L'argile est éminemment propre à la fabrication des poteries tant au point de vue de sa plasticité qu'à celui de la dureté qu'elle acquiert par la cuisson. Aussi forme-t-elle la base de toutes les poteries : mais elle n'est jamais employée seule à cause du retrait qu'elle subit à la cuisson, retrait qui déterminerait la rupture des objets ou tout au moins des gerçures. On la mélange alors avec des substances dites *dégraissantes* (telles que le quartz, le sable, le silex, les feldspaths, la craie, le sulfate de chaux, etc.), qui diminuent le retrait de la matière, mais qui, en même temps, lui enlèvent de la plasticité et la rendent plus poreuse et plus difficile à travailler.

Les poteries sont, en général, recouvertes d'un enduit fusible appelé *couverte*. C'est une espèce de vernis qui est destiné soit à les rendre imperméables aux liquides, soit à leur donner une surface polie d'un aspect plus agréable. Les couvertes sont composées de matières fusibles et vitrifiables. Elles sont incolores et transparentes pour les poteries fines, opaques et généralement colorées pour les poteries ordinaires.

379. Nous diviserons les poteries en deux groupes.

1° Les *poteries demi-vitrifiées*, dont la pâte a subi, pendant la cuisson, un commencement de fusion, qui les a rendues presque toujours imperméables aux liquides [1]; mais, comme la surface est rugueuse, on les recouvre d'un vernis. Ce groupe comprend les porcelaines et les grès.

2° Les *poteries à pâte poreuse*, telles que les faïences, les poteries communes et les terres cuites.

Nous allons étudier sommairement la fabrication des différentes poteries, en commençant par la porcelaine.

POTERIES DEMI-VITRIFIÉES. — PORCELAINE.

380. Les matières premières employées à la fabrication de la porcelaine sont : le kaolin, qui constitue l'élément plastique, un sable quartzeux, qui joue le rôle de substance dégraissante, et du feldspath, qui fait éprouver à la porcelaine un commencement de fusion et la rend translucide.

381. **Préparation des pâtes.** — Ces matières sont d'abord broyées et finement pulvérisées ; comme quelques-unes ont une grande dureté, le feldspath et le quartz, par exemple, on les chauffe au rouge, avant de les soumettre aux appareils broyeurs, pour faire naître chez elles un grand nombre de fissures qui les rendent plus fragmentables. L'élévation de température qu'on leur fait subir a, du reste, l'avantage de déterminer l'apparition de différentes colorations, qui rendent facile l'élimination des parties ferrugineuses dont la présence nuirait à la blancheur de la porcelaine.

Lorsque le broyage est suffisant, les matières sont lavées pour séparer les graviers grossiers. Puis on mêle, à l'état humide, du

[1] Il arrive quelquefois que la porcelaine et les grès non vernissés laissent suinter l'eau.

kaolin, du quartz et du feldspath lavés. Le mélange doit être rendu aussi intime que possible par le malaxage. Les pâtes sont ensuite amenées à un degré de consistance convenable par une dessiccation que l'on obtient soit en comprimant la bouillie liquide dans des sacs de toile serrée, soit en la chauffant, soit encore en l'abandonnant dans des caisses de plâtre dont les parois poreuses absorbent l'eau et facilitent son évaporation.

Lorsque les pâtes sont arrivées au degré de consistance voulue pour être travaillées, elles doivent encore être pétries et battues, pour acquérir l'homogénéité nécessaire. Ainsi préparées, elles pourraient servir à la fabrication de la porcelaine, mais on a reconnu qu'on améliorait leur qualité en les abandonnant pendant plusieurs années au contact de l'air. Elles subissent alors ce qu'on appelle la *pourriture*, phénomène assez complexe, dans lequel la matière organique que contient l'eau ou la pâte se détruit par une combustion spontanée et modifie d'une manière utile la composition chimique de quelques-unes des substances employées.

Les pâtes ainsi préparées doivent être façonnées ; on emploie pour cela trois procédés différents :

1° Le travail sur le tour; 2° le moulage ; 3° le coulage.

382. 1° **Travail sur le tour.** — Le tour du potier consiste en un axe vertical, sur la partie inférieure duquel est planté un grand disque horizontal en bois que l'ouvrier peut faire tourner avec le pied (fig. 166). Un second disque plus petit que le premier est fixé à la partie supérieure de l'axe et reçoit la pâte qui doit être façonnée. L'ouvrier est assis sur un banc ; il place au centre du disque supérieur la quantité de pâte nécessaire, met le tour en mouvement et façonne la pièce en lui donnant approximativement, avec la main, la forme et la dimension qu'elle doit avoir. Cette première opération s'appelle l'*ébauchage* ; elle est exécutée par l'ouvrier représenté en A sur la figure. L'objet ébauché est abandonné pendant quelque temps à une dessiccation spontanée, qui lui fait acquérir plus de consistance. Puis on lui donne sa dernière forme et ses dimensions en l'entamant, pendant que le tour est en mouvement, avec un outil tranchant. C'est là un travail analogue à celui du tourneur sur bois ; il est appelé *tournassage* ; l'ouvrier placé en B sur la figure est occupé à terminer un vase par le tournassage.

383. 2° **Moulage.** — Le moulage des pièces de porcelaine peut s'exécuter de plusieurs manières dans des moules en plâtre ou en terre cuite. Ils sont souvent composés de plusieurs pièces que l'on peut séparer pour sortir l'objet fabriqué.

384. Dans le *moulage à la balle*, on fait pénétrer avec le pouce

Fig. 166. — Fabrication de la porcelaine (Tournassage).

dans toutes les cavités, aussi également que possible, de petites balles de pâte que l'on juxtapose et que l'on comprime pour les souder ensemble.

385. Le moulage sur le tour dit à la *housse* consiste à ébaucher grossièrement la pièce à la manière ordinaire, puis à la placer toute fraîche encore dans un moule généralement creux que le tour met en mouvement; pendant la rotation, on comprime la pâte contre le moule soit à la main, soit avec une éponge humide, de manière à lui en faire prendre exactement la forme.

386. Le moulage à la *croûte* s'exécute en appliquant la pâte, contre le moule, sous forme d'une feuille plus ou moins épaisse, et en l'y comprimant avec une éponge de manière à lui faire épouser toutes les cavités et saillies de ce moule. La figure 167

Fig. 167. — Fabrication de la porcelaine (Moulage à la croûte).

représente ce travail. L'ouvrier A prépare les feuilles, l'ouvrier B les applique sur le moule, l'ouvrier C les travaille à l'éponge. En D on voit l'application des anses et le garnissage.

387. Pour la fabrication des assiettes et des plats, voici comment on opère. Après avoir comprimé à l'éponge une plaque de pâte sur un moule en plâtre présentant en relief la forme de l'intérieur de l'assiette, l'ouvrier place le moule sur le tour et, pendant la rotation, il applique contre lui un outil dont le tranchant représente le demi-profil AB de la face extérieure de l'assiette (fig. 168). Cet outil enlève l'excédant de pâte et donne à

l'assiette la forme voulue. Cette opération s'appelle *moulage par calibrage*.

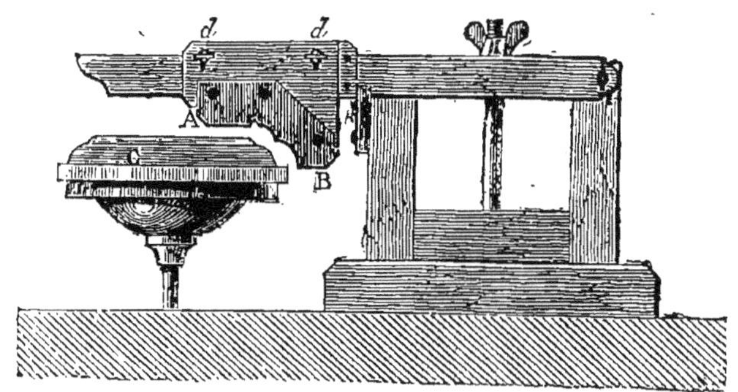

Fig. 168. — Fabrication des assiettes.

Fig. 169. — Fabrication de la porcelaine (Coulage).

388. 3° **Coulage.** — Le coulage s'exécute en versant dans un moule en plâtre une bouillie liquide de pâte de porcelaine (cette

bouillie s'appelle *barbotine*). Le moule absorbe l'eau de la barbotine, et la pâte se solidifie sur ses parois en couches plus ou moins épaisses, suivant que le contact a duré plus ou moins longtemps. On renverse le moule pour faire couler l'excès de barbotine et on retire l'objet. Cette méthode s'applique à la confection

Fig. 170. — Fabrication de la porcelaine (Émaillage).

de grands vases et d'objets très-minces, tels que les tasses à café, etc. La figure 169 représente en A et B le coulage d'une tasse, en C celui d'une jatte, en D, E, F, le démoulage d'un vase de $1^{m},80$ de hauteur.

389. **Cuisson de la porcelaine.** — Les objets fabriqués par les divers procédés que nous venons de décrire doivent ensuite être cuits pour acquérir de la dureté. On les soumet d'abord à une première cuisson qui les dessèche complétement et leur fait prendre de la consistance. Il faut alors les recouvrir de la *couverte* ou glaçure destinée à corriger la porosité des pâtes. Pour cela on les trempe (fig. 170) dans une bouillie claire de

pegmatite (mélange de quartz et de feldspath). Le liquide est rapidement absorbé et laisse à la surface une couche mince de

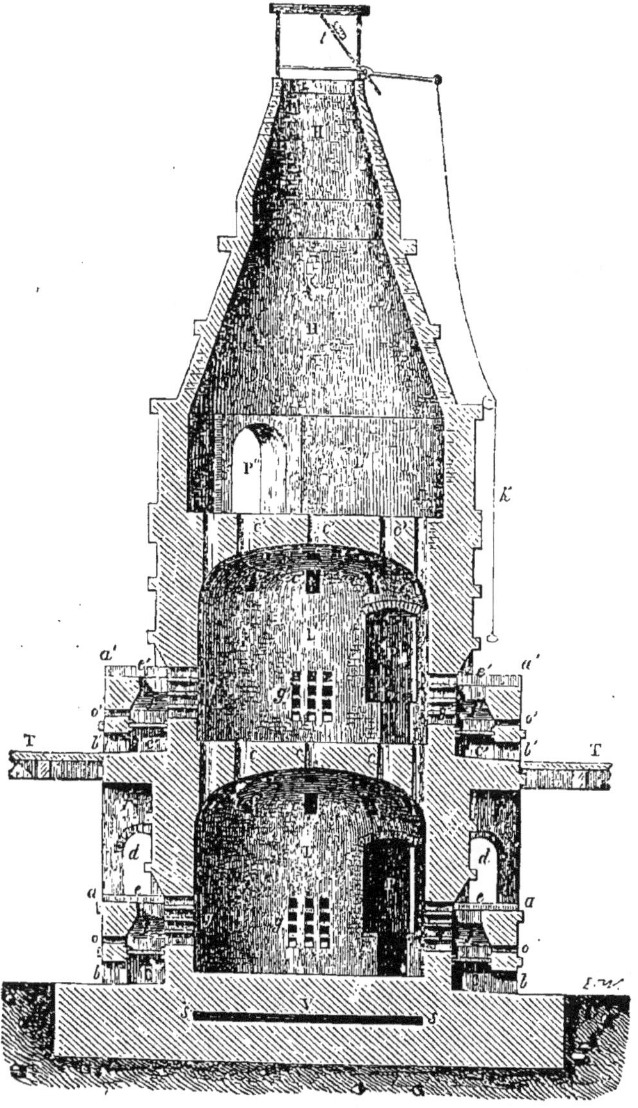

Fig. 171. — Four à porcelaine.

substance facilement fusible qui, pendant la cuisson, se fondra et formera une espèce de vernis à la surface de l'objet. En B

et l'on voit des femmes occupées à remettre, avec un pinceau, de la couverte sur les parties qui n'ont pas pris assez, ou à gratter les parties qui en ont pris trop.

Les pièces ainsi préparées sont placées dans des cylindres en argile réfractaire appelés *cazettes*. On les empile les unes au-dessus des autres dans les fours que représente la figure 171. Les cazettes sont destinées à protéger les objets contre la fumée et les cendres et à les empêcher de se souder ensemble. La porcelaine ne se colle point contre la cazette pendant la cuisson et la fusion de la couverte, parce qu'elle repose sur elle par une partie non vernissée. C'est cette partie que l'on voit rugueuse à la face inférieure des assiettes, des tasses, etc.

Le four que représente la figure est à plusieurs étages. Le dégourdi se fait à l'étage supérieur et la cuisson dans les autres.

390. **Décoration de la porcelaine.** — On décore souvent la porcelaine en recouvrant sa surface de couleurs mêlées à des matières vitreuses fusibles. Ces matières colorantes sont, en général, des oxydes métalliques. Ces oxydes doivent satisfaire à cette condition essentielle de donner aux pâtes, à la température de leur cuisson, la couleur que l'on veut obtenir.

Tantôt les matières colorantes sont mélangées au corps de la pâte, tantôt elles sont appliquées sur la pâte, mais recouvertes par la glaçure; tantôt elles sont répandues dans la glaçure; enfin, et c'est le cas le plus fréquent, elles sont appliquées au pinceau à la surface de la glaçure.

La cuisson des porcelaines peintes est une opération des plus délicates; elle se fait au bois ou à la houille, dans des fourneaux dits fourneaux à moufles. (Le moufle est une cavité en fonte ou en terre cuite chauffée par le combustible qui l'entoure.) (Fig. 172.)

L'ouvrier est guidé dans la conduite du feu par l'examen de *montres* ou petits morceaux de porcelaines sur lesquels on a appliqué une des couleurs les plus susceptibles qui se trouvent sur les vases, et qu'il place dans le four à côté des pièces à cuire. Il retire ces montres de temps en temps et dirige le feu d'après les résultats qu'elles offrent à son observation.

Les couleurs dites *de grand feu* peuvent supporter la température du four à porcelaine.

Les autres sont appelées couleurs de *moufles*.

GRÈS CÉRAMES.

391. La pâte de ces grès ne diffère de celle qui est employée pour la porcelaine que parce qu'elle est colorée par du fer et travaillée avec moins de soin.

On cuit le grès à une haute température et on le vernit en projetant dans le four lorsqu'il est bien chaud, quelques poi-

Fig. 172. — Décoration des porcelaines.

gnées de sel marin humide. Ce dernier se volatilise, et ses vapeurs, décomposées par l'argile sous l'influence de l'eau, donnent lieu à la formation d'un silicate double d'alumine et de soude très-fusible qui se fond à la surface du grès et le vernit.

Les grès cérames diffèrent de la porcelaine en ce qu'ils ne sont pas translucides, mais ils sont comme elle demi-vitrifiés, durs et presque imperméables.

POTERIES A PATE POREUSE.

392. **Faïences.** — On emploie pour la fabrication des faïences une pâte composée d'argile et de quartz. Quand l'argile contient un peu de chaux, la pâte constitue ce que l'on appelle la *terre de pipe*. Lorsque les argiles ne renferment pas d'oxydes métalliques colorants, tels que les oxydes de fer et de manganèse, la pâte est blanche après la cuisson; alors la couverte qu'elle reçoit est transparente et plombifère. Quand, au contraire, les argiles sont colorées, la couverte est rendue opaque par de l'oxyde d'étain.

Le faïence se façonne comme la porcelaine et se cuit en deux fois : la première cuisson, faite à une haute température, sert à donner de la dureté; la seconde, faite à une température plus basse, sert à la fusion de la couverte.

La faïence va moins bien au feu que la porcelaine; la couverte se fendille par suite du lavage à l'eau chaude.

393. **Poteries communes.** — Les poteries communes, employées à la cuisson des aliments, sont faites avec des argiles ferrugineuses auxquelles on ajoute une certaine quantité de chaux à l'état de marne et du sable quartzeux. Leur couverte est formée par un silicate double d'alumine et d'oxyde de plomb. Il faut éviter de laisser séjourner, dans les poteries, du vinaigre et des corps gras qui dissoudraient peu à peu le vernis plombifère et produiraient un sel vénéneux.

394. **Terres cuites.** — On comprend sous le nom de *terres cuites* les briques, les tuiles, les pots à fleur, etc.... Ces objets sont fabriqués avec des argiles figulines dégraissées avec du sable.

Les briques ordinaires sont faites dans des moules et cuites à des températures très-différentes. Dans quelques pays du Midi, on se contente de les sécher au soleil. Quand on les cuit au feu, on le fait quelquefois dans des fours, mais souvent on les dispose sous forme de tas facilement perméables à la flamme, et dans lesquels on ménage des espaces où l'on brûle le combustible.

Les tuiles et les carreaux de terre cuite sont fabriqués par des procédés analogues.

Les briques réfractaires sont faites avec des argiles exemptes de fer et de marne auxquelles on ajoute du sable blanc.

Les pots à fleur sont tournés.

VERRES.

395. On donne le nom de *verres* à des corps transparents doués d'un éclat caractéristique appelé *éclat vitreux*. Ils sont durs et cassants, se ramollissent sous l'action de la chaleur, et passent par tous les degrés de viscosité. Cette propriété permet de les étirer en fils et de les travailler comme de la cire ou de l'argile. Si l'on abandonne le verre pendant un temps plus ou moins long à une forte chaleur, il perd sa transparence, devient très-dur, moins fusible et moins cassant ; en un mot, il perd toutes ses propriétés caractéristiques et se *dévitrifie* sans changer de composition ; il porte alors le nom de porcelaine de Réaumur.

Chauffé jusqu'à fusion et refroidi brusquement, le verre devient très-cassant; il subit alors une espèce de trempe ; telles sont les *larmes bataviques*, que l'on fabrique en laissant tomber dans l'eau froide des gouttes de verre fondu ; elles se solidifient brusquement et prennent la forme d'une larme à queue effilée ; lorsqu'on casse l'extrémité de la queue, elles se réduisent en poussière et produisent une petite détonation. Cela tient à ce que les molécules superficielles, ayant été subitement refroidies, ont formé une espèce de croûte solide qui a empêché le retrait qu'éprouve le verre lorsqu'il se refroidit lentement ; les molécules intérieures sont restées à une distance anormale ; dès qu'on vient à supprimer la résistance opposée par la croûte extérieure, l'équilibre est détruit et la masse se réduit en poussière. Il en est de même des flacons de Bologne, ou fioles philosophiques, qui sont des flacons fort épais que l'on a refroidis brusquement. Ils volent en éclats lorsqu'on laisse tomber dans leur intérieur un corps susceptible de les rayer. C'est pour éviter les inconvénients de la trempe qu'on recuit le verre.

L'oxygène et l'air sec n'ont pas d'action sur le verre; l'air humide agit à la longue sur lui ; c'est là la cause de l'altération que l'on constate sur les vitraux des vieux bâtiments.

L'eau agit aussi à la longue sur le verre et lui enlève de l'alcali.

Les alcalis et les acides ne l'attaquent que lentement.

L'acide fluorhydrique l'attaque rapidement, et c'est sur cette propriété que repose la gravure sur verre.

Voici comment on opère dans les cristalleries de Baccarat et de Saint-Louis.

396. *Gravure sur verre.* — On imprime à l'encre grasse un dessin sur une feuille de papier mince, et on applique cette feuille mouillée sur le verre à graver; l'encre adhère au verre et on détache facilement la feuille de papier; la pièce est alors plongée pendant quelques heures dans un bain d'acide fluorhydrique qui n'attaque que les parties du verre non couvertes d'encre et leur fait perdre leur transparence. On enlève ensuite l'encre, soit avec des essences ou des lessives alcalines, soit mécaniquement.

397. Nous distinguerons trois espèces principales de verres, au point de vue de leur composition :

1° Les verres incolores ordinaires, qui sont des silicates doubles de chaux et de potasse ou de soude (verres à vitres, verres pour glaces, verres de Bohême, verres à gobleterie) ;

2° Les verres colorés communs ou verres à bouteilles ; ce sont des silicates multiples de chaux, d'oxyde de fer, d'alumine, de potasse ou de soude;

3° Le cristal, qui est un silicate double de potasse et d'oxyde de plomb.

FABRICATION DU VERRE.

VERRES INCOLORES.

398. Les verres incolores ordinaires, que l'on emploie pour les vitres, les glaces coulées, la gobeleterie, sont des silicates doubles de chaux et de potasse ou de soude. Aussi les matières premières employées pour la fabrication sont-elles de la silice, qui doi être aussi incolore que possible, de la potasse ou de la soude et de la chaux.

La potasse est beaucoup moins employée maintenant que la soude : elle est prise à l'état de potasse perlasse ; pour le verre de Bohême on se sert de la potasse provenant de la cendre du bois du pays ou de la Hongrie. La soude est employée, soit à l'état de carbonate de soude, soit à l'état de sulfate de soude; la chaux l'est à l'état de chaux éteinte ou de carbonate calcaire.

399. Les matières premières (sable, carbonates de potasse ou de soude, ou sulfate de soude, chaux ou carbonate calcaire) sont mélangées et fondues dans de grands creusets en argile réfractaire qui sont chauffés dans des *fours de fusion*. Chaque creuset se trouve en communication avec une ouverture appelée *ouvreau* qui est ménagée dans la paroi du four.

Pendant la fusion, la silice du sable décompose les carbonates de potasse ou de soude, produit des silicates de potasse ou de soude qui s'unissent au silicate de chaux formé par l'action de la silice sur la chaux ou sur le carbonate calcaire. L'acide carbonique qui se dégage sert à brasser la matière et à la rendre plus homogène. Quand on a employé le sulfate de soude, il se dégage de l'acide sulfureux qui produit le même effet. A mesure que l'action de la chaleur se prolonge, la matière devient moins bulbeuse, s'éclaircit, s'affine et prend une grande fluidité. Le *fiel de verre*, qui est un mélange de sulfates et de chlorures alcalins contenus dans les produits employés, monte à la surface de la masse fondue et on l'enlève avec des outils en fer. Quand l'affinage est suffisant, ce qui a lieu au bout d'un temps variant entre douze et vingt-quatre heures, on laisse la température s'abaisser de manière à donner au verre la consistance pâteuse qui permet de le travailler ; puis on commence le travail que nous allons décrire pour les principales espèces de verre.

FABRICATION DES VERRES A VITRES.

400. Les matières premières employées pour le verre à vitres sont ordinairement :

Sable	100	parties.
Sulfate de soude	30	—
Carbonate de chaux	30	—
Coke destiné à aider la réduction du sulfate de soude...	5	—
Bioxyde de manganèse destiné à corriger la teinte verdâtre des verres à base de soude	5	—

401. Lorsque le verre provenant de la fusion de ces matières est fondu et affiné, le travail commence. Devant chaque creuset

se trouve un plancher B (fig. 173) en fonte ou en pierre, situé à $2^m,5$ du sol. Chaque creuset est desservi par un soufflet et un aide appelé le *gamin.*

Le gamin retire une certaine quantité de verre du creuset en y plongeant un tube creux en fer appelé *canne* (fig. 174), et terminé par une partie renflée appelée le *nez.* Ce tube est entouré à sa partie supérieure d'un manchon en bois qui permet à l'ouvrier de le manier sans se brûler.

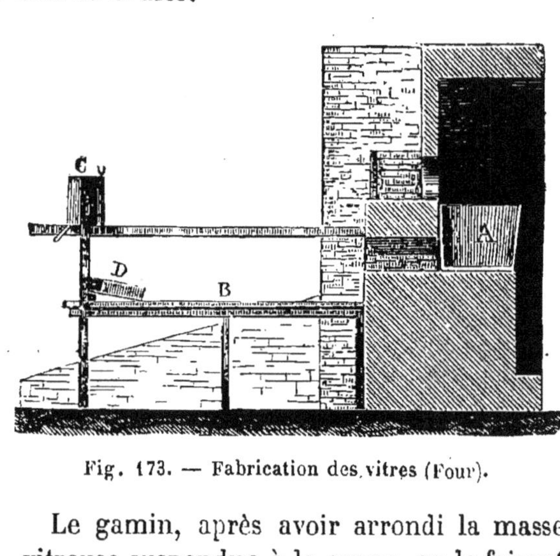

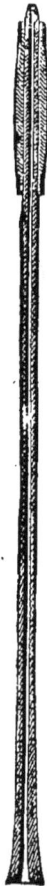

Fig. 173. — Fabrication des vitres (Four).

Le gamin, après avoir arrondi la masse vitreuse suspendue à la canne, en la faisant tourner dans un bloc creux de bois mouillé D (fig. 173), et l'avoir échauffée à l'ouvreau, la passe au souffleur. Celui-ci, en soufflant dans la canne, gonfle la masse vitreuse qui est suspendue à son extrémité et en forme une poire. Il relève ensuite rapidement la canne en l'air et souffle une boule qui s'affaisse par le poids du verre et ne s'étend que dans le sens horizontal. Puis, abaissant la canne en la balançant comme un battant de cloche et soufflant dedans, il donne successivement à la masse vitreuse les formes que représente la figure 175, et arrive à en faire un cylindre terminé par deux parties arrondies.

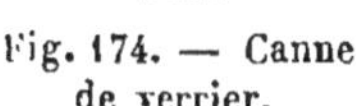

Fig. 174. — Canne de verrier.

Pour percer ce cylindre, l'ouvrier en place l'extrémité opposée à la canne dans l'ouvreau, afin de ramollir par la chaleur la partie arrondie ; en soufflant ensuite dans la canne, il produit une ouverture que l'on régularise avec des ciseaux. Après refroidissement, on pose le cylindre sur un chevalet en bois, et on

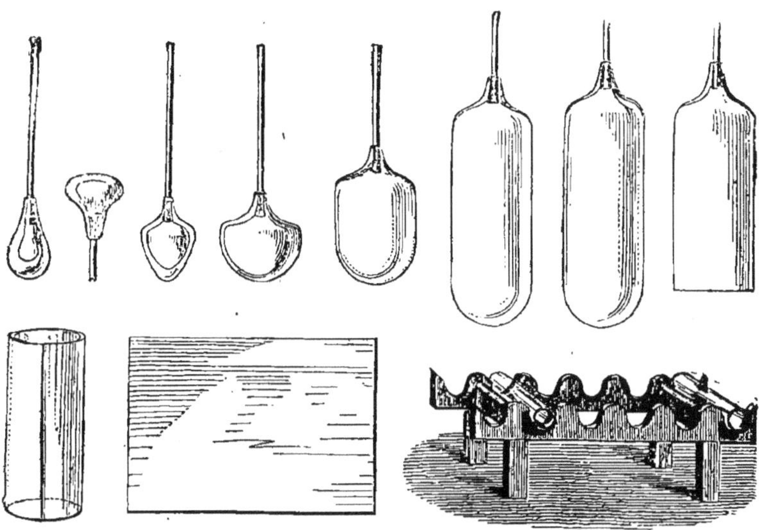

Fig. 175. — Fabrication des vitres.

détache la seconde partie arrondie en enroulant, suivant la circonférence, un fil de verre chaud qui détermine une rupture nette. On le fend ensuite dans sa longueur en promenant dans son intérieur, le long d'une même arête, une tige de fer rougie au feu ; un des points chauffés étant mouillé avec le doigt, le verre éclate suivant la ligne parcourue par le fer chaud. Souvent aussi on fait ce trait au diamant.

Il s'agit maintenant de transformer ces manchons fendus en une feuille plane de verre à vitres.

A cet effet, on les porte au fourneau d'*étendage* où ils subissent une température assez élevée pour les ramollir ; pendant le ramollissement, l'ouvrier les amène l'un après l'autre sur une plaque plane qui est située au milieu du four ; puis, avec une règle en bois, il affaisse les deux côtés qui cèdent au poids de la règle. Il prend ensuite une barre de fer terminée par une masse du même métal, dont l'un des côtés est très-poli ; il appuie ce côté sur le verre et le passe rapidement sur toute sa surface de manière à la rendre parfaitement plane. On pousse ensuite la feuille de verre dans un second compartiment du four, où la température est moins élevée et où elle se recuit.

402. Les verres à vitres cannelés se font de la même manière, avec cette différence qu'au commencement du travail, quand la masse vitreuse a la forme d'une poire, on la souffle dans un moule en fonte ou en bois qui imprime les cannelures : celles-ci se conservent pendant la suite des opérations.

403. Les verres à vitres de couleurs sont colorés par des oxydes métalliques. Ils sont de diverses sortes : les uns présentent une coloration dans toutes leurs parties, ce sont les verres *colorés dans la masse;* les autres sont formés d'une couche de verre coloré appliquée sur le verre incolore. On les désigne sous le nom de verres *plaqués, doublés* ou à *deux couches.*

FABRICATION DES GLACES.

404. Les glaces de Saint-Gobain sont actuellement composées de :

Silice...........	73 »
Chaux..........	15,5
Soude..........	11,5
	100 »

Ce sont donc des silicates doubles de soude et de chaux.

La chaux y est introduite à l'état de calcaire exempt d'oxyde de fer, la soude à l'état de sulfate de soude raffiné : le sable qui fournit la silice doit être blanc.

Actuellement les verres à glace sont généralement fabriqués par *coulage.*

Nous décrirons rapidement les principaux détails de l'opération.

Le verre est fondu dans des creusets placés dans le four A (fig. 177). Ces creusets portent sur leur pourtour extérieur, vers le milieu de la hauteur, une rainure creuse qui permet de les saisir fortement avec des tenailles F (fig. 177).

La coulée des glaces est une des opérations industrielles les plus curieuses qu'on puisse voir. Elle exige beaucoup d'ensemble et de promptitude.

Lorsque le verre est fondu, les ouvriers saisissent le creuset à la ceinture avec une grande tenaille montée sur roues, et, après l'avoir placé sur un petit chariot en fer, le traînent rapidement, au pas de course, au pied d'une grue D (fig. 176). La tenaille que

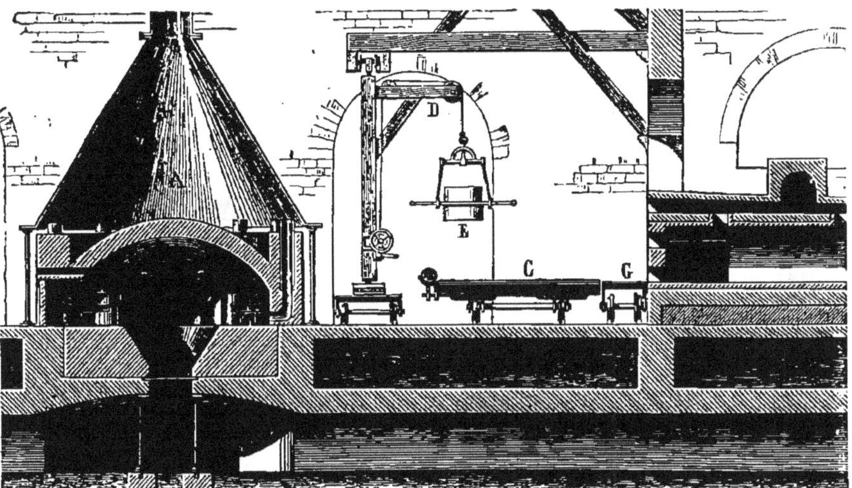

Fig. 176. — Fabrication des glaces.

nous avons décrite (fig. 177), suspendue à l'extrémité de la chaîne de la grue, saisit le creuset E et le maintient suspendu au-dessus de la table de coulée que l'on voit en C. Cette table est en fonte ; elle est portée sur des galets. Elle est chaude, très-propre et munie de tringles mobiles qui doivent donner à la glace son épaisseur et sa largeur ; sur ces tringles repose un rouleau en fonte servant à laminer le verre.

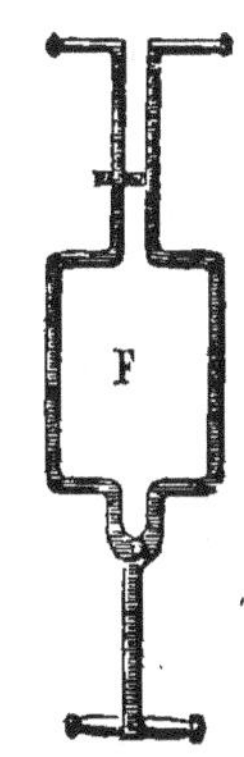

Fig. 177. — Fabrication des glaces.

Le creuset suspendu, à un mètre environ au-dessus de la table, reçoit un mouvement de bascule qui renverse le verre fondu. La masse vitreuse s'écoule sur la table et le rouleau est immédiatement mis en jeu : guidé par les tringles, il parcourt la table en étendant uniformément le verre : deux mains en cuivre le suivent dans son mouvement et empêchent les bavures de se former sur les côtés ; une glace présentant des bavures est une glace perdue, qui casse lorsqu'on la recuit.

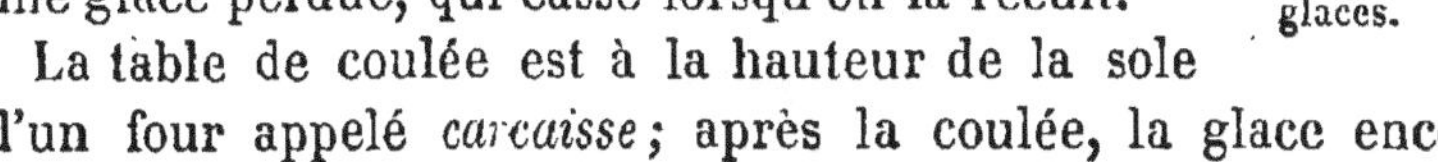

La table de coulée est à la hauteur de la sole d'un four appelé *carcaisse* ; après la coulée, la glace encore rouge et à peine rigide est poussée dans ce four au moyen d'une large pelle en équerre; elle y reste vingt-quatre à trente heures, pendant lesquelles elle se recuit.

VERRE DE BOHÊME.

405. Le verre de Bohême est remarquable par sa transparence, par son éclat et par sa dureté. C'est un silicate double de potasse et de chaux. Il rivalise avec le cristal de roche pour le mérite de sa fabrication et avec la gobeleterie commune pour son bon marché. Il contient une proportion considérable de silice, et par suite est difficilement fusible.

FABRICATION DU VERRE A BOUTEILLES.

406. Les matières premières employées à la fabrication du verre à bouteille sont de nature diverse suivant les localités. On emploie les sables du pays en donnant la préférence à ceux qui, étant calcaires, argileux et ferrugineux, fournissent un verre facilement fusible, et par suite de production économique.

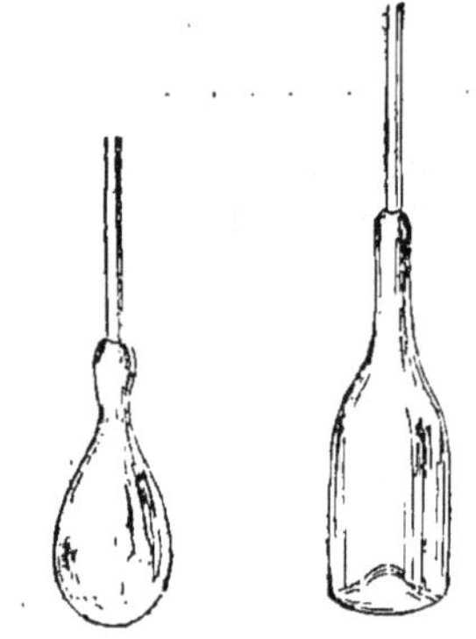

Fig. 178 et 179.— Fabrication des bouteilles.

Le verre des bouteilles est un mélange de silicates de chaux, de soude, d'alumine et de fer.

406. Lorsque le verre est au degré de fusion voulu, le *gamin* en cueille, avec la canne, à plusieurs reprises, jusqu'à ce qu'il ait ramassé la quantité nécessaire pour faire une bouteille. Il passe alors la canne au maître verrier, qui, après avoir façonné le goulot sur une plaque de fer, donne à la masse vitreuse la forme d'une poire (fig. 178) en soufflant dans la canne ; puis il l'introduit dans un moule, souffle de nouveau, et la bouteille prend la forme et les dimensions du moule (fig. 179).

Le fond de la bouteille est produit à l'aide d'un outil qui n'est autre qu'une petite lame rectangulaire de tôle; l'ouvrier renverse sa canne, pose son embouchure sur le sol, et appuie un angle de son outil au centre de la bouteille pendant qu'il fait tourner la canne. L'une des arêtes de l'outil façonne alors un cône dans le fond de la bouteille. Le collet se fabrique avec un

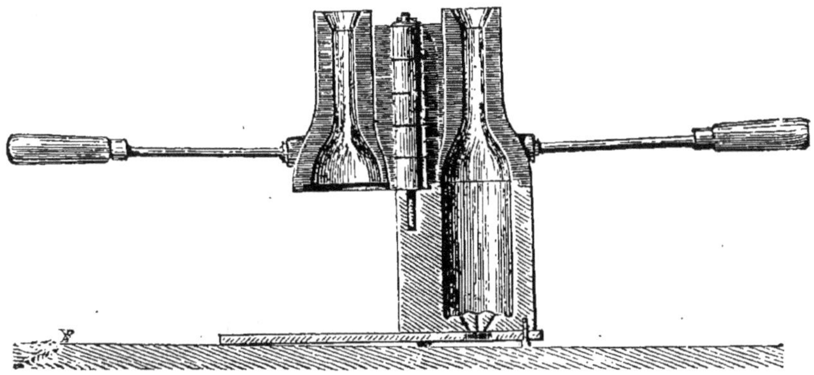

Fig. 180. — Fabrication des bouteilles.

peu de verre fondu que l'ouvrier enroule sur le col de la pièce. La bouteille, détachée de la canne, est ensuite portée au four à recuire.

Les bouteilles, qui doivent avoir rigoureusement une capacité déterminée, sont fabriquées dans un moule métallique qui fait aussi le fond. La figure 180 représente un moule destiné à faire des bouteilles bordelaises à fond presque plat d'une capacité de 70 centilitres.

CRISTAL.

407. Le cristal est une espèce de verre qui n'est employée que pour les objets de luxe. Il doit présenter une grande transparence, une homogénéité parfaite, et être complétement incolore. C'est un silicate double de potasse et d'oxyde de plomb.

Le dosage le plus ordinaire pour la gobeleterie de cristal est :

300 parties sable pur.
200 — de minium ou oxyde de plomb.
100 — de carbonate de potasse purifié.

Les fours à cristal étant ordinairement chauffés à la houille, on opère la fusion dans des creusets fermés comme ceux que représente la figure 181. S'ils n'étaient pas fermés, les gaz de la houille réduiraient peu à peu l'oxyde de plomb et noirciraient le cristal.

Le cristal se travaille par soufflage et par moulage.

Les objets façonnés sont, dans certains cas, taillés contre des meules verticales en pierre, en fer ou en bois, mues par le pied de l'ouvrier, ou bien par un moteur hydraulique ou à vapeur.

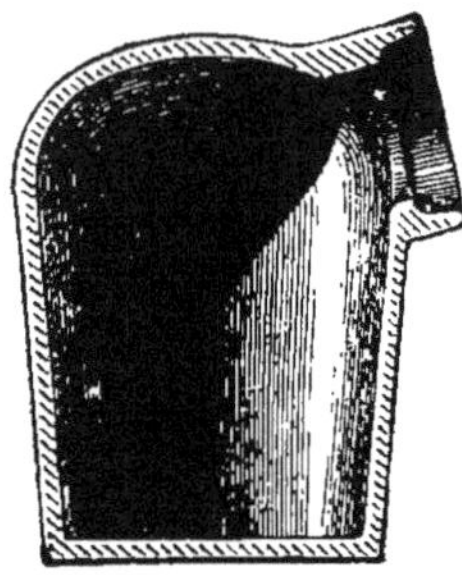

Fig. 181. — Creuset à cristal.

408. **Flint-glass.** — Le *flint-glass* est une espèce de cristal plus riche en oxyde de plomb que le cristal ordinaire ; il sert conjointement avec le crown-glass à la fabrication des verres d'optique (le crown-glass est un silicate double de potasse et de chaux un peu moins siliceux que le verre de Bohême). La fabrication des verres d'optique exige des précautions particulières; on est obligé

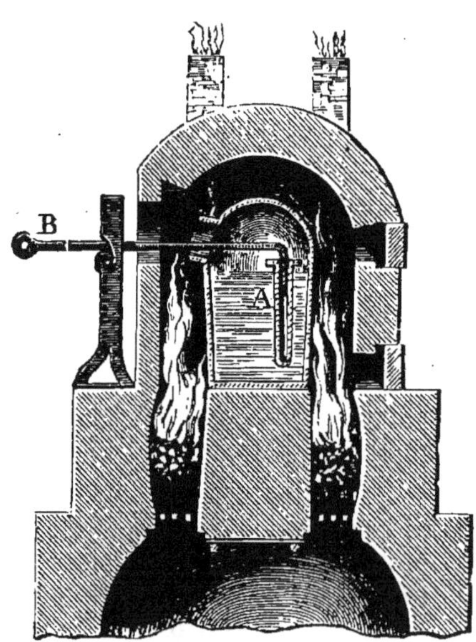

Fig. 182. — Four pour flint-glass.

de brasser la masse pour en extraire les moindres bulles gazeuses. On se sert à cet effet d'un cylindre en terre réfractaire A (fig. 182), emmanché à l'extrémité d'une tige en fer B.

409. **Émail.** — L'émail est du cristal rendu opaque par de l'oxyde d'étain ou du phosphate de chaux que l'on peut colorer par des oxydes métalliques.

410. **Strass.** — Le strass est un verre très-riche en plomb; il a beaucoup d'éclat et possède à un tel degré les feux du diamant qu'il est difficile de l'en distinguer. Coloré par des oxydes métalliques, il sert à imiter les pierres précieuses colorées, comme la topaze, l'émeraude, l'améthyste, le saphir, etc.

CHAPITRE IV

FER. — FONTES. — ACIERS. — COMPOSÉS DU FER.

411. Le fer est le plus important des métaux connus. On le trouve rarement à l'état natif, mais ses minerais sont excessivement nombreux. Les principaux sont : 1° le sesquioxyde anhydre, appelé *fer oligiste* quand il est cristallisé ; *ocre rouge* quand il est amorphe ; *hématite rouge* quand il est *fibreux* ; 2° le sesquioxyde hydraté, que l'on rencontre abondamment en Bourgogne, en Franche-Comté, dans le Berry et que l'on appelle *hématite brune*, *limonite*, *fer oolithique*; 3° l'*oxyde de fer magnétique*, qui donne d'excellents fers et qui forme des montagnes entières en Suède et en Norwége ; 4° le *carbonate de fer* ou *fer spathique*, qui se trouve à Saint-Étienne dans les Pyrénées et dans la plupart des mines d'Angleterre.

MÉTALLURGIE DU FER.

412. La métallurgie du fer consiste dans la réduction de l'oxyde de fer par le charbon. Cette réduction se fait facilement, mais le fer métallique réduit se trouve intimement mélangé avec la gangue argileuse du minerai et ses particules ne peuvent pas se réunir. Si la gangue était très-fusible, il suffirait de

chauffer le minerai de manière à le fondre; en battant ensuite cette éponge, les particules métalliques s'aggloméreraient, et le reste serait exprimé comme scorie. Mais la gangue du minerai de fer étant ordinairement de l'argile ou du quartz, substances presque infusibles, il faut la mettre en présence d'un oxyde avec lequel elle puisse former un silicate fusible.

Quand le minerai est très-riche, on sacrifie une partie de l'oxyde de fer pour la formation de ce silicate, et il se produit alors du silicate double d'alumine et de fer, fusible à une température assez peu élevée pour que le fer réduit reste à l'état métallique. On voit que dans cette méthode, appelée *méthode catalane*, il y a perte d'une certaine quantité de fer.

Quand le minerai n'est pas assez riche pour qu'on puisse en sacrifier une partie à la fusion de la gangue, on introduit dans le mélange de charbon et de minerai une certaine quantité de carbonate de chaux appelé *castine*, qui, en se décomposant, produit de la chaux. Cette chaux se combine avec la silice de la gangue et forme un silicate double d'alumine et de chaux; mais ce silicate étant moins fusible que le silicate d'alumine et de fer, il faut élever beaucoup plus la température, et alors le fer réduit, au lieu de rester métallique, se combine avec du charbon et passe à l'état de fonte. Cette méthode, appelée *méthode des hauts fourneaux*, doit donc être suivie d'une seconde opération ayant pour but d'enlever à la fonte son charbon et de la transformer en fer doux; c'est l'affinage de la fonte.

MÉTHODE CATALANE.

413. La méthode catalane n'est employée que dans des contrées riches en très-bons minerais et en forêts comme la Corse et les Pyrénées.

Une forge catalane se compose d'un creuset emprisonné dans un massif de maçonnerie et situé au-dessous de la tuyère A (fig. 183), qui insuffle de l'air. Au commencement de l'opération, on remplit ce creuset de charbon et on met au-dessus deux masses contiguës, mais distinctes, l'une de charbon près de la tuyère, l'autre de minerai. Sous le vent de la tuyère, le charbon se transforme en acide carbonique; ce gaz rencontre, en s'élevant, du charbon incandescent qui le transforme en oxyde de carbone; et ce dernier réduit lui-même l'oxyde de fer pour se transformer de nouveau en acide carbonique. Le silicate double d'alumine et de fer se fond et passe dans le creuset en entraînant avec lui le fer réduit. On sépare ce dernier de la scorie en battant le mélange sur une enclume avec un marteau pesant

Fig. 183. — Métallurgie du fer (Méthode catalane).

au moins 600 kilogr.; les coups font jaillir la scorie encore liquide; les particules métalliques se soudent l'une à l'autre; le fer est forgé. Il n'y a plus qu'à l'étirer en barres pour le livrer au commerce.

MÉTHODE DES HAUTS FOURNEAUX.

414. Un haut fourneau se compose de deux troncs de cône réunis par leur base. G (fig. 184) est le *gueulard*, ouverture par laquelle on jette le combustible et le minerai dans le fourneau. Il est surmonté par la cheminée H où sont pratiquées des portes; V est la *cuve*, E les *étalages*. L'espace prismatique O est l'*ouvrage*; en *t*, *t'* débouchent les tuyères. La partie c, placée au-

dessous de l'arrivée des tuyères, est appelée le *creuset*. L'une des parois de ce creuset est formée par une pierre prismatique *d* appelée la *dame*, qui se continue par un plan incliné.

On remplit d'abord le haut fourneau de combustible ; on y met

Fig. 184. — Métallurgie du fer (Haut-fourneau).

le feu et on fait jouer la machine soufflante qui envoie de l'air par les tuyères. Quand la chaleur est assez forte, on ajoute, par le gueulard, des charges alternatives de minerai, de fondant et de charbon. Comme l'addition du fondant a pour but de donner lieu à la formation d'un silicate de chaux fusible, ce fondant doit être du carbonate de chaux (*castine*) quand la gangue est siliceuse; c'est le cas le plus général. Si la gangue est calcaire, le fondant ajouté doit être siliceux : il s'appelle alors *erbue*.

Le charbon se transforme dans l'ouvrage en acide carbonique, s'élève dans le fourneau et rencontre de nouvelles masses de charbon qui le ramènent à l'état d'oxyde de carbone. Celui-ci arrive dans la cuve où il rencontre le minerai chauffé au rouge sombre; il le réduit et passe à l'état d'acide carbonique.

Suivons maintenant la marche descendante du minerai, du fondant et du combustible. Le minerai se dessèche dans la partie supérieure de la cuve; il est au rouge sombre quand il arrive à sa partie inférieure, où il est réduit par l'oxyde de carbone. Dans les étalages, le fer réduit se transforme en *fonte* pendant que le silicate double d'alumine et de chaux se forme : fonte et silicate se fondent en passant dans l'ouvrage et tombent dans le creuset; le silicate ou laitier reste au-dessus, finit par déborder la dame et s'écoule sur le plan incliné d'où on l'enlève à mesure qu'il se solidifie. Quand le creuset est plein de fonte, on débouche un trou de coulée situé à sa partie inférieure, et le liquide incandescent coule et se solidifie dans des canaux semi-cylindriques creusés dans le sol de l'usine; les morceaux de fonte solidifiés sont appelés *gueuses*.

FONTES.

415. Les fontes sont des combinaisons de charbon et de fer formées d'environ 95 p. 100 de fer, de 2 à 5 de charbon. Elles contiennent des proportions variables de silicium, et de faibles quantités de phosphore, de soufre et d'arsenic.

Il y a deux espèces de fonte : 1° la fonte *blanche*, qui a une couleur argentée, est dure, résiste à la lime et se casse facilement sous le choc du marteau ; 2° la fonte *grise*, dont la couleur varie du noir au gris clair; elle se laisse limer, couper, forer, et ne se casse pas facilement sous le choc du marteau. Elle contient plus de silicium que la précédente, et le charbon, au lieu d'y être tout entier combiné au fer comme dans la fonte blanche, ne lui est qu'en partie combiné ; le reste est disséminé dans la masse à l'état de graphite; c'est de là que vient la couleur grise.

416. La fonte est employée à la fabrication par moulage d'un grand nombre d'objets servant à l'industrie ou à l'économie domestique.

Les objets moulés en fonte se divisent en deux classes : 1° les objets moulés de première fusion, pour lesquels la fonte est coulée dans des moules au sortir du haut fourneau ; elle est puisée dans le creuset lui-même ; on ne peut avoir ainsi que de petites pièces ; 2° les objets moulés de seconde fusion, que l'on fabrique avec de la fonte qui a été refondue dans des fours ou *cubilots* semblables à ceux que représente la figure 185. La fonte et le

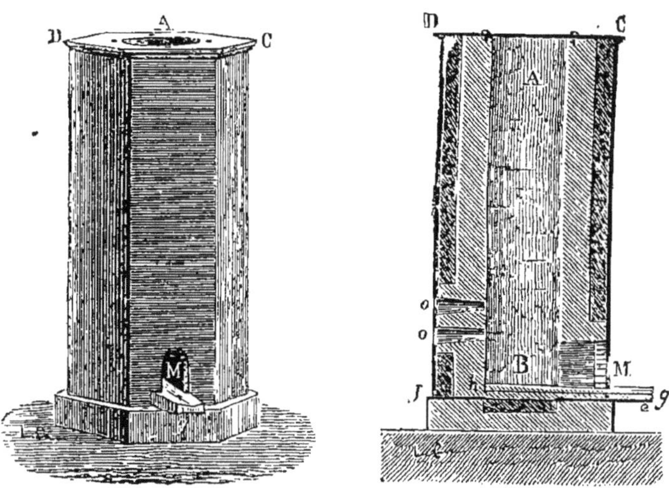

Fig. 185. — Cubilots pour la fusion de la fonte.

combustible sont chargés dans la cavité AB où arrive un courant d'air lancé par des tuyères qui débouchent en *o*, *o* ; en M se trouve le trou de coulée.

On peut fondre dans ces fours de grandes quantités de fonte à la fois et donner au produit de cette fusion les qualités que réclament les objets à mouler en y mélangeant des fontes de natures diverses.

Les moules sont faits en sable ou en argile ; les pièces qu'on veut durcir beaucoup sont moulées en coquille, c'est-à-dire dans des moules métalliques qui refroidissent beaucoup la fonte et trempent sa surface.

AFFINAGE DE LA FONTE.

417. Affiner la fonte, c'est la décarburer et la transformer en fer. Voici les principes sur lesquels repose cette transformation : on fond la fonte et on fait arriver sur elle un courant d'air actif; sous l'influence de l'air, le silicium qu'elle contient et un peu de fer s'oxydent pour former un silicate de fer très-basique. Le charbon de la fonte porte alors son action réductrice sur l'excès de base du silicate et se transforme lui-même en oxyde de carbone. A mesure que le charbon quitte la fonte pour réduire l'oxyde de fer, l'affinage s'effectue. Dans la pratique on emploie plusieurs procédés.

AFFINAGE DE LA FONTE PAR LE PROCÉDÉ COMTOIS.

418. L'affinage par le procédé comtois se fait dans des forges au charbon de bois. Le creuset A (fig. 186) reçoit le vent d'une

Fig. 186. — Affinage de la fonte par le procédé comtois.

tuyère alimentée par deux soufflets ; on l'emplit d'abord de charbon que l'on allume ; puis on avance dans le feu la *gueuse* C; elle fond, tombe en gouttelettes et passe sous le vent des tuyères où elle s'affine partiellement; c'est la première phase de l'opération. A mesure qu'elle perd son charbon, la fonte devient moins fusible; elle prend plus de consistance, et l'ouvrier peut la soulever avec un ringard et l'amener de nouveau sous le vent des tuyères ; l'affinage s'y achève, le métal fond et descend sur la sole. Les particules de fer bien affinées sont agglomérées par l'ouvrier en une boule ou *loupe*, c'est ce qu'on appelle *avaler la loupe;* on la sort du feu et on la porte, pour en extraire la scorie et agréger le fer, sous des appareils de cinglage ou marteaux énormes mus mécaniquement.

On se sert tantôt du marteau frontal, tantôt du marteau pilon. Le premier, que représente la figure 187, se compose d'un man-

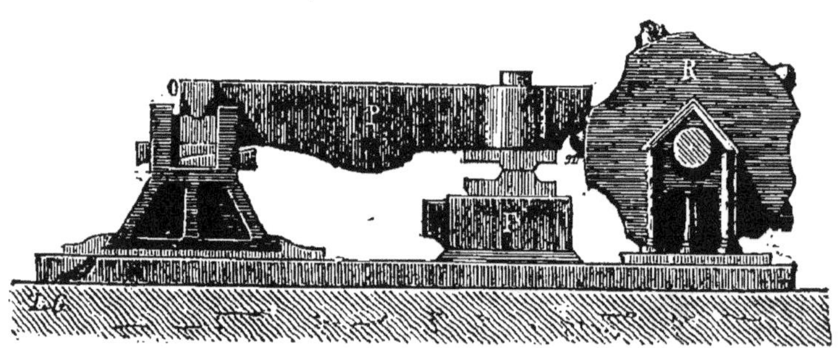

Fig. 187. — Marteau frontal.

che en fonte P capable de tourner autour d'un axe O solidement fixé. La pomme du marteau est en fer aciéreux; elle repose sur une enclume F où l'on place la loupe; le marteau est soulevé par les *cames* ou saillies d'une roue R mue mécaniquement, puis il retombe de tout son poids lorsque dans sa rotation la came l'abandonne.

Le marteau-pilon est représenté par la figure 188. La pièce principale est un *mouton* P, pouvant peser jusqu'à 8000 kilogrammes, et suspendu à la tige d'un piston qui se meut dans le corps de pompe C par l'action de la vapeur. On peut à volonté, en faisant varier la sortie de la vapeur, graduer l'intensité du choc. C'est un spectacle curieux que de voir cet outil puissant, tantôt frapper la loupe avec force de manière à faire jaillir au loin la scorie en incandescence, tantôt au contraire descendre avec une lenteur telle qu'il peut servir à enfoncer une épingle dans le bouchon d'une bouteille placée sur l'enclume.

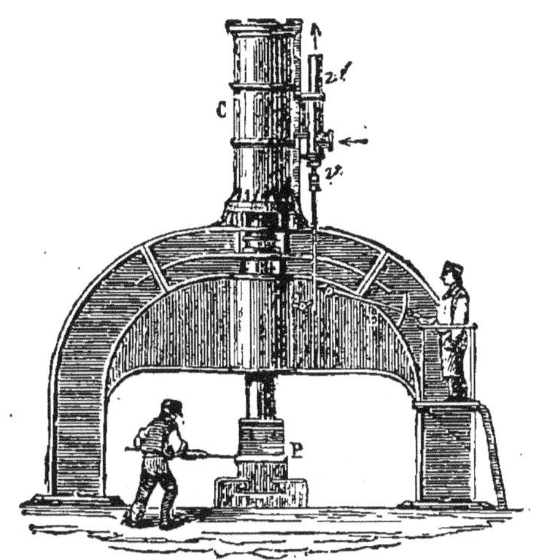

Fig. 188. — Marteau-pilon.

A la sortie des appareils de cinglage, il n'y a plus alors qu'à étirer le fer pour le livrer au commerce. Cet étirage se fait à chaud au moyen de laminoirs cannelés; les cannelures sont de grandeurs différentes et, en y faisant passer les morceaux de fer, on a des barres de diverses grosseurs.

AFFINAGE DE LA FONTE PAR LE PROCÉDÉ ANGLAIS.

419. L'affinage par la méthode anglaise se fait à la houille; les deux phases de l'opération que nous avons vues s'effectuer dans le même fourneau par le procédé comtois se font ici dans deux fours différents.

Dans le premier, que représente la figure 189, la fonte subit la première fusion au milieu d'un creuset O où arrive le vent de deux tuyères en fonte *t*, *t*; comme elles pourraient se fondre elles-mêmes, le canal par lequel arrive le vent est entouré d'un espace annulaire dans lequel circule un courant d'eau froide. La figure représente les tubes d'arrivée et de sortie de l'eau.

Dans cette première opération, que l'on appelle le *mazéage* ou *finage*, on enlève à la fonte la plus grande partie de son silicium ; à la sortie de ces fours, elle est dite *fine métal* ; on la porte alors dans des *fours à pudler* (fig. 190) chauffés au blanc ;

Fig. 189. — Métallurgie du fer (Four de finerie).

elle s'y fond de nouveau et son charbon, agissant sur le silicate de fer formé dans le mazéage, se transforme en oxyde de carbone.

Quand les fontes proviennent de fourneaux chauffés au charbon de bois et qu'elles contiennent peu de silicium, on supprime le mazéage et on ne les soumet qu'au pudlage.

CONVERSION DE LA FONTE EN FER PAR LE PROCÉDÉ BESSEMER.

420. Il y a quelques années, un nouveau procédé d'affinage sans combustible a été proposé et appliqué par M. Bessemer. Ce procédé prend la fonte liquide à sa sortie du haut fourneau, et l'affinage se fait par une insufflation abondante d'air au milieu de la masse en fusion. Dans cette opération, le fer lui-même brûle en partie et produit par sa combustion une température très-élevée ; aussi le métal affiné est-il assez liquide pour être coulé comme la fonte et recevoir immédiatement les formes qu'on ne lui donnerait que difficilement par le forgeage.

L'appareil dans lequel s'exécute ce genre d'affinage est un petit cubilot cylindrique construit en matériaux les plus ré-

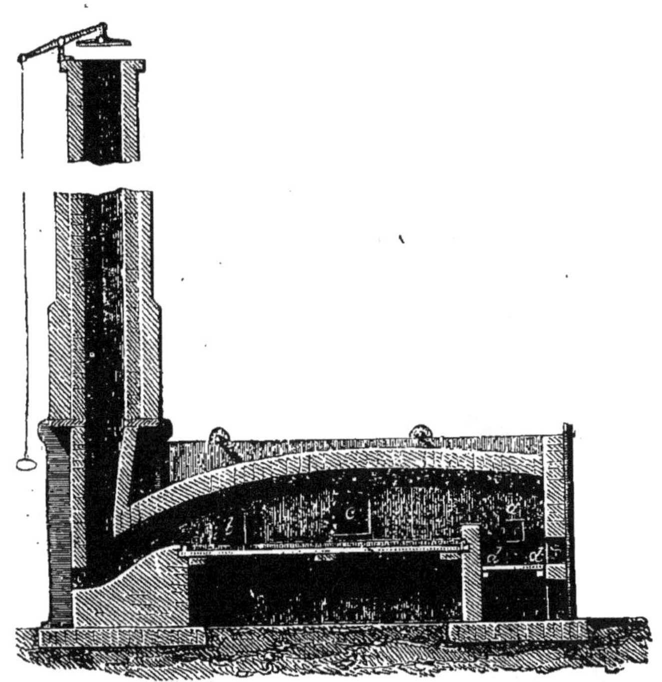

Fig. 190. — Métallurgie du fer (Four à puddler).

fractaires; il porte un dôme *e* (fig. 191) qui peut être soulevé pour l'introduction de la fonte liquide, et une ouverture *b* par laquelle s'échappent les étincelles. A la partie inférieure on voit une ouverture *b'* qui peut laisser couler le fer liquide et les scories. Autour du cubilot se trouve un gros tuyau en fonte *a* qui amène le courant d'air; celui-ci pénètre dans l'intérieur de l'appareil par des tubes en fer plus petits *c* qui partent du tube *a*.

Avant d'introduire la fonte liquide, on remplit le cubilot de charbons allumés que l'on fait brûler avec activité jusqu'à ce que l'appareil ait atteint une très-haute température.

Ce procédé qui, au moment de son apparition, avait causé une grande émotion dans le monde scientifique et industriel, n'a pas donné tout ce qu'il promettait. La perte de fer est considérable; la séparation du métal et des scories est très-difficile; les appareils exigent de fréquentes réparations; enfin le fer n'a jamais les qualités voulues; il est difficile de le rendre nerveux et tenace. Nous verrons que le procédé Bessemer est au contraire très-bon pour la fabrication de l'acier fondu.

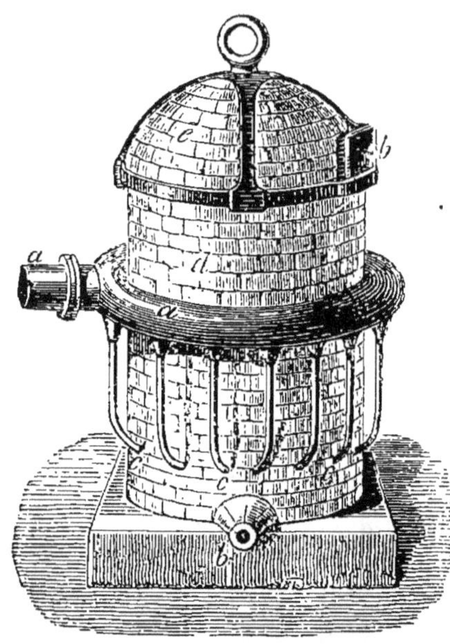

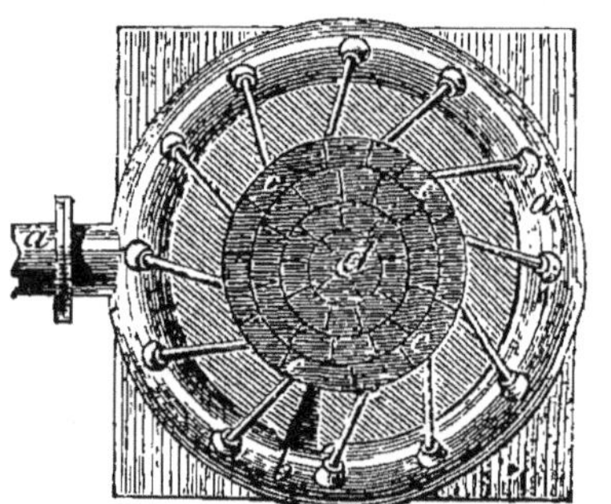

Fig. 191. — Appareil Bessemer.

PROPRIÉTÉS DU FER.

421. A l'état de pureté, le fer a une couleur blanche qui se rapproche beaucoup de celle de l'argent : le bon fer ordinaire en barres est blanc grisâtre ; il est plus dur que le fer pur. Le fer est ductile et malléable; il jouit d'une grande ténacité. La densité du fer fondu est 7,4; elle augmente par l'écrouissage et peut devenir égale à 7,84. Le fer se fond à une température voisine de 1600 degrés; il se ramollit avant de se fondre et possède alors la propriété de se souder à lui-même et de prendre sous le marteau toutes les formes qu'on veut lui donner. Pour souder deux morceaux de fer, on chauffe au rouge leurs extrémités; on les saupoudre d'un peu de sable qui, se combinant avec l'oxyde produit à la surface du métal, forme un silicate de fer fusible; les extrémités à souder se trouvent ainsi décapées, et, lorsqu'on les martèle, elles s'unissent intimement et forment un tout homogène.

Le fer et le platine sont les seuls métaux qui puissent se souder sans qu'on soit obligé de réunir leurs parties par un alliage plus fusible appelé *soudure*.

Le fer fondu prend, en se solidifiant, une texture *grenue* que le martelage rend fibreuse et nerveuse. Par des chocs répétés la structure se modifie, devient cristalline, et alors le métal est très-cassant ; c'est ce que l'on observe fréquemment dans les essieux de wagons, de locomotives, dans les canons de fer, etc.

La couleur et l'éclat du fer présentent une relation assez remarquable ; un fer de bonne qualité, s'il a une couleur claire, doit être mat, et, par contre, le fer très-brillant doit présenter une teinte gris foncé.

Les fers dits *fers rouverains* sont quelquefois cassants au rouge par suite de la présence d'une petite quantité de soufre : 1/10000 suffit pour les rendre cassants, 3/10000 rendent le fer insoudable.

Le fer a la propriété d'être attiré par l'aimant ; il est inaltérable dans l'air sec, mais s'oxyde facilement à l'air humide ; nous avons vu (274) les détails de cette oxydation.

Il forme avec l'oxygène quatre oxydes : le protoxyde (FeO), le sesquioxyde anhydre (Fe^2O^3) (rouge d'Angleterre, de Prusse, colcothar) ; le sesquioxyde hydraté, qui constitue la rouille ; l'oxyde magnétique (Fe^3O^4) ou *oxyde des battitures*, qui se détache du fer en lamelles noirâtres lorsqu'on le chauffe au rouge et qu'on le martèle ; l'acide ferrique (FeO^2), qui n'est connu que combiné aux bases.

Le fer décompose la vapeur d'eau au rouge ; il se laisse facilement attaquer par les acides sulfurique, chlorhydrique et azotique dans lesquels il se dissout.

422. **Usages.** — Le fer est le plus important des métaux. Il sert à la construction des nombreuses machines qu'emploie l'industrie ; il remplace le bois et la pierre dans la construction des maisons et des édifices, etc.

ACIER.

423. L'acier est un carbure de fer moins carburé que la fonte ; il se prépare soit par la décarburation de la fonte, soit par la carburation du fer.

Il fond à une température supérieure au point de fusion de

la fonte; il est malléable à chaud et à froid, un peu plus dur que le fer. Chauffé au voisinage de son point de fusion, sa malléabilité disparaît et il se pulvérise sous le marteau. De là vient la difficulté de souder l'acier fondu, soit avec lui-même, soit avec le fer.

Chauffé au rouge et plongé brusquement dans l'eau froide, l'acier acquiert des propriétés nouvelles et précieuses : il devient très-élastique, très-dur et très-cassant; on dit alors qu'il a été *trempé.* La trempe est une opération délicate ; mal dirigée, elle altère la qualité de l'acier.

Il est très-facile de distinguer le fer de l'acier : il sufit de verser sur eux une goutte d'acide azotique étendu ; il reste une tâche noire sur l'acier après qu'on l'a lavé, tandis qu'il n'en reste aucune sur le fer.

FABRICATION DE L'ACIER.

424. 1° Fabrication de l'acier par la décarburation de

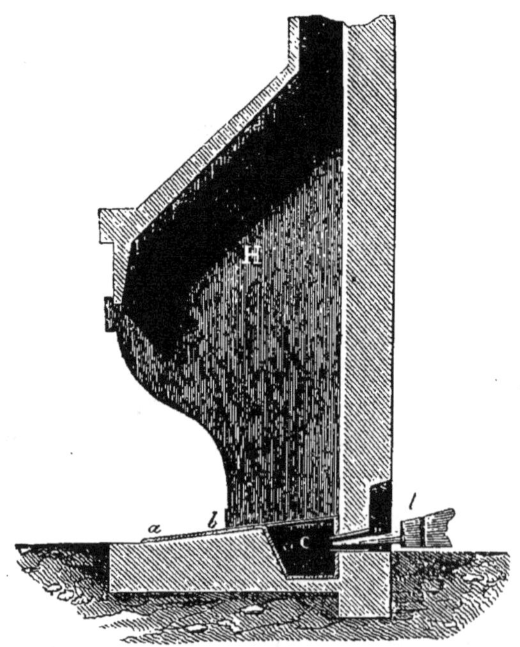

Fig. 192. — Fabrication de l'acier par la décarburation de la fonte.

la fonte. — Par la décarburation de la fonte, on obtient soit de l'*acier naturel* ou acier d'alliage, soit de l'acier *pudlé*. Dans les deux cas l'opération consiste à affiner partiellement la fonte ; cet affinage se fait pour l'*acier naturel* en traitant la fonte au charbon de bois dans des forges (fig. 192) semblables à celles dans lesquelles s'opère l'affinage du fer. Quant à l'acier pudlé, il se fabrique par l'affinage partiel dans des fours à pudler.

425. **Fabrication de l'acier Bessemer.** — Le procédé Bessemer, dont nous avons parlé plus haut, sert à la préparation de l'acier. Il donne de très-bons résultats et fait l'objet d'une fabrication importante dans les usines d'Imphy, du Creusot, etc.

La décarburation partielle de la fonte par le procédé Bessemer se pratique dans de grandes cornues ou *convertisseurs* en tôle boulonnée, garnies intérieurement de terre réfractaire. La cornue peut pivoter autour de deux tourillons horizontaux de manière à prendre différentes positions. Lorsque l'appareil est vertical, il présente le bec de la cornue sous une hotte en tôle surmontée d'une cheminée. Le vent peut arriver par le tube situé en avant de la figure (fig. 193); il passe ensuite dans

Fig. 193.

une boîte d'où il gagne un tube latéral et recourbé qui le mène à des tuyères intérieures. Après avoir fait brûler du coke dans le convertisseur pour l'échauffer, on y introduit de la fonte liquide qui a été fondue dans un cubilot voisin. On donne le vent, la fonte s'affine et on y verse alors une nouvelle quantité de fonte liquide destinée à produire l'aciération par le charbon qu'elle apporte avec elle. Pour procéder à la coulée, on fait basculer le convertisseur, et on reçoit l'acier fondu dans une grande poche munie d'une soupape à sa partie inférieure. Au moyen de machines spéciales la poche peut être amenée au-dessus des moules qui doivent recevoir l'acier : lorsqu'elle est arrivée au-dessus de chacun d'eux on soulève la soupape, et l'acier fondu s'écoule dans les moules.

L'acier Bessemer est appelé à jouer un rôle important dans l'industrie; il remplacera le fer dans beaucoup de cas.

426. 2° **Fabrication de l'acier par la carburation du fer.** — L'acier obtenu par cette méthode est dit *acier de cémentation* ou *acier poule*. On l'obtient en chauffant le fer de bonne qualité (fer de Suède et de Russie) avec du charbon en poudre dans des caisses C, C (fig. 194), en briques réfractaires, autour

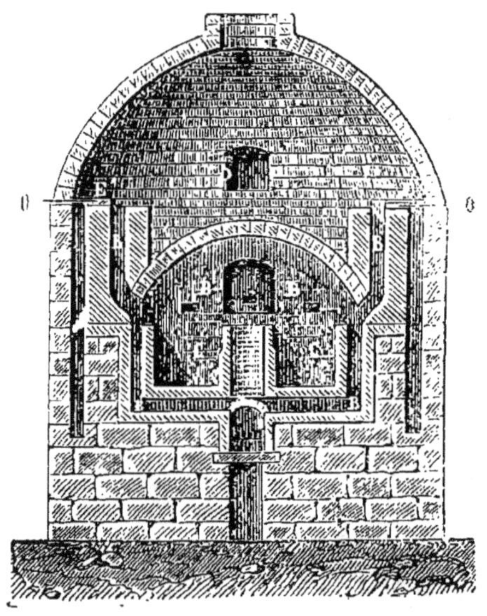

Fig. 194. — Fabrication de l'acier par la carburation du fer.

desquelles on fait circuler la flamme d'un foyer. On dispose des couches alternatives de fer en barres assez peu épaisses et d'un mélange de charbon et de cendre appelé *cément*. Le charbon se combine avec les couches superficielles du fer; mais les couches intérieures s'emparent bientôt du charbon des couches superficielles qui se carburent à nouveau au contact du *cément* ; de cette manière la cémentation se propage dans l'intérieur de la barre. Des travaux récents de M. Caron portent à croire que, dans la cémentation du fer, le charbon n'est pas seul à agir ; mais qu'il se forme aussi du cyanogène que décompose le fer pour s'emparer de son charbon.

427. **Corroyage et fusion de l'acier.** — Le corroyage de l'acier consiste à faire des paquets de lames d'acier trempé assorties suivant leur densité, à soumettre ces paquets à une haute température et à les travailler ensuite au marteau-pilon qui soude le tout en un *lopin* qu'on étire en barres.

Acier fondu. — La fusion de l'acier donne encore un produit de qualité supérieure parce qu'elle permet une répartition plus égale du charbon dans la masse métallique. L'acier fondu se fabrique avec des aciers pudlés ou cémentés, mais principalement

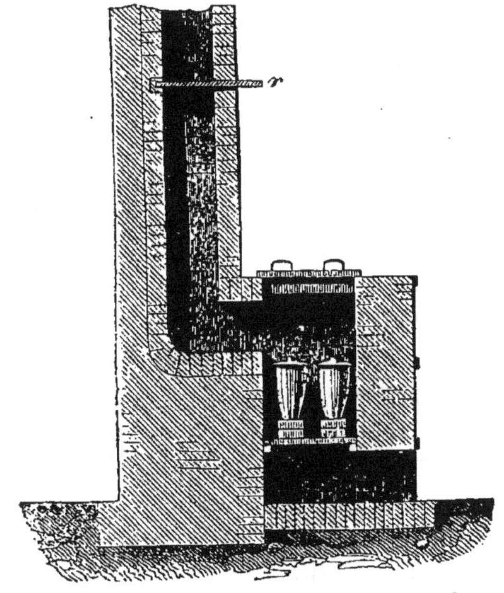

Fig. 195. — Fusion de l'acier.

avec ces derniers. La fusion s'opère dans des creusets en argile réfractaire chauffés au moyen du coke dans des fourneaux à vent (fig. 195). L'acier fondu est coulé dans des lingotières.

428. **Usages de l'acier.** — Les aciers naturels ou pudlés

sont employés dans la fabrication des sabres, des épées, des fleurets, des scies, des ressorts de voitures, des instruments aratoires; l'acier de cémentation est employé pour la fabrication des limes et des objets de quincaillerie. Ces aciers ne sont pas souvent employés à l'état naturel : le plus souvent ils sont améliorés par un corroyage plus ou moins parfait. L'acier fondu sert à la confection des burins, des ciseaux capables de couper la fonte, le fer et les autres aciers. Il est employé pour la coutellerie fine, la bijouterie d'acier, les ressorts de montre, les instruments de chirurgie, les coins des monnaies, les laminoirs, etc. L'acier Bessemer a maintenant de nombreuses applications : il sert à la fabrication des rails, des ressorts de voiture, etc., etc.

COMPOSÉS LES PLUS IMPORTANTS DU FER.

SULFATE DE FER OU COUPEROSE VERTE. — VITRIOL VERT.

429. De tous les sels de fer le plus important est, sans contredit, le sulfate de protoxyde de fer, qui porte les noms de *couperose verte*, de *vitriol vert*. Il sert dans la fabrication de l'encre, dans la teinture en noir, en gris, en olive, en violet, dans le montage des cuves d'indigo; c'est avec lui qu'on prépare le bleu de Prusse; le colcothar ou rouge d'Angleterre est le résidu de sa calcination.

Ce sel se présente sous la forme de cristaux d'un vert émeraude. Il s'oxyde à l'air et se couvre de tâches jaunes qui sont dues à la formation d'un sulfate de sesquioxyde. Sa dissolution subit cette même transformation; pour la préserver de l'oxydation, il faut la renfermer dans un flacon avec des baguettes de fer plongeant dans toute la profondeur du liquide.

Le sulfate de fer se prépare soit par le lavage des pyrites de fer grillées à l'air et transformées en sulfate, soit par l'action de l'acide sulfurique sur la vieille ferraille.

PRUSSIATES JAUNE ET ROUGE.

430. On désigne sous le nom de *prussiates* des corps à composition complexe, dont le plus important est le prussiate jaune ou cyanoferrure de potassium.

Le prussiate jaune est un composé de protocyanure de potassium et de protocyanure de fer ($2KCy + FeCy + 3HO$). Il se présente en beaux cristaux jaunes dont la dissolution précipite les solutions salines des métaux des quatre dernières sections. Prenons le sulfate de zinc pour exemple : le cyanoferrure de potassium donne, dans sa dissolution, un précipité insoluble de cyanure double de zinc et de fer ; quant à l'acide sulfurique du sulfate, il forme du sulfate de potasse avec le potassium éliminé du prussiate jaune.

Le prussiate jaune se fabrique en calcinant au rouge sombre un mélange de matières azotées (débris de cuir, chair desséchée, etc.), avec du carbonate de potasse et de la limaille ou des battitures de fer. On chauffe ensuite la masse avec de l'eau, qui dissout le cyanoferrure que l'on fait cristalliser. Le charbon et l'azote des matières organiques ont formé du cyanogène qui s'est combiné au potassium du carbonate de potasse ; il en est résulté du cyanure de potassium qui, au contact du fer employé et de l'air, a donné du cyanoferrure de potassium et de la potasse.

Le prussiate jaune est employé en teinture ; il sert à la fabrication du *bleu de Prusse*, qui est une combinaison de protocyanure de fer et de sesquicyanure de fer ($3FeCy + Fe^2Cy^3 + 9HO$). Cette combinaison se prépare en précipitant par le prussiate jaune le sulfate de sesquioxyde de fer.

Le prussiate rouge ou cyanoferride de potassium ($3 KCy + Fe^2Cy^3$) est une combinaison de cyanure de potassium et de sesquicyanure de fer. On l'obtient en traitant le prussiate jaune en dissolution par le chlore. Il se présente en cristaux d'un brun rouge orangé.

CHAPITRE V

ZINC. — ÉTAIN. — ANTIMOINE.

ZINC.

Symbole, Zn. — Équivalent, 33.

431. **Propriétés physiques et chimiques.** — Le zinc du commerce n'est jamais parfaitement pur ; il contient toujours un peu de plomb, de fer et de carbone, quelquefois de l'arsenic.

Le zinc est un métal blanc, bleuâtre, à texture cristalline. Sa densité varie de 6,8 à 7,2 : il fond vers 410° et distille à 1040°. Le zinc du commerce est mou et graisse la lime; il se gerce en même temps qu'il s'aplatit sous le marteau. Il n'est malléable qu'entre 130° et 150°, ce qui constitue une grande difficulté pour son laminage.

Le zinc se ternit dans l'air humide; il se recouvre alors d'une couche adhérente d'hydrocarbonate de zinc qui préserve le reste du métal de l'oxydation.

Chauffé au contact de l'air, il se convertit en protoxyde qui se répand dans l'air en flocons blancs très-légers. Cet oxyde a été désigné sous le nom de *nihil album, pompholix, lana philosophica.* La grande combustibilité du zinc est mise à profit par les artificiers : les étoiles brillantes projetées dans l'air par les chandelles romaines sont dues à la combustion vive du zinc pulvérulent ; cette combustion est rendue plus active par l'oxygène que lui cède le salpêtre qui est mélangé avec lui.

432. L'oxyde de zinc est connu dans le commerce sous le nom de *blanc de zinc* ; il est employé en peinture et remplace souvent le blanc de plomb ou carbonate de plomb. Il se fabrique par l'oxydation directe du zinc chauffé à une température suffisante. La figure 196 représente les appareils employés à Asnières par la compagnie de la Vieille-Montagne. Des cornues A sont disposées dans un fourneau : on les emplit de zinc. Le métal fond et se vaporise ; la vapeur, en arrivant à l'ouverture de la cornue, y rencontre un courant d'air qui l'oxyde ; une partie de l'oxyde

retombe en D, mais la plus grande partie est emportée dans des chambres qu'il traverse en serpentant, et où il se dépose si bien, que l'air qui s'échappe n'en emporte que des quantités minimes.

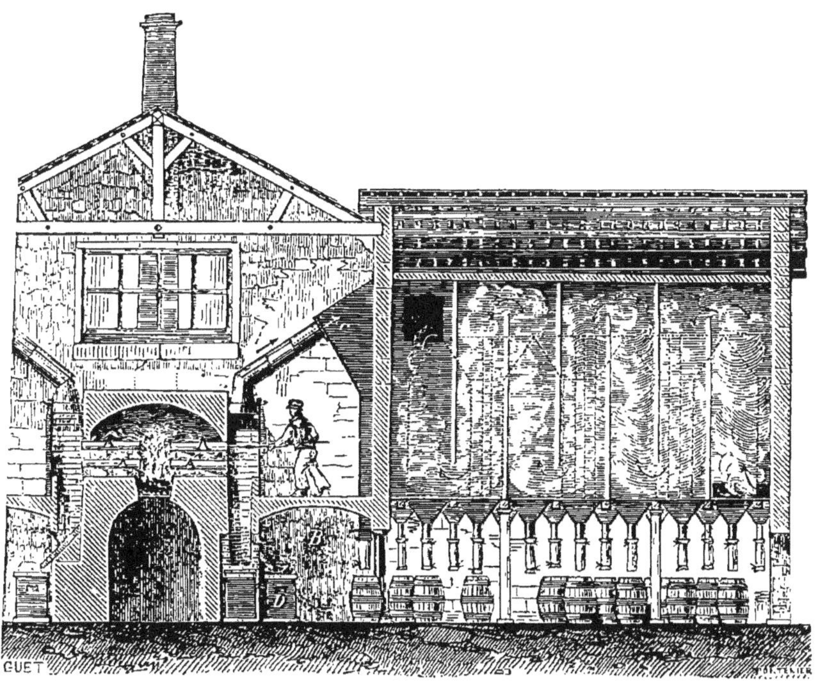

Fig. 196. — Fabrication du blanc de zinc.

L'oxyde de zinc a, sur le blanc de plomb, l'avantage de ne pas noircir, à l'air, au contact des émanations sulfureuses ; cela tient à ce que le sulfure de zinc est blanc, tandis que le sulfure de plomb est noir. Il n'a pas les propriétés vénéneuses du blanc de plomb. La peinture au blanc de zinc peut remplacer la peinture au blanc de plomb pour l'intérieur des bâtiments ; mais pour l'extérieur elle paraît lui être inférieure.

On doit à M. Sorel la découverte d'une nouvelle peinture blanche très-solide et très-économique ; elle se fabrique en délayant de l'oxyde de zinc dans du chlorure de zinc additionné d'un peu de carbonate de soude.

433. Le zinc se dissout facilement dans les acides même les

plus faibles, en donnant lieu à des sels incolores et vénéneux. Aussi doit-on en proscrire l'usage dans l'économie domestique pour les vases qui pourraient renfermer des acides ou des agents

Fig. 197. — Métallurgie du zinc (Appareil belge).

capables d'attaquer le métal (vinaigre, corps gras, sel de cuisine, jus de citron).

— Parmi les sels les plus importants du zinc, nous citerons le sulfate de zinc, appelé aussi *vitriol blanc* ou *couperose blanche*

$(ZnO,SO^3 + 7HO)$ qui se présente en beaux cristaux transparents, solubles dans l'eau. Il est employé en assez grande quantité dans l'impression des indiennes et en médecine.

EXTRACTION DU ZINC.

434. Les deux minerais du zinc sont le sulfure de zinc ou *blende*, et le carbonate de zinc ou *calamine*. Ces deux minerais, qui se trouvent en Sibérie, en Belgique, en Angleterre, sont grillés à l'air et transformés en oxyde de zinc, que l'on réduit par le charbon à une température élevée ; le zinc distille dans des appareils où il se condense. On emploie pour cette opération deux appareils différents, l'appareil belge et l'appareil silésien.

435. Dans l'appareil belge (fig. 197), les cornues C sont des cylindres en terre réfractaire fermés à une extrémité. Le four se compose de deux parties : 1° d'un foyer F qui reçoit le combustible ; 2° d'une chambre dans laquelle les cornues sont disposées les unes au-dessus des autres, en travers de l'axe du foyer: leur extrémité ouverte vient reposer sur une plaque inclinée en fonte appelée *taque*. Lorsque les cornues sont chargées, on les réunit par un lut argileux à un tube en terre (fig. 198), espèce

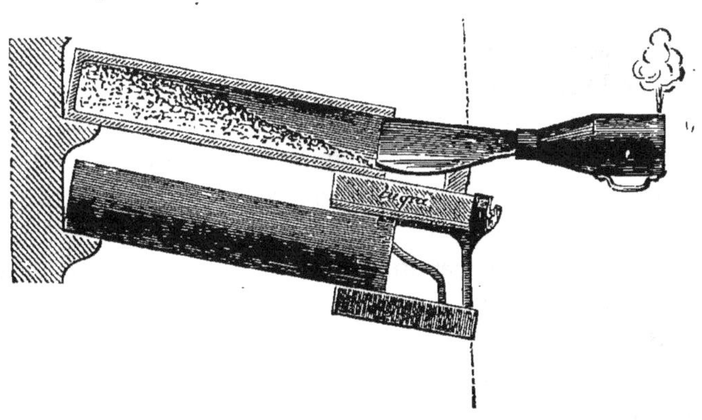

Fig. 198. — Métallurgie du zinc (Cornue).

de cône tronqué, coiffé d'une allonge en tôle percée à son extrémité d'un trou par lequel s'échappent les gaz de la réaction. Le zinc provenant de la réduction de l'oxyde vient se condenser dans le tube et dans l'allonge, et, lorsque l'opération est terminée, on sépare de la cornue l'appareil condenseur, d'où l'on extrait le zinc à l'aide de grattoirs.

436. En Silésie, le four ressemble à un four de verrerie, dans lequel sont disposées parallèlement des moufles M de réduction (fig. 199), où l'on charge le mélange d'oxyde et de charbon ; ces moufles communiquent avec des allonges A où s'opère la condensation du métal.

437. **Usages du zinc.** — Le zinc sert, à l'état de feuilles minces, pour la couverture des toits, pour faire des baignoires, des bassins, des gouttières ; il sert à la fabrication du fer galvanisé dont nous avons parlé plus haut ; il entre dans la composition du laiton et du maillechort.

ÉTAIN.

Symbole, Sn. — Équivalent, 59.

438. **Propriétés physiques et chimiques.** — L'étain du commerce se présente en feuilles, en baguettes, en tables, en pains, en saumons et en lames. Sous cette dernière forme il est appelé grain-tin.

L'étain du commerce est le plus souvent impur : il n'y a que celui de Malacca qui jouisse d'une pureté parfaite.

L'étain est d'un blanc argentin dont le reflet est un peu jaunâtre. Par le frottement il exhale une légère odeur ; sa densité est 7,29. Il cristallise facilement ; aussi sa texture est-elle cristalline, et, lorsqu'on plie une baguette d'étain, elle produit un cri particulier appelé *cri de l'étain*, qui provient du frottement et du déchirement des cristaux enchevêtrés.

L'étain est mou et très-malléable : c'est lui qui sert à la fabrication des feuilles avec lesquelles on enveloppe le thé et le chocolat ; elles s'obtiennent par le martelage, et, pour que le choc du marteau ne les déchire pas, on les met entre des feuilles d'étain plus épaisses.

L'étain et le plomb sont les seuls métaux qui puissent être réduits en lames minces sans qu'on soit obligé de les recuire.

L'étain fond à 228° ; c'est le plus fusible de tous les métaux ; lorsqu'il est fondu, on peut le couler sur une feuille de papier ou sur un linge sans les brûler.

L'étain s'altère peu à l'air à la température ordinaire, mais quand on le chauffe, il s'oxyde avec facilité. Lorsqu'on maintient de l'étain en fusion à l'air, il se couvre d'une couche grise,

Fig. 199. — Métallurgie du zinc (Appareil silésien).

mélange de protoxyde (SnO) et de bioxyde (SnO^2), que les étameurs appellent *crasse*. Ces oxydes, chauffés avec du charbon, se réduisent et régénèrent l'étain. A une haute température, l'étain peut même s'enflammer.

Le bioxyde d'étain est un acide capable de se combiner avec les bases ; il reçoit le nom d'acide *stannique* quand il a été préparé par l'action oxydante de l'acide azotique sur l'étain, et le nom d'acide *métastannique* quand on l'a préparé en décomposant le bichlorure d'étain par l'eau. Ces deux noms correspondent à des propriétés chimiques différentes.

L'étain décompose l'eau au rouge : il se dissout dans les dissolutions concentrées de potasse ou de soude, à cause de l'affinité de ses oxydes pour les alcalis.

L'acide sulfurique ne l'attaque qu'avec lenteur : l'acide chlorhydrique le dissout rapidement à chaud, mais lentement à froid ; l'acide azotique monohydraté n'agit pas sur lui, mais l'acide azotique du commerce l'oxyde avec énergie et le transforme en acide stannique.

EXTRACTION DE L'ÉTAIN.

439. Le nombre des minerais d'étain est très-restreint; le seul qui donne lieu à des exploitations métallurgiques est le bioxyde d'étain anhydre ou *cassitérite*. Il est très-abondant en Angleterre, en Saxe et aux Indes. Il est ordinairement mélangé avec d'autres minerais très-denses, tels que les sulfures et arséniures de fer, de cuivre et de plomb.

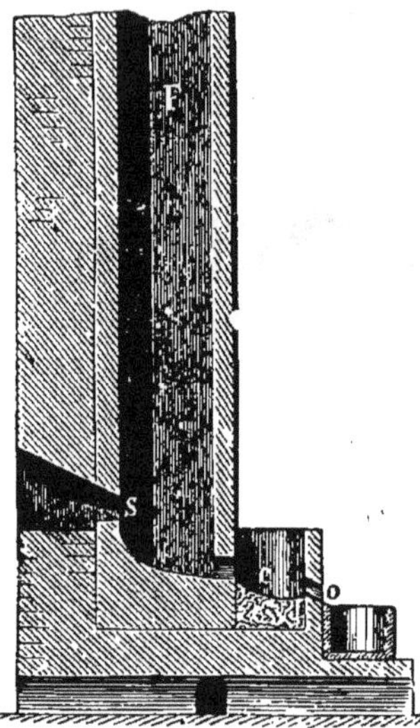

Fig. 200. — Métallurgie de l'étain (Procédé saxon).

Pour détacher une grande partie des gangues, on soumet le minerai à un *bocardage* ou broyage, puis au lavage.

La matière est ensuite grillée pour brûler et vaporiser l'arsenic, transformer les sulfures de fer et de cuivre en sulfates : on procède ensuite à un nouveau lavage ; l'eau dissout les sulfates et entraîne les oxydes de fer et de cuivre qui, plus légers que l'oxyde d'étain, se séparent et laissent ce dernier comme résidu. Le minerai est alors assez riche pour être soumis à un traitement de réduction par le charbon.

Pour cela, on charge le minerai et le charbon par couches alternatives dans le fourneau F (fig. 200). Une machine soufflante lance de l'air par la tuyère engagée dans l'orifice S. L'oxyde de carbone produit s'empare de l'oxygène de l'oxyde d'étain pour former de l'acide carbonique. Le métal liquide coule dans le creuset C avec les scories qui, plus légères, viennent à la surface et sont enlevées. Lorsque le creuset est presque plein, on débouche le trou de coulée O pour faire arriver le métal liquide dans un bassin où on l'épure en le *brassant* avec des morceaux de bois vert : à la température du bain, ceux-ci laissent dégager beaucoup de gaz, et il se produit un bouillonnement qui entraîne à la surface les impuretés disséminées dans le liquide; il se produit en même temps une réduction de l'oxyde qui s'y trouvait dissous ou suspendu. Le métal liquide est ensuite enlevé avec de grandes cuillères de fer et coulé dans des moules. Les premières levées donnent le métal le plus pur.

Tel est le procédé d'extraction employé en Allemagne, dit procédé saxon.

440. En Angleterre, le minerai est grillé dans un four à sole tournante, que représente la figure 201. Le minerai est chargé par une trémie C qui traverse le plafond du four et roule lentement sur un plateau conique B en fonte : ce plateau est relié à

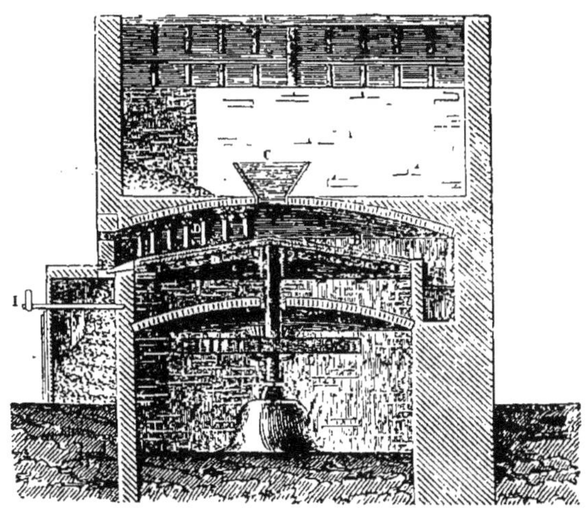

Fig. 201. — Métallurgie de l'étain (Procédé anglais).

une série d'engrenages qui lui communiquent un mouvement très-lent de rotation (un tour en quarantes minutes).

Un râteau fixe D, qui arrive presque au niveau de la sole tournante, renouvelle les surfaces offertes à l'action oxydante de la flamme qui part du foyer F et sèche le minerai.

Le minerai grillé est ensuite mélangé avec du charbon et réduit dans des fours à réverbère que représente la figure 202. L'ouvrier brasse la matière, et, lorsque la réduction est faite, lorsque les scories sont enlevées, il abat la cloison d'argile qui

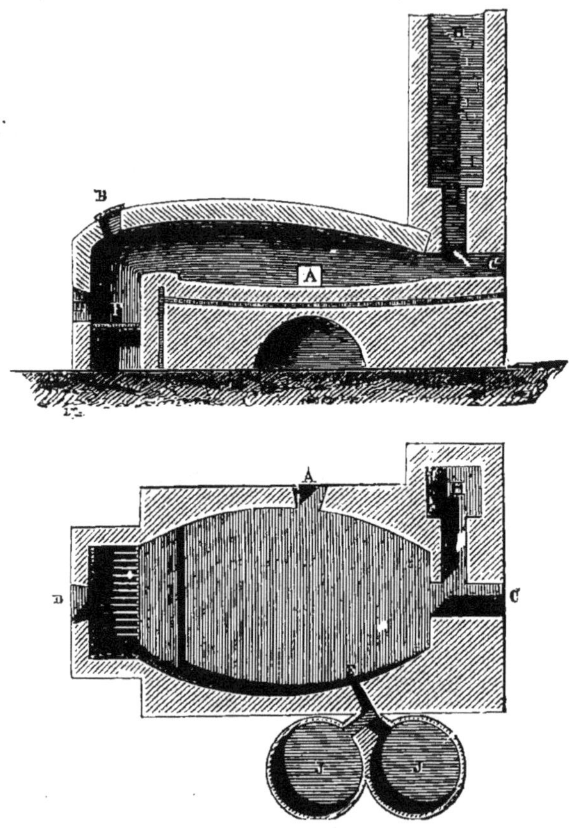

Fig. 202. — Métallurgie de l'étain (Procédé anglais).

interceptait la communication entre le fourneau et les bassins de réception JJ, où le métal vient couler.

L'étain, obtenu par les méthodes précédentes, renferme toujours des impuretés dont on peut le débarrasser en le fondant de nouveau sur la sole inclinée d'un four à réverbère; l'étain pur fond le premier, s'écoule et laisse sur la sole un alliage d'étain et de métaux étrangers.

441. **Usages de l'étain.** — En vertu de l'innocuité de ses

sels sur l'économie animale, quand ils sont pris à petite dose, de la difficulté qu'ont les acides à l'attaquer, de son inaltérabilité à l'air, l'étain est employé à la fabrication de couverts et de vases.

Sa fusibilité très-grande empêchant de l'employer pour la fabrication des vases qui doivent aller au feu, on a imaginé de recouvrir les vases de fer et de cuivre d'une mince couche d'étain qui les préserve de l'oxydation et de l'attaque par les acides ou par les autres agents.

442. **Étamage du cuivre.** — Pour étamer le cuivre, il faut d'abord décaper la pièce avec soin; on la saupoudre à cet effet de chlorhydrate d'ammoniaque ou sel ammoniac ; on la chauffe et on la frotte vivement avec un tampon d'étoupe, de manière à étendre le sel sur toute la surface : lorsque le décapage l'a rendue brillante, on promène l'étain en fusion à sa surface et on l'étale sur tous les points avec de l'étoupe. On n'obtient ainsi qu'une couche superficielle qui est très mince, et qui est bientôt emportée par le frottement auquel on soumet les vases culinaires pour les récurer; aussi, faut-il surveiller ces vases avec soin et les faire étamer à nouveau dès que le cuivre ou le fer commence à être mis à nu. Cette précaution est surtout nécessaire avec les vases de cuivre étamés, à cause de l'action vénéneuse très-redoutable des sels de cuivre.

On emploie rarement l'étain pur pour l'étamage des vases de cuivre. Pour la plupart des usages, on se sert d'un alliage d'étain et de plomb, contenant du dixième au quart de son poids de plomb. Dans ces proportions l'emploi de ce dernier métal n'est pas dangereux.

443. **Étamage des vases et objets dits en fer battu.** — Les cuillères de fer et les ustensiles en fer battu sont d'abord nettoyés avec du sable et essuyés : on les trempe ensuite dans un bain d'étain et on les frotte avec des étoupes imbibées de sel ammoniac.

444. **Étamage de la fonte.** — La fonte, d'abord récurée avec du sable, est recouverte d'un alliage dû à M. Budi, et composé de 89 parties d'étain, 6 parties de nickel et 5 parties de fer fondues ensemble. Cet alliage a été préparé en faisant fondre les métaux précédents dans un fondant composé de borax et de verre pilé.

Il peut aussi être employé avec avantage pour l'étamage du cuivre.

445. **Étamage de la tôle, fer-blanc.** — Pour la préserver de l'oxydation, on fait adhérer à la surface de la tôle une couche d'étain qui la change en *fer-blanc*, et on peut alors l'employer à une foule d'usages auxquels le fer ordinaire ne résisterait pas.

La tôle à fer-blanc est ordinairement du fer laminé qui a été préparée au charbon de bois.

Le décapage est commencé par une immersion des lames de tôle dans l'acide chlorhydrique étendu d'eau : on l'achève en tenant les feuilles plongées pendant dix ou douze heures dans une eau rendue acide par la fermentation d'une certaine quantité de son, puis en les soumettant à l'acide sulfurique très-étendu, les lavant à l'eau pure et les frottant avec du sable et de l'étoupe.

L'étamage se fait ensuite en plongeant les feuilles dans des bains alternatifs de graisse fondue et d'étain liquide.

En lavant avec une éponge mouillée d'une dissolution d'acide chlorhydrique et d'acide azotique la surface du fer-blanc, on dissout la pellicule superficielle, et la texture cristalline de l'alliage d'étain et de fer apparaît avec l'apparence d'un beau *moiré métallique.*

446. **Composés de l'étain.** — Parmi les composés de l'étain nous ne citerons que les chlorures d'étain. Le protochlorure d'étain ou *sel* d'étain s'obtient en traitant l'étain grenaillé en excès par l'acide chlorhydrique concentré : il est employé en teinture et dans l'impression des tissus ; sa dissolution acidulée peut servir à enlever les taches de rouille sur le linge.

En traitant l'étain par l'eau régale, on obtient un hydrate de bichlorure d'étain, que l'on vend sous le nom d'*oxymuriate d'étain*, de *composition* ou de *mordant d'étain*, et qui est très-employé en teinture.

ANTIMOINE.

Symbole, Sb. — Équivalent, 120,6.

447. L'antimoine (ainsi appelé à l'occasion de la mort d'un grand nombre de moines qui, sur les conseils de Basile Valentin, avaient usé de ce métal sous forme de médicament), a un éclat argentin. Il est très-brillant, un peu bleuâtre, a une den-

sité égale à 6, 7. Il fond vers 430° et donne des vapeurs à une température beaucoup plus élevée.

Il est inaltérable à l'air sec et froid, se ternit à l'air humide, mais à une température élevée il s'oxyde avec dégagement de lumière. Si l'on fond dans un creuset quelques grammes d'antimoine, et que, d'une certaine hauteur, on laisse tomber sur le sol le métal fondu, il rejaillit en globules incandescents accompagnés de fumées blanches; ces globules sont de l'oxyde d'antimoine. L'antimoine forme avec l'oxygène deux acides : l'acide antimonieux et l'acide antimonique. Il entre dans la composition de l'émétique, qui est un tartrate double d'antimoine et de potasse.

Le sesquichlorure d'antimoine ou beurre d'antimoine est un caustique violent qu'emploient les médecins pour cautériser certaines plaies, surtout celles qui sont produites par la morsure des animaux enragés et venimeux.

L'antimoine entre dans la composition d'un certain nombre d'alliages métalliques, parmi lesquels nous citerons l'alliage des caractères d'imprimerie, celui des planches stéréotypes, des planches de musique et le métal d'Angleterre.

448. **Extraction de l'antimoine.** — L'antimoine s'extrait du sulfure d'antimoine que l'on grille pour le transformer en oxyde; l'oxyde est ensuite réduit par le charbon.

CHAPITRE VI

PLOMB. — CUIVRE. — LEURS PRINCIPAUX COMPOSÉS.

PLOMB.

Symbole, Pb. — Équivalent, 103,5.

449. Le plomb est, comme l'étain, l'un des métaux que l'homme a d'abord employés.

450. **Propriétés physiques et chimiques du plomb.** — Il est gris bleuâtre et très-brillant, quand il est récemment

coupé. La densité du plomb pur est 11,35; celle du plomb du commerce peut s'élever jusqu'à 11,455. Le plomb n'a pas d'élasticité, a une ténacité très-faible et peut être laminé, mais son défaut de ténacité empêche qu'on l'étire en fils fins.

Le plomb fond vers 330° et commence à émettre des vapeurs au rouge.

Il s'oxyde et se ternit à l'air, mais l'action s'arrête à la surface : son oxydation est très-rapide quand on fait intervenir la chaleur. Le plomb forme avec l'oxygène quatre oxydes : celui que l'on désigne ordinairement sous le nom de sous-oxyde de plomb (Pb^2O), et qui devrait être appelé protoxyde ; le protoxyde de plomb, qui est connu dans le commerce sous les noms de *massicot* et de *litharge* (PbO) ; le bioxyde ou acide plombique (PbO^2), et le minium qui est un oxyde intermédiaire entre le protoxyde et le bioxyde ($2PbO,PbO^2$).

451. Le massicot se produit quand on chauffe au contact de l'air le plomb liquéfié ; c'est un oxyde jaune, très-fusible : chauffé dans un creuset de terre, il s'unit à la silice et à l'alumine de ses parois, et forme à la surface de celles-ci un enduit vitreux très-éclatant. Le creuset se perce souvent pendant cette réaction. Le massicot, qui a subi la fusion et se trouve cristallisé en petites lames, s'appelle *litharge*. Sa couleur est jaune rougeâtre. La litharge sert à la préparation des sels de plomb; elle entre dans la composition de quelques verres; elle est la base des emplâtres pharmaceutiques. On prépare avec elle plusieurs couleurs jaunes qui sont employées dans la peinture à l'huile.

L'une d'elles est connue sous le nom de *jaune minéral;* c'est un composé de chlorure et d'oxyde de plomb que l'on obtient en fondant de la litharge, du minium ou de la céruse, avec du sel marin ou du sel ammoniac. Il y en a plusieurs variétés connues sous les noms de *jaune de Turner, jaune de Kassler* ou *de Cassel, jaune de Paris, jaune de Vérone.*

Le *jaune de Naples* est une combinaison d'acide antimonique et d'oxyde de plomb obtenue en calcinant à l'air un mélange de plomb et d'antimoine.

452. Le minium est le résultat de l'oxydation du massicot. Pour le fabriquer, on transforme d'abord le plomb en massicot en le fondant dans un fourneau à réverbère où il s'oxyde. Puis, après avoir séparé le métal non oxydé de l'oxyde par un broyage

entre deux meules sous un courant d'eau, on met le massicot dans des caisses couvertes en tôle, et on le soumet à l'action de l'air à une température inférieure à celle à laquelle le plomb s'est oxydé. Il se suroxyde et se transforme en une substance rouge appelée *minium* : on a du minium à un, à deux, à trois, à cinq, à huit feux, suivant qu'il a été calciné un nombre de fois plus ou moins grand.

Le minium est, en raison de sa belle couleur, employé pour colorer les papiers de tenture, les cires molles et les cires à cacheter. Il sert à la fabrication du strass, du cristal, du flint-glass : on l'emploie pour le vernis des poteries communes. Avec l'huile et la céruse il forme un mastic rouge qui est employé pour luter les joints des machines à vapeur, des chaudières, des pompes [1].

453. Au contact de l'eau aérée, le plomb s'altère assez rapidement; nous voulons parler ici des eaux pluviales ou de l'eau distillée aérée, au milieu desquelles il se recouvre d'une couche blanche d'hydrate et de carbonate d'oxyde de plomb; l'eau dissout alors des quantités sensibles d'oxyde de plomb et acquiert des propriétés vénéneuses. Les eaux qui contiennent des sels en dissolution, comme les eaux de source ou de rivière, n'ont pas cette propriété : c'est ce qui fait que les tuyaux en plomb peuvent être employés à la conduite des eaux de sources et de rivières dont on se sert comme eaux potables. L'action des eaux pluviales sur le plomb est une des principales causes d'altération des toitures en plomb.

L'acide sulfurique faible n'attaque le plomb, même à chaud, qu'au contact de l'air; concentré et bouillant, il l'attaque en produisant de l'acide sulfureux et du sulfate de plomb ; l'acide azotique le dissout facilement en donnant de l'azotate de plomb et du bioxyde d'azote; l'acide chlorhydrique n'a pas d'action sensible sur lui à l'abri du contact de l'air.

EXTRACTION DU PLOMB.

454. Le plomb existe dans la nature à l'état de sulfure de plomb ou galène, à l'état de carbonate, de phosphate et d'arséniate.

[1] Ce mastic est, du reste, avantageusement remplacé maintenant par un mélange de 72 parties de sulfate de plomb calciné et broyé, 24 parties de bioxyde de manganèse, 13 parties d'huile de lin.

Le carbonate s'exploite, chaque fois qu'on le rencontre, en le chauffant avec du charbon ; le sel se décompose, et l'oxyde est réduit par le charbon ; le métal liquide se rassemble dans le creuset.

La galène ou sulfure de plomb est d'un traitement plus difficile. Après un bocardage et un triage qui a pour but d'enlever au minerai le plus possible de matières terreuses, elle est soumise à un traitement qui varie suivant la richesse du minerai et la nature de la gangue. Si le minerai est riche et peu siliceux, on emploie la *méthode par réaction;* s'il est impur, et que sa gangue soit siliceuse, on emploie la méthode de *réduction par le fer*, car l'autre méthode entraînerait la perte d'une trop grande quantité de plomb qui passerait à l'état de silicate de plomb.

455. **Méthode par réaction.** — Elle repose sur les principes suivants. La galène grillée au contact de l'air se transforme en oxyde de plomb, et dégage de l'acide sulfureux, dont une partie se transforme en acide sulfurique et forme du sulfate de plomb. Suspendons l'action de l'air et continuons à chauffer ; le sulfure et l'oxyde, réagissant l'un sur l'autre, donneront lieu à du plomb métallique et à de l'acide sulfureux : le sulfate et le sulfure produiront aussi, par leur réaction, de l'acide sulfureux et du plomb :

$2PbO$	$+$	PbS	$=$	SO^2	$+$	$3Pb$
Oxyde de plomb.		Sulfure de plomb.		Acide sulfureux.		Plomb
$PbOSO^3$	$+$	PbS	$=$	$2SO^2$	$+$	$2Pb$
Sulfate de plomb.		Sulfure de plomb.		Acide sulfureux.		Plomb.

Ces réactions s'exécutent dans un four à réverbère, semblable à celui que représentent en élévation et en coupe les figures 203 et 204. T est une trémie par laquelle on charge la galène. S est la sole sur laquelle on la grille, P des portes qui amènent le courant d'air oxydant, F le foyer, B le bassin où se réunit le métal réduit, B' un bassin dans lequel se déversent les scories. Quand on suppose que le grillage de la galène est assez avancé, on ferme les portes pour supprimer l'action de l'air ; on donne un coup de feu, et les réactions expliquées plus haut se produisant donnent naissance au plomb métallique.

456. **Méthode de réduction par le fer.** — La méthode de

réduction par le fer consiste à chauffer le sulfure de plomb ou galène avec du fer, qui prend son soufre pour former du sulfure de fer et laisse le plomb.

L'opération s'exécute au moyen d'un fourneau à réverbère,

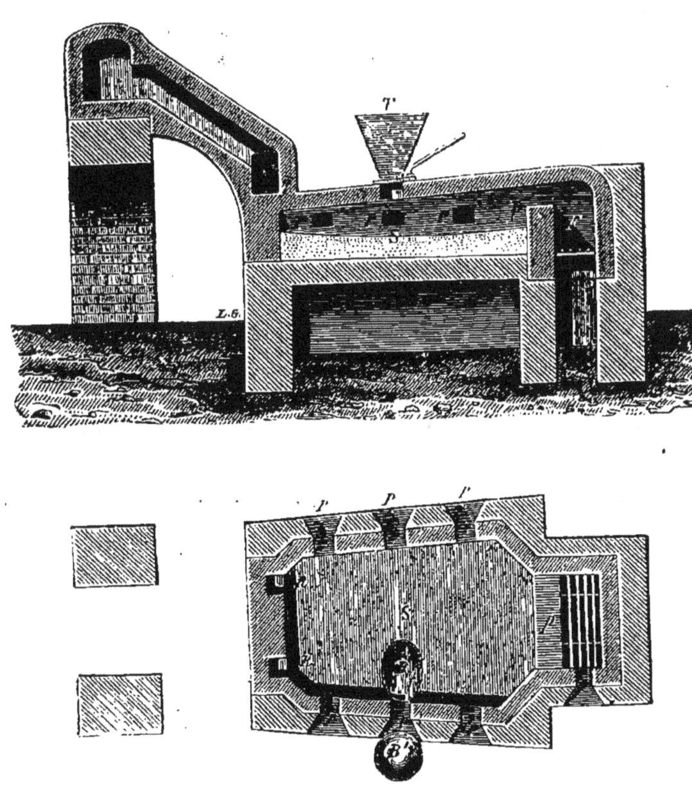

Fig. 203 et 204. — Métallurgie du plomb (Méthode par réaction).

comme celui qué représentent les figures 205 et 206. Le mélange de galène et de vieille ferraille ou de fonte est chargé sur la sole S inclinée; le foyer est en F; le plomb réduit coule au dehors dans le bassin B′, où on le purifie en l'y maintenant fondu et en le brassant avec du bois vert.

457. **Coupellation du plomb d'œuvre.** — Le plomb, obtenu par les méthodes précédentes, est appelé *plomb d'œuvre* ; il contient le plus souvent une certaine quantité d'argent, parce que les galènes sont en général argentifères. On en extrait l'ar-

gent par un affinage qui consiste, dans la plupart des cas, en deux opérations. La première est un affinage par *cristallisation* dit *pattissonnage*, du nom de son inventeur, M. Pattisson : elle

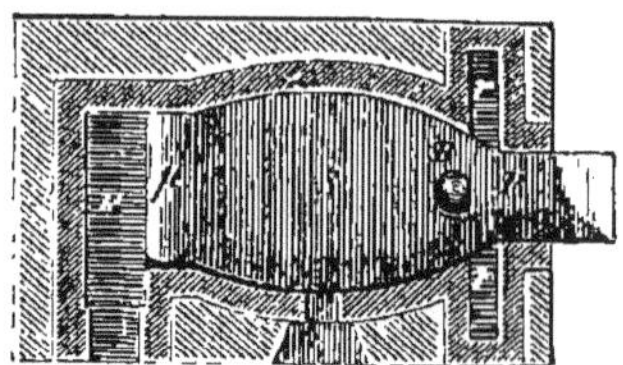

Fig. 205 et 206. — Métallurgie du plomb (Méthode par réduction).

repose sur ce principe que le plomb argentifère, fondu et soumis à un refroidissement lent, se partage en deux parties : le plomb presque pur cristallise et se dépose au fond du bain d'où on l'enlève avec des écumoires; l'alliage d'argent et de plomb reste liquide. Par plusieurs cristallisations successives, on arrive à concentrer presque la totalité de l'argent dans une masse de plomb beaucoup plus petite.

Le plomb argentifère suffisamment enrichi est alors soumis à la seconde opération, l'*affinage par coupellation*. Il est fondu dans un fourneau dont la sole, concave et ronde (fig. 207 et 208), est formée de marne; les ouvertures V amènent le vent de deux tuyères, et la flamme du foyer F, entrant par l'ouverture *p*, chauffe le bain. Sous l'influence du courant d'air, le plomb s'oxyde, forme d'abord une poussière noire (abstrichs) que l'on enlève; puis l'oxyde lui-même fond et la litharge, ainsi formée, s'écoule par la porte *p'*. Quant à l'argent fondu avec le plomb, il n'éprouve aucune altération et reste dans la coupelle. La fin de l'opération est annoncée par un phénomène connu sous le nom d'*éclair*. Au moment où les dernières portions de plomb s'oxydent, elles ne forment plus à la surface de l'argent qu'une pellicule irisée très-mince : cette pellicule s'amincit de plus en plus, se déchire et met à nu la surface brillante de l'argent, que maintenait incandescente la chaleur dégagée pendant l'oxydation du plomb. Dès que l'éclair s'est produit, on arrête le vent, on cesse de chauffer et on solidifie l'argent en versant sur lui de l'eau froide.

L'argent ainsi formé doit encore être affiné par une coupellation dans une coupelle en os calcinés, dont les parois absorbent la litharge fondue.

Quant aux litharges que donne la coupellation du plomb ar-

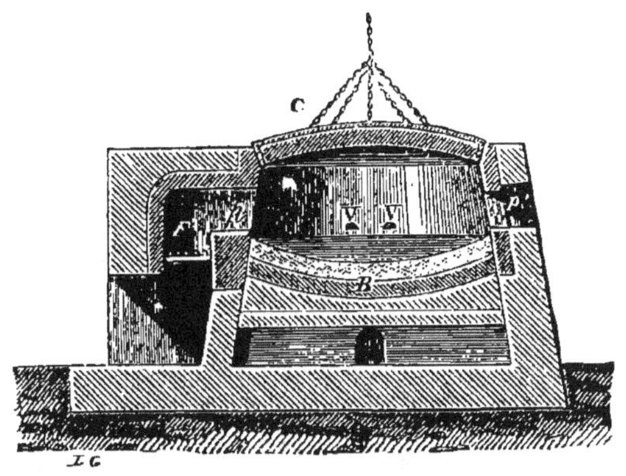

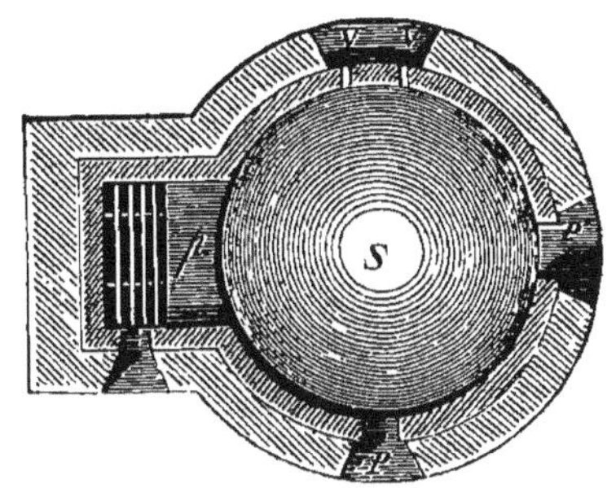

Fig. 207 et 208. — Coupellation du plomb d'œuvre.

gentifère, comme elles seraient en quantité trop grande pour la consommation, on les réduit par le charbon à l'état de plomb métallique.

458. **Usages du plomb.** — Le plomb est employé en feuilles minces pour la couverture des toits, pour les gouttières, pour garnir intérieurement les réservoirs où l'on conserve l'eau ordinaire. Ce que nous avons dit sur l'oxydation du plomb au contact de l'eau de pluie non aérée fera comprendre qu'il est important de ne pas employer, pour la préparation des aliments, l'eau de pluie conservée dans des réservoirs garnis de plomb : tous les sels de plomb étant vénéneux, l'emploi d'une pareille eau pourrait offrir les plus graves inconvénients. Nous citerons

aussi comme devant être abandonnées, pour la cuisson et la conservation des matières alimentaires, ces poteries vernissées dont on fait un fréquent usage. Nous avons vu que l'oxyde de plomb entrait dans la composition du vernis qui les recouvre ; ce vernis s'attaque facilement au contact des matières acides ou grasses que renferment les aliments, et donne lieu à la formation de sels de plomb, dont l'action toxique a déjà produit de nombreux accidents.

Le plomb est aussi employé à la fabrication de fils dont se servent les jardiniers : ces fils, moins oxydables que les fils de fer, ont une résistance suffisante pour l'usage auquel on les destine.

Le plomb entre dans l'alliage fusible avec lequel on fabrique les caractères d'imprimerie, dans la soudure des plombiers, dans l'alliage des mesures d'étain ; il sert à la fabrication des balles de fusil (il est coulé pour cela dans des moules à balles), à la fabrication du *plomb de chasse*.

On emploie pour ce dernier du plomb auquel on allie de 0,3 à 0,8 pour 100 d'arsenic. L'addition de cette petite quantité d'arsenic donne au plomb la propriété de former des gouttelettes parfaitement sphériques. On se sert pour sa fabrication d'écumoires en tôle percées d'ouvertures plus ou moins grandes ; on y verse le plomb fondu par petites quantités ; il passe à travers les trous sous forme de gouttes. On doit laisser tomber ces gouttes d'une grande hauteur afin qu'elles puissent se solidifier pendant leur chute ; elles sont recueillies dans un réservoir d'eau. On se place pour cette opération en haut de vieilles tours en ruines ou sur le bord d'un puits de mine. Les grains sont ensuite triés dans des cribles à trous ronds, et mis à tourner dans des tonneaux avec un peu de plombagine qui leur donne du lustre.

Le plomb est aussi employé à la fabrication des tuyaux qui servent à la conduite des eaux et du gaz de l'éclairage. Pour cela, à l'aide d'une presse hydraulique, on comprime le métal fondu dans un moule annulaire, où il prend les dimensions voulues, et à l'extrémité duquel il sort, d'une manière continue, sous forme de tuyau fabriqué que l'on enroule au fur et à mesure.

PRINCIPAUX COMPOSÉS DU PLOMB.

459. Outre les oxydes de plomb dont nous avons indiqué plus haut la fabrication et les usages, nous citerons le carbonate de plomb, ou *céruse*, ou *blanc de plomb*, qui sert en peinture ; le chromate de plomb ou *jaune de chrome*, que l'on prépare en précipitant un sel soluble de plomb par le chromate de potasse ; les acétates de plomb employés à la fabrication de la céruse, du jaune de chrome, etc. L'extrait de saturne ou *eau blanche* est un mélange d'acétate sesquibasique et d'acétate tribasique de plomb.

460. **Céruse ou carbonate de plomb.** — Nous donnerons quelques détails sur la céruse à cause de l'importance de ce sel.

La céruse, appelée aussi *blanc de plomb*, se fabrique par deux procédés qui sont fondés tous les deux sur la propriété que l'acide carbonique a de former, dans l'acétate basique de plomb, un précipité de carbonate de plomb.

461. **Procédé hollandais.** — Le procédé le plus ancien, dit *procédé hollandais,* consiste à exposer des lames de plomb, à la température de 35 à 40 degrés, à l'action simultanée de l'air, de l'acide carbonique et des vapeurs de vinaigre (acide acétique). Le plomb s'oxyde sous l'influence de l'air ; l'oxyde produit (PbO) forme avec les vapeurs de vinaigre de l'acétate de plomb qui est décomposé par l'acide carbonique et transformé par lui en carbonate de plomb. Dans ce procédé, l'acide carbonique et la chaleur sont fournis par la fermentation du fumier.

A cet effet, des lames de plomb roulées en spirales sont placées verticalement dans des pots qui portent, un peu au-dessus du fond, une saillie intérieure destinée à les recevoir et à les maintenir suspendues au-dessus d'une couche d'acide acétique qui se trouve au fond des pots. Ces pots sont placés par rangées ou superposés dans des fosses en maçonnerie ; ils sont grossièrement fermés par des lames de plomb *d* (fig. 209) ; sur chaque rangée de pots est disposé un plancher *g,f*, sur lequel repose une couche de fumier *b*.

La fermentation du fumier échauffe la masse, vaporise l'acide acétique dont les vapeurs transforment les lames de plomb en acétate ; mais en même temps cette fermentation produit de l'acide carbonique qui, pénétrant dans les pots, y décompose l'acétate et le transforme en carbonate. Au bout de vingt ou trente jours, l'opération est terminée, les lames de plomb sont couvertes presque entièrement d'écailles blanches et dures de carbonate de plomb adhérentes aux parties du métal qui n'ont pas été transformées.

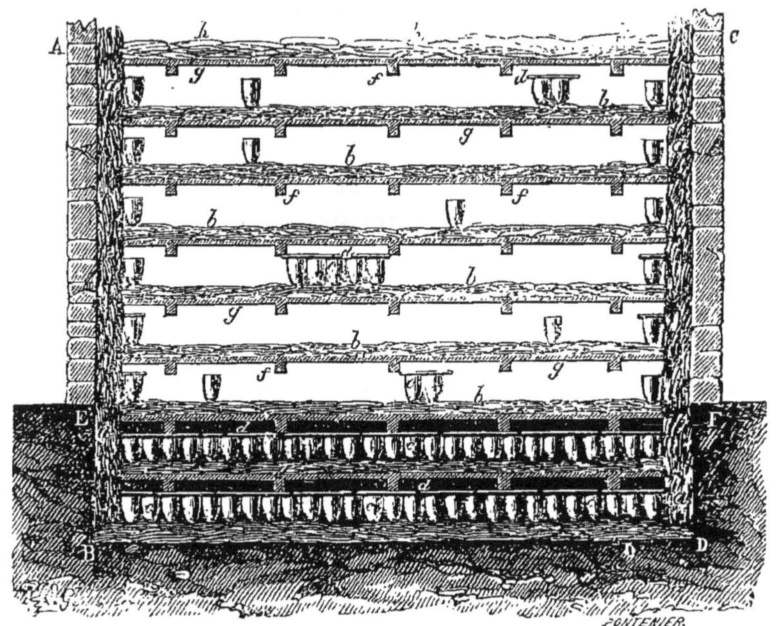

Fig. 209. — Fabrication de la céruse (Procédé hollandais).

Les lames sont soumises à l'opération du battage, qui a pour but de séparer les écailles des parties du métal non attaquées. Ce travail, qui est très-insalubre à cause de l'action toxique des sels de plomb, se fait maintenant dans des appareils clos où il s'opère mécaniquement. Les écailles ainsi séparées sont broyées à l'eau dans des moulins; la pâte formée est ensuite portée dans des séchoirs.

462. **Procédé de Clichy.** — Le procédé de Clichy, inventé par Thénard, consiste à faire passer un courant d'acide carbonique dans une dissolution d'acétate *tribasique* de plomb obtenu en faisant réagir à une température douce l'acide acétique sur la litharge. L'acide carbonique s'empare d'une partie de l'oxyde de plomb combiné à l'acide acétique, et forme du carbonate de plomb qui se précipite ; il est séparé par décantation, puis lavé

et séché. Quant à l'acétate neutre de plomb que contient maintenant la liqueur, il est mis à digérer avec de la litharge; l'acétate tribasique se régénère et peut être soumis à une nouvelle opération.

463. **Propriétés et usages de la céruse.** — La céruse est blanche, insipide, insoluble dans l'eau pure et légèrement soluble dans l'eau chargée d'acide carbonique; soumise avec précaution à l'action de la chaleur, elle laisse comme résidu du minium mélangé à un peu de protoxyde jaune et de carbonate non décomposé. C'est la *mine orange* qui se divise plus facilement que le minium rouge et qui, par suite, est plus estimée que lui [1].

La céruse délayée dans l'huile forme une peinture blanche très-employée qui *couvre* les surfaces mieux que le blanc de zinc, mais qui noircit, au contact des vapeurs sulfureuses, par suite de sa transformation en sulfure de plomb noir.

Le blanc de céruse s'emploie rarement seul. On adoucit ordinairement sa teinte trop vive par une petite quantité de noir ou d'autre couleur; on le mêle également à la plupart des couleurs, soit pour leur donner du liant et les rendre plus siccatives, soit pour les amener au ton désiré. Concurremment avec le sulfate de plomb, il sert à donner aux cartes de visite l'aspect brillant de la porcelaine. La carte est recouverte d'une couche du mélange des deux sels et soumise ensuite au frottement d'un cylindre d'acier poli.

CUIVRE.

Symbole, Cu. — Équivalent, 31,75.

464. **Propriétés physiques et chimiques.** — Le cuivre a été connu et mis en œuvre dès l'antiquité la plus reculée; il est, après le fer, le métal le plus employé dans les arts.

Le cuivre est rouge; lorsqu'il est frotté, il communique aux doigts une odeur fort désagréable et nauséabonde. Il est très-malléable et très-ductile. Sa densité varie entre 8,8 et 8,9. Il

1 La céruse est souvent falsifiée avec du sulfate de baryte et de la craie ou carbonate de chaux. Pour reconnaître cette falsification, on traite la céruse par l'acide azotique; le sulfate de baryte est insoluble dans cet acide, et reste comme résidu : quant à la céruse, elle se dissout, et si elle contenait du carbonate de chaux, celui-ci se dissoudrait aussi, et se transformerait en azotate de chaux. La liqueur débar-

fond vers 1150 degrés; à une température plus élevée, il émet des vapeurs qui brûlent à l'air avec une flamme verte.

Chauffé à l'air, le cuivre y brûle avec facilité; il se forme de l'oxyde noir de cuivre (CuO) si l'oxygène est en excès, et, dans le cas contraire, du sous-oxyde rouge (Cu^2O).

Exposé à l'air humide, le cuivre se recouvre d'une couche superficielle d'hydro-carbonate de cuivre vert qui le protége contre l'oxydation ultérieure; cette substance est appelée *vert-de-gris :* c'est elle qui se forme à la surface des statues de bronze exposées à l'air humide et que les antiquaires désignent sous le nom de *patine antique.*

Le cuivre ne décompose l'eau ni à froid ni en présence des acides, à une température élevée.

L'acide azotique est décomposé par lui et le transforme en azotate de cuivre avec dégagement de bioxyde d'azote; l'acide sulfurique concentré chauffé au contact du cuivre le transforme en sulfate de cuivre et dégage de l'acide sulfureux; l'acide chlorhydrique ne l'attaque que difficilement.

Sous l'influence des acides les plus faibles ou sous celle des corps gras acides, le cuivre s'oxyde rapidement à l'air; cette oxydation facile, jointe à l'action toxique qu'exercent les sels de cuivre sur l'économie animale, rend très-dangereuse la conservation des aliments dans des vases de cuivre au contact de l'air. Nous avons vu qu'on évite cet inconvénient par l'étamage.

EXTRACTION DU CUIVRE.

465. Le cuivre se rencontre dans la nature à l'état de cuivre métallique ou natif; il existe à l'état de sous-oxyde ou de carbonate, comme au Pérou, au Chili, dans les monts Ourals et à Chessy, près de Lyon. Mais ses minerais les plus abondants sont le sous-sulfure de cuivre (Cu^2S) et le sulfure double de cuivre et de fer ($Cu^2S + Fe^2S^3$) ou *pyrite cuivreuse*, que l'on rencontre en Allemagne, au Mexique, au Chili.

Les minerais qui contiennent le cuivre à l'état d'oxyde ou de

rassée par filtration du sulfate de baryte est traitée par l'hydrogène sulfuré, qui précipite le plomb à l'état de sulfure : la liqueur filtrée donne avec l'oxalate d'ammoniaque un précipité blanc d'oxalate de chaux, qui ne se produirait pas si la céruse ne contenait pas de carbonate de chaux.

carbonate sont d'un traitement très-facile : on les réduit en les chauffant avec le charbon.

Quant aux pyrites cuivreuses, elles exigent un traitement plus long dont nous n'indiquerons que les points principaux.

466. Ce traitement, qui a pour but l'élimination du soufre et du fer, repose sur les principes suivants :

1° Quand on grille la pyrite, une partie du soufre se transforme en acide sulfureux qui se dégage, et les portions de métal que le soufre abandonne se transforment elles-mêmes en oxydes. En Angleterre, le grillage s'effectue sur la sole d'un fourneau à

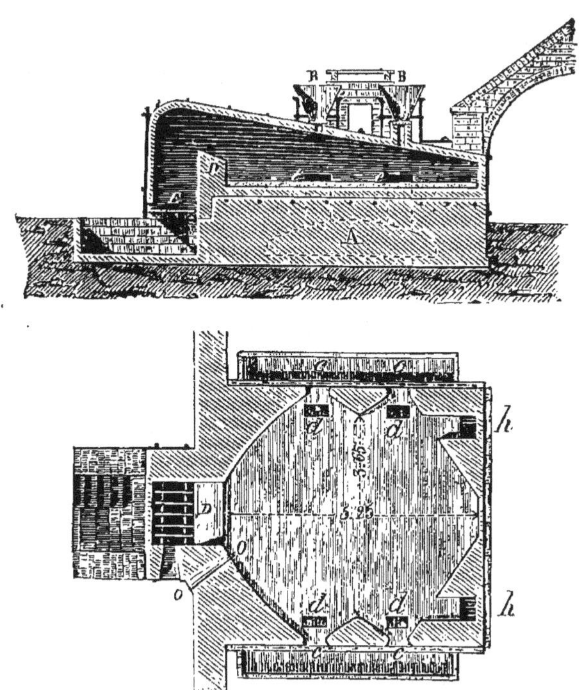

Fig. 210 et 211. — Métallurgie du cuivre.

réverbère (fig. 210 et 211) ; les trémies B servent à l'introduction du minerai.

2° Si l'on vient alors à fondre dans un fourneau à réverbère le produit résultant du grillage que nous venons de décrire, voici ce qui se passe : l'affinité du cuivre pour le soufre étant supérieure à celle du fer, et d'autre part celle du fer pour l'oxygène étant supérieure à celle du cuivre, l'oxyde de cuivre qui s'est formé dans le grillage, et qui se trouve en contact à une haute température avec le sulfure de fer du minerai et la silice de la gangue, prend à ce sulfure de fer son soufre, lui cède son oxy-

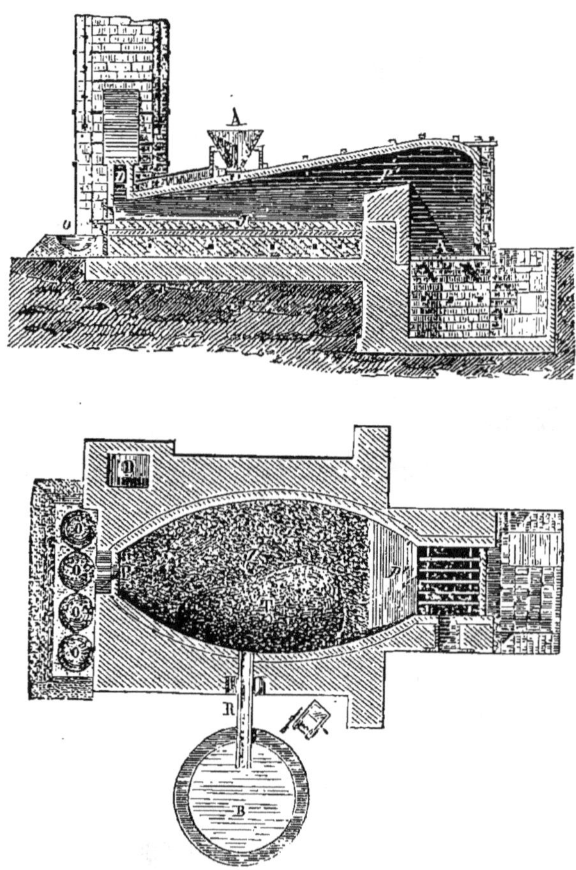

Fig. 212 et 213. — Métallurgie du cuivre.

gène, et de ce double échange résultent du sulfure de cuivre et de l'oxyde de fer; ce dernier, en même temps que celui qui s'est formé pendant le grillage, forme avec la silice un silicate de fer très-fusible, qui se sépare sous forme de scories. On a ainsi éliminé une partie du fer et obtenu du sulfure de cuivre beaucoup plus riche en cuivre et plus pauvre en fer et en soufre. On donne à ce produit le nom de *matte bronze*. Elle constitue un véritable ninerai plus riche en cuivre que le minerai primitif. La fusion lont nous venons de parler s'opère dans des fourneaux à réverbère semblables à celui que représentent les fig. 212 et 213. On voit en O des moules en sable où s'écoule la scorie; la rigole R amène la masse fondue dans un bassin B ; pendant le travail, l'entrée de cette rigole est bouchée avec un tampon d'argile que l'on enlève lorsque les réactions précédentes sont accomplies.

La matte bronze est de nouveau grillée, puis on la fond pour lui enlever encore du fer et isoler de plus en plus le sulfure de cuivre. On obtient ainsi une seconde matte appelée *matte blanche*, qui est du sous-sulfure de cuivre à peu près exempt de fer et contenant 73 p. 100 de cuivre.

Cette matte blanche elle-même, grillée et fondue dans un four à réverbère au contact de minerais oxydés et exempts de sulfure, donne du cuivre brut. Pendant le grillage une partie du cuivre s'oxyde, et pendant la fusion l'oxygène de cet oxyde transforme en acide sulfureux le soufre du sulfure qui ne s'est pas oxydé, et c'est ce cuivre abandonné, d'une part par l'oxygène, d'autre part par le soufre, qui fournit le cuivre brut.

Enfin, ce cuivre brut est affiné dans un four à réverbère. Sous l'action oxydante de l'air, tous les métaux étrangers s'oxydent ainsi qu'une portion de cuivre, et forment avec la silice de la

Fig. 214. — Métallurgie du cuivre.

sole du fourneau une scorie très-fusible riche en sous-oxyde de cuivre; on enlève la scorie et on obtient du cuivre dit *cuivre rosette*.

Ce cuivre, qui contient un peu d'oxyde, est cassant; pour le rendre malléable, on le fond avec du charbon et on brasse la matière fondue avec des branches de bois vert. En se décomposant le bois vert donne des gaz qui font bouillonner la masse et

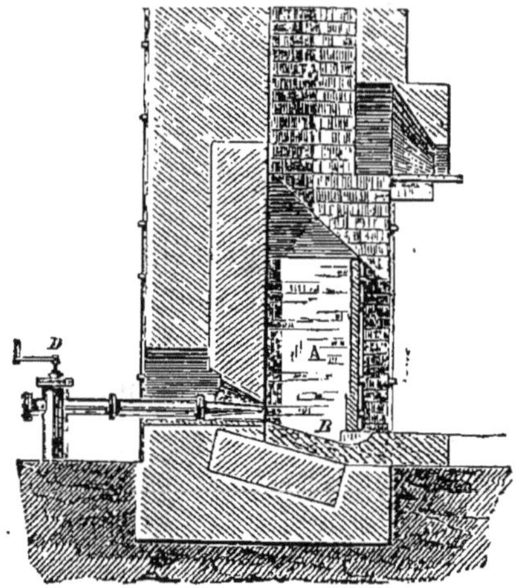

Fig. 215. — Métallurgie du cuivre.

accélèrent son affinage en mettant toutes ses parties au contact du charbon.

467. Tel est le procédé d'extraction du cuivre suivi en Angle-

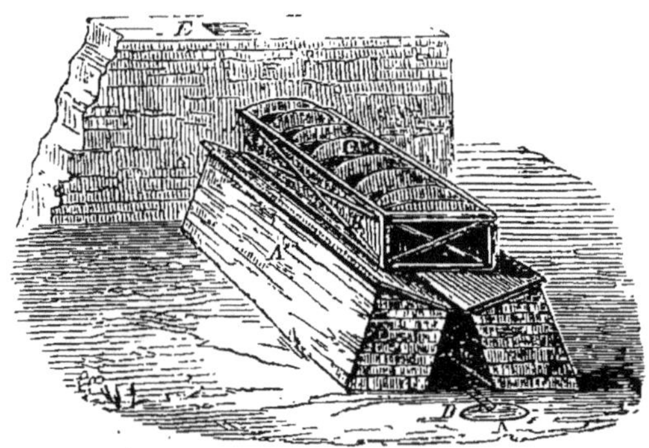

Fig. 216. — Liquation du cuivre argentifère.

terre ; ce pays fournit à lui seul plus de la moitié du métal employé dans l'industrie. Dans d'autres pays on suit des procédés qui reposent sur des réactions semblables. Ces procédés sont plus longs ; ils emploient des appareils un peu différents.

Le grillage se fait à l'air *entre murs*. On voit sur la figure 214 des espèces de stalles dans lesquelles on met le minerai et le combustible.

La fusion des mattes se fait dans des fourneaux à manche comme ceux que représente la figure 215.

468. **Liquidation du cuivre argentifère.** — Quand les minerais de cuivre sont *argentifères*, tout l'argent se retrouve dans le cuivre brut; on l'en extrait de la manière suivante : on mêle au cuivre fondu une certaine quantité de plomb et on refroidit brusquement l'alliage coulé en disques. Ces disques C (fig. 216) sont placés entre des plaques de tôle B reposant sur des plaques de fonte légèrement inclinées et laissant entre elles un petit intervalle. On verse du charbon de bois entre les disques et on allume au-dessous un peu de bois. Les disques s'échauffent, le plomb fond et entraine avec lui l'argent; les deux métaux coulent dans le bassin D; l'argent sera extrait de cet alliage par coupellation.

Quant au cuivre tout crevassé dont se composent maintenant les disques, il est soumis, dans un *four dit de ressuage,* à une température plus élevée qui sépare complétement le plomb; il est ensuite affiné.

469. **Usages du cuivre.** — Le cuivre sert à faire des alambics, des chaudières et des ustensiles de cuisine; à l'état de feuilles minces, il sert au doublage des vaisseaux. Mais dans la plupart des cas les arts et l'industrie l'emploient à l'état d'alliage.

470. **Laiton.** — Allié avec le zinc, il constitue le *laiton* ou cuivre jaune avec lequel on fabrique un si grand nombre d'objets usuels. Quand il est pur, le laiton convient à la fabrication du fil et des épingles, et supporte très-bien le laminage et le choc du marteau. Il a le défaut d'empâter les outils, défaut que l'on corrige par une addition de plomb ou d'étain. Il se prête alors facilement aux travaux de tour, peut être scié et foré.

Les laitons connus sous le nom d'*or de Manheim, de Corse, similor, tombac, métal du prince Robert, chrysocale, pinchbeck*, renferment tous un peu d'étain, et ne diffèrent entre eux que par les proportions de leurs éléments.

On fabrique le laiton en fondant dans des creusets de terre réfractaire les métaux qui doivent entrer dans sa composition.

Certains objets en laiton doivent être étamés, sans quoi ils se recouvriraient de vert-de-gris; tels sont les boutons et les épingles. Pour les étamer, après les avoir décapés en les maintenant pendant une demi-heure dans une dissolution de crème de tartre, on les fait bouillir pendant une heure avec de l'eau, de l'étain en grenaille et un excès de crème de tartre soluble.

471. **Bronze.** — Le *bronze* est un alliage de cuivre et d'étain ; il est employé à la fabrication des canons, des statues, des cloches, timbales, cymbales et tam-tams, des médailles et monnaies de cuivre.

472. **Maillechort.** — On emploie à la fabrication des théières, des couverts, des gobelets, etc., un alliage de cuivre, de zinc et de nickel appelé *Maillechort*, qui est remarquable par sa densité très-grande et sa faible altérabilité à l'air.

473. **Bronze d'aluminium.**— Nous citerons encore le bronze d'aluminium, dont on doit la découverte à M. Debray, et qui est un alliage composé de 10 parties d'aluminium et de 90 parties de cuivre possédant une densité supérieure à celle du bronze ordinaire ; il se travaille à chaud plus facilement que le meilleur fer doux. Il a une couleur jaune qui le fait confondre facilement avec l'or ; il est employé maintenant en assez grande quantité pour la fabrication d'un grand nombre d'objets, chaînes de montre, boutons de manches, boîtes de montre, cuillers, fourchettes, etc....

PRINCIPAUX COMPOSÉS DU CUIVRE.

474. Les sels de cuivre ont en général une couleur bleue ou verte. Nous citerons les carbonates naturels de cuivre. Il y en a deux : l'un, appelé *malachite*, sert à la fabrication ou à la décoration d'objets d'art ; l'autre, appelé *cuivre azuré*, *azur de cuivre*, *bleu de montagne*, est employé dans la peinture.

Le *verdet*, ou acétate de cuivre, est employé en teinture ; l'azotate de cuivre est d'un usage très-fréquent dans les fabriques d'indiennes.

475. Mais le plus important des sels de cuivre est le sulfate de cuivre ou *vitriol bleu*, *vitriol de Vénus*, *vitriol de Chypre*, *couperose bleue* ($CuO,SO^3 + 5HO$).

La plus grande partie du sulfate de cuivre livré au commerce s'obtient en grillant à l'air des sulfures de cuivre, en lessivant ensuite le résidu de ce grillage, qui a transformé le sulfure en sulfate, et faisant cristalliser les eaux de lavage.

On prépare aussi une grande quantité de sulfate de cuivre de la manière suivante. On prend de vieilles lames de cuivre hors d'usage, on les mouille et on les saupoudre de soufre. Ainsi préparées, elles sont exposées à une chaleur rouge qui les transforme partiellement en sulfure et en sulfate. Chaudes encore, elles sont plongées dans l'eau qui dissout le sulfate formé ; elles sont ensuite saupoudrées de soufre et soumises à un nouveau traitement. Quant à la dissolution du sulfate, elle est mise à cristalliser.

Enfin, on peut encore fabriquer le vitriol bleu en traitant directement des planures et des rognures de cuivre par l'acide sulfurique, qui, à chaud, les transforme en sulfate.

Le commerce connaît plusieurs sortes de vitriol bleu :

1° Le *vitriol de Chypre*, qui est presque pur ;

2° Le *vitriol mixte de Chypre*, qui est un mélange de sulfate de cuivre et de sulfate de zinc ;

3° Le *vitriol de Saltzbourg*, qui est un mélange de sulfate de cuivre obtenu en mélangeant et dissolvant des quantités déterminées de ces deux sels.

476. **Usages.** — Le sulfate de cuivre entre dans la composition de l'encre ; il sert fréquemment en teinture et dans le *chaulage* des blés.

CHAPITRE VII

MERCURE. — ARGENT. — OR ET PLATINE.

MERCURE.

Symbole, Hg. — Équivalent, 100.

477. **Propriétés physiques et chimiques.** — Le mercure est le seul métal liquide à la température ordinaire : il ne se congèle qu'à une température de 4° au-dessous de zéro. Il bout à 350°. Il est blanc et sa densité est 13,596.

A la température ordinaire, il s'altère peu à l'air, mais à la longue cependant il se recouvre d'une pellicule grisâtre de protoxyde, qui se dissout en partie dans le métal ; à la température de son ébullition, il s'oxyde facilement et se transforme en bioxyde rouge. Les acides étendus sont sans action sur lui : l'acide chlorhydrique concentré ne l'attaque, même pas à chaud; mais l'acide sulfurique et l'acide azotique l'attaquent ; le premier le transforme en sulfate, le second en azotate. Le mercure forme des amalgames avec presque tous les métaux, aussi doit-on surtout préserver de son action les objets d'or et d'argent (montres, bagues, etc.). Le fer, le platine et l'aluminium ne s'allient pas au mercure, et résistent à son action.

Les vapeurs mercurielles ont une action lente, mais fort délétère sur l'économie animale, et donnent lieu à des tremblements et à des salivations abondantes chez les hommes qui manient souvent ce métal.

478. **Extraction du mercure.** — Le règne minéral renferme un certain nombre de combinaisons mercurielles; le mercure s'y trouve à l'état métallique, à l'état de chlorure, d'iodure, etc... ; mais le seul minerai exploité est le sulfure de mercure ou *cinabre*; ce minerai est composé, en proportions variables, de mercure métallique, ou *mercure coulant*, et de mercure sulfuré. Les mines les plus célèbres sont celles d'Almaden et d'Almadenejos, sur les confins de la province de Cordoue, en Espagne; celles d'Idria, en Illyrie, et du duché de Deux-Ponts, en Bavière.

479. A Almaden et à Idria, on extrait le mercure par grillage et par distillation. Le soufre du cinabre se transforme en acide sulfureux et le mercure distille ; sa vapeur se liquéfie dans des appareils de condensation. Les figures 217 et 218 représentent l'appareil employé à Almaden. Il comprend deux parties distinctes, l'appareil de grillage et l'appareil de condensation.

L'appareil de grillage se compose d'un cylindre en briques CD, coupé, aux deux tiers de sa hauteur environ, par une voûte F percée d'ouvertures. Un peu au-dessus de cette voûte s'ouvre une porte D destinée à la charge du minerai, charge que l'on peut achever par l'ouverture située au sommet. Au-dessous de F est le foyer C : on y brûle des fagots, dont la flamme chauffe le minerai et produit l'appel d'air nécessaire au grillage.

A la partie supérieure E, le fourneau se divise en douze arches dont chacune correspond à une série d'allonges O, O en terre, emboîtées les unes dans les autres, et désignées sous le nom d'*aludels*. Ces aludels sont disposés sur une terrasse à dou-

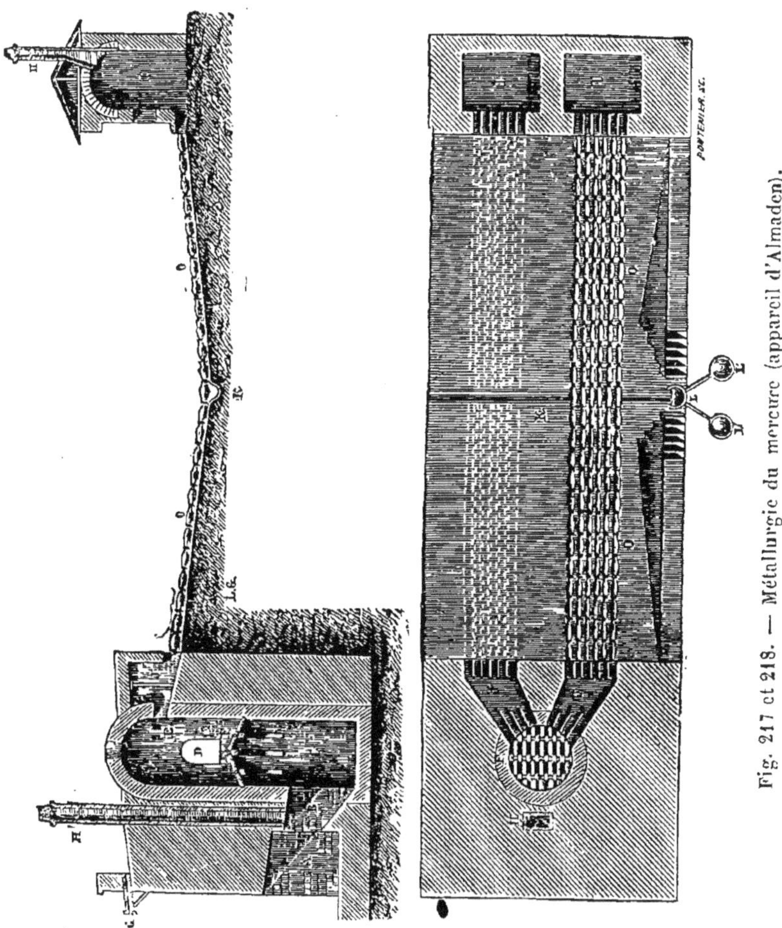
Fig. 217 et 218. — Métallurgie du mercure (appareil d'Almaden).

ble inclinaison, au milieu de laquelle se trouve une rigole K destinée à recueillir le mercure qui peut s'échapper par les jointures. La condensation du mercure volatilisé en D s'effectue en grande partie dans les douze séries d'aludels et s'achève dans une chambre en maçonnerie où se rendent les vapeurs qui ont échappé à la condensation : cette chambre est surmontée d'une cheminée d'appel H.

480. A Idria l'appareil est différent, mais le principe et le procédé d'extraction restent les mêmes.

Le four où s'effectue le grillage a la forme d'une pyramide renversée, divisée en trois compartiments, E, *f*, *g* (fig. 219

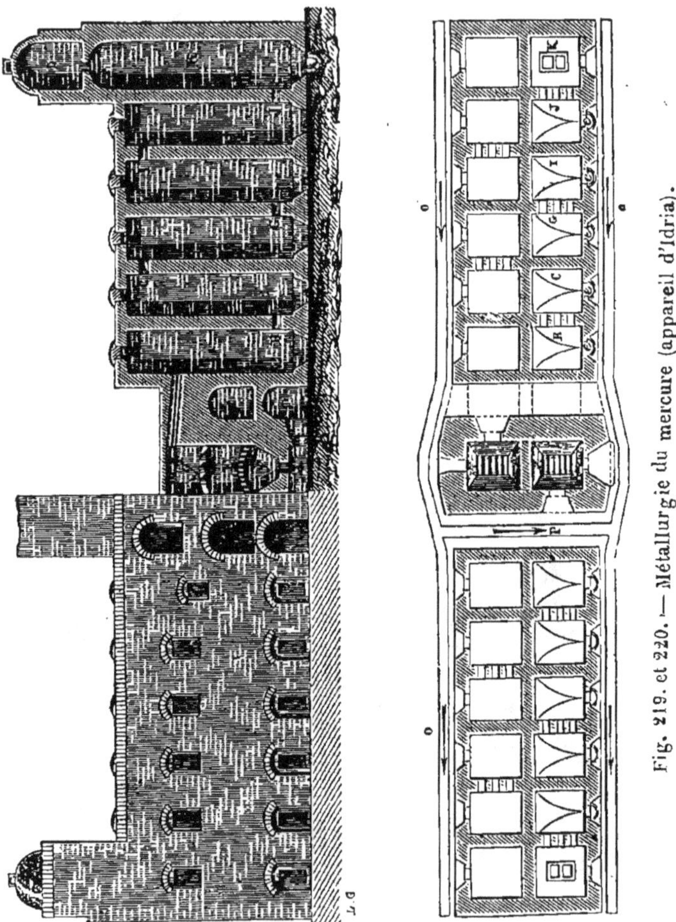

Fig. 219 et 220. — Métallurgie du mercure (appareil d'Idria).

et 220) par deux voûtes formées de briques laissant entre elles des interstices. Les gros morceaux de minerai sont placés sur la voûte inférieure, dans le compartiment E; les poussières, renfermées dans des espèces de *cazettes*, sont placées sur la voûte supérieure. Le feu est allumé en *f*. Le minerai se grille ; son soufre se transforme en acide sulfureux, et le mercure distille.

La vapeur se rend dans l'appareil de condensation, qui est composé de chambres en maçonnerie, dont les ouvertures de communication sont alternativement en haut et en bas des parois, de manière à forcer la vapeur à serpenter et, par conséquent, à suivre un plus long parcours. Le mercure est recueilli direc-

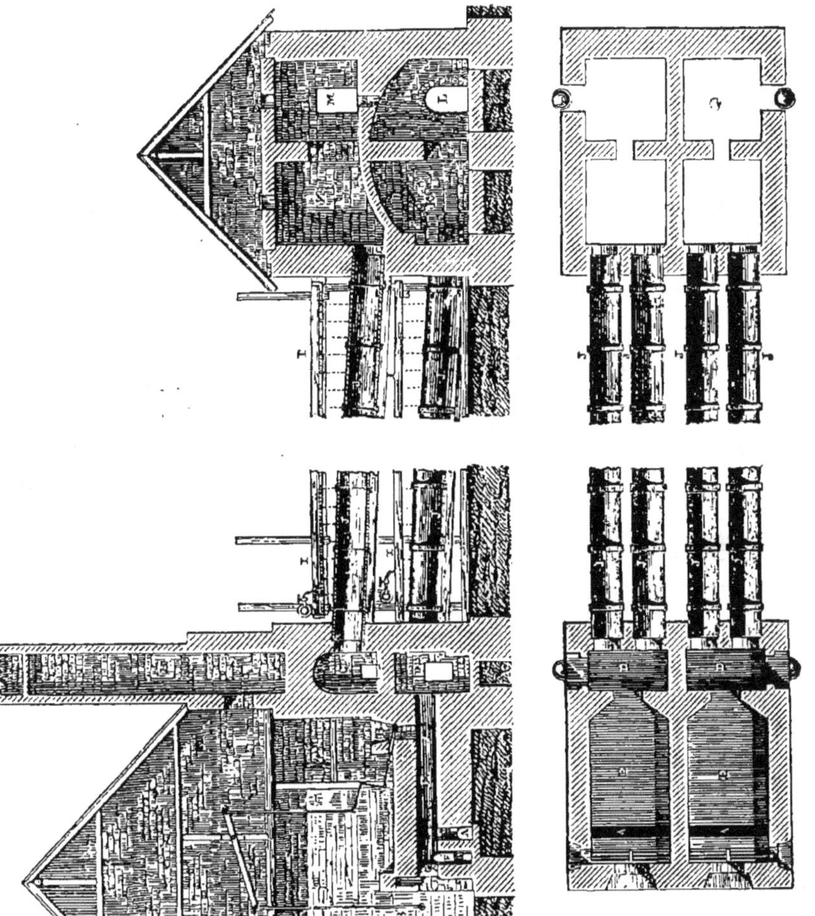

Fig. 221 et 222. — Métallurgie du mercure (appareil d'Idria).

tement dans des bassins de réception placés à la sortie de chaque chambre de condensation.

481. Ces appareils présentent l'inconvénient d'être intermittents, puisqu'il faut, tous les trois jours, arrêter le feu pour décharger le four et le recharger. Ils sont maintenant remplacés par des appareils continus, dits *fours à flamme*.

La sole où se fait le grillage est en E (fig. 221 et 222), le foyer en F ; B est une trémie par laquelle se charge le minerai, A une cave dans laquelle on fait tomber les résidus. Le four E communique avec une chambre de condensation D, dans laquelle s'emboîtent deux larges tuyaux en fonte J, J, légèrement inclinés, qui vont déboucher dans une chambre de condensation K ; les vapeurs passent de K en L, puis en M et N ; de N elles passent dans des tubes J, J, qui sont inclinés aussi vers N, de manière que le mercure condensé puisse s'écouler : ces tubes débouchent dans une dernière chambre de condensation C, qui communique avec la cheminée d'appel H.

482. Dans quelques petites exploitations, comme celle du duché de Deux-Ponts, on ne grille pas dans un courant d'air le minerai dont la gangue est calcaire, mais on le distille dans des cornues. Alors le soufre du minerai se combine avec le calcium et l'oxygène de la chaux, pour former du sulfure de calcium et du sulfate de chaux ; quant au mercure devenu libre, il distille. La figure 223 représente les appareils autrefois employés. En A sont des cornues en fonte où est chargé le minerai, en B des récipients en terre destinés à la condensation du mercure.

Fig. 223. — Distillation du cinabre.

483. Ces appareils sont maintenant remplacés par ceux que montrent les figures 224 et 225 : A sont des cornues cylindriques en fonte, disposées dans un four à réverbère : on y charge le minerai en enlevant un disque mobile placé à la partie postérieure ; après la charge, ce disque est luté avec soin : la partie antérieure est fermée par un disque fixe dans lequel s'emboîte un tuyau D, qui vient plonger d'un centimètre dans l'eau d'un réservoir C, lui-même plongé dans une bâche E pleine d'eau froide. Le mercure, mis en liberté par la réaction exposée plus haut, distille et se condense en C.

484. **Usages du mercure.** — Le mercure est employé en

physique à la construction des baromètres, des thermomètres, des manomètres; en chimie, on l'emploie à remplir des cuves sur lesquelles on recueille les gaz solubles dans l'eau. La plus grande partie du mercure retiré du cinabre sert à l'extraction de l'or et de l'argent.

485. **Étamage des glaces.** — Il est aussi employé à l'étamage des glaces. Cette opération consiste à recouvrir l'une des

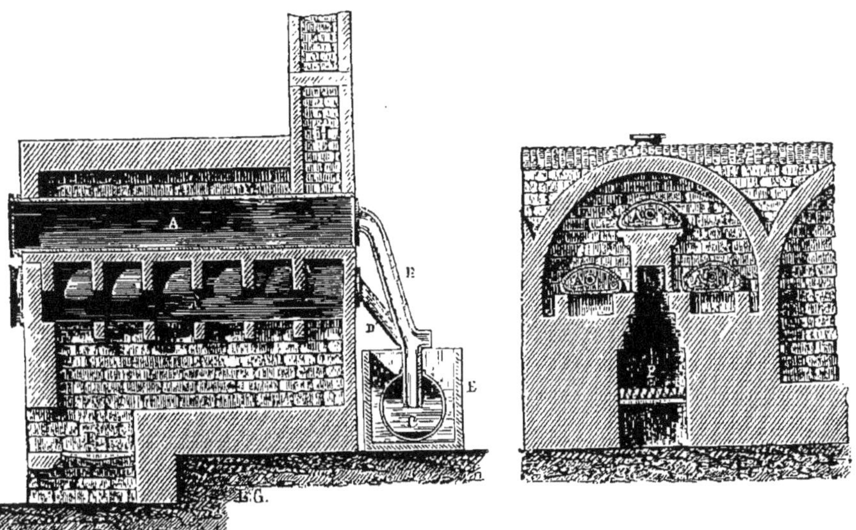

Fig. 224 et 225. — Distillation du cinabre.

faces d'une lame de verre d'un alliage métallique (amalgame d'étain), qui la transforme en miroir par la propriété qu'il a de réfléchir la lumière. Voici comment s'exécute cette opération.

La lame de verre, lorsqu'elle sort de la verrerie, est rugueuse; on la polit d'abord avec du grès grossier au moyen d'une autre glace de plus petites dimensions, puis avec de l'émeri, et enfin avec du colcothar délayé dans l'eau.

Alors, sur une table de marbre bien dressée, encadrée de bois et entourée de rigoles, on étend une feuille d'étain battue, à la surface de laquelle on promène, à l'aide d'une patte de lièvre, une petite quantité de mercure. On verse ensuite sur toute la feuille une couche de mercure de 4 à 5 millimètres d'épais-

19.

seur. Puis, plaçant la glace sur l'une des extrémités de la feuille d'étain, on la fait glisser sur elle de manière que les bords poussent devant eux le mercure en excès, qui s'écoule par les rigoles pratiquées dans la table. La glace, en se transportant parallèlement à elle-même, a chassé une grande partie du mercure sans laisser aucun vide entre elle et la lame d'étain, et toutes les impuretés du mercure qui se trouvent à sa surface sont ainsi expulsées. Lorsque la glace recouvre exactement la couche de mercure, on la charge de blocs en plâtre et on la laisse sous cette pression pendant quinze à vingt jours. Pendant ce temps, les deux métaux s'allient, et lorsqu'on relève la glace, l'amalgame adhère à sa surface.

PRINCIPAUX COMPOSÉS DU MERCURE.

486. Parmi les composés du mercure susceptibles d'applications pratiques, nous citerons le sulfure de mercure ou cinabre, qui est employé sous le nom de *vermillon*. Les Hollandais ont eu longtemps le monopole de sa fabrication. On peut le fabriquer par voie sèche ou par voie humide. Voici un des procédés par voie sèche : on mélange 85 parties de mercure et 15 parties de soufre, en les faisant tourner pendant trois ou quatre heures dans un tonneau en bois. Lorsque la masse est homogène, on l'introduit dans des vases en fonte que l'on chauffe ; le sulfure de mercure formé se sublime.

Par voie humide, on met digérer le mélange de soufre et de mercure avec une dissolution de potasse à 50° ; au bout de quelques heures il se forme un précipité d'une belle couleur rouge.

M. Brunner indique, pour cette préparation, les proportions suivantes :

Mercure	300
Soufre	114
Potasse	75
Eau	400

Le vermillon du commerce est souvent falsifié avec des matières rouges et même blanches de moindre valeur, telles que le minium, le sulfure d'arsenic ou réalgar, le colcothar, la brique, etc. Le sulfure de mercure étant volatil, le bon vermillon ne doit laisser aucun résidu quand on le chauffe au rouge dans une cuiller de fer ; sa nuance ne doit pas changer lorsqu'on le traite par l'acide azotique, et il ne doit pas colorer l'esprit-de-vin bouillant.

Les peintres font un grand usage du vermillon ; il est aussi employé à colorer en rouge les cires à cacheter de belle qualité.

487. Nous citerons encore le protochlorure de mercure ou *calomel*, ou mercure doux (Hg^2Cl), et le bichlorure ou *sublimé corrosif* ($HgCl$). Le calomel est employé en médecine ; le sublimé corrosif, qui est un poison très-énergique, sert à assurer la conservation des pièces d'anatomie, des objets d'histoire naturelle. Plongées dans une dissolution aqueuse ou alcoolique de sublimé corrosif, les matières organiques y acquièrent une grande dureté ; elles deviennent imputrescibles et inattaquables par les insectes et par les agents atmosphériques.

Les azotates de mercure, celui de protoxyde et celui de bioxyde, sont employés en solution par les ouvriers chapeliers sous le nom d'*eau-forte des chapeliers* ; ils servent au sécrétage des poils de lapin et de lièvre destinés à la fabrication des chapeaux ; le sécrétage a pour but de provoquer dans le poil une torsion, une crispation qui le rend plus apte au travail de la chapellerie.

ARGENT.

Symbole, Ag. — Équivalent, 108.

488. **Propriétés physiques et chimiques.** — L'argent est un métal connu de toute antiquité. Lorsqu'il est pur, il est le plus blanc de tous les métaux : il est susceptible de prendre un beau poli, et, sous ce rapport, il ne le cède guère qu'à l'acier. Après l'or, c'est le métal le plus malléable et le plus ductile ; avec un poids de 5 centigrammes d'argent, on a pu faire des fils de 130 mètres de longueur. Il est assez tenace. Sa densité est 10,5. Il fond à 1000° et, à une température très-élevée, il émet des vapeurs vertes.

Lorsqu'il est fondu, il a la propriété de dissoudre 22 fois son volume d'oxygène ; il laisse dégager ce gaz par le refroidissement. Lorsque le refroidissement est brusque, le gaz, en se dégageant, brise la couche extérieure qui se solidifie la première, et peut projeter un peu de métal au dehors, ou produire à sa surface des rugosités. On dit alors que l'argent *roche*.

L'argent a peu d'affinité pour l'oxygène, avec lequel il forme cependant trois oxydes, dont le plus important est celui qu'on désigne ordinairement sous le nom de protoxyde ; l'oxyde inférieur étant désigné par le nom de sous-oxyde. C'est là une dérogation aux règles de la nomenclature, dérogation dont nous avons déjà vu plusieurs exemples.

L'argent ne s'oxyde pas à l'air humide; il ne peut s'oxyder qu'à la température excessivement élevée que produit la flamme du chalumeau à hydrogène et oxygène.

L'acide azotique dissout l'argent ; l'acide sulfurique ne le dissout que s'il est concentré et bouillant; l'acide chlorhydrique l'attaque à peine. L'acide sulfhydrique le noircit rapidement, en produisant à sa surface du sulfure d'argent. C'est par la présence de l'acide sulfhydrique dans l'air que l'on doit expliquer que les objets en argent s'y noircissent à la longue. On leur rend facilement leur couleur et leur brillant en les frottant avec une toile fine légèrement imbibée d'une dissolution concentrée d'ammoniaque.

L'argent se ternit lorsqu'on le laisse en contact avec des chlorures alcalins, comme le sel marin, parce qu'il se forme à la surface une pellicule de chlorure d'argent. C'est pour cela qu'on doit laver l'intérieur des salières d'argent.

EXTRACTION DE L'ARGENT.

489. L'argent métallique est assez rare dans la nature ; on le rencontre cependant en Amérique, au lac Supérieur. Il se trouve ordinairement à l'état de sulfure double d'argent et d'arsenic, ou de sulfure double d'argent et d'antimoine, et aussi à l'état de chlorure, de bromure et d'iodure.

Il y a deux méthodes pour traiter les minerais d'argent ; elles consistent toutes deux à faire passer l'argent à l'état de chlorure que l'on dissout dans le chlorure de sodium, et à précipiter ensuite l'argent de cette dissolution à l'aide d'un métal plus chlorurable. On met ensuite la matière en contact avec le mercure qui s'allie à l'argent, et l'on obtient celui-ci comme résidu par distillation de l'amalgame.

Les deux méthodes, dont nous venons d'exposer le principe, diffèrent par les moyens employés.

490. **Méthode saxonne.** — La méthode suivante est appli-

quée à Freyberg, en Saxe, sur des minerais assez pauvres et formés de sulfure d'argent disséminé au milieu de pyrites de fer mélangées à un peu de pyrites cuivreuses.

Le minerai est d'abord concassé et soumis à un triage qui en sépare, autant que possible, le sulfure de plomb et le sulfure de cuivre. On y ajoute ensuite 10 pour 100 de sel marin, et on grille le mélange dans un four à réverbère. Le soufre des pyrites se transforme par le grillage en acide sulfureux et en acide sulfurique : ce dernier décompose le sel marin et forme du sulfate de soude; quant au chlore du sel marin décomposé, il s'unit à l'argent et forme du chlorure d'argent. Il se produit en même temps du sulfate de fer et de l'oxyde de fer.

Après le grillage, la masse est pulvérisée et portée à l'amalgamation. Cette opération se fait dans des tonnes où le minerai chloruré, préalablement humecté d'eau, se trouve soumis à l'action décomposante de lames de fer qui précipitent l'argent du chlorure; l'argent précipité s'allie au mercure que renferment aussi les tonnes.

Ces tonnes D (fig. 226 et 227), sont mobiles autour d'un axe horizontal porté sur deux tourillons; à leur extrémité se trouve

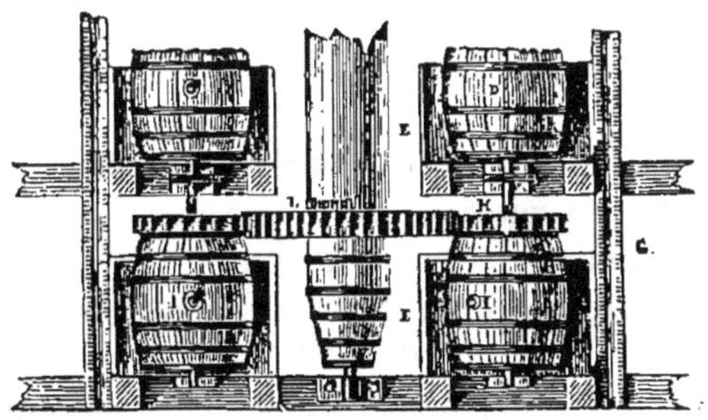

Fig. 226. — Métallurgie de l'argent (Méthode saxonne).

une roue dentée K, qui leur communique le mouvement qu'elle reçoit elle-même d'une roue L fixé sur l'arbre E. Au-dessus de chacune d'elles se trouve un bassin rectangulaire A, ouvert à la partie inférieure et se terminant par une manche goudronnée C, qui peut en conduire le contenu dans la tonne. Cette manche relevée et pliée à son extrémité, comme on le voit sur la gauche de la figure, sert en même temps à fermer le bassin A.

On met dans les caisses A le minerai chloruré et de l'eau; et après un contact de vingt-quatre heures, qui suffit, grâce à des agitations fréquentes de la masse, à opérer la dissolution du

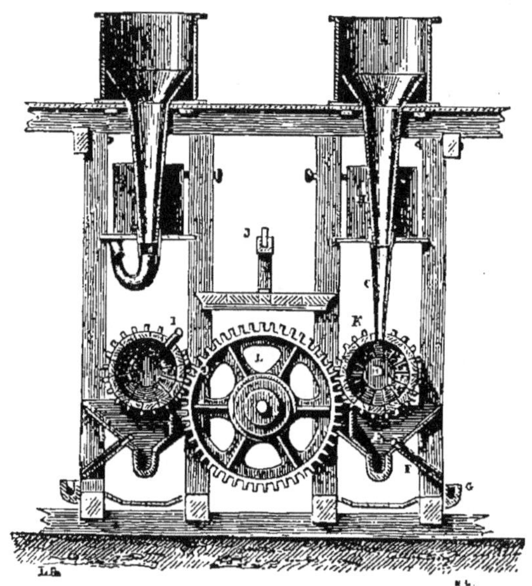

Fig. 227. — Métallurgie de l'argent (Méthode saxonne).

chlorure d'argent dans le chlorure de sodium, on laisse écouler le contenu de chaque caisse dans la tonne correspondante. Après une rotation de deux heures, on arrête chaque tonne et on y introduit du mercure et du fer en petites rondelles. On met l'appareil en mouvement pendant vingt heures; le fer réduit d'abord le chlorure d'argent, et l'argent s'allie au mercure. On débonde ensuite les tonnes et on fait écouler leur contenu dans les auges prismatiques E, qui sont au-dessous d'elles : l'amalgame va au fond, les boues surnagent et, après un repos de quelque temps, on les fait écouler dans la rigole G, par le conduit F.

L'amalgame recueilli est filtré à travers les sacs de toile qui laissent passer l'excès de mercure, puis il est distillé. L'appareil de distillation se compose de fourneaux en maçonnerie dont chacun porte à sa partie inférieure un tiroir A (fig. 228), roulant sur des galets, et dans lequel est disposée une cuvette cylindrique B en fonte : au milieu de cette cuvette, qui contient de l'eau, et qui est refroidie extérieurement par un courant d'eau froide, s'élève une espèce d'étagère D sur les plateaux de laquelle on dispose l'amalgame, et que l'on recouvre ensuite d'une cloche en fonte F plongeant dans l'eau de la cuvette ; enfin des portes en fonte I ferment chacun des fourneaux cylindriques. Le feu de charbon allumé dans chaque fourneau volatilise le mercure qui vient se condenser dans l'eau de la cuvette B.

L'argent qui reste sur le plateau de l'étagère contient encore 28 pour 100 de cuivre et 3 pour 100 de plomb : on lui fait subir

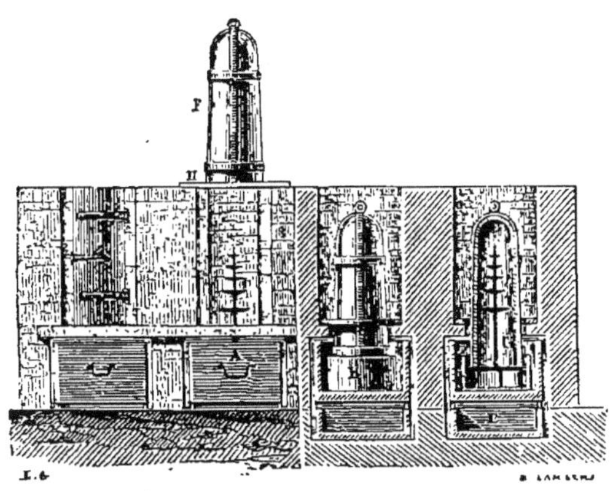

Fig. 228. — Distillation de l'amalgame d'argent.

plusieurs fusions à l'air jusqu'à ce qu'il ne contienne plus que 25 pour 100 de cuivre; il est alors livré au commerce au titre de 750 millièmes.

491. **Méthode américaine.** — Au Pérou, au Chili et au Mexique, les minerais sont encore plus pauvres qu'en Saxe et le combustible plus rare. Aussi est-ce à froid que l'on produit la chloruration du sulfure.

Pour cela, le minerai réduit en poudre impalpable, mouillé et mélangé à 2 ou 3 pour 100 de sel marin, est étendu sur une aire en pierre où on le fait piétiner par des mules. Quand le mélange est devenu intime, on ajoute une petite quantité de pyrite cuivreuse grillée (magistral), et on fait piétiner à nouveau. La pyrite grillée contient du sulfate de cuivre qui, au contact du sel marin, se transforme en chlorure de cuivre et donne naissance à du sulfate de soude. Le chlorure de cuivre, au contact du sulfure d'argent, donne du sulfure de cuivre et du chlorure d'argent qui se dissout dans l'excès de sel marin. On introduit une première portion de mercure qui, par le piétinement des mules, s'incorpore à la masse et, réagissant à la fois sur le chlore et sur l'argent, donne du chlorure de mercure et de l'amalgame d'argent. Des additions successives de mercure achèvent la transformation qui demande plusieurs mois. Au bout de ce temps, quand l'opération est terminée, on lave à grande eau, les matières salines et terreuses sont entraînées, l'amalgame seul reste. Il est soumis à la distillation dans un appareil analogue à celui que l'on emploie en Saxe.

492. **Usages de l'argent.** — L'argent, à l'état de pureté, est trop mou pour pouvoir être employé dans l'industrie. Mais, allié avec le cuivre, il a une densité qui permet de le faire servir à la fabrication des monnaies, des bijoux, des fourchettes et cuillers de table, de la vaisselle plate, etc.

On sait que le titre d'un alliage est le rapport qui existe entre le poids d'argent que contiennent 1000 parties d'alliage et 1000.

Voici les titres des principaux alliages d'argent :

Monnaies d'argent de France......	$\frac{900}{1000}$	(argent 900, cuivre 100).
Médailles........................	$\frac{950}{1000}$	(argent 950, cuivre 50).
Vaisselle et argenterie............	$\frac{950}{1000}$	(argent 950, cuivre 50).
Bijoux............................	$\frac{800}{1000}$	(argent 800, cuivre 200).

Comme il serait difficile d'obtenir toujours rigoureusement ces titres, la loi accorde une *tolérance* au-dessous et au-dessus du titre légal. Sa tolérance est de $\frac{2}{1000}$ au-dessus et au-dessous pour la monnaie et les médailles, de 5 au-dessous pour la bijouterie, la vaisselle et l'argenterie.

Les objets d'argent doivent tous porter un *contrôle* posé par l'administration après qu'elle a fait vérifier le titre. Lorsqu'une pièce fabriquée par un orfévre est au-dessous du titre légal, on la brise pour empêcher sa mise en circulation.

La détermination du titre de l'argent est effectuée dans des bureaux d'essai[1].

[1] « Deux méthodes sont employées pour effectuer ces essais :
« 1° *Méthode par coupellation.* — La méthode par coupellation est, en petit, le

PRINCIPAUX COMPOSÉS DE L'ARGENT.

493. **Azotate d'argent.** — Parmi les composés principaux de l'argent se trouve l'azotate d'argent, qui est employé en photographie pour donner lieu à la production de chlorure, bromure et iodure d'argent, substances sensibles à l'action de la lumière.

On peut préparer l'azotate d'argent en dissolvant l'argent pur dans l'acide azotique ; la liqueur concentrée donne par le refroidissement des lamelles incolores d'azotate d'argent.

Mais au lieu d'employer l'argent pur, on peut se servir de l'argent des monnaies, que l'on traite aussi par l'acide azotique ; il se forme un mélange d'azotate de cuivre et d'azotate d'argent. On évapore la dissolution et l'on calcine le résidu au rouge

procédé que nous avons vu (457) appliquer en grand dans le traitement du plomb argentifère.

« Il repose sur la propriété que possèdent les coupelles en cendres d'os (fig. 229) de ne pas se laisser imbiber par les métaux fondus, et d'absorber les oxydes liquéfiés de ces mêmes métaux. Si l'on chauffe dans une coupelle de cette nature un poids déterminé d'alliage avec du plomb : le plomb et le cuivre s'oxydent, l'oxyde de plomb fondu dissout l'oxyde de cuivre et l'entraîne avec lui dans les parois de la coupelle : quant à l'argent, il résiste à l'oxydation, et forme un petit bouton que l'on pèse après l'opération, et qui représente la quantité d'argent que contenait le poids d'alliage employé. Nous n'entrerons pas dans les détails de l'opération ; nous dirons seulement que les coupelles sont chauffées dans un moufle, vase de terre ayant la forme d'une voûte cylindrique (fig. 230), fermée à sa partie postérieure, et percée de fentes qui permettent le renouvellement de l'air. Le moufle A est lui-même placé dans un fourneau à réverbère (fig. 231).

Fig. 229.

« Les analyses par coupellation ne sont jamais d'une grande exactitude ; on leur préfère la méthode par voie humide qui est due à Gay-Lussac.

« 2° *Méthode par voie humide.* — Si, dans la liqueur obtenue en dissolvant l'alliage d'argent et de cuivre dans l'acide azotique, on verse une dissolution de chlorure de sodium, l'argent est précipité à l'état de chlorure d'argent qui se rassemble facilement au fond du vase, et le cuivre reste dissous.

Fig. 230.

« On a constaté par l'expérience qu'il fallait 0gr,541 de chlorure de sodium pour précipiter de sa dissolution 1 gramme d'argent. Si donc on fait une dissolution, dite dissolution normale, contenant 0gr,541 de chlorure par décilitre, il faudra 1 décilitre de cette liqueur pour précipiter 1 gramme d'argent.

« Cela posé, supposons qu'on ait dissous dans l'acide azotique la quantité d'alliage qui, si le titre est exact, doit contenir 1 gramme d'argent (pour les monnaies dont le titre est de $\frac{897}{1000}$, le poids serait de 1gr,1148) ; laissons tomber avec une pipette jaugée 1 décilitre de la liqueur salée dans la dissolution. Si le titre est exact, sombre ; l'azotate de cuivre se décompose et donne de l'oxyde de cuivre insoluble ; l'azotate d'argent fond sans se décomposer. Le résidu est repris par l'eau qui dissout l'azotate d'argent seulement; l'évaporation de la liqueur filtrée donne le sel cristallisé.

494. Ce sel fondu et coulé dans une lingotière se fige en cylindres que l'on emploie en médecine sous le nom de *pierre infernale* pour cautériser et ronger les chairs baveuses.

495. L'azotate d'argent est lentement décomposé par les rayons solaires ; les matières organiques le décomposent rapidement : c'est ce qui le fait employer pour marquer le linge.

l'argent doit être tout entier précipité. Si le titre de l'alliage est supérieur à $\frac{897}{1000}$, il restera de l'argent dans la liqueur, et, pour le doser, on ajoutera à la liqueur éclaircie une liqueur salée, dite *liqueur décime*, contenant dix fois moins de sel, et telle que 1 centimètre cube précipite 1 milligramme d'argent. Le nombre de centi-

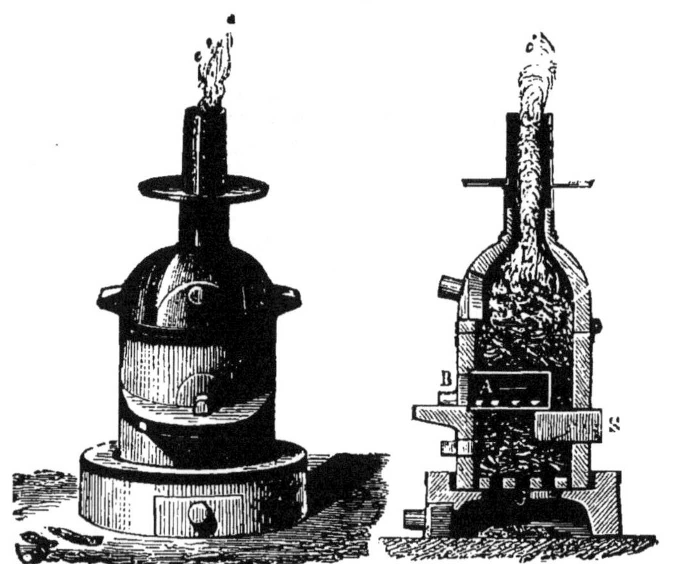

Fig. 231. — Fourneau de coupellation.

mètres cubes que l'on sera obligé de verser pour précipiter tout l'argent indique le nombre de milligrammes d'argent que l'alliage contient en excès.

« Si le premier centimètre cube de liqueur décime ne produisait pas de précipité, c'est que le titre est au plus égal à 897, et l'alliage doit être rejeté. On peut, d'ailleurs, connaître son titre exact avec une liqueur décime d'azotate d'argent, contenant 1 gramme d'argent par litre. »

A cet effet, on dissout 2 parties d'azotate fondu dans 7 parties d'eau distillée à laquelle on ajoute 1 partie de gomme arabique pour lui donner un peu de viscosité. La partie du linge où la marque doit être placée est imbibée avec un peu de carbonate de soude; on lui donne de la fermeté et du poli en y passant un fer chaud, et on écrit ensuite avec la liqueur précédente ; ou bien, on imprime les caractères au moyen d'un cachet de bois gravé en relief préalablement trempé dans la dissolution du sel d'argent. En exposant le linge au soleil pendant quelques minutes on fait apparaître les caractères en noir par suite de la réduction du sel. Ces caractères sont indélébiles.

496. **Chlorure, bromure, iodure d'argent.** — Ces trois corps sont insolubles et peuvent être préparés par l'action, sur une dissolution d'azotate d'argent, soit du chlorure, soit du bromure, soit de l'iodure de potassium.

Tous trois sont sensibles à l'action de la lumière, et lorsqu'on les expose à cette action ils se réduisent pour donner soit de l'argent métallique, soit des sous-chlorure, sous-bromure ou sous-iodure d'argent.

Nous ferons remarquer de plus, en vue de l'explication des procédés photographiques, que ces corps sont solubles dans l'hyposulfite de soude ou le cyanure de potassium lorsqu'ils n'ont pas subi l'action de la lumière, mais qu'ils résistent à leur action dissolvante lorsque la lumière a agi sur eux.

PHOTOGRAPHIE.

497. La photographie comprend un ensemble de procédés ayant pour but de reproduire et de fixer l'image des objets à l'aide de substances chimiquement sensibles à l'action de la lumière. Cette admirable application des sciences physiques, dont l'utilité va chaque jour en augmentant, est due à Joseph-Nicéphore Niepce [1] et à Daguerre [2].

Nous n'étudierons que les procédés principaux actuellement employés.

[1] Joseph-Nicéphore Niepce, né à Châlon-sur-Saône, mort en 1833.

[2] Daguerre, né à Cormeille en 1787, mort en 1851.

PROCÉDÉ AU COLLODION HUMIDE.

498. L'appareil dont on se sert pour produire l'image des objets extérieurs est appelé *chambre noire*. Une boîte CDS (fig. 232), à parois opaques, porte sur sa partie annulaire un tube O muni d'une lentille biconvexe.

Dans la coulisse AB peut se fixer un verre dépoli.

Un objet éclairé, placé en avant de l'appareil, envoie des rayons sur la lentille et une image réelle et renversée de cet

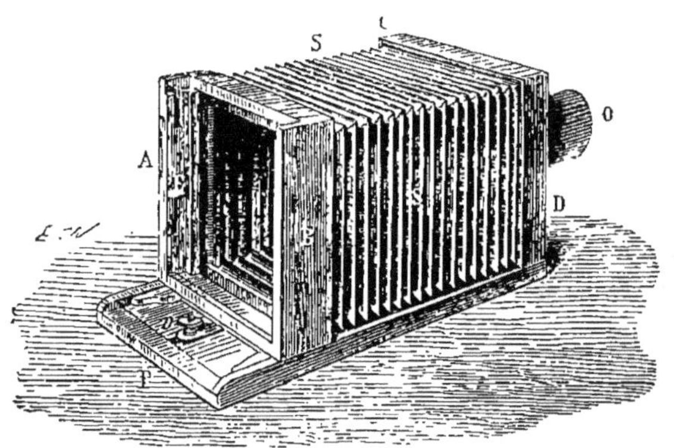

Fig. 232. — Chambre noire pour photographie.

objet vient se peindre sur le verre dépoli. A l'aide d'un soufflet S ou d'un tirage, on avance ou on recule AB de manière à placer le verre dépoli exactement à l'endroit où se forme l'image, c'est-à-dire au foyer conjugué de l'objet. Cette opération s'appelle la *mise au point*.

La figure 233 représente une chambre noire de voyage montée sur son pied.

Avant d'entrer dans le détail des opérations pratiques, nous les indiquerons sommairement en expliquant les phénomènes chimiques auxquels elles donnent lieu.

Supposons, pour plus de simplicité, que nous voulons reproduire l'image d'une feuille de papier noir au centre de laquelle se trouve un cercle blanc. Nous le placerons en avant de la lentille de la chambre noire, dont nous ferons varier le tirage de manière à avoir sur le verre dépoli l'image aussi nette que possible de l'objet. La mise au point étant faite, on fixe à l'aid d'une vis *v* (fig. 232) la position de AB ; on enlève le verre dépo

Fig. 233. — Chambre noire pour photographie.

et on lui substitue un châssis EGDF (fig. 234) dans lequel se trouve une plaque de verre chimiquement sensible. Une portelette H permet l'introduction de la plaque dans le châssis, et lorsqu'il est placé, la portelette H étant en dehors et la lentille O de la chambre étant couverte par un diaphragme, on soulève une fenêtre A qui met la plaque à nu dans l'intérieur de la chambre. Le châssis est construit de telle sorte que la plaque occupe exactement la position du verre dépoli que l'on a enlevé. Cela fait, on découvre la lentille, l'image vient alors se produire sur la plaque chimiquement sensible.

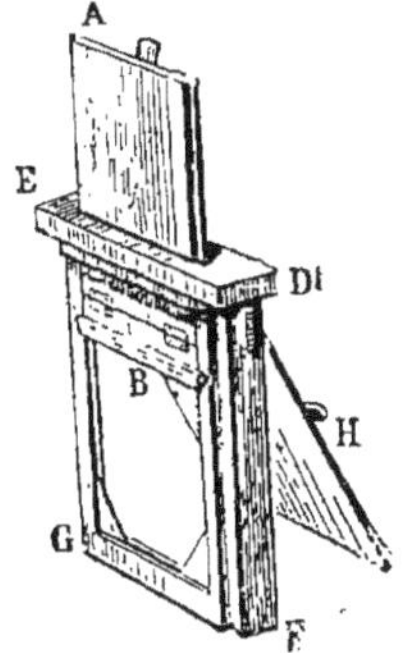

Fig. 234. — Châssis.

La sensibilité chimique de la plaque a été obtenue en produisant à sa surface une couche de chlorure, de bromure ou d'iodure d'argent.

La partie blanche de la feuille de papier à reproduire envoie des rayons lumineux sur la plaque sensible et agit sur le chlorure d'argent suivant un cercle qui est la reproduction du cercle blanc. Quant à la partie noire, elle n'envoie pas de rayons et le chlorure d'argent, dans toute la région qui lui correspond, reste intact.

Lorsque le temps de pose est jugé suffisant, on ferme la fenêtre A, et la plaque enfermée dans le châssis est emportée dans un appartement obscur. Quand on la sort du châssis, il n'y a rien encore d'apparent à sa surface, quoique le chlorure ait été décomposé sur toute la partie centrale de la plaque. Si l'on verse alors à la surface de la plaque une liqueur réductrice agissant sur l'azotate d'argent qui mouille la plaque, et qui a été emporté par elle du bain où on l'a trempée, comme nous le verrons, pour produire à sa surface le chlorure sensible, de l'argent métallique est mis en liberté, et cet argent, attiré par les parcelles de chlorure que la lumière a impressionnées, se fixe sur elles, les rend opaques et noires par transparence. Quant aux parties de la plaque où la lumière n'a pas agi, le chlorure reste intact et dépourvu de la faculté d'attirer les molécules d'argent mises en liberté; elles conservent donc leur aspect primitif. On voit que la lumière détermine le pouvoir attractif de la couche sensible, et que les réactifs que l'on ajoute pour développer l'image fournissent les molécules qui obéissent à cette force attractive.

On comprend que si la plaque était transportée au grand jour et abandonnée dans l'état actuel à l'action prolongée de la lumière, le chlorure d'argent s'attaquerait profondément, noircirait sur toute la partie restée intacte, et elle prendrait un aspect à peu près uniforme au milieu duquel disparaîtrait l'image du cercle central. Il faut donc arrêter la sensibilité de la plaque, en un mot *fixer l'image*. Pour cela, avant de sortir de la chambre obscure, on verse sur la plaque une liqueur capable de dissoudre le chlorure d'argent resté intact ; on emploie ordinairement à cet effet une dissolution d'hyposulfite de soude ou de cyanure de potassium. Cette liqueur dissout le chlorure d'argent sur toute la partie de la plaque où la lumière n'a pas agi, c'est-à-dire sur toute la partie correspondant à la région noire de la feuille de papier. Quant au chlorure que la lumière a impressionné, il est devenu insoluble dans l'hyposulfite et le cyanure. Lorsque l'action de ces réactifs est complète, on lave la plaque, et on a alors ce qu'on appelle l'épreuve négative de l'objet à reproduire.

Quand on regarde cette épreuve par transparence, les parties de la plaque correspondantes aux régions noires sont devenues blanches et transparentes, parce que le chlorure d'argent qui les recouvrait n'a pas subi l'action de la lumière et a été dissous par l'hyposulfite de soude ; les parties correspondant aux blancs de l'objet sont opaques et noires, parce que le chlorure qui s'y trouvait a été transformé en un produit noir insoluble dans l'hyposulfite de soude.

Cette épreuve va maintenant nous servir à reproduire autant d'épreuves directes ou positives que nous voudrons. Elle est devenue un véritable cliché.

Il suffit, pour cela, de placer derrière elle une feuille de papier imprégnée aussi de chlorure d'argent, et d'exposer le tout aux rayons solaires. La lumière, pouvant traverser la plaque dans la région transparente qui entoure l'image centrale, ira attaquer le chlorure d'argent et noircir la feuille de papier dans la partie correspondante ; mais arrêtée par le cercle opaque qui se trouve au centre de la plaque, elle respectera le chlorure d'argent que contient la partie correspondante de la feuille de papier, et au bout de peu de temps celle-ci sera la reproduction fidèle de la feuille qui nous a servi d'objet. Mais il faut encore, bien entendu, arrêter la sensibilité du papier comme on arrête celle du cliché négatif ; pour cela, on plonge l'épreuve dans l'hyposulfite de soude, qui, dissolvant le chlorure d'argent resté intact au centre de la feuille, fixe l'image d'une manière définitive.

499. Nous avons essayé, dans ce qui précède, de donner une idée simple et facile à saisir des principes mêmes de la photographie. Nous avons, à dessein, laissé de côté la description des procédés opératoires, dont le détail aurait pu nuire à la clarté de l'exposition. Nous allons combler cette lacune et exposer aussi rapidement que possible les méthodes à suivre.

Nous diviserons l'opération en sept parties :

Épreuve négative	1° Préparation et sensibilisation de la plaque.
	2° Exposition dans la chambre noire.
	3° Développement de l'image.
	4° Fixage de l'image.
Épreuve positive	5° Préparation du papier.
	6° Tirage de l'épreuve.
	7° Fixage de l'image.

ÉPREUVE NÉGATIVE.

500. **Préparation et sensibilisation de la plaque.** — On prend une plaque de glace ou de verre aussi plane que possible ; on la nettoie bien à l'alcool additionné d'acide nitrique. On pousse ce nettoyage, qui se fait avec un tampon de coton ou de papier, jusqu'à ce que la glace, séchée avec une peau de daim, ne présente pas de figures ou de lignes lorsque l'on projette l'haleine sur elle ; la vapeur d'eau qui accompagne l'haleine doit se répartir d'une manière uniforme.

La glace étant parfaitement propre, il faut la couvrir de collodion. On donne ce nom à une dissolution de coton-poudre dans un mélange d'alcool et d'éther ; le collodion photographique contient en plus des chlorures, bromures et iodures capables de faire, avec le sel d'argent employé plus tard, du chlorure, du bromure et de l'iodure d'argent. (Nous remarquerons ici que le bromure et l'iodure d'argent ont aussi la propriété d'être sensibles à l'action de la lumière.)

Pour préparer un litre de collodion, on peut employer la méthode suivante : on prend 750 centimètres cubes d'éther sulfurique rectifié et 1 gramme de coton-poudre mouillé avec de l'alcool ; on met le tout dans un flacon à l'émeri à large ouverture, rigoureusement propre et rincé à l'alcool pur. On agite jusqu'à ce que le coton soit bien imprégné et que toutes les fibres soient bien séparées les unes des autres. On ajoute par parties, et en remuant chaque fois, 250 centimètres cubes d'alcool rectifié à 40 degrés, 1 gramme d'iodure de cadmium, 1 gramme de bromure de cadmium. Le coton se dissout immédiatement et on continue l'agitation jusqu'à ce que le bromure et l'iodure soient dissous ; on laisse reposer vingt-quatre heures, on décante, et la partie claire peut servir. Le collodion ainsi préparé doit être très-limpide et avoir une belle couleur de rhum.

Avant de collodioner la plaque, il est bon de passer à sa surface un blaireau qui en chasse les poussières.

Le collodionage de la plaque demande un peu d'habitude. On prend la plaque de la main gauche (fig. 235) et on la soutient

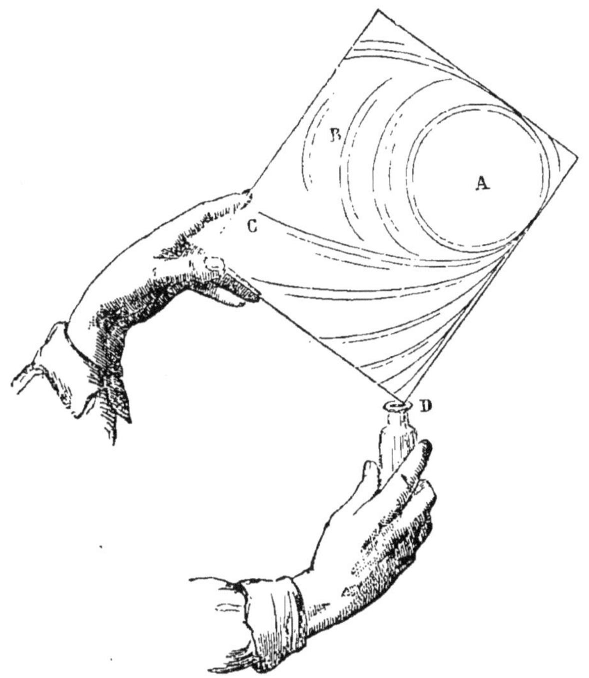

Fig. 235. — Collodionage de la plaque.

par les côtés de l'angle inférieur gauche, de manière à la toucher sur la plus petite surface possible ; de la main droite on prend le flacon de collodion, et, après avoir essuyé le goulot pour enlever la poussière, on verse le liquide à l'angle supérieur droit, d'une manière régulière et *continue*, de telle sorte que la liqueur s'étende en rond. On cesse de verser quand le liquide arrive à l'angle gauche supérieur ; on incline légèrement et lentement la glace de manière à faire écouler l'excès de ce collodion dans un flacon. Il faut avoir soin que le liquide ne vienne pas mouiller les doigts qui tiennent la plaque. On fait alors sécher un instant jusqu'à ce que la liqueur fasse prise :

l'éther et l'alcool s'évaporent et laissent à la surface de la glace une toile très-fine de coton dans laquelle se trouvent disséminées des molécules de bromure et d'iodure. Ces opérations peuvent à la rigueur être faites à la lumière.

Il faut alors sensibiliser la plaque, c'est-à-dire produire à sa surface le bromure et l'iodure d'argent sensibles à l'action de la lumière. Pour cela, on s'enferme dans un appartement obscur ou seulement éclairé par de la lumière jaune, on plonge la plaque dans un bain de nitrate d'argent composé, pour un litre, de 1,000 gr. d'eau distillée, 70 gr. d'azotate d'argent (fondu ou cristallisé). Il faut avoir soin pour cela, en renversant un peu la cuvette, d'amasser le bain dans un coin de celle-ci, placer la plaque sur le fond et ramener rapidement le liquide sur elle. On voit alors la glace se recouvrir d'une couche opaline et blanchâtre de bromure et d'iodure d'argent. Voici la formule de la réaction qui s'est produite :

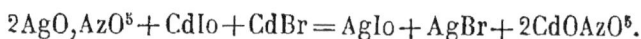

$$2AgO,AzO^5 + CdIo + CdBr = AgIo + AgBr + 2CdOAzO^5.$$

Au bout d'un certain temps, lorsque tout aspect huileux a disparu à la surface de la glace, on l'enlève avec un crochet

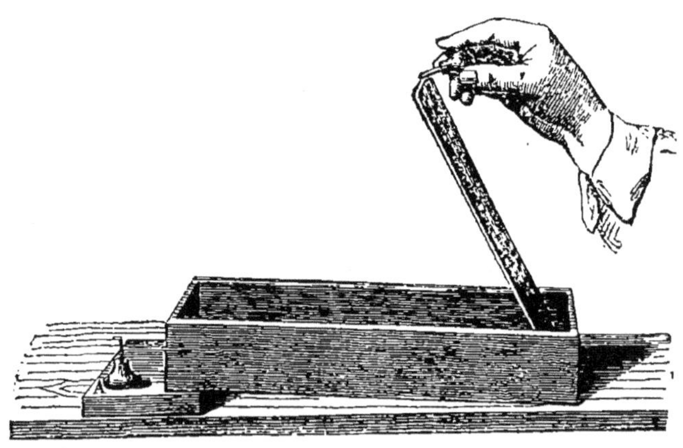

Fig. 236. — Sensibilisation de la plaque photographique.

d'argent ou de baleine (fig. 236) et on la place dans le châssis de la figure 233, la face sensibilisée étant mise du côté de la fenêtre A.

501. 2° **Exposition dans la chambre noire.** — On porte alors le châssis dans l'appareil, après avoir mis au point. La durée de la pose varie beaucoup suivant la lumière et suivant l'objet à reproduire. Avec le collodion dont nous avons indiqué la composition, sept à huit secondes suffisent amplement pour portraits, par une belle lumière.

502. 3° **Développement de l'image.** — Le châssis étant rapporté dans la chambre obscure, on en retire la glace et on verse rapidement sur elle une liqueur composée de :

Eau........................	1000
Sulfate de protoxyde de fer.	50
Acide acétique cristallisable.	50

L'image apparaît, et, pour en renforcer le ton, on y verse alternativement la dissolution de sulfate de fer et une dissolution contenant pour un litre d'eau 30 grammes de nitrate d'argent et 50 grammes d'acide acétique cristallisable.

Par cette opération, qu'on appelle le *renforcement* de l'épreuve, on peut diminuer le temps de pose et on amène le cliché au ton voulu plus facilement que lorsqu'on emploie seulement le sulfate de fer. L'habitude peut seule faire saisir le moment décisif. Cela fait, on lave la plaque à grande eau.

503. 4° **Fixage de l'image.** — Pour fixer l'image, on plonge la plaque dans une dissolution saturée d'hyposulfite de soude ; et lorsqu'elle a perdu l'aspect blanc-bleuâtre qu'elle avait, on l'en retire pour la laver de nouveau. L'épreuve négative est alors terminée. Si elle doit servir à tirer un certain nombre d'épreuves positives, il est bon de la vernir soit à l'aide de vernis spéciaux que livre le commerce, soit à l'aide d'une dissolution de gomme : on verse l'un ou l'autre, comme le collodion, à la surface de la plaque, qu'on laisse ensuite sécher.

ÉPREUVE POSITIVE.

504. 5° **Préparation du papier.** — La première préparation du papier consiste à faire pénétrer dans l'une de ses faces un chlorure soluble, comme le chlorure de sodium ou le chlorhydrate d'ammoniaque, qui, mis ensuite en contact avec l'azotate d'argent, fournit par double décomposition un chlorure d'argent

insoluble qui se fixe dans la pâte, et un azotate soluble qui reste dans le bain.

Il suffit de poser pendant cinq minutes la feuille de papier sur un bain renfermant, pour un litre d'eau distillée, 4 grammes de chlorhydrate d'ammoniaque.

Fig. 237. — Châssis à tirer l'épreuve positive.

Du reste, le commerce livre des papiers tout préparés. Pour les sensibiliser, on pose pendant cinq minutes le côté chloruré de la feuille sur un bain d'argent contenant pour 1000 grammes d'eau 150 grammes de nitrate d'argent.

On a soin d'éviter les bulles d'air qui peuvent s'interposer entre le bain et la feuille ; puis on enlève la feuille de papier et on la laisse sécher. Ce papier doit être conservé dans l'obscurité.

505. 6° **Tirage de l'épreuve.** — Pour faire l'épreuve positive, on place le négatif à reproduire dans la presse dite châssis positif (fig. 237), dont le fond est en glace. La face où se trouve l'épreuve doit être placée en dessus et l'on applique sur elle le côté préparé d'une feuille de papier sensible. On place sur le tout une planchette à charnières, que l'on applique par la pression de ressorts fixés à des traverses montées à charnières sur les bords du châssis ; puis on expose le tout au grand jour ou même aux rayons solaires, jusqu'à ce que *le positif soit bien venu.* Il faut attendre en général que les parties noires commencent à se métalliser ; cette opération, assez délicate, demande une

grande habitude. On doit juger, d'après la nature du cliché, le point jusqu'où l'on doit *pousser* le tirage de l'épreuve. Du reste, on peut suivre le développement de l'image en ouvrant de temps en temps l'un des côtés de la planchette à charnières et examinant la partie de l'épreuve qui lui correspond. Comme le second ressort presse toujours sur la feuille de papier, il n'y a pas à craindre que celle-ci se dérange, et, lorsqu'on referme le châssis, les mêmes parties de la feuille viennent s'appliquer sur les mêmes parties du négatif.

506. 7° **Fixage de l'image.** — Pour fixer l'image il suffit de plonger la feuille dans un bain d'hyposulfite de soude qui dissout le chlorure d'argent. On juge du moment où l'on doit la retirer du bain en l'examinant par transparence. Au début, elle semble piquetée, *poivrée,* comme disent les photographes ; dès que cet aspect disparaît, on retire l'épreuve; on la met pendant vingt-quatre heures dans de l'eau qu'on renouvelle de temps en temps, et on laisse sécher.

Par ce moyen on obtient des épreuves d'un ton assez médiocre ; aussi doit-on ordinairement faire ce qu'on appelle le *virage de l'épreuve.* Il y a bien des méthodes employées à cet effet ; nous n'en citerons qu'une seule qui réussit parfaitement.

Au sortir du châssis, on lave la feuille de papier sous un filet d'eau jusqu'à ce que l'eau coule limpide; on la plonge ensuite dans un bain composé de :

Eau....................	1000	grammes.
Acétate de soude........	30	—
Chlorure d'or...........	1	—

Ce bain doit être préparé dès la veille, ou bien on doit le laisser exposé au soleil jusqu'à ce qu'il devienne incolore. La première épreuve qu'on y plonge n'est jamais bonne ; elle sert à *faire le bain.* Quant aux autres, on les y laisse jusqu'à ce qu'elles aient pris dans les noirs une teinte violacée que l'on doit conserver expressément. Au sortir du bain de virage, on lave l'épreuve, et on fixe dans une dissolution d'hyposulfite de soude à 15 pour 100; puis on met l'épreuve, comme précédemment, dans l'eau pendant vingt-quatre heures. Si l'épreuve n'était pas bien lavée, elle ne se conserverait pas.

DAGUERRÉOTYPE OU PROCÉDÉ SUR PLAQUES MÉTALLIQUES.

507. Ce procédé, qui est dû à Daguerre, l'inventeur de la photographie, est presque entièrement abandonné aujourd'hui. Il permet cependant d'obtenir des épreuves d'une très-grande finesse ; ses inconvénients consistent dans le miroitement de la plaque et dans la nécessité où se trouve l'opérateur de faire poser le modèle autant de fois qu'il veut faire d'épreuves.

Nous n'en dirons que quelques mots.

On se sert de plaques de cuivre argentées. La face argentée de la plaque est soigneusement polie, puis soumise, dans une boîte spéciale, à la vapeur de l'iode, jusqu'à ce qu'elle ait pris une teinte jaune-paille foncée, ensuite, à la vapeur de brome (s'exhalant d'un mélange de chaux caustique et de brome, dit bromure de chaux), jusqu'à ce qu'elle ait la teinte fleur de pêcher ; enfin on la reporte au-dessus de l'iode et on l'y laisse, sans la regarder, pendant la moitié du temps qu'a duré la première ioduration. Ces opérations doivent se faire à l'abri de la lumière du jour : elles ont pour effet de produire à la surface de la plaque du bromure et de l'iodure d'argent.

On expose alors la plaque à la chambre noire pendant un temps qui peut varier de la quasi-instantanéité à une ou plusieurs minutes. Rapportée dans le laboratoire et sortie du bain, elle ne présente encore aucune trace d'image, quoique le bromure et l'iodure d'argent aient été décomposés dans les parties de la plaque qui correspondent aux parties éclairées de l'objet à reproduire. On la met alors, sous une inclinaison de 45°, à une distance de 5 à 8 centimètres au-dessus d'un bain de mercure que l'on chauffe entre 50 et 60° ; la vapeur mercurielle vient se condenser *uniquement sur les parties que la lumière a frappées*, c'est-à-dire sur les portions de l'iodure d'argent que les rayons lumineux ont décomposées; les parties restées dans l'ombre ne prennent pas de mercure. Le même effet se produit pour les demi-teintes. Il résulte de là que les parties éclairées sont accusées par un vernis brillant de mercure. Pour arrêter la sensibilité de la plaque, *pour fixer l'épreuve*, on l'immerge dans une solution d'hyposulfite de soude à 10 ou 15 pour 100, qui dissout l'iodure non attaqué, et met à nu dans les ombres du dessin la surface même de l'argent. La plaque est ensuite lavée et séchée.

OR.

508. **État naturel, extraction.** — L'or est de tous les métaux celui qui, après le fer, est disséminé à la surface du globe de la manière la plus générale ; mais dans tous ses gisements il se rencontre toujours en quantité infiniment petite ; il se présente constamment à l'état métallique.

Les mines d'or les plus abondantes se trouvent en Amérique ; l'Europe en possède d'assez riches, notamment dans l'Oural et l'Altaï (Russie).

L'or se rencontre ordinairement dans des sables quartzeux désagrégés qui forment des alluvions très-étendues, ou dans des filons quartzifères. Dans ce dernier cas, avant d'être soumis au traitement de lavage dont nous allons parler, le minerai doit être broyé.

Le lavage des minerais a pour but de séparer l'or des matières auxquelles il se trouve mélangé : il se fait de deux manières, soit à la main, soit mécaniquement.

509. **Lavage à la main.** — C'est la méthode la plus ancienne, la plus simple et de beaucoup la plus répandue. L'appareil le plus ordinairement employé consiste en un cône renversé en tôle (fig. 238), ou en zinc, dont la base a environ 50 centimètres de diamètre. Au sommet de ce cône est une petite cavité destinée à recevoir les matières lourdes. On plonge cette espèce d'entonnoir dans l'eau ; on y délaye le minerai et on imprime au cône un mouvement rapide de rotation ; pendant ce mouvement, les diverses parties du minerai se meuvent, se déplacent et se superposent par ordre de densité ; l'or va au fond en vertu de sa plus grande densité.

Fig. 238. — Lavage des minerais d'or.

Au lieu du cône que nous venons de décrire et dont l'usage est général en Californie, en Australie, etc., on emploie au Brésil et au Mexique de simples sébiles en bois.

510. **Lavage mécanique.** — Toutes les machines qui ont été construites pour le lavage de l'or, sont fondées sur le prin-

cipe de l'appareil appelé *berceau*, que nous nous contenterons de décrire.

Il consiste en une sorte de table (fig. 239), de 2 mètres de long environ, légèrement inclinée en avant et portée sur des rouleaux en bois qui permettent de lui communiquer un mouvement de va-et-vient.

Cette table est munie de rebords B et D; le rebord antérieur D est percé de trous; à la partie postérieure se trouve disposé, au-

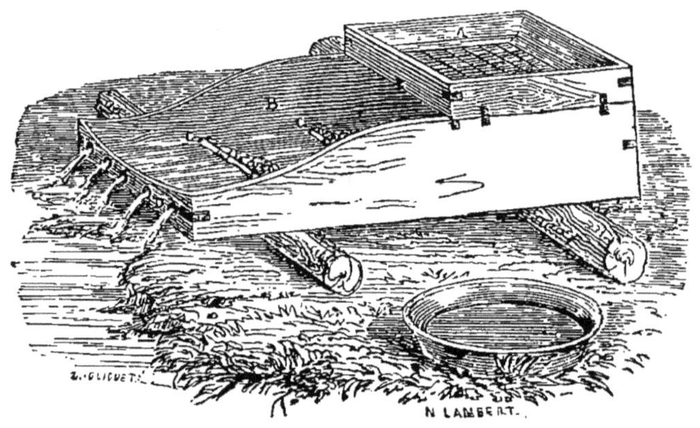

Fig. 239. — Berceau pour le lavage des minerais.

dessus d'elle, un châssis A dont le fond est formé par une toile métallique. Sur la table formant le fond du coffre principal, sont disposées de petites barres transversales *c*, *c*, portant des échancrures de plus en plus petites.

Pour faire usage de cet appareil, on jette sur la toile métallique le minerai pulvérulent ; on l'y étend à la main et on l'y arrose d'un filet d'eau. Les parties les plus grossières du sable restent sur le châssis, le reste passe avec les parcelles d'or, tombe sur la table et y est lavé par le filet d'eau. Les parties les plus lourdes, les parcelles d'or, sont arrêtées par les barres transversales, et les trous que porte le bord antérieur D ne laissent écouler que les boues légères et stériles.

Pour rendre plus parfaite la séparation de l'or du minerai, on soumet ce qui provient du lavage à la main ou du lavage mécanique à un *lavage final*, qui se fait avec beaucoup de soins sur des tables divisées par des planchettes transversales.

511. **Amalgamation.** — L'or extrait par ces lavages est sou-

mis à l'amalgamation. Cette opération se fait quelquefois à la main, par une simple malaxation de la poudre d'or dans une terrine avec une quantité convenable de mercure. Dans les exploitations un peu importantes l'amalgamation se fait dans un cylindre de fonte A (fig. 240), à la partie inférieure duquel se trouve une couche de mercure ; on jette la poudre d'or dans ce minerai et on malaxe le tout avec des palettes F, F, qui sont fixées à un axe E, mis en rotation par la manivelle D. Quand l'amalgamation est faite, on soutire l'amalgame par le robinet H.

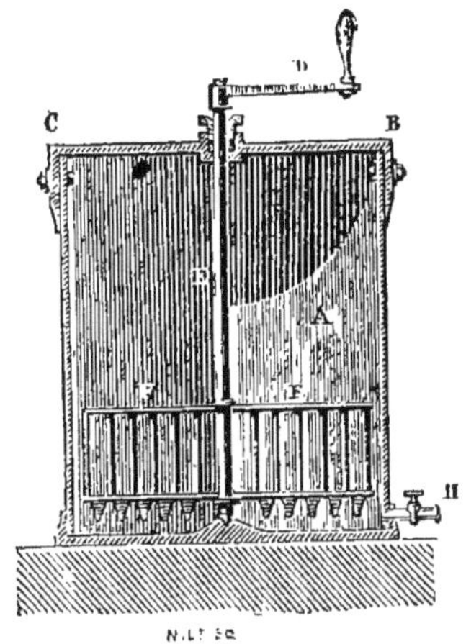

Fig. 240. — Amalgamation de l'or.

L'or est ensuite séparé de l'amalgame par une distillation qui se fait dans des conditions analogues à celles que nous avons décrites pour l'extraction de l'argent.

512. Certains minerais pyriteux, très-pauvres en or, ne sont pas soumis au lavage, mais traités directement par amalgamation.

513. **Propriétés.** — L'or a une belle couleur jaune, et peut prendre par le polissage un éclat remarquable; c'est le plus ductile et le plus malléable de tous les métaux. Sa densité est égale à 19,5; il fond à 1200° environ. Il est avec le platine le plus inaltérable des métaux usuels, et ne se ternit à l'air dans aucune circonstance : le chlore et le brome sont les seuls métalloïdes capables de l'attaquer à froid ; aucun acide ne l'attaque, l'eau régale seule le dissout et le transforme en chlorure.

514. **Usages.** — L'or sert à la fabrication des monnaies et des bijoux d'or, dans lesquels il est allié avec le cuivre. L'or des monnaies contient $\frac{900}{1000}$ d'or, celui des médailles $\frac{916}{1000}$. Pour les bijoux, il y a trois titres : $\frac{920}{1000}$, $\frac{842}{1000}$ et $\frac{750}{1000}$[1].

[1] *Essai des alliages d'or.* — L'essai des alliages d'or se fait par coupellation. Mais, pour que l'essai soit exact, il faut que l'alliage contienne une quantité d'argent au moins triple de celle de l'or. Aussi, ajoute-t-on à la matière à essayer, qui n'est pas ordinairement dans ces conditions, une certaine quantité d'argent et de plomb, et l'on coupelle. Le bouton obtenu est passé au laminoir qui en fait une lame que l'on contourne en cornet, et que l'on introduit dans un matras d'essayeur où il est

DORURE ET ARGENTURE.

515. **Dorure.** — Les propriétés si précieuses de l'or, tant au point de vue de son inaltérabilité qu'à celui de sa couleur et de son éclat, l'ont fait employer pour recouvrir d'une mince couche de ce métal des objets en bronze ou même en argent.

Les procédés employés sont de plusieurs sortes; nous allons les passer rapidement en revue.

516. **Dorure au trempé.** — La dorure au trempé est fondée sur ce principe qu'un métal précipite toujours de leurs dissolutions les métaux moins oxydables que lui. Il y a dans ce procédé quatre opérations distinctes :

1° Préparation du bain;
2° Préparation des objets à dorer;
3° Dorure;
4° Mise en couleur.

1° *Préparation du bain.* — Le bain indiqué par M. Elkington, et qui sert encore aujourd'hui, est composé de :

Eau	10 kilogr.
Bicarbonate de potasse ou de soude.	5 —
Or réduit en chlorure	75 grammes.

On dissout l'or dans l'eau régale en se servant d'un matras à long col, pour éviter les projections, et on évapore de manière à chasser la plus grande partie de l'acide en excès.

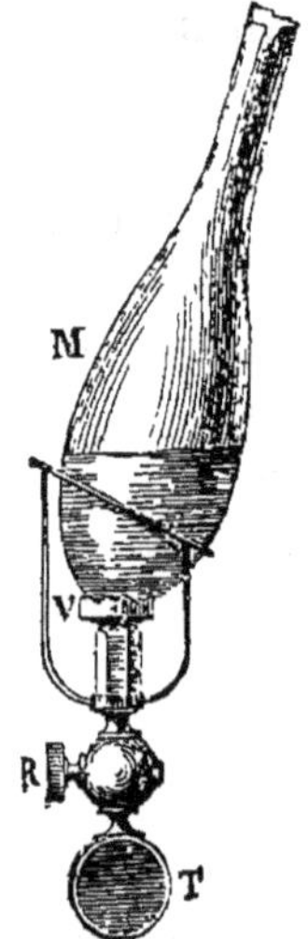

Fig. 241. — Essais d'or.

traité à chaud par l'acide nitrique (fig. 241). L'argent seul se dissout; le cornet d'or pur qui reste n'a pas assez de cohésion pour qu'on puisse le manier et le peser; on lui donne de la solidité en le faisant tomber dans un creuset et en le chauffant au rouge.

Essai au touchau. — L'essai des bijoux se fait en frottant l'objet sur une pierre siliceuse dure, de couleur noirâtre, appelée *pierre de touche*. L'or laisse à la surface une trace métallique : cette trace, mouillée avec de l'eau régale, formée de 98 parties d'acide azotique et de 2 parties d'acide chlorhydrique, prend une couleur variable suivant le titre du bijou. En comparant cette trace à celles qui sont laissées par des alliages d'un titre connu, l'essayeur expérimenté peut reconnaître le titre à un centième près.

La moitié du bicarbonate est dissoute dans une marmite en fonte, dorée déjà par des opérations antérieures ; on y verse le chlorure d'or par petites portions, et, après avoir ajouté le reste du bicarbonate, on fait bouillir pendant deux heures, en ayant soin de remplacer l'eau perdue par évaporation.

2° *Préparation des objets à dorer.* — Supposons que l'on veuille dorer les bijoux en cuivre, il faut que leur surface soit parfaitement nette, complétement débarrassée des corps gras qui empêcheraient le contact de la pièce et du bain. Pour cela, on les recuit à la température du rouge sombre sur un feu de charbon de bois, et mieux sur un feu de mottes dont la température est plus facile à diriger; la matière grasse brûle, mais en même temps le métal s'oxyde un peu ; pour le débarrasser de cet oxyde on le soumet au *dérochage*, opération qui consiste à passer l'objet dans un bain composé de 10 litres d'eau pour 1 litre d'acide sulfurique à 66 degrés. Ce bain est employé à chaud pour les objets de petite dimension, et à froid pour les grands.

Au sortir de ce bain, les pièces sont portées dans un bain d'acide azotique qui les décape d'une manière uniforme. Enfin on procède à l'avivage, qui est la dernière opération avant la dorure, et qui a pour but d'obtenir à la surface des pièces un état moléculaire en rapport avec l'effet que l'on veut produire. Si les bijoux doivent être brillants, on les plonge, en les agitant pendant deux ou trois secondes, dans un liquide composé de :

Acide azotique à 36°	10 litres.
Acide sulfurique à 66°	10 —
Sel marin	100 grammes.

Si l'on veut produire un aspect mat, on emploie un liquide qui a la composition suivante :

Acide azotique à 38°	20 litres.
Acide sulfurique à 60°	10 —
Sel marin	100 grammes.
Sulfate de zinc	100 —

Les objets à mater doivent rester plus longtemps dans le bain et être remués de temps en temps.

3° *Dorure.* — Les objets sont rincés à grande eau, plongés vivement dans un bain composé de 20 litres d'eau, 20 grammes d'azotate de mercure et 1 litre d'acide sulfurique, puis dans un baquet contenant de l' eau courante, et enfin dans un bain d'or où on les laisse pendant un temps qui varie avec l'état de celui-ci.

4° *Mise en couleur.* — Pour donner à l'or déposé plus de brillant et d'éclat et assurer la conservation de la dorure, on pratique la mise en couleur. On emploie la liqueur suivante : 6 parties d'azotate de potasse, 2 parties de sulfate de fer et 1 partie de sulfate de zinc dissoutes dans une quantité d'eau bouillante suffisante pour que le mélange soit liquide. On y plonge les objets dorés ; on les fait sécher sur un feu clair jusqu'à ce qu'ils deviennent d'une couleur brune, et on les replonge dans l'eau.

517. **Dorure au mercure.** — La dorure au mercure est fort peu employée maintenant : nous ne l'étudierons que sommairement. Les objets, après avoir été dérochés et décapés, comme nous l'avons dit pour la dorure au trempé, sont frottés avec une brosse en fils de laiton trempée dans de l'azotate de sous-oxyde de mercure, puis avec une brosse trempée dans un amalgame formé de 1 partie d'or et de 8 parties de mercure. On les chauffe ensuite de manière à volatiliser le mercure, et l'or reste à leur surface. On leur donne de l'éclat et du brillant par des lavages et brossages convenables.

Ce mode de dorure est très-dangereux pour la santé des ouvriers, à cause de la volatilisation du mercure dont les vapeurs sont très-nuisibles. Cette volatilisation doit être exécutée dans des fours ayant un fort tirage.

518. **Dorure électro-chimique.** — Ce procédé repose sur la décomposition des sels métalliques par le courant électrique.

Ce que nous avons dit de la préparation des objets à propos de la dorure au trempé nous dispense de revenir sur ses opérations qui sont les mêmes : le dérochage et le décapage se font comme nous l'avons indiqué ; il n'y a pas de ravivage.

Les bains sont formés de cyanure double d'or et de potassium dissous dans l'eau. Pour l'obtenir, on dissout 50 grammes d'or dans l'eau régale ; on évapore jusqu'à consistance sirupeuse ; on reprend par l'eau tiède et on ajoute peu à peu 1 kilogr. de cyanure de potassium qu'on a préalablement dissous dans l'eau. On forme ainsi 50 litres de bain. Il est bon de ne l'employer qu'après l'avoir fait bouillir pendant plusieurs heures. La température la plus convenable pour opérer est de 70 degrés.

Le bain est versé dans des cuves en bois garnies intérieurement de gutta-percha ; trois tringles métalliques A, A' et T (fig. 242) reposent sur les bords de la cuve ; aux tringles A et A', correspondant avec le pôle négatif d'une pile, sont attachés les objets à dorer qui plongent dans le liquide ; à la troisième T. commu-

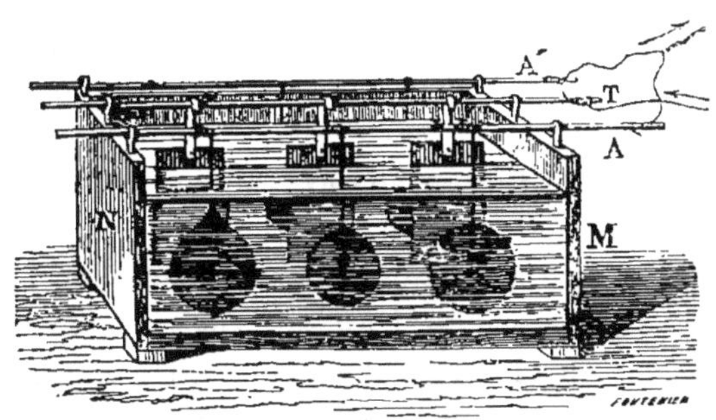

Fig. 242. — Cuve pour galvanoplastie.

niquant avec le pôle positif, sont suspendues des lames d'or. Le courant électrique passant à travers le bain le décompose, l'or se porte au pôle négatif, qui est représenté par les objets suspendus en A et en A', et se dépose à leur surface. A mesure que le bain tend à s'appauvrir par ce dépôt, la lame d'or qui est suspendue à la tringle positive se dissout et l'entretient au degré voulu.

Quand la dorure se fait à chaud, le ton est généralement plus riche et peut même quelquefois se passer de *mise en couleur*; mais lorsqu'on a opéré à froid, cette opération est toujours nécessaire. Pour cela, après avoir bien frotté la pièce avec une brosse en fils de laiton, au milieu d'une décoction de réglisse, on la plonge dans un bain bouillant composé de 30 parties d'alun, 30 de salpêtre, 30 d'ocre rouge, 8 de sulfate de zinc, 1 de sel marin et 1 de sulfate de fer.

A la sortie de ce bain, la pièce subit l'opération du brunissage, qui a pour effet de la polir. Le brunissage s'effectue au moyen de pierres dures, agates, hématites, enchâssées dans des manches en bois, ou d'outils en acier parfaitement poli.

519. *Dorure mate.* — Quand on veut avoir une dorure mate, il faut, avant la dorure, donner à la surface de l'objet un mat parfait; on y arrive en déposant à sa surface une couche d'argent, que l'on précipite, à l'aide d'un courant très-faible, d'un

bain qui ne doit pas contenir plus de 8 grammes d'argent par litre.

ARGENTURE.

520. Les propriétés précieuses de l'argent le font aussi employer pour recouvrir les objets tels que cuillers, fourchettes, dessus de table, etc.

521. **Argenture électro-chimique.** — Le procédé le plus employé est le procédé électro-chimique, qui est analogue aux opérations de dorure que nous venons de décrire. Les objets, après les préparations nécessaires, sont suspendus au pôle négatif d'une pile dans un bain de cyanure double d'argent et de potassium. Voici comment on peut le préparer : on dissout 200 gr. d'argent dans 60 gr. d'acide azotique, et on évapore jusqu'à fusion de l'azotate d'argent formé ; on chasse ainsi l'excès d'acide par la calcination, et on transforme en oxyde de cuivre insoluble l'azotate de cuivre provenant de l'action de l'acide azotique sur le cuivre que contient toujours l'argent du commerce ; puis on dissout l'azotate dans 250 gr. d'eau, et on filtre pour séparer l'oxyde de cuivre. On a d'ailleurs fait dissoudre 20 gr. de cyanure de potassium pour 100 gr. d'eau, et on ajoute petit à petit cette solution à la solution d'azotate d'argent ; il se forme alors un précipité de cyanure d'argent ; on décante, on lave le précipité, on décante de nouveau, et, après plusieurs lavages et décantations qui ont pour effet d'éliminer l'azotate de potasse formé, on dissout le cyanure d'argent formé dans 20 gr. de cyanure de potassium, et on ajoute de l'eau de manière à former un litre de ce bain.

Au sortir du bain la pièce est mate et passe au brunissage.

522. **Argenture au trempé.** — Cette méthode n'est employée que pour des objets de peu d'importance. Elle s'effectue à la température de l'ébullition dans un bain de cyanure double de potassium et d'argent contenant 5 gr. d'argent par litre et sur des pièces très-bien décapées.

523. **Argenture au pouce.** — On se servait autrefois d'un procédé appelé argenture *au pouce*. Après avoir bien décapé les pièces, on frottait leur surface avec un mélange de 1 partie de chlorure d'argent, de 3 parties de crème de tartre, 4 parties de

sel marin et une petite quantité de sulfate de fer qu'on broyait dans un mortier avec un peu d'eau ; on frottait avec le pouce enveloppé d'un linge fin.

524. **Dorure et argenture à la feuille.** — Les procédés de dorure sur bois, sur plâtre ou sur carton-pâte, exigent des préparations que nous ne ferons qu'indiquer, ces opérations étant plutôt mécaniques que chimiques. Les surfaces bien préparées au blanc et poncées à la prêle sont enduites d'un mordant appelé *or en couleur* qui détermine l'adhérence des feuilles d'or que l'on applique au moyen d'un pinceau en poil de putois ; puis on vernit au vernis gras ou l'on brunit avec la pierre d'hématite ou l'agate.

L'argenture à la feuille est maintenant presque délaissée.

525. **Plaqué d'argent.** — Il est encore un moyen d'appliquer l'argent sur le cuivre ; on l'appelle *placage*. Au moyen du borax et de la chaleur d'un four à moufle, on soude une feuille d'argent fin sur un lingot de cuivre rouge enduit d'azotate d'argent, puis on lamine ensemble les deux métaux encore chauds. On obtient ainsi des plaques argentées que l'on travaille et avec lesquelles on fait des objets divers. Ce procédé a perdu beaucoup de son importance depuis la découverte de l'argenture électro-chimique.

PLATINE.

526. **État naturel.** — **Extraction.** — Le platine n'a été introduit en Europe que vers la moitié du dix-huitième siècle. Les mineurs d'Amérique le connaissaient depuis longtemps sous le nom de petit argent (*platina*).

On trouve le platine à l'état métallique dans des sables qui ont beaucoup d'analogie avec les sables aurifères. Il y est sous la forme de petits grains associés avec beaucoup d'autres métaux, parmi lesquels se trouve l'or.

Le minerai, bien débarrassé du sable par des lavages, est traité par le mercure qui en sépare l'or ; puis on le traite par l'eau régale concentrée, qui dissout presque tout le platine avec une petite quantité des autres métaux qui l'accompagnent. La dissolution est traitée par le chlorhydrate d'ammoniaque qui y forme un précipité jaune de chlorure double de platine et d'ammoniaque. Ce précipité, lavé et calciné au rouge, se décompose, laisse dégager le chlore et l'ammoniaque qu'il contient, et donne pour résidu la *mousse ou éponge* de platine, masse spongieuse d'un gris tendre.

Avant les travaux de MM. Henri Sainte-Claire Deville et Debray, on ne connaissait d'autre moyen de donner de la consistance à cette éponge qu'en la comprimant fortement dans un

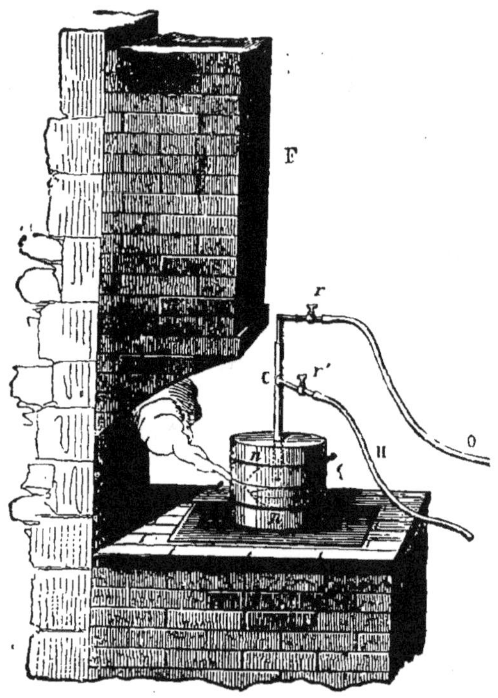

Fig. 243. — Fusion du platine.

cylindre creux en fer, puis en la chauffant au rouge blanc et la martelant.

Ce procédé est maintenant remplacé par la fusion du platine, qui s'effectue dans l'appareil très-simple qu'ont imaginé MM. Deville et Debray.

Il se compose d'un petit four en chaux vive formé par la superposition de deux cylindres (fig. 243) en chaux présentant chacun une cavité hémisphérique : le cylindre supérieur est percé d'un trou qui laisse arriver au milieu de la cavité sphérique le bec du chalumeau à gaz oxygène et hydrogène. Le platine est introduit par une rigole latérale *c*. Grâce à la température développée par le chalumeau à gaz, on peut fondre avec une grande rapidité, dans ce fourneau lui-même infusible, des quantités assez considérables de platine. La chaux dans cette opération joue aussi un rôle chimique : elle sert à l'affinage du métal fondu.

527. **Propriétés physiques et chimiques.** — Le platine est un métal d'un blanc grisâtre, ductile, très-malléable et très-tenace quand il est pur. Sa densité est 21,15.

Le platine, même obtenu par fusion, devient incandescent au contact du mélange d'oxygène et d'hydrogène qu'il enflamme ; ce phénomène se produit plus facilement avec la mousse de platine.

Il n'est oxydable directement à aucune température ; aucun acide simple ne l'attaque ; il ne se dissout que dans l'eau régale et à chaud dans les alcalis.

528. **Usages**. — Les usages du platine sont assez limités par suite de son prix élevé ; il sert à la fabrication des appareils à concentrer l'acide sulfurique ; à cause de son inaltérabilité et de la température élevée qu'il peut supporter sans se fondre, on l'emploie dans les laboratoires pour faire des creusets, capsules, tubes, cornues, etc.

LIVRE IV

CHIMIE ORGANIQUE

CONSIDÉRATIONS GÉNÉRALES SUR LES MATIÈRES ORGANIQUES.

529. On désigne sous le nom de *matières organiques* des composés nombreux qui se forment dans les végétaux et dans les animaux.

Parmi ces composés, les uns constituent essentiellement les tissus des végétaux ou des animaux, comme la cellulose ou la fibrine. Ce sont les *substances organisées*. Elles sont constituées en général par des cellules ou des fibres qui se développent sous l'influence de l'action vitale ; elles sont incapables de cristalliser ou de se volatiliser sans se détériorer. Les autres, que l'on désigne sous le nom de *substances organiques*, ont, comme le sucre, l'acide acétique, l'alcool, des propriétés physiques bien définies, sont caractérisées par leur forme cristalline, par leur point de fusion ou d'ébullition. La chimie organique fait l'étude de toutes ces substances, non-seulement au point de vue de leurs propriétés particulières, mais aussi à celui de leurs transformations et des actions réciproques si variées qu'elles peuvent exercer l'une sur l'autre.

530. Les substances qu'étudie la chimie organique sont excessivement nombreuses, et cependant il n'entre dans leur composition qu'un nombre très-restreint de corps simples. L'immense majorité des matières organiques n'en contient que quatre : le carbone, l'oxygène, l'hydrogène et l'azote. Toutes renferment du carbone; aussi dit-on quelquefois que la chimie organique

est l'étude des combinaisons du carbone. Les matières végétales contiennent rarement de l'azote : les unes, comme l'amidon, le sucre, sont des composés ternaires de carbone, d'hydrogène et d'oxygène; les autres, comme l'essence de térébenthine, la benzine, sont des composés binaires, des carbures d'hydrogène.

On rencontre quelquefois le chlore, le brome, l'iode et le soufre dans les matières organiques, mais ce sont là des cas exceptionnels, et ces corps ne doivent pas être considérés comme entrant dans la composition normale des matières organiques.

Malgré le nombre si restreint des éléments qui entrent dans la constitution des matières organiques, elles sont cependant excessivement nombreuses, par suite des combinaisons variées auxquelles peut donner lieu le groupement de ces éléments.

Les végétaux et les animaux nous offrent rarement les matières organiques isolées à l'état de pureté. Ils sont, en général. un mélange de diverses espèces : c'est ainsi qu'un citron renferme du sucre, de l'acide citrique, de la cellulose, une essence, de l'albumine, etc.

531. Quand on veut étudier un produit naturel végétal ou animal, il faut d'abord séparer les unes des autres les diverses espèces qui le constituent, et qu'on appelle *principes immédiats*. Cette première sorte d'analyse est appelée *analyse immédiate*. On fait ensuite l'analyse élémentaire des principes immédiats isolés en déterminant la nature et la proportion des corps simples qui entrent dans leur composition. Nous n'étudierons pas les méthodes qu'emploient l'analyse immédiate et l'analyse élémentaire.

532. Les matières organiques peuvent être divisées et classées par séries à un point de vue théorique qui ne peut nous occuper ici ; nous les diviserons en substances acides, basiques et neutres, et c'est en suivant cette classification que nous les étudierons. Nous ne porterons, du reste, notre attention que sur les plus importantes et sur celles qui donnent lieu aux applications pratiques les plus intéressantes.

CHAPITRE PREMIER

ACIDES ET BASES ORGANIQUES.

ACIDES ACÉTIQUE, OXALIQUE, CITRIQUE, MALIQUE, TARTRIQUE, TANNIQUE.

533. Les acides organiques sont excessivement nombreux; nous n'étudierons que quelques-uns d'entre eux, les plus importants au point de vue de leur abondance et de leurs applications.

ACIDE ACÉTIQUE.

Symbole : $C^4H^3O^3,HO$.

534. **Propriétés de l'acide acétique.** — L'acide acétique chimiquement pur est solide au-dessous de 16 degrés : c'est ce que l'on appelle l'acide acétique cristallisable dont se servent les photographes; à 16 degrés, il est liquide, incolore; sa densité est 1,063; son odeur est pénétrante, sa saveur très-acide; mis en contact avec la peau, il y produit des ampoules. Sa formule est $C^4H^3O^3,HO$.

Il peut être considéré comme le résultat de l'oxydation d'un corps que nous étudierons plus loin et qu'on appelle *alcool*.

$$\underset{\text{Alcool.}}{C^4H^6O^2} + \underset{\text{Oxygène.}}{4O} = \underset{\text{Acide acétique.}}{C^4H^3O^3,HO} + \underset{\text{Eau}}{2HO}$$

Gerhardt a découvert l'acide acétique anhydre, qui a pour formule $C^4H^3O^3$, et qui n'a d'importance qu'au point de vue théorique.

Étendu d'eau, l'acide acétique constitue le vinaigre.

PRÉPARATION INDUSTRIELLE DE L'ACIDE ACÉTIQUE OU VINAIGRE.

535. 1° **Par la méthode d'Orléans ou du vin.** — Cette méthode consiste à oxyder à l'air l'alcool que contient le vin. Les vins destinés à l'acétification peuvent être indifféremment

blancs ou rouges, mais ils doivent toujours être parfaitement clairs ; aussi prend-on la précaution de les filtrer lorsqu'ils présentent le plus léger trouble.

Les appareils destinés à l'acétification du vin sont des tonneaux placés dans des celliers où les vinaigriers entretiennent une température de 30 degrés environ ; cette température ne doit pas être dépassée. On introduit dans un tonneau, dont la capacité est 230 litres, 100 litres de vinaigre de bonne qualité, puis un dixième en volume de vin ordinaire. Après six semaines ou deux mois on retire, de huit jours en huit jours, 10 litres de vinaigre et on ajoute 10 litres de vin. Ce procédé est lent et ne donne, une fois mis en train, que 10 litres de vinaigre tous les huit jours.

M. Pasteur a étudié, il y a quelques années, les conditions dans lesquelles se fait l'acétification du vin, et a proposé d'heureuses modifications à ce procédé.

Il a découvert qu'à la surface du vinaigre se développe une plante qu'il appelle *mycoderma aceti*, que le développement de cette plante est nécessaire à l'acétification, et que si l'on vient à la submerger dans le liquide, de manière à la soustraire au contact de l'air, l'oxydation de l'alcool s'arrête. Il a remarqué d'ailleurs que les animalcules dits *anguillules du vinaigre*, qui se développent dans ce liquide, se trouvant privés de l'oxygène de l'air nécessaire à leur respiration par la présence du mycoderme qui s'étale comme un voile à la surface du liquide, réunissent leurs efforts pour le submerger, l'entraîner au fond du liquide et lui faire perdre ainsi la propriété qu'il a d'opérer l'acétification de l'alcool. De là résulte la lenteur avec laquelle se fabrique le vinaigre, puisque, pendant l'opération, le mycoderme, agent nécessaire de l'acétification, se trouve souvent submergé, et qu'il faut qu'il s'en développe une nouvelle quantité à la surface du liquide pour que la transformation recommence.

M. Pasteur, pour éviter ces inconvénients, sème le mycoderma aceti à la surface d'une eau contenant 20 pour 100 de son volume d'alcool et 1/10 d'acide acétique ; il active son développement en ajoutant à la liqueur des phosphates qui sont la nourriture minérale de la plante. De cette manière, le mycoderme se développe avec rapidité ; les anguillules n'ont pas le temps d'apparaître et d'exercer leur action nuisible. A mesure que l'acétification s'opère, on ajoute de nouvelles quantités de vin.

Par ce procédé, une cuve de 1 mètre carré de surface, contenant 50 à 100 litres, fournit par jour 5 à 6 litres de vinaigre. M. Pasteur opère à une basse température, ce qui permet la conservation des principes qui donnent du montant au vinaigre.

536. 2° **Par la méthode allemande.** — Ce procédé est plus rapide que le procédé d'Orléans, mais il donne un vinaigre de qualité inférieure. L'appareil inventé par Wagemann et Schulzenbach est d'une grande simplicité. A la partie supérieure d'un tonneau de 2 mètres de haut et 1 mètre de diamètre se trouve un double fond *ii* (fig. 244) percé de trous à travers lesquels passent des bouts de ficelle qui les bouchent partiellement ; le tonneau est rempli de copeaux de hêtre et présente des trous *a* sur sa surface latérale. Le liquide alcoolique, composé de 1 partie d'alcool, 5 parties d'eau et un millième de levûre de bière, est versé par le tube *d* qui traverse le couvercle, s'écoule lentement le long des ficelles, traverse les copeaux sur lesquels il s'étale et présente une large surface à l'oxydation. L'air entre par les trous à travers le tonneau en sens inverse, transforme l'alcool en vinaigre et s'échappe par le tube *t*.

Fig. 244. — Fabrication du vinaigre.

537. 3° **Par la distillation du bois.** — On peut aussi fabriquer le vinaigre par la distillation du bois. Le bois est chargé dans un cylindre en fonte A (fig. 245) placé dans un fourneau à grille. L'appareil communique avec un serpentin *ggg* entouré de manchons *m*, *m*, *m* communiquant entre eux par des tubes *o* et dans lesquels circule de bas en haut de l'eau froide venant d'un réservoir K et s'échappant en *t*. Les produits de la distillation du bois, condensés dans le serpentin, s'écoulent dans le ré-

servoir *r*. Nous ferons remarquer que les gaz combustibles se rendent par l'embranchement *s* sous la grille C, y brûlent, et

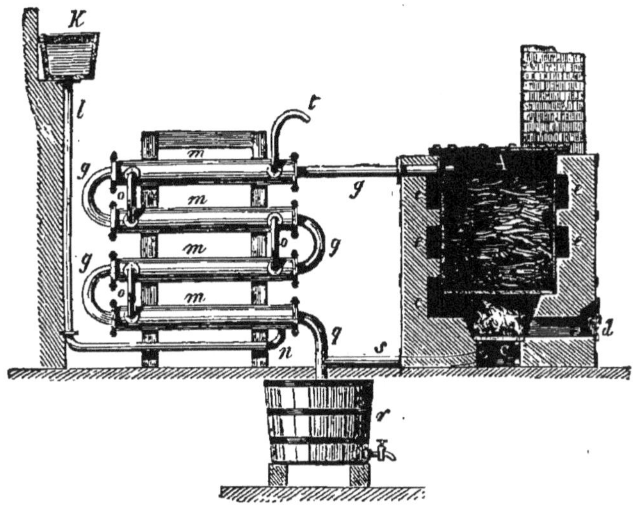

Fig. 245. — Distillation du bois.

leur combustion suffit pour entretenir la distillation.

538. En Angleterre, la distillation a lieu dans les appareils que

Fig. 246. — Distillation du bois.

représente la fig. 246. Ce sont des cylindres en fonte posés horizontalement les uns à côté des autres dans des fourneaux en briques. Ils communiquent d'abord avec des boîtes R, R', où les goudrons moins volatils que l'acide acétique se déposent pour s'écouler de là dans les tonnes T, T'. Quant aux composés aqueux et acides, ils s'échappent à travers les tuyaux courbes en cuivre partant de R et de R', et se condensent dans un serpentin que renferme la cuve C et que refroidit un courant d'eau. Du serpentin les eaux acides s'écoulent dans le tonneau T, d'où elles vont au réservoir commun. Quant aux gaz combustibles, deux tubes spéciaux qu'indique la figure, et qui plongent dans le sol, les conduisent sous les foyers où ils activent la combustion.

Quelle que soit la méthode suivant laquelle il a été fabriqué, l'acide, que l'on appelle acide pyroligneux brut, se présente sous la forme d'un liquide plus ou moins coloré qui est un mélange et une solution d'acide acétique, d'acétone, d'esprit de bois, de goudron. Il faut le soumettre à une rectification pour mettre en liberté l'acide acétique dans l'état où le commerce le réclame. Le procédé suivant est certainement le plus convenable et a l'avantage de recueillir les substances volatiles ou non que renfermait l'acide pyroligneux.

539. Quand, par le repos, l'acide pyroligneux a déposé la plus grande partie des goudrons, il est introduit dans un alambic A (fig. 247) chauffé par la vapeur qui arrive en M et sort en N. La

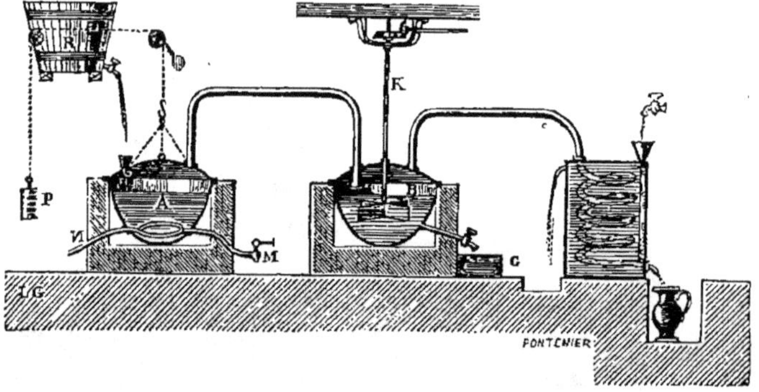

Fig. 247. — Fabrication de l'acide pyroligneux.

vapeur d'acide acétique se rend en sortant de l'alambic dans une chaudière B dans laquelle on a mis de la chaux, du sulfate de soude, de l'eau et des petites eaux d'acide acétique. Le tout est maintenu en agitation constante par un axe K muni de palettes;

l'acide acétique se combine d'abord à la chaux, mais l'acétate de chaux formé, se trouvant en présence du sulfate de soude, se décompose; il se forme de l'acétate de soude et du sulfate de chaux insoluble. On soutire de temps en temps le liquide trouble contenant en suspension le sulfate de chaux.

Pendant la distillation, les vapeurs non acides, esprit de bois, acétone, etc., sans s'arrêter dans la chaudière B, passent dans un serpentin où elles se condensent.

Quand la solution d'acétate de soude soutirée de la chaudière B a laissé déposer tout le sulfate de chaux qu'elle tenait en suspension, on la décante et on l'évapore à sec. L'acétate de soude formé est très-impur; il est souillé par des matières goudronneuses. On le purifie par des cristallisations successives ou par une torréfaction ménagée, qui a pour effet de volatiliser une partie des matières goudronneuses, et de décomposer l'autre en laissant un résidu de charbon; l'acétate de soude ainsi purifié est ensuite traité par l'acide sulfurique qui le décompose, forme du sulfate de soude et met en liberté l'acide acétique que l'on isole par distillation.

540. **Usages de l'acide acétique et des acétates.** — Le vinaigre est surtout employé pour l'assaisonnement des mets et pour la conservation des condiments; il n'est que peu utilisé dans l'industrie. L'acide acétique cristallisable est employé en photographie. L'acide pyroligneux, soit brut, soit rectifié, est rarement employé à l'état libre; il sert pour la conservation de quelques substances, mais son importance lui vient de l'emploi qu'on en fait dans la fabrication des acétates.

Les acétates d'alumine et de fer sont d'une grande utilité dans la teinture et dans l'impression des tissus; l'acétate de plomb sert à la fabrication de la céruse; l'acétate de cuivre, ou *vert-de-gris*, est employé en quantité considérable pour la peinture et pour la fabrication des papiers peints.

ACIDE OXALIQUE.

Symbole : C^2O^3,HO.

541. **État naturel.** — Cet acide est très-répandu dans le règne végétal, notamment à l'état de bioxalate de potasse dans la grande oseille.

542. **Préparation.** — 1° Dans la Souabe et en Suisse on

l'extrait de la grande oseille, dont on presse les feuilles pour en faire écouler un jus dont on retire le sel d'oseille, qui n'est qu'un mélange de bioxalate et de quadroxalate de potasse. Ce sel, dissous et traité par l'acétate de plomb, donne un précipité d'oxalate de plomb insoluble, que l'on décompose par une quantité convenable d'acide sulfurique étendu, qui donne du sulfate de plomb insoluble et de l'acide oxalique en dissolution. La dissolution laisse cristalliser l'acide oxalique.

2° On peut préparer l'acide oxalique en oxydant l'amidon par l'acide azotique. La liqueur, concentrée par évaporation, donne de beaux cristaux d'acide oxalique.

543. **Propriétés.** — L'acide oxalique se présente sous la forme de cristaux blancs. Chauffé en présence de l'acide sulfurique, il se dédouble en oxyde de carbone et en acide carbonique.

544. **Usages.** — L'acide oxalique est employé en teinture; les imprimeurs sur tissus s'en servent pour dissoudre en certains points les oxydes dont les étoffes sont imprégnées; aux points rongés le tissu devient blanc, tandis qu'à côté il conserve la couleur de l'oxyde métallique. On s'en sert aussi pour récurer les ustensiles en cuivre (sa dissolution porte alors le nom d'*eau de cuivre*), et pour effacer sur le linge les taches de rouille et d'encre. Ces dernières applications reposent sur la faculté qu'a l'acide oxalique de former des sels solubles avec les oxydes de cuivre et de fer.

ACIDE TARTRIQUE.

Symbole : $C^8H^4O^{10}$.

545. **État naturel.** — Cet acide, isolé par Scheele en 1770, se trouve dans le jus des raisins, et, lorsque la fermentation est terminée, les vins laissent déposer contre les parois des futailles des lamelles cristallines blanches et rouges, que l'on appelle *tartre*, et qui sont principalement formées de bitartrate de potasse.

En dissolvant le tartre brut par l'eau chaude, et précipitant la matière colorante par l'argile, on obtient, par cristallisation, la *crème de tartre* ou *tartre pur* ou *bitartrate de potasse.*

546. **Préparation.** — Pour préparer l'acide tartrique, on dissout le tartre pur dans l'eau bouillante et on y ajoute peu à

peu de la craie en poudre. La chaux que contient la craie s'empare de l'excès d'acide tartrique du bitartrate et forme du tartrate neutre de potasse : en y versant du chlorure de calcium, on précipite le reste de l'acide tartrique à l'état de tartrate de chaux. Ce tartrate, réuni au premier, est mis en digestion avec de l'acide sulfurique étendu d'eau. Il se forme du sulfate de chaux insoluble que l'on sépare par filtration; l'acide tartrique dissous que contient la liqueur cristallise par l'évaporation.

547. **Propriétés.** — L'acide tartrique est soluble ; il se présente sous forme de cristaux transparents d'une saveur acide et très-soluble dans l'eau. Il est inaltérable à l'air; projeté sur des charbons ardents, il répand une odeur de pain grillé.

Il forme, avec les oxydes métalliques, des tartrates neutres et des bitartrates. Le bitartrate de potasse est le plus important de ces sels; il est très-employé dans la teinture des laines. L'*émétique*, employé en médecine comme vomitif, est un tartrate de potasse et d'antimoine.

On fait souvent servir l'acide tartrique à la préparation des boissons rafraîchissantes. Avec 2 grammes d'acide tartrique, 100 grammes de sucre et quelques gouttes d'esprit de citron, pour 1 litre d'eau, on produit une limonade très-agréable à boire.

ACIDE CITRIQUE.

Symbole : $C^{12}H^5O^{11},3HO + 3HO$.

548. **État naturel.** — L'acide citrique existe principalement à l'état libre dans le jus de citron, d'où Scheele l'a extrait en 1704. Il existe aussi dans les groseilles et dans plusieurs autres fruits acidulés et sucrés, les oranges, les cédrats, les cerises, les fraises et les framboises, etc.

549. **Préparation.** — Le jus de citron est clarifié par du blanc d'œuf, puis mis à bouillir avec de la craie en poudre. Il se forme du citrate de chaux insoluble qu'on décompose par l'acide sulfurique; la liqueur filtrée dépose le sulfate de chaux sur le filtre et, soumise à l'évaporation, elle laisse cristalliser l'acide citrique.

550. **Propriétés.** — L'acide citrique est solide; il se présente sous la forme de cristaux incolores, transparents, d'une saveur très-agréable, très-solubles dans l'alcool. Projeté sur des char-

bons ardents, il ne répand pas, comme l'acide tartrique, l'odeur de pain grillé.

551. **Usages.** — Ses usages sont fort nombreux. Il est employé par les teinturiers; les indienneurs l'utilisent comme rongeant. On s'en sert pour enlever les taches de rouille et les taches alcalines sur l'écarlate, pour préparer une dissolution de fer qui est en usage chez les relieurs de livres et donne à la surface de la peau une apparence marbrée. Il est souvent employé dans la préparation de la limonade.

Le citrate de fer et le citrate de magnésie sont d'un usage fréquent en médecine.

ACIDE MALIQUE.

Symbole : $C^8H^4O^8,2HO$.

552. **État naturel.** — L'acide malique est probablement l'acide le plus répandu dans le règne végétal, tantôt uni aux bases, à l'état de malate de potasse, par exemple dans les cerises douces, tantôt libre, omme dans les poires aigres, les raisins, les groseilles, et surtout dans le fruit du sorbier.

Cet acide n'a pas d'applications; nous nous contenterons de dire qu'il se présente sous forme de mamelons déliquescents et qu'il s'extrait du suc du sorbier.

ACIDE TANNIQUE OU TANNIN.

Symbole : $C^{54}H^{22}O^{34}$.

553. **État naturel.** — Le tannin se trouve dans les arbres du genre chêne, notamment dans l'écorce et dans la noix de galle. La noix de galle est une excroissance qui se développe sur les rameaux et sur les feuilles des chênes, par suite de la piqûre de petits insectes.

554. **Préparation.** — On fait passer de l'éther sur de la noix de galle concassée, maintenue au moyen d'un tampon de coton dans une allonge qui s'engage dans le col d'une carafe, et que l'on ferme avec un bouchon (fig. 248). L'eau de l'éther dissout le tannin, et cette dissolution tombe goutte à goutte dans le fond de la carafe, sans se mélanger à l'éther qui surnage. La dissolution de tannin évaporée doucement donne un résidu spongieux très-brillant qui est le tannin pur.

555. **Propriétés.** — Le tannin est solide, se présente sous

forme d'une masse spongieuse, amorphe, rarement incolore et le plus souvent jaunâtre. Il est très-soluble dans l'eau, sa dissolution a une réaction faiblement acide.

Fig. 248. — Préparation du tannin.

L'acide tannique précipite la plupart des dissolutions métalliques; il précipite en noir bleuâtre les sels de sesquioxyde de fer. C'est ce précipité tenu en suspension dans une eau gommeuse, qui constitue la matière colorante de l'encre ordinaire. Le tannin ne précipite pas les sels de protoxyde de fer, mais, à la longue et sous l'influence de l'air, le protoxyde de fer se suroxyde et le précipité apparaît. C'est ce qui explique pourquoi l'encre ordinaire, qui est faite avec du tannin et du sulfate de protoxyde de fer dissous dans une eau gommeuse, donne des caractères qui sont d'abord blanchâtres, mais qui noircissent avec le temps.

556. **Encres.** — Voici la formule d'une très-bonne encre noire :

Noix de galle concassée	1 kilogr.
Sulfate de fer ou couperose verte	500 gr.
Gomme arabique	500 gr.
Eau	16 litres.

On fait une forte décoction de noix de galle dans 13 à 14 litres d'eau et, après avoir passé la liqueur à travers une toile, on y ajoute la gomme, puis la couperose, que l'on fait dissoudre séparément dans le reste de l'eau prescrite. Le mélange, abandonné à l'air, est agité de temps en temps jusqu'à ce qu'il ait acquis une belle teinte d'un noir bleuâtre. On soutire alors la liqueur reposée et on la met en bouteilles. Cette encre est appelée *encre double*. Traitée avec le double d'eau, elle serait vendue sous le nom d'*encre simple*. Pour donner du brillant à l'encre, on peut y ajouter un peu de sucre et de sulfate de cuivre.

L'encre rouge se fabrique en faisant infuser dans 400 grammes de vinaigre, pendant 3 jours, 100 grammes de bois de Brésil râpé ; on fait ensuite bouillir pendant une heure, on filtre et on dissout dans la liqueur encore chaude 12gr,5 de gomme arabique et autant de sucre et d'alun. On obtient une encre d'une plus belle nuance, en dissolvant de la laque de garance dans de bon vinaigre ou du carmin dans l'ammoniaque.

Une dissolution saturée d'indigo dans l'acide sulfurique convenablement étendu d'eau gommée constitue une fort belle encre bleue.

L'encre d'imprimerie est composée de charbon tenu en suspension dans un liquide gras. Aussi résiste-t-elle à l'action du chlore, tandis que les autres encres sont décolorées par lui. C'est ce qui permet d'enlever une tache d'encre sur un livre, sans détruire les caractères imprimés. Il suffit pour cela de tremper la partie tachée dans une dissolution de chlore ; le chlore forme, avec le fer de l'encre ordinaire, du chlorure de fer soluble, mais n'a pas d'action sur le charbon de l'encre d'imprimerie. Pour éviter qu'il ne reste à la surface du papier une teinte jaunâtre, on lave dans l'eau aiguisée d'acide chlorhydrique.

557. **Acides gallique et pyrogallique.**— L'acide tannique se transforme en acide gallique par une oxydation lente, et donne lieu à un dégagement d'acide carbonique ; c'est ce qui arrive aux dissolutions de tannin abandonnées à l'air. L'acide gallique, chauffé vers 210°, perd lui-même de l'acide carbonique et se change en acide pyrogallique. Ces deux acides sont employés comme réducteurs en photographie.

TANNAGE DES PEAUX.

558. Les peaux des animaux dont on se sert pour la confection des chaussures, des harnais, etc., doivent, avant d'être employées, subir un traitement qui les rende imputrescibles et les empêche de s'imprégner facilement d'humidité. Ce traitement est désigné sous le nom de tannage, parce qu'il consiste à utiliser la propriété qu'a le tannin de pouvoir se combiner avec les peaux des animaux, et de contracter avec elles une combinaison imputrescible, insoluble et capable de supporter les alternatives de sécheresse et d'humidité sans absorber l'eau. Le tannin est

emprunté pour cela à l'écorce des chênes réduite en poussière, et spécialement à celle du *chêne à crochets*. Cette poussière porte le nom de *tan*.

Les peaux destinées au tannage se divisent en trois catégories: les *peaux fraîches*, comme celles qui sont vendues par les bouchers, les *peaux salées* et les *peaux desséchées*. C'est dans ces deux derniers états que nous arrivent les peaux de l'Amérique. Les peaux de buffles et de bœufs servent à la fabrication des cuirs forts; celles de vaches, de veaux, de cheval, à la fabrication des cuirs mous; celles de moutons, de chèvres, d'agneaux, de chevreaux, à la fabrication des cuirs minces et flexibles pour gants et maroquins.

559. On amène les peaux sèches au même état que les peaux fraîches, en les immergeant dans l'eau pendant plusieurs jours, et en les étirant ou en les piétinant. Les peaux fraîches doivent être macérées pendant deux ou trois jours, pour perdre leurs principes solubles, et notamment le sang dont elles sont imprégnées. Celles qui sont destinées à donner des cuirs mous subissent quatre opérations consécutives. La première est celle du *pelanage*, qui a pour but de disposer les poils et les lambeaux de chair à abandonner facilement la peau. Elle consiste à faire passer successivement les peaux dans quatre ou cinq cuves (*pelain*) contenant un lait de chaux. Le pelanage dure de trois à quatre semaines.

Le pelanage terminé, on procède au *débourrage* ou *épilage*, opération qui consiste : 1° à enlever le poil en raclant la peau de haut en bas avec un couteau émoussé, dit couteau rond; 2° à frotter la peau avec une pierre en grès bien unie, de manière à faire disparaître les aspérités qui se trouvent du côté des poils; 3° à nettoyer complétement avec le couteau les deux côtés de la peau jusqu'à ce qu'elle soit bien blanche.

L'épilage se fait plus facilement quand on s'est servi, comme l'a indiqué M. Félix Boudet, de la soude caustique dans le pelanage.

Les peaux ne sont pas encore suffisamment gonflées pour être soumises au tannage proprement dit. On produit ce gonflement en les plongeant pendant quinze jours dans des cuves contenant une infusion de *tannée* (tan épuisé et altéré par un long séjour à l'air). Cette dissolution, qui est acide et faible, est appelée *jusée*.

Pendant cette opération, les peaux subissent un commencement de *tannage*.

Le tannage proprement dit est la dernière opération. Il a lieu dans des fosses en maçonnerie où l'on dispose par couches alternatives les peaux et le tan. Toute la masse est ensuite humectée avec de l'eau déjà chargée de tan. Les fosses remplies renferment en général sept à huit cents peaux, et sont abandonnées à elles-mêmes pendant quatre à huit mois; pendant cet intervalle on ne relève les peaux qu'une seule fois pour mettre celles de dessus en dessous et réciproquement, et pour renouveler le tan.

Au sortir des fosses les cuirs forts ont une consistance spongieuse. On leur donne de la compacité en les martelant.

560. Le tannage des peaux destinées à la confection des cuirs forts est en général le même que celui que nous venons de décrire pour les cuirs mous. Cependant on substitue au pelanage l'*échauffe*, opération qui consiste à faire subir une légère fermentation putride aux peaux entassées dans une chambre chauffée à 25° environ.

Toutes les peaux ne sont pas tannées par l'écorce de chêne; celles qui sont destinées à la confection des maroquins sont tannées par le *sumac*; les cuirs de Russie le sont par l'*écorce de bouleau*.

Les opérations du tannage sont fort longues, comme on a pu le voir par la description que nous venons d'en donner; on a proposé plusieurs modifications destinées à les rendre plus rapides, mais jusqu'ici il n'en est pas dont le succès ait été consacré par l'expérience.

Nous ajouterons enfin qu'on peut rendre les peaux imputrescibles sans avoir recours au tannage : le mégissier et le chamoiseur emploient des peaux rendues imputrescibles par d'autres procédés.

BASES ORGANIQUES.

561. On rencontre dans certains végétaux des principes immédiats, qui ont pour caractères distinctifs d'agir sur le tournesol comme les alcalis minéraux, et qui sont capables de neutraliser les acides en donnant naissance à des sels cristallisables. Ils sont, en général, assez peu solubles dans l'eau, mais beaucoup

plus solubles dans l'alcool : leur saveur est amère; leurs réactions ont beaucoup d'analogie avec celles de l'ammoniaque. Ces substances, que l'on désigne sous le nom de bases ou alcaloïdes organiques, peuvent être extraites du végétal qui les renferme en le traitant par les acides minéraux étendus, qui les prennent aux sels dans lesquels elles sont engagées. On précipite ensuite la liqueur par l'ammoniaque pure ou le carbonate de soude, et l'on obtient ainsi la base organique mélangée avec d'autres corps, dont on les sépare au moyen de dissolvants convenablement choisis.

Nous citerons la quinine et la cinchonine que l'on retire de l'écorce du quinquina, la morphine et la codéine que l'on extrait de l'opium, la nicotine que l'on rencontre dans le tabac, et la strychnine, poison violent, que l'on trouve dans la noix vomique.

On n'a pu reproduire artificiellement aucun alcaloïde naturel, mais on a pu obtenir un nombre considérable de bases organiques artificielles.

CHAPITRE II

MATIÈRES ORGANIQUES NEUTRES. CELLULOSE. — BOIS. — LEUR CONSERVATION. FABRICATION DU PAPIER.

CELLULOSE.

562. **Propriétés.** — La trame du tissu solide de tous les végétaux est formée par une substance que l'on appelle *cellulose*. Lorsqu'elle est débarrassée des matières que renferment les cellules ou les vaisseaux des végétaux, elle est blanche, solide, diaphane, insoluble dans l'eau, l'alcool, l'éther, les huiles grasses ou essentielles, les acides et les alcalis étendus. Aussi la prépare-t-on en traitant successivement par ces divers réactifs la moelle de sureau, les fibres du coton, qui sont de la cellulose à peu près pure. Elle est soluble dans un réactif appelé réactif de

Schweitzer, et préparé en saturant de l'ammoniaque avec du carbonate de cuivre obtenu lui-même en précipitant le sulfate de cuivre par le carbonate de soude.

La cellulose ne s'altère pas au contact de l'air. L'acide sulfurique concentré la transforme d'abord en amidon, puis en dextrine et en glucose. L'acide azotique la transforme en une substance explosible appelée *coton-poudre*, que l'on peut préparer en plongeant du coton cardé et bien lessivé dans un mélange formé de 5 volumes d'acide sulfurique concentré et de 3 volumes d'acide azotique fumant : après une immersion de cinq minutes, on le lave à grande eau et on le fait sécher à une douce chaleur. On obtient ainsi une substance qui, conservant l'aspect du coton, est rugueuse au toucher, et a la propriété de s'enflammer à 170 degrés. Le coton-poudre brûle en se transformant complétement en gaz. La facilité avec laquelle il s'enflamme et ses facultés explosives l'ont fait considérer comme pouvant remplacer la poudre; mais on y a renoncé, à cause de son prix élevé et de ses effets brisants sur les armes, qu'il fatigue beaucoup plus que la poudre ordinaire.

Le coton-poudre est soluble dans un mélange d'éther et d'alcool; il forme alors un liquide sirupeux que l'on appelle *collodion*. Ce liquide, étendu en couche mince sur un corps solide, y forme, par l'évaporation de l'éther et de l'alcool, une pellicule imperméable très-adhérente. Il est employé en chirurgie pour préserver les plaies du contact de l'air; nous avons vu (471) l'usage que l'on en fait en photographie.

563. **Usages.** — La cellulose sert à fabriquer les cordes, les fils, les tissus de lin, de chanvre, de coton, les papiers ordinaires, le parchemin végétal.

PAPIER.

564. Le papier peut être considéré comme formé par l'entrecroisement des fibres végétales formées par la cellulose presque pure. Les chiffons ou les substances filamenteuses végétales, mises hors d'usage, sont les matières premières avec lesquelles on fabrique le papier.

565. Les deux principales phases de la fabrication du papier

sont la préparation de la pâte et la conversion de celle-ci en papier.

566. La pâte de chiffons (nous comprenons sous ce nom seulement celle qui provient des chiffons proprement dits, neufs ou vieux, des déchets de filature, des filets hors de service, des vieux cordages, etc.) se prépare de la manière suivante :

La première opération consiste dans le triage qui est souvent fait par le marchand de chiffons lui-même ; puis vient le *délissage*, opération qui consiste à séparer les coutures et les parties les plus dures à attaquer de celles qui s'attaquent plus facilement. Le délissage se fait à la main par un ouvrier qui, assis devant un long couteau vertical, prend les chiffons un à un, et en sépare, à l'aide de ce couteau, les parties difficiles à attaquer par les agents chimiques.

Les chiffons délissés et assortis sont soumis aux opérations du *lessivage*, de l'*effilochage* et du *blanchiment*.

Le lessivage se fait ordinairement au moyen du sel de soude ;

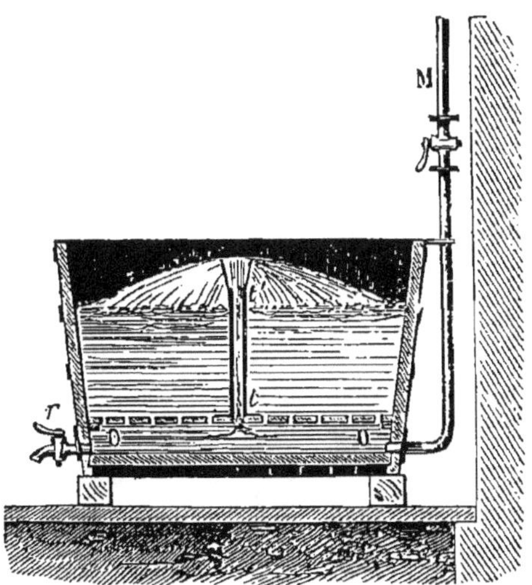

Fig. 2.9. — Fabrication du papier (Cuve).

quelquefois on emploie la chaux, mais les fabricants tendent de plus en plus à l'abandonner. Les chiffons, d'abord humectés, sont placés dans un cuvier à double fond percé de trous. La vapeur, qui arrive par le tuyau M (fig. 2'9), chauffe la lessive qui est en OO entre les deux fonds, et la pousse dans le tube vertical *tt'*, d'où elle déborde sur les chiffons et les traverse pour retourner en O. Après un lessivage de 5 à 6 heures, on soutire la liqueur alcaline par le robinet r; on la remplace par de l'eau, puis on opère le rinçage de la même manière.

Au lessivage succède l'*effilochage*, opération qui a pour but de diviser les chiffons et de les réduire en fibrilles semblables à la charpie. Autrefois on parvenait à ce résultat au moyen d'un pilon, ce qui donnait une pâte homogène; aujourd'hui l'on fait usage d'un cylindre armé de lames, qui agissent sur les chiffons immergés dans l'eau et les réduisent en pâte. Le cylindre a l'inconvénient de pulvériser le chiffon; aussi le papier fabriqué est-il de moins bonne qualité.

Après l'effilochage, les chiffons sont blanchis, soit au chlorure de chaux, soit au chlore gazeux. Après le blanchiment vient l'*affinage*, que l'on peut considérer comme le complément de l'effilochage. Les chiffons blanchis sont en effet reportés au cylindre qui achève la division des fibres végétales, et les réduit en pâte susceptible d'être étendue en couches minces uniformes. La pâte, arrivée à cet état, est mise en feuilles, soit à la main, soit à la mécanique.

567. Dans le premier cas, la pâte à papier étant mise en suspension dans l'eau, l'ouvrier y plonge un châssis en bois dont le fond est fait soit par une toile métallique très-serrée, soit par des fils de laiton entre-croisés. Pour régulariser la couche de pâte qui se dépose sur le fond du châssis, l'ouvrier, en soulevant celui-ci, lui imprime un mouvement de va et vient. On laisse égoutter, et la pâte, prenant une certaine consistance, forme une feuille que l'on presse entre des draps de laine, qui la dessèchent plus complétement. Les feuilles ainsi fabriquées sont superposées, pressées de nouveau, puis séchées sur des cordes dans un grenier.

568. Quand le châssis est en toile métallique assez serrée pour ne laisser aucune trace sensible dans l'épaisseur de la feuille, le papier est appelé *velin*. Il est *vergé*, au contraire, lorsqu'il présente par transparence des lignes verticales que l'on nomme *pontuseaux*, et un grand nombre de petites lignes horizontales extrêmement serrées, que l'on nomme *vergeures*. Les unes et les autres sont produites par le fond du châssis, lorsque celui-ci est constitué par des fils de laiton qui s'impriment en quelque sorte dans la pâte.

La marque du fabricant est imprimée aussi dans la pâte à l'aide d'autres fils de cuivre, que l'on pose sur les autres, et auxquels on donne le nom de *filigrane*.

Pour donner au papier une imperméabilité qui permette d'écrire à sa surface, pour l'empêcher de boire l'encre, on plonge les feuilles dans une dissolution faible et tiède de colle d'amidon, d'un savon résineux et d'alun. Après le collage, les feuilles sont pressées et séchées de nouveau, puis soumises à l'action de presses pour donner de la fermeté au papier et rendre sa surface plus douce et plus polie.

569. Le papier à la mécanique se fabrique à l'aide d'une machine dont nous n'exposerons que le principe, sans entrer dans sa description détaillée.

La pâte tombe en bouillie sur une toile métallique sans fin, qui l'entraîne avec elle et qui est animée, dans le sens transversal, d'un mouvement de va-et-vient destiné à la répartir uniformément et à la faire égoutter. Sur cette toile la feuille prend déjà une certaine consistance ; en la quittant, elle passe d'abord entre deux cylindres garnis de feutre qui lui enlèvent une grande partie de son eau, puis sur une série de cylindres chauds et polis, qui achèvent de la dessécher et font disparaître les inégalités de la surface. Le papier sort fabriqué de la machine deux minutes après que la pâte a été versée sur la toile métallique, et forme un immense rouleau que l'on découpe en feuilles.

Le collage du papier fabriqué à la mécanique, et destiné à l'écriture, se fait en versant la colle dans la pâte ; c'est ce qui fait que ce papier conserve son imperméabilité lorsqu'on gratte sa surface, tandis que le papier à la main, n'étant collé qu'à la surface, ne présente pas cet avantage.

BOIS.

570. Le bois est formé par de la cellulose dont chaque cellule a ses parois intérieures recouvertes d'une matière incrustante qui est dure, cassante, et que l'on appelle *ligneux*. Le ligneux est plus riche en carbone et en hydrogène que la cellulose. La proportion de ligneux qui se trouve dans le bois varie d'une espèce de bois à l'autre, et l'on peut dire que le bois est d'autant plus dur qu'il en contient plus. Cette proportion varie aussi dans un même bois ; il y en a plus dans le *cœur* que dans l'*aubier*. Le

ligneux dégage plus de chaleur en brûlant que la cellulose, parce qu'il contient plus de carbone et d'hydrogène : c'est ce qui explique pourquoi les bois durs donnent plus de chaleur que les bois tendres.

Des travaux récents de M. Fremy tendent à prouver que la matière incrustante des bois est un mélange, en proportions variables, de quatre substances différentes. Cette opinion n'est pas encore adoptée par tous les chimistes.

Le bois contient une certaine quantité d'azote et des sels minéraux qui forment, après la combustion, les cendres du bois. Ces cendres sont composées de carbonate, de sulfate, de phosphate de potasse et de soude, de carbonate et de phosphate de chaux, de silice et d'oxyde de fer. Le bois chauffé en présence de l'air commence à s'altérer vers 150°. Sa décomposition devient plus profonde à mesure que la température s'élève ; les produits gazeux s'enflamment, brûlent, et il ne reste bientôt plus que la cendre.

Le bois est plus dense que l'eau ; s'il flotte à la surface de ce liquide, c'est à cause de l'air qu'il contient dans ses pores.

CONSERVATION DES BOIS.

571. **Causes d'altération des bois.** — Lorsque le bois est exposé aux influences atmosphériques, il éprouve, à la longue, une espèce de combustion lente, qui a pour effet de le transformer en une matière brune qu'on appelle *terreau* ou *humus.* Cette matière, qui est plus riche en carbone que le bois, est susceptible de céder aux alcalis une substance soluble, brune, qu'on appelle *acide ulmique.*

572. Le bois est encore exposé à une autre cause d'altération : c'est l'action destructive qu'exercent sur lui certains insectes ou certains mollusques qui, trouvant leur nourriture dans la matière azotée du bois, le perforent, détruisent sa solidité et finissent même par le faire tomber en poussière.

573. La peinture dont on recouvre les boiseries les préserve de ces causes d'altération ; mais ce moyen ne peut être employé dans tous les cas, et, du reste, il est moins efficace que ceux qui consistent à faire pénétrer dans le tissu ligneux des agents très-divers, tels que le goudron, la créosote, les dissolutions de sulfate

de cuivre et de sulfate de zinc, etc. Les propriétés antiseptiques du goudron et de la créosote, quoique connues depuis longtemps, ne sont pas bien expliquées. Le sulfate de cuivre, le sulfate de zinc, ont un mode d'action plus connu; ils décomposent les principes azotés des tissus organiques et les transforment en produits imputrescibles; ils empêchent en outre les insectes d'attaquer le bois.

Les moyens employés pour faire pénétrer la substance conservatrice sont très-différents les uns des autres.

574. **Pénétration des bois par immersion.** — Le procédé le plus anciennement connu consiste à immerger, pendant un temps plus ou moins long, les pièces de bois au milieu du liquide conservateur. Il ne peut s'appliquer qu'aux pièces d'un faible équarissage.

575. **Procédé par succion vitale.** — M. le docteur Boucherie a imaginé, en 1837, d'introduire les liquides préserva-

Fig. 250. — Injection des bois (Procédé Boucherie).

teurs dans les vaisseaux en utilisant la force d'aspiration qui fait circuler la séve. On pratique horizontalement sur la tige de l'arbre que l'on veut préparer, à 30 centimètres environ au-dessus du sol, deux traits de scie opposés et pénétrant à peu près jusqu'au tiers de l'arbre. Ces incisions (fig. 250) sont recouvertes d'une bande de plomb E ou de toile imperméable, solidement liée ou clouée au-dessus et au-dessous. La poche ainsi formée est mise en communication par un tube T avec un réservoir R, plein du liquide conservateur. Celui-ci pénètre dans la poche, puis dans les incisions, d'où il est aspiré par la succion vitale dans toutes les parties de l'arbre.

576. **Procédé par pression mécanique.** — On emploie aujourd'hui un procédé dont le principe a été inventé en 1831 par Bréant, mais qui a été perfectionné depuis par MM. Légé et Fleury-Pironnet et qui est employé à Amiens, au Mans, pour l'injection des traverses de chemin de fer et des poteaux télégraphiques.

Un grand cylindre de $1^m,50$ de diamètre, et de 12 mètres de long est destiné à recevoir les bois à injecter. Il peut être fermé à l'une de ses extrémités par un fond bombé qui est mobile autour d'une charnière et peut être soulevé pour l'introduction des pièces de bois. Quand le cylindre est plein, on le ferme et on y injecte la vapeur d'une machine locomobile qui communique avec lui. Cette vapeur chasse l'air, chauffe le bois, et en dilate les tissus : on fait ensuite le vide dans le cylindre, soit par un jet d'eau froide que la locomobile y injecte, soit en le faisant communiquer avec un condenseur.

Après 10 ou 15 minutes de vide, on ouvre un robinet qui met le cylindre en communication avec un réservoir rempli d'une dissolution de sulfate de cuivre. Poussé par la pression atmosphérique, le liquide se précipite dans le cylindre vide et pénètre dans toutes les parties du bois. On peut, par ce procédé, préparer par jour 1,600 traverses ou 600 poteaux télégraphiques.

577. **Injection par la pression d'une colonne liquide.** — Ce procédé, dont le principe avait été indiqué dès 1750, par Perraut et Duhamel, a été heureusement modifié par M. Boucherie. Voici comment on opérait primitivement :

L'arbre abattu A (fig. 251) est placé dans une position horizontale ou légèrement inclinée : un réservoir K, plein du liquide à injecter et situé à une certaine hauteur, communique par un tube T avec une poche imperméable fixée à l'une des extrémités de l'arbre. Le liquide conservateur exerce une pression sur la sève, la repousse à l'extrémité libre M, où elle s'écoule, et se substitue à elle.

Les modifications apportées par M. Boucherie, consistent en ce qu'il remplace la poche imperméable par différents dispositifs.

Nous n'en citerons qu'un seul. A l'une de ses extrémités, la pièce de bois est garnie, suivant la circonférence de sa section, d'une tresse de chanvre graissée, sur laquelle on applique un fort pla-

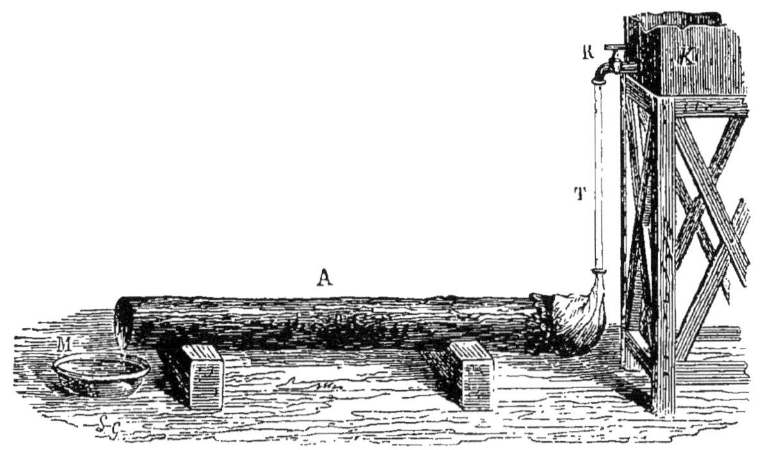

Fig. 251. — Injection des bois par pression.

teau de bois à l'aide d'une vis, qui traverse le plateau et pénètre dans la pièce; la tresse maintient ainsi le plateau à une certaine distance de la base de la pièce, et l'espace resté libre constitue une espèce de bassin que l'on met en communication avec le réservoir de liquide conservateur. M. Boucherie injecte aussi des traverses de chemin de fer par ce procédé qui, comme on le voit, exige un matériel moins dispendieux que celui de MM. Légé et Fleury-Pironnet, mais qui est beaucoup moins expéditif.

CHAPITRE III

AMIDON. — FÉCULE. — GOMMES.

578. On rencontre en abondance dans les organes d'un grand nombre de végétaux, une substance neutre, la *matière amylacée.* Elle existe plus particulièrement dans les graines des céréales

(blé, orge, seigle), dans celles des légumineuses (fèves, haricots, pois, lentilles), dans les tubercules de la pomme de terre, de la patate, des ignames, dans les racines de carotte, de guimauve, etc.

La matière amylacée que l'on retire du blé et des graines des légumineuses s'appelle *amidon*; celle que l'on extrait de la pomme de terre et de diverses racines tuberculeuses porte le nom de *fécule*.

La composition de la matière amylacée est la même que celle de la cellulose, et correspond à la formule $C^{12}H^{10}O^{10}$. Cette composition reste la même, quelle que soit la source d'où provienne cette substance. La différence de provenance ne s'accuse que dans la forme et dans les caractères physiques.

Tous les grains de matière amylacée examinés au microscope constituent de petites sphères ou ovoïdes plus ou moins réguliers, qui présentent un petit point noir ou tache appelée *hile*. Les dimensions de ces grains varient avec sa provenance; mais ils sont toujours formés de couches concentriques solidifiées, représentant en quelque sorte des sacs emboîtés les uns dans les autres. On rend cette structure évidente en chauffant de la fécule jusqu'à 200 degrés, en l'imbibant d'eau, et en l'examinant au microscope. La fig. 252 représente l'aspect que l'on observe.

Fig. 252. – Grain d'amidon.

La matière amylacée est blanche, insipide, insoluble dans l'eau froide. Lorsqu'on la chauffe jusqu'à 60 degrés au contact de l'eau, les enveloppes des grains crèvent et se prennent en une masse gélatineuse que l'on appelle *empois*; mais l'amidon ne se dissout pas, quelle que soit l'apparence de limpidité que l'on donne à la liqueur en l'étendant d'eau.

Les solutions de potasse ou de soude transforment aussi la fécule ou l'amidon en empois. Chauffé à 200 degrés, l'amidon sec se transforme, sans changer de composition, en une substance gommeuse et soluble que l'on appelle *dextrine*. Cette substance ne bleuit pas au contact de l'iode, tandis que l'amidon prend une belle teinte bleue. Toutefois la coloration n'a lieu qu'autant qu'il est humide ou à l'état d'empois. Les acides transforment aussi l'amidon en dextrine, et lorsque leur action se prolonge la dextrine se transforme elle-même en une matière sucrée appelée *glucose* ou *glycose*.

EXTRACTION DE L'AMIDON.

579. 1° **Par la fermentation.** — On fait un mélange de blé concassé et de 4 à 5 fois son volume d'eau additionnée de 12 à 15 centièmes d'une eau dite *eau sure*, et provenant d'une opération précédente. On abandonne le tout à la fermentation pendant un temps qui varie de quinze à trente jours suivant la saison. Pendant cette fermentation, la matière azotée du blé, le gluten, se dissout et se décompose ; il se produit des acides lactique, acétique, carbonique, sulfhydrique, etc. ; mais les grains d'amidon restent intacts. On reconnaît que la fermentation est complète, lorsque le grain s'écrase facilement sous les doigts et se sépare de son enveloppe corticale.

Il n'y a plus alors qu'à effectuer la séparation d'une manière complète. C'est ce qui se fait en jetant la matière amylacée sur des tamis qui peuvent contenir 20 à 30 litres ; ils sont munis de toiles métalliques, dont la finesse varie, et d'une manivelle M (fig. 253), qui sert à faire tourner un axe sur lequel sont fixés des palettes horizontales S, S'. Ces palettes frottent directement sur la matière que porte la toile métallique, l'écrasent et séparent l'amidon du son. Cette séparation se fait au milieu de l'eau que l'on a ajoutée, et ce liquide passant à travers la toile métallique entraîne les granules d'amidon, tandis que les matières grossières, le son, restent sur le tamis.

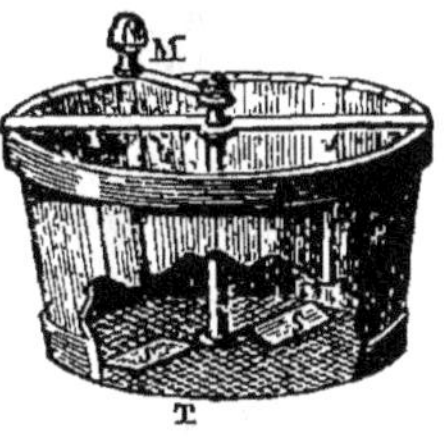

Fig. 253. — Extraction de l'amidon.

Cette opération ne donne pas encore un produit d'une pureté suffisante. Aussi l'amidon est-il lavé plusieurs fois, égoutté d'abord sur la toile, puis sur une aire en plâtre. La dessiccation est achevée dans une étuve, où, par suite du retrait qu'occasionne la chaleur, l'amidon se divise en aiguilles prismatiques assez régulières. Cette forme est une garantie de la pureté de l'amidon, car on ne peut l'obtenir avec la fécule.

Le procédé que nous venons de décrire est insalubre à cause des gaz qui se dégagent pendant la fermentation : il a de plus l'inconvénient de détruire le gluten du blé, mais il peut être employé pour les farines avariées, d'où il n'est plus possible d'extraire cette substance.

580. 2° **Par le malaxage de la pâte de farine.** — On fait une pâte avec 2 parties de farine et 1 partie d'eau ; l'eau entraîne l'amidon, et le gluten reste. Ce pétrissage de la pâte, qui se fait à la main dans les laboratoires, lorsqu'on veut préparer de petites quantités d'amidon, s'exécute, dans l'industrie, avec une machine due à M. Martin (de Grenelle) et appelée *amidonnière*.

Cet appareil se compose de deux parties entièrement symétriques; chacune d'elles représente une caisse allongée B (fig. 254),

Fig. 254. — Extraction de l'amidon.

dont le fond est hémicylindrique ; une portion de la surface du demi-cylindre est formée par une toile métallique. Dans l'intérieur de chaque caisse est disposé un cylindre cannelé en bois C, qui peut rouler, sur le fond de l'appareil et sur la toile métallique, d'un mouvement alternatif demi-circulaire qu'il reçoit d'une manivelle M. Au-dessous des caisses sont des auges prismatiques. La pâte de farine est déposée par fractions sur le fond de l'amidonnière, où elle est malaxée par le cylindre C sous un filet d'eau continu qu'amène le tuyau T. L'eau entraîne les grains d'amidon à travers la toile métallique et se rend, par des tuyaux de décharge, dans le réservoir R. Le gluten de la farine reste sur la toile métallique. L'amidon ainsi préparé n'est pas suffisamment pur; il contient quelques parcelles de gluten entraînées à travers les toiles métalliques. On l'en débarrasse par une fermentation qui dure moins longtemps que dans le procédé précédent, et on le soumet ensuite aux opérations que nous avons décrites (lavage, égouttage, etc.).

Ce procédé a l'avantage d'être plus salubre que le précédent, puisqu'il évite la plus grande partie de la fermentation, d'isoler et de conserver intact le gluten, qui trouve aujourd'hui un débouché important dans la fabrication des pâtes alimentaires ; mais il exige l'emploi de farines de bonne qualité et ne permet pas d'opérer avec des farines avariées, dont le gluten ne pourrait se réunir.

EXTRACTION DE LA FÉCULE.

581. Jusqu'à la fin du siècle dernier, les céréales ont été employées exclusivement à la fabrication de la matière amylacée. Les premières tentatives faites pour trouver une substance capable de les remplacer remontent à 1710, mais c'est seulement vers les premières années de ce siècle que l'extraction de la fécule de pommes de terre est devenue l'objet d'une industrie sérieuse ; depuis cette époque elle a pris une très-grande importance. Nous allons décrire rapidement le procédé employé.

Les pommes de terre doivent d'abord être débarrassées de la terre et des pierres qu'elles peuvent contenir. Pour cela, on les met dans une trémie T (fig. 255), d'où elles passent dans un cylindre A à claire-voie, formé de lames en bois montées sur un châssis en fer et tournant avec une vitesse de 24 tours par minute. Ce cylindre plonge à moitié dans l'eau que renferme l'auge M ; il est muni intérieurement d'une espèce de vis hélicoïde, appelée *colimaçon*, qui, tournant en sens inverse, fait frotter les pommes de terre les unes contre les autres et contre la claire-voie du cylindre; ce frottement les débarrasse de la terre. La vis les conduit ensuite, par l'intermédiaire d'un plan incliné, dans une caisse P, appelée *épierreur*, au fond de laquelle se meut une fourche formée de griffes très-espacées. Cette fourche ramasse les tubercules et les jette sur le plan incliné L, tandis que les pierres les plus petites retombent entre les intervalles qui séparent les griffes. Du plan incliné L, les tubercules tombent dans la *râpe* ou *cylindre dévorateur*, qui est enfermé dans

Fig. 255. — Extraction de la fécule.

la boîte R. Cette râpe se compose d'un cylindre armé, parallèlement à son axe de rotation, de petites lames de scie qui déchirent la pomme de terre.

La pulpe déchirée ou *gâchis* tombe dans un caniveau, d'où un jet d'eau S la chasse pour la pousser dans le réservoir commun F, où la pompe C la prend pour la porter aux tamis.

L'opération du tamisage a pour but de séparer la fécule de la pellicule qui l'enveloppait.

Elle s'exécute sur des tamis en toile métallique TT' (fig. 256), qui peuvent tourner dans des auges en fonte M, M'. Un intervalle de quelques centimètres reste libre entre la toile métallique et le fond de l'auge. La pulpe arrive dans l'intérieur d'un

Fig. 256. — Extraction de la fécule.

premier tamis T, où elle se trouve soumise au mouvement de rotation du cylindre, à l'action d'un filet d'eau et à celle de brosses fines tournant en sens inverse du cylindre.

La séparation de la fécule et des pellicules s'opère : la fécule passe avec l'eau à travers la toile métallique ; la pulpe, à peu près épuisée, se rend par un caniveau C dans un réservoir commun H, où elle sera reprise plus tard pour être passée de nouveau aux tamis et y abandonner les dernières parties de fécule qu'elle renferme. Quant à l'eau chargée de fécule, elle passe dans un second tamis T', dont la toile métallique est plus fine et peut retenir les parcelles de pulpe qui avaient échappé au premier tamis T. Quelquefois un troisième et un quatrième tamis sont disposés à la suite des deux premiers.

Au sortir des tamis, l'eau coule sur des plans inclinés P, P', placés l'un au-dessus de l'autre, suivant une étendue assez grande, et y dépose la fécule. Celle-ci est reprise à la pelle, et, pour la débarrasser des matières terreuses qu'elle contient encore, on la met dans de grands cuviers pleins d'eau, où elle forme dépôt; enfin on la soumet à des lavages. Elle est ensuite égouttée, séchée d'abord à l'air, puis dans une étuve à air chaud.

USAGES DES MATIÈRES AMYLACÉES.

582. L'amidon du blé sert d'une manière presque exclusive à la confection de l'empois employé pour apprêter le linge blanchi. La fécule sert au collage des papiers à la cuve, à la fabrication des sirops de fécule; la teinture et l'impression des tissus l'emploient pour certains apprêts et pour épaissir les couleurs.

Elle sert à la préparation de la dextrine, qui est elle-même employée pour les apprêts des tissus, pour parer les fils de chaîne destinés au tissage des étoffes, pour la fabrication des étiquettes gommées et celle des bandes agglutinatives employées par la chirurgie à consolider la réduction des fractures.

GOMMES.

583. On désigne sous le nom de *gommes* des substances qui se rattachent à la cellulose par leur composition chimique (leur formule est $C^{12}H^{10}O^{10}$), et qui ont la propriété caractéristique de former avec l'eau un liquide épais et visqueux. Elles sont insolubles dans l'alcool, qui les précipite de leur dissolution aqueuse.

Les mucilages se distinguent des gommes proprement dites en ce qu'ils ne se dissolvent pas et se gonflent seulement dans l'eau bouillante.

La *gomme arabique*, la plus pure parmi les gommes, découle de plusieurs variétés d'acacias.

La *gomme du pays* provient des cerisiers, pruniers, etc. Une partie est insoluble dans l'eau.

La *gomme de Bassora*, qui provient des cactus, est presque un mucilage.

La *gomme adragante* provient d'une espèce d'astragale. La moitié de son poids est insoluble dans l'eau.

CHAPITRE IV

SUCRES.

584. On appelle *sucres* des substances qui, sous l'influence de l'eau et d'un ferment, comme la levûre de bière, sont capables de fermenter, c'est-à-dire de se transformer en alcool et en acide carbonique.

585. Les sucres peuvent se rapporter à deux groupes comprenant chacun plusieurs produits de même composition.

Le premier groupe comprend le sucre ordinaire (sucre de canne et de betteraves) et les substances sucrées facilement cristallisables, de même composition que le sucre ordinaire; *mélitose* ou sucre extrait de la manne d'Australie; *mycose*, sucre trouvé dans le seigle ergoté; *mélézitose*, sucre existant dans une exsudation du mélèze.

Le second groupe comprend des sucres difficilement cristallisables, comme le sucre de raisin, le glucose, le sucre de fruits et d'autres matières de même composition.

SUCRE ORDINAIRE.

Symbole $C^{12}H^{11}O^{11}$.

586. Le sucre ordinaire est très-répandu dans le règne végétal; il se montre surtout dans la canne à sucre, dans la racine

de betteraves, de carottes, de navets, dans les melons, les citronnelles, etc., etc.

C'est principalement de la canne et de la betterave qu'on extrait le sucre pour les besoins de l'économie domestique.

587. **Propriétés du sucre ordinaire.** — Le sucre cristallise en prismes; sa densité est 1,6. Lorsqu'on le brise ou qu'on le frotte contre un corps dur dans l'obscurité, il devient phosphorescent. L'eau froide en dissout le double de son poids; l'alcool très-concentré en dissout à peine. Il fond à 160 degrés, et se décompose au-dessus en perdant 2 équivalents d'eau, et en se transformant en sucre incristallisable déliquescent, le *caramel* $C^{12}H^9O^9$.

Le sucre s'unit aux bases : une dissolution sucrée est capable de dissoudre une grande quantité de chaux ou de baryte, ou d'oxyde de plomb, avec lesquels elle forme un sucrate. La dissolution perd alors toute saveur sucrée.

Le sucre ordinaire, sous l'influence des acides minéraux étendus, se transforme, à chaud, en sucre incristallisable.

Les chlorures de potassium et de sodium, le chlorhydrate d'ammoniaque, se combinent au sucre et forment avec lui des combinaisons solubles dans l'eau et cristallisables. Ce fait occasionne des pertes considérables pour les betteraves cultivées sur le bord de la mer.

EXTRACTION DU SUCRE DE CANNE.

588. La canne à sucre est la plante qui contient le plus de sucre et le moins de matière étrangère. Elle en contient jusqu'à 18 pour 100, mais les procédés autrefois employés, et qui se perfectionnent chaque jour, ne permettaient d'en retirer que 5 à 6 pour 100.

La canne à sucre demande pour sa culture un climat chaud, un sol meuble et sain : l'humidité la fait pourrir et la rend plus sensible au froid. Plus le climat est chaud, plus les plants de canne peuvent durer longtemps. A la Louisiane, on replante tous les trois ou quatre ans; aux Indes, tous les cinq ans.

Lorsque la canne a pris son développement (ce qui a lieu au bout de douze à quinze mois), elle a la forme d'une tige ronde, droite, de 3 à 4 mètres de hauteur, et de 3 à 4 décimètres de diamètre, portant des nœuds régulièrement espacés ; un jet allongé, appelé *flèche* et terminé par des fleurs, s'élance de son sommet.

On coupe la tige près de la racine ; après lui avoir enlevé la flèche et les quatre premiers nœuds d'en haut, on la soumet à l'action d'une machine qui en extrait 80 pour 100 de jus. Cette machine se compose de trois cylindres horizontaux A, B, C (fig. 257) : deux, A et C, sont sur le même niveau ; le troisième

Fig. 257. — Fabrication du sucre de canne.

B repose sur les deux premiers ; une roue dentée F met en mouvement les cylindres entre lesquels on engage les cannes. Pressées par eux, celles-ci s'écrasent et le jus sucré (*vesou*) qu'elles produisent se rend d'abord dans un réservoir où il doit séjourner le moins longtemps possible, puis, successivement dans une série de chaudières, ordinairement au nombre de cinq, chauffées par le même foyer.

Dans la première, appelée la *grande*, le jus subit la *défécation*. Cette opération a pour but de précipiter les matières albuminoïdes qui faciliteraient la fermentation : pour cela, on ajoute au jus quelques millièmes de son poids de chaux, qui se combine avec ces matières et forme avec elles un produit insoluble. Le liquide est porté à l'ébullition, afin d'activer la défécation, et de faciliter la réunion des écumes à la partie supérieure :

ces écumes sont enlevées, et le jus est transvasé dans une seconde chaudière (la *propre*), où l'on continue à le faire bouillir. De là il passe dans une troisième chaudière appelée *flambeau*, parce qu'on y juge, d'après l'apparence du liquide, si la défécation est bonne. Dans le cas où elle est incomplète, on ajoute un peu de chaux. Dans la quatrième chaudière, appelée *sirop*, on amène le jus à consistance sirupeuse. De là il passe dans la dernière appelée *batterie*. Lorsqu'il est convenablement cuit et suffisamment concentré, il est versé dans des cristallisoirs, où on l'abandonne pendant vingt-quatre heures : il est ensuite mis dans des formes où il se solidifie en masse granuleuse, d'un jaune brunâtre, et appelée sucre *brut* ou *cassonade*, que l'on égoutte pour en faire écouler la mélasse ou partie incristallisable.

589. La figure 258 montre un système de chaudières A, C, C′, C″, C‴, communiquant entre elles par des vannes R, R′, ou par

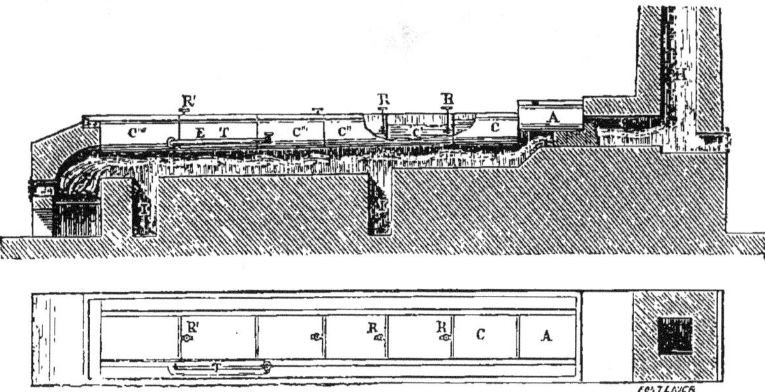

Fig. 258. — Fabrication du sucre de canne.

des tuyaux comme celui que l'on voit en ET. La chaudière A, la plus éloignée du foyer, est celle où se fait la défécation.

590. La figure 259 montre un système de chaudières A, A, chauffées par des serpentins que traverse un courant de vapeur d'eau. Ce système présente de grands avantages sur celui d'évaporation et de cuite à feu nu.

Une partie du sucre ainsi fabriqué est consommée à l'état de sucre brut ; l'autre partie est tranformée par le raffinage (594) en sucre blanc ordinaire.

EXTRACTION DU SUCRE DE BETTERAVES.

591. La plus grande partie du sucre consommé en France est extraite de la betterave. La variété la plus employée est la betterave de Silésie à collet rose. Ce fut pour la première fois vers l'année 1605 qu'Olivier de Serres, célèbre agronome français, signala la présence du sucre dans la betterave : plus tard les expériences de Margraff, chimiste allemand (1747), celles d'Achard, à Berlin (1799), de Benjamin Delessert (1812) montrèrent qu'on pouvait faire industriellement l'extraction du sucre de betteraves. Depuis cette époque la production ne fait que progresser : aujourd'hui son importance est considérable dans les départements du Nord, du Pas-de-Calais, de la Somme et de l'Oise. En 1867 la production a été de 216 854 677 kilogrammes de sucre.

592. Lorsque les betteraves ont acquis tout leur développement, on les arrache ; on met à part celles qui sont endommagées et ne se conserveraient pas ; puis on coupe la partie de la racine qui était sortie de terre et portait des feuilles. Cette partie ne contient pas de sucre. Les betteraves ainsi émondées sont portées dans des silos, où on les conserve jusqu'à l'époque où elles sont soumises au traitement que nous allons décrire.

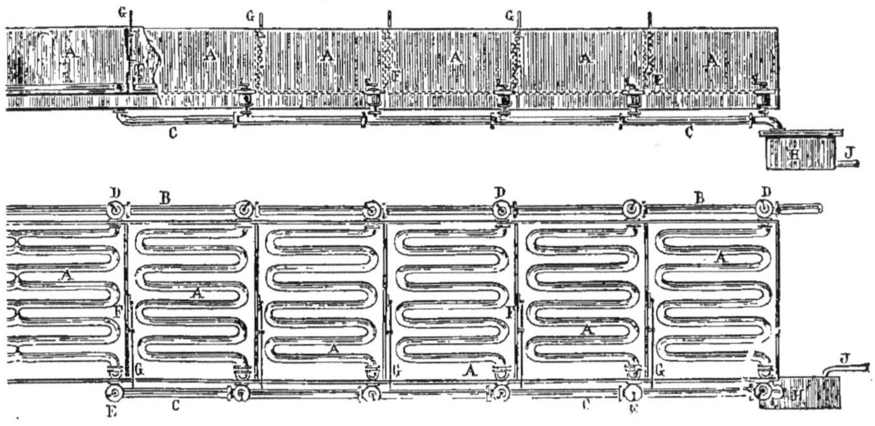

Fig. 259. — Chaudières pour la fabrication du sucre.

Les betteraves, après avoir été lavées, sont soumises à l'action d'une râpe ou *cylindre dévorateur* qui les déchire et en fait une bouillie rendue plus claire par l'arrivée de minces filet d'eau. La pulpe ainsi obtenue est mise dans des sacs que l'on superpose entre des claies métalliques et que l'on soumet à la pression d'une presse hydraulique. On extrait ainsi un jus sucré formé d'eau, de sucre et de matières albuminoïdes. La pulpe, réduite par la pression en gâteaux plats bien secs, est livrée aux cultivateurs pour la nourriture des bestiaux.

En Allemagne, le sucre est extrait par macération, dans l'eau chaude, de la betterave réduite en morceaux. Ce procédé est peu usité en France, où on lui reproche le poids et la qualité trop aqueuse de la pulpe qu'il fournit. Il donne cependant un rendement supérieur.

593. Le jus obtenu par l'une ou l'autre des deux méthodes doit être rapidement déféqué, parce qu'il s'altérerait promptement.

La défécation s'effectue au moyen de la chaux qui se combine aux acides libres du jus (acides malique, pectique, etc.), aux matières albuminoïdes, et forme avec ces corps des produits insolubles. La défécation s'opère dans une chaudière à double fond (fig. 260). Dans l'intervalle D, compris entre les deux fonds, circule de la vapeur qui arrive par le tuyau E. V est le tuyau de départ des jus déféqués, R le robinet de vidange des matières insolubles. Dès que la chaudière est remplie de jus, on ouvre le robinet de vapeur E; lorsque la température est arrivée de 60 à 85°, on verse le lait de chaux en brassant la masse afin d'obtenir un mélange parfait. On chauffe graduellement jusqu'à l'ébullition, et, au premier bouillon, on ferme l'entrée de vapeur, pour empêcher que l'ébullition, en continuant, divise les écumes réunies à la surface et les répartisse dans la masse en troublant la liqueur.

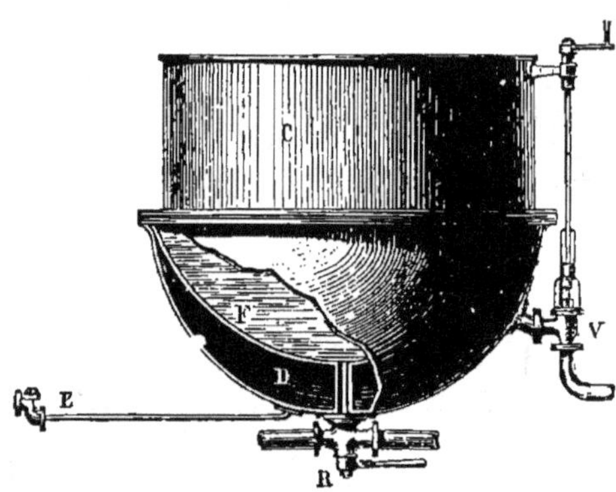

Fig. 260. — Chaudière de défécation.

594. Pour que la défécation se fasse dans de bonnes conditions, il faut que la chaux soit dosée d'une manière exacte. Afin d'évi-

ter les inconvénients d'un dosage inexact, M. Rousseau a imaginé d'employer une quantité de chaux assez considérable pour que tout le sucre passe à l'état de saccharate de chaux qui est soluble. Le liquide est ensuite monté, à l'aide d'un appareil appelé monte-jus, dans des chaudières chauffées par un serpentin où circule la vapeur. Dans ces chaudières arrive un courant d'acide carbonique provenant d'un four à chaux; le gaz précipite la chaux à l'état de carbonate de chaux et le sucre reste en dissolution. Le liquide se rend ensuite dans des bacs de dépôt, où il laisse déposer toutes les matières solides. Il est ensuite remonté dans les cuves où il subit une seconde fois l'action de l'acide carbonique. Cette seconde carbonatation a pour but de détruire les parties de saccharate de chaux qui auraient pu échapper à la première opération.

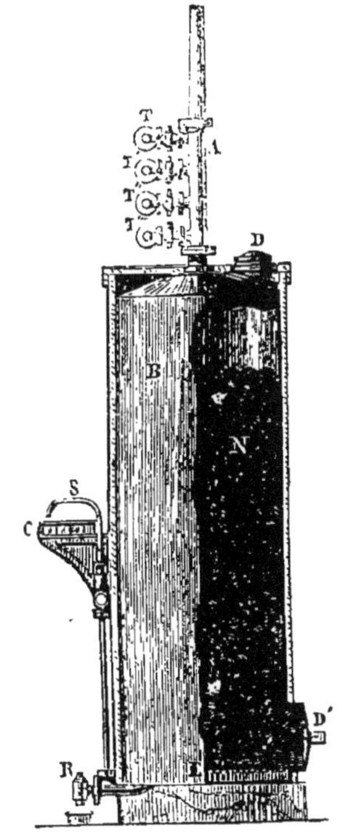

Fig. 261. — Filtre à noir.

Le jus sucré ainsi obtenu est très-coloré en brun : il est renvoyé dans de grandes tonnes verticales remplies de noir animal (fig. 261), à travers lequel il est filtré. Il sort de ces tonnes à l'état de sirop clair et en partie décoloré d'où il faut maintenant extraire le sucre par évaporation du liquide.

Pour que le sucre ne s'altère pas, il est important d'évaporer le sirop à une température aussi basse que possible : on a imaginé pour cela de faire le vide dans les chaudières d'évaporation : la diminution de pression permet au liquide de bouillir à une température plus basse.

Les fabricants de sucre se servent pour cela d'appareils de formes diverses parmi lesquels nous citerons ceux de MM. Cail et Cie comme donnant les meilleurs résultats.

Ils se composent de trois chaudières A, B, C (fig. 262) présentant à leur partie inférieure des tubes verticaux destinés à recevoir le liquide sucré, et autour desquels circule de la vapeur qui l'échauffe. Le sirop est amené d'abord dans la chaudière A, où une pompe pneumatique fait le vide et où circule autour des tuyaux la vapeur qui a servi aux machines motrices de l'usine: il s'échauffe, entre en ébullition et la vapeur qu'il forme va circuler autour des tubes de la seconde chaudière, après avoir passé dans un appareil D, où elle laisse les gouttelettes de sirop entraînées mécaniquement. La vapeur produite

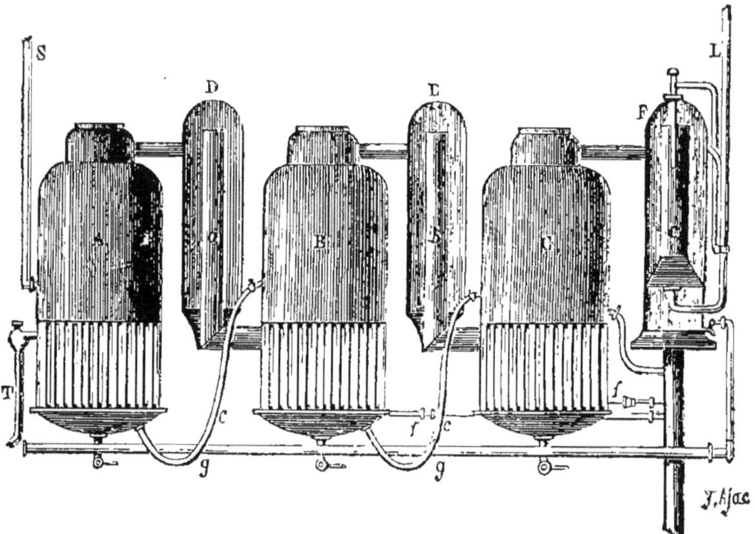

Fig. 262. — Appareil à triple effet.

dans la seconde chaudière par l'évaporation du sirop va réchauffer les tubes de la troisième; enfin celle que donnent les sirops de C est condensée dans un appareil E, où arrive de l'eau froide. On comprend que cette condensation augmente le vide dans la chaudière C; aussi la pression va-t-elle en diminuant de A en C, et le point d'ébullition va-t-il aussi en s'abaissant. Les sirops évaporés dans la première chaudière passent dans la seconde, de celle-ci dans la troisième où ils sont amenés au degré de concentration voulue.

On voit toute l'économie que réalisent de semblables appareils, puisqu'ils utilisent non-seulement la vapeur des machines motrices, mais aussi celle que produit l'évaporation des sirops.

Cuite du sucre. Lorsque le liquide sucré est arrivé à un degré de concentration suffisante, il est filtré de nouveau sur du noir et envoyé à l'appareil à cuire. Cet appareil se compose d'une grande chaudière dans laquelle on peut faire le vide et qui est chauffée à l'aide d'un courant de vapeur circulant dans un serpentin. Lorsque le sirop est assez cuit, ce qu'on voit à travers une fenêtre vitrée que porte la chaudière, on laisse rentrer l'air et on fait couler la masse sucrée et pâteuse dans de grandes cuves de refroidissement où elle se solidifie. Le sucre se présente alors sous forme de petits grains ou cristaux d'un jaune brun assez foncé : cette couleur est due au mélange de sucre blanc avec des mélasses et des produits de qualité inférieure. Pour séparer le sucre blanc on se sert de *turbines* ou *toupies*.

Ces appareils consistent en un récipient B, B (fig. 263), dont la surface latérale est en toile métallique et qui peut tourner d'un mouvement très-rapide autour de l'axe *dd*, dans une enveloppe en fonte FF. Le sucre est placé dans le récipient B. La force centrifuge développée dans la rotation applique la masse contre la toile métallique qui retient le sucre, mais laisse passer l'eau et les mélasses qui se rendent dans l'enveloppe F, d'où elles sont extraites par le tube *f*. Ce mode d'égouttage est très-efficace et très-rapide.

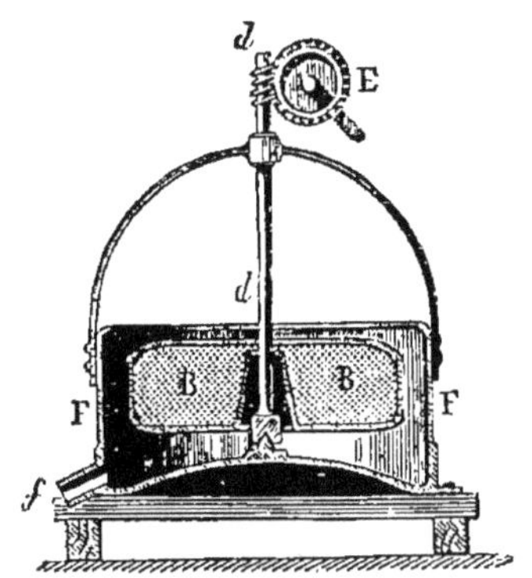

Fig. 263. — Turbines ou toupies.

RAFFINAGE DU SUCRE.

595. Les sucres bruts ou cassonades, de canne ou de betterave, se présentent sous forme de poudre sableuse plus ou moins colorée ; ils contiennent encore de la mélasse et 3 à 4 pour 100 de matières étrangères (eau, sable, terre, débris organiques, sels de chaux, de potasse, de soude, de magnésie et d'ammoniaque). Aussi ont-ils un goût plus ou moins désagréable et la propriété de fermenter facilement. Les cassonades de canne sont un peu acides ; celles qui proviennent de la betterave sont ordinairement alcalines, parce qu'elles contiennent de la chaux.

Pour amener les unes et les autres à l'état de sucre blanc et en pain, on les soumet au raffinage. Dans cette opération on mélange ordinairement les sucres bruts de canne et de betterave, afin de corriger l'acidité des uns par l'alcalinité des autres ; puis on les dissout, dans 30 pour 100 de leur poids d'eau, dans des chaudières chauffées à la vapeur. La chaux que contient le sucre de betterave précipite les matières albuminoïdes du sucre de canne. Pour éclaircir la dissolution, qui renferme des matières terreuses, des débris de plantes, etc., on y verse du sang de bœuf et du noir fin (3 à 5 kilogrammes de noir fin et 1 à 2 litres de sang de bœuf pour 100 kilogrammes de sirop). Le noir et le sang sont mélangés au sirop dans la chaudière à fondre, puis envoyés dans une chaudière à clarifier au moyen d'un monte-jus. Cette chaudière est chauffée par un serpentin où circule la vapeur ; l'albumine du sang se coagule par la chaleur et emprisonne, en se solidifiant, tout ce que le liquide tient en suspension ; le noir animal absorbe de son côté les matières colorantes, aromatiques ou salines. Il se forme bientôt à la surface une couche de noir qui s'épaissit et se gonfle.

Le liquide clarifié est ensuite soutiré, puis filtré sur du noir en grains ; et, après avoir concentré le sirop dans des appareils identiques à ceux que nous avons décrits plus haut, on le verse dans des formes coniques en tôle peinte ou émaillée, trouées à leur sommet ; il y cristallise. Au bout de huit à dix heures, le sucre est monté dans des greniers dont la température doit être de 28 à 30° jour et nuit ; les pains s'égouttent dans ces greniers, et, pour les débarrasser de la mélasse qu'ils peuvent encore contenir, on les soumet à l'opération suivante, appelée *clairçage*.

Le pain étant placé, la base en haut, on verse sur cette base un sirop de plus en plus pur appelé *clairce*. Ce sirop coule à travers le pain et déplace les mélasses qui sortent avec la clairce par le sommet de la forme. Après trois ou quatre clairces, on finit par une clairce faite avec des sucres purs ; puis on laisse égoutter.

L'égouttage des dernières parties de clairce durait autrefois cinq ou six jours : on le remplace aujourd'hui par l'emploi de la *sucette*, qui opère plus complétement en une heure au plus.

Cet appareil se compose d'un tuyau TT (fig. 264) qui porte des tubulures munies de robinets. Les tubulures se terminent par des entonnoirs garnis d'une rondelle en caoutchouc ; on place la pointe des pains sur cette tubulure, et une pompe à air, dont le tuyau d'aspiration se voit en A, fait le vide dans ce tuyau et aspire toute la clairce qui est encore dans les pains et qui se rend dans un réservoir R interposé entre la pompe et les tuyaux.

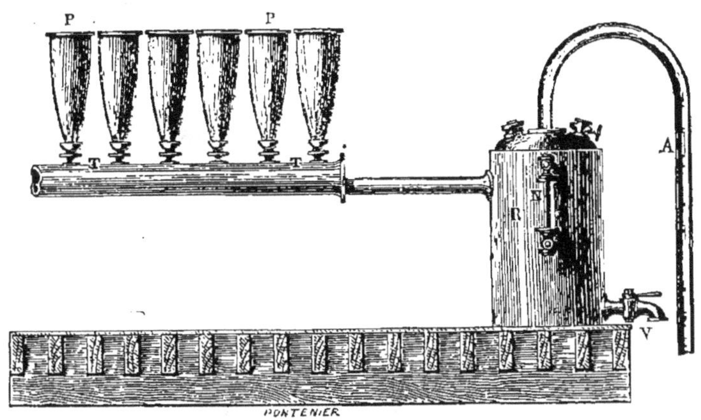

Fig. 264. — Sucette.

Quand les pains sont complétement égouttés, on nettoie leurs bases soit à la main, soit avec une machine spéciale; puis on les *loche* en frappant la forme sur un billot de bois et en renversant le pain sur la main.

Le sucre est encore humide et friable ; pour le rendre solide et sonore, on le met à l'étuve ; la température ne doit pas dépasser 50 à 55°. L'étuvage dure six à huit jours, suivant la grosseur des pains et l'état hygrométrique de l'atmosphère. Au sortir de l'étuve, on place les pains dans un magasin chauffé, où l'on procède au triage et à la mise en papier (habillage).

CHAPITRE V

FERMENTATION ALCOOLIQUE.

ARTS QUI S'Y RATTACHENT. — FABRICATION DU PAIN, DU VIN, DE LA BIÈRE, DU CIDRE, DU POIRÉ.

596. **Fermentation.** — Depuis les découvertes de M. Pasteur, on désigne sous le nom de *ferments* des êtres organisés

qui, placés dans des conditions convenables, vivent et s'accroissent aux dépens de certaines matières organiques qu'ils décomposent en principes constants et définis. Le nom de *fermentation* est donné à ce phénomène de décomposition.

Il y a plusieurs espèces de fermentation, et l'on désigne ordinairement chacune d'elles par le nom du produit principal auquel elle donne naissance. De là les noms de fermentation *alcoolique, acétique, lactique, butyrique,* donnés aux décompositions de ce genre dans lesquelles produisent de l'alcool ou les acides acétique, lactique et butyrique.

Chaque espèce de fermentation correspond à un ferment spécial; ainsi, c'est la levûre de bière qui, en faisant fermenter le sucre, le transforme en alcool et en acide carbonique; c'est un autre ferment qui transforme le sucre en acide lactique: c'est, enfin, un ferment différent des deux précédents qui transforme l'acide lactique en acide butyrique. Ces résultats ont été établis par l'étude microscopique des liqueurs dans lesquelles se développent ces phénomènes de fermentation.

Nous ne nous occuperons que de la fermentation alcoolique.

597. **Fermentation alcoolique.** — Lorsqu'on introduit un peu de levûre de bière dans une dissolution de sucre ou mieux de glucose, et qu'on maintient la liqueur à une température de 20 à 25°, on ne tarde pas à voir se développer au milieu d'elle une effervescence due au dégagement d'acide carbonique. L'expérience peut se faire dans un flacon tubulé d'où part un tube abducteur destiné à conduire le gaz des éprouvettes. Quand le dégagement gazeux a cessé, le sucre a disparu ; il reste dans la liqueur un liquide que nous étudierons sous le nom d'alcool, et, comme l'a démontré M. Pasteur, un peu d'acide succinique et de glycérine.

Voici comment on explique ces phénomènes. La levûre de bière est un végétal composé de globules, disposés en chapelets, qui s'accroissent par bourgeonnement et sont constitués par de la cellulose, des matières azotées, des sels minéraux, ordinairement des phosphates alcalins et terreux. Lorsque ces globules trouvent, dans le liquide sucré où on les place, les matières azotées et minérales nécessaires à leur développement, ils vivent et décomposent le sucre pour lui emprunter les éléments nécessaires à la formation des nouveaux globules; ce qui reste du sucre est transformé en alcool, acide carbonique, etc.

Les matières azotées, que rencontrent dans les liquides fermentescibles les globules de levûre, sont ordinairement des matières albuminoïdes ; cependant la présence de ces dernières n'est pas nécessaire ; elles peuvent être remplacées par un sel ammoniacal. C'est ainsi qu'on peut obtenir une fermentation en mettant un peu de levûre dans un mélange d'eau, de sucre pur et d'un sel ammoniacal auquel on ajoute des phosphates. La levûre se développe; le sel ammoniacal disparaît en fournissant l'azote nécessaire à ce développement ; le sucre fournit le carbone et les globules ainsi formés s'assimilent les phosphates.

Tous ces résultats sont dus aux recherches de M. Pasteur. Il a aussi prouvé que les ferments, et en particulier la levûre de bière, pouvaient vivre et se développer sans l'intervention de l'action oxydante de l'air, et que c'était même alors qu'ils avaient le plus grand pouvoir fermentant, puisqu'ils prenaient au liquide fermentescible les éléments nécessaires à leur existence et provoquaient sa décomposition.

Il arrive à cette conclusion que les ferments constituent une classe particulière de corps organisés, « différents des êtres connus, qui respirent et se nourrissent en assimilant de l'oxygène libre, en ce que leur respiration serait assez active pour qu'ils puissent vivre en dehors de l'air atmosphérique, en s'emparant de l'oxygène de certaines combinaisons, d'où résulterait pour celles-ci une décomposition lente et progressive. »

M. Pasteur a encore démontré que les ferments provenaient des germes contenus dans l'air ; plusieurs expériences ont établi ce fait ; nous ne citerons que les deux suivantes.

Les liquides facilement fermentescibles en présence de l'air ordinaire, ne fermentent plus dès qu'on les met en contact ou bien avec de l'air qui a passé à travers un tube chauffé au rouge, où les germes qu'il contenait ont été détruits, ou bien avec de l'air qui a traversé un tube rempli de coton, au milieu duquel il a laissé ses germes. La fermentation se produit, au contraire, dès qu'on introduit dans le liquide un peu du coton imprégné de ces corpuscules.

FARINES. — FABRICATION DU PAIN.

598. **Farine.** — On appelle *farine* le produit de la mouture de diverses graines débarrassées des parties corticales par le tamisage. Ces parties corticales constituent le *son*, qui entraîne toujours avec lui une certaine quantité des éléments constitutifs de la farine.

La farine employée de préférence dans la fabrication du pain est la farine de froment. Les farines d'orge et de seigle sont moins estimées; mais on les mélange avec la farine de froment pour la fabrication du pain de qualité inférieure. Ce mélange prend le nom de *méteil*.

Les farines de céréales se composent d'amidon, d'une matière azotée, le gluten, de glucose, de dextrine et d'eau. Le gluten et l'amidon peuvent s'extraire facilement de la farine par le procédé suivant. On fait une pâte avec de l'eau et de la farine, et on la malaxe à la main sous un filet d'eau continu ; l'amidon se sépare du gluten, est entraîné par le courant d'eau, et, au bout d'un certain temps, on n'a plus dans la main qu'une substance molle, élastique, qui est le gluten.

Voici la composition de quelques farines du commerce :

	FARINE			FARINE DES BOULANGERS A PARIS		
	DE FROMENT.	DE MÉTEIL.	DE BLÉ DUR d'Odessa.	1re QUALITÉ.	2e QUALITÉ.	3e QUALITÉ.
Eau..................	10,0	6,0	12,0	10,0	8,0	12,0
Gluten sec...........	11,0	9,8	14,6	10,2	10,3	9,0
Amidon...............	71,5	75,5	56,5	72,8	71,2	67,8
Glucose..............	4,7	4,2	8,5	4,2	4,8	4,8
Dextrine.............	3,3	3,3	4,9	2,8	3,6	4,6
Son..................	0,0	1,2	2,3	0,0	0,0	2,0
	100,5	100,0	98,8	100,0	97,9	100,2

599. **Fabrication du pain.** — On appelle pain une pâte de farine de blé, pétrie avec soin, mise à fermenter pendant quelque temps et cuite au four. Le *levain* est un ferment qu'on ajoute à la pâte pour provoquer chez elle une fermentation qui donne naissance à de l'acide carbonique et à de l'alcool. Le dégagement du gaz augmente le volume de la pâte en y produisant de nombreuses cellules dont la capacité augmente encore par la cuisson, qui détermine la dilatation des bulles de gaz et la production de vapeurs. Le gonflement est d'autant plus grand, et, par suite, le pain d'autant plus léger que la farine contient plus de gluten. Le pouvoir nutritif du pain augmente d'ailleurs avec la quantité de gluten contenue dans la farine.

Le levain employé peut être de la levûre de bière, mais il ne faut pas le mettre en trop fortes proportions, car cette substance donne au pain une saveur désagréable ; elle a aussi l'inconvénient de s'altérer avec une grande rapidité, et c'est seulement dans les lieux à portée des brasseries qu'on peut s'en servir avec un véritable avantage. La levûre de bière est souvent remplacée par un levain que l'on prépare en prélevant une portion de la pâte à la fin de chaque opération. Abandonnée dans un endroit chaud, cette portion fermente et devient elle-même un véritable ferment, capable de provoquer la fermentation de la pâte dans laquelle on la mettra.

600. Voyons maintenant comment on fait le pain. A chaque opération, le boulanger verse dans le pétrin, espèce de coffre en bois de chêne, le levain gardé d'un précédent pétrissage, et ajoute la quantité d'eau que l'habitude lui fait juger nécessaire. Il divise le levain avec les mains, puis introduit dans la masse liquide la quantité de farine destinée à la fabrication de la pâte et en fait un mélange homogène. Cette opération s'appelle la *frase*. Elle est suivie de la *contre-frase*, qui consiste à retourner la pâte de droite à gauche et de gauche à droite, à la soulever et à la laisser retomber ensuite de manière à y introduire de l'air. Ce travail de la pâte a pour effet de faire un mélange très-homogène, de bien répartir l'eau dans la masse, de lui permettre d'hydrater l'amidon, d'en faire crever les grains, d'hydrater le gluten et de dissoudre le sucre et les autres matières solubles.

601. Depuis une vingtaine d'années, le pétrissage mécanique

tend à se substituer au pétrissage à bras, sur lequel il présente des avantages incontestables, sous le rapport de l'hygiène, de la propreté et de la régularité du travail. Le pétrin de M. Boland est le seul que nous décrirons. Il se compose (fig. 265) d'un demi-cylindre CC dans lequel se meut, sous l'influence de la vapeur ou de tout autre moteur, un système de lames de fer

Fig. 265. — Pétrin Boland.

tournées en spirales D, D, et disposées de telle sorte que leurs différentes parties en tournant soulèvent, allongent, élèvent la pâte et la déplacent avec lenteur, ce qui est préférable à un mouvement rapide qui la déchire.

602. Lorsque le pétrissage est terminé, soit à bras, soit mécaniquement, on *tourne* la pâte, c'est-à-dire qu'on la divise en *pâtons*, qui sont pesés et placés dans des corbeilles garnies de toile saupoudrée de farine : ces corbeilles sont disposées en avant du four pour que le pain y soit soumis à une température convenable. Dans ces circonstances la fermentation se produit : une partie de la dextrine que renferme la farine est transformée en glucose sous l'influence du gluten, et ce glucose, se joignant à celui que contient déjà la pâte, subit, sous l'action du levain, la fermentation alcoolique qui le transforme en alcool et en acide carbonique. Les pâtons se gonflent sous l'influence des gaz et des vapeurs produites ; c'est à ce moment de l'opération qu'il faut surveiller le phénomène et avoir assez d'expérience pour ne pas laisser faire trop de progrès à la fermentation qui, d'alcoolique qu'elle est d'abord, deviendrait acétique ; or, l'acide acétique liquéfiant le gluten, la masse perdrait sa ténacité, les

gaz s'échapperaient, et, la pâte s'affaissant, la panification serait manquée.

603. Lorsque les pâtons sont convenablement levés, il n'y a plus qu'à cuire. Pour cela ils sont introduits dans un four chauffé à l'avance et y restent environ trente-cinq à soixante minutes, suivant leur grosseur. L'enfournement s'opère avec une pelle, à long manche, saupoudrée de petit son.

Les fours ont une forme elliptique; la sole est plane et la voûte très-surbaissée est percée de plusieurs ouvertures qui communiquent avec la cheminée principale. On les échauffe en y brûlant des fagots de bois sec. Lorsque la température intérieure est de 290 à 300°, on enlève la braise, on balaye la sole et on enfourne.

604. Depuis quelques années on emploie, surtout dans les grandes villes, des fours qui présentent sur les précédents de grands avantages au point de vue de la propreté, de l'économie du combustible et de la régularité de la cuisson. Ces fours, appelés aérothermes, ont un foyer extérieur et ont la forme d'un moufle, autour duquel circulent la flamme et les produits de la combustion de la houille ou du coke. L'un des plus ingénieux est celui de M. Rolland. La sole est située au milieu du four et peut tourner autour d'un axe vertical, de manière à venir successivement présenter ses différentes parties devant la porte. Grâce à cette disposition, l'enfournement et le défournement sont très-faciles.

605. Le pain bien cuit doit présenter les caractères suivants : être ferme, avoir une couleur d'un jaune doré, une odeur agréable et aromatique, et résonner quand on frappe le dessous avec les doigts.

606. Ajoutons enfin que, dans ces dernières années, M. Mége Mouriès est parvenu à obtenir du pain blanc et de bon goût avec la farine contenant encore du son, et à supprimer par conséquent le pain bis. Nous ne décrirons pas le procédé de M. Mége Mouriès; nous dirons seulement qu'il repose sur ce fait que la coloration du pain bis est due, non à la présence du son très-fin, comme on le croyait généralement, mais à l'action sur les farines d'une substance appelée *céréaline*, qui n'existe que sous la partie corticale du blé. M. Mége Mouriès arrive, par quelques modifications apportées dans la mouture et dans la fabrication du pain, à an-

nihiler ce principe colorant. Son procédé produit une économie de 13 pour 100 du blé employé.

VIN.

607. Le vin est la liqueur obtenue par la fermentation du jus des raisins. Le raisin contient du sucre, des matières albuminoïdes, des principes colorants, du tannin, des sels et en particulier du tartrate de potasse. La nature de la vigne, celle du sol sur lequel elle a été cultivée, le mode de culture, le climat sont autant de causes qui influent sur la qualité du vin.

608. La fabrication du vin proprement dit comprend quatre opérations distinctes ; nous parlons ici du vin rouge, qui est généralement connu en France :

1° Récolte de la matière première ou vendange.

2° Foulage ou expression du jus.

3° Fermentation du moût.

4° Décuvage, pressurage.

La vendange se fait ordinairement à la fin du mois de septembre, et, au plus tard, dans la première quinzaine d'octobre. On doit, autant que possible, choisir pour cette opération un temps sec, s'assurer de la maturité des raisins, et éviter de les meurtrir en les cueillant ou en les transportant de la vigne à l'atelier de fabrication.

Aussitôt que le raisin est arrivé au lieu où il doit être traité, il est nécessaire de le mettre dans des conditions telles que la fermentation puisse s'établir uniformément dans toutes ses parties. Le foulage est destiné à atteindre ce but ; il se fait généralement par des hommes qui trépignent le raisin dans des cuves, et il se répète plusieurs fois, d'abord au fur et à mesure que la cuve s'emplit, ensuite lorsque la macération et un premier mouvement de fermentation ont affaibli la consistance de la peau et du tissu intérieur du grain.

Dans les grandes exploitations, le raisin est écrasé dans un grand fouloir en maçonnerie ; c'est une sorte de cellier dont le sol est recouvert de dalles bien cimentées ; une porte placée à chaque extrémité facilite l'accès du raisin, qui est étendu sur le sol et trépigné.

Le jus coule dans un cuvier placé dans une pièce contiguë,

où se trouvent les cuves à fermentation que l'on remplit du jus puisé dans le cuvier.

Le foulage est quelquefois précédé d'une opération appelée *égrappage*, qui a pour but de séparer les grains de raisin de la rafle. L'égrappage se fait au moyen d'une fourche à trois dents, que l'on agite dans un cuvier contenant les grappes ; la séparation étant faite, on enlève les rafles à la main.

Le raisin foulé et encuvé ne tarde pas à entrer en fermentation, si toutefois la température n'est pas inférieure à 15 degrés. Il y a deux méthodes générales pour opérer la fermentation ; d'après l'une, la plus ancienne, on fait fermenter au libre contact de l'air atmosphérique, tandis que dans la seconde on interdit plus ou moins le contact de l'air.

609. Dans la première méthode, au deuxième jour d'encuvage, la fermentation commence, la température s'élève, et le sucre se transforme en alcool et en acide carbonique. Les matières solides soulevées par le dégagement d'acide carbonique s'accumulent à sa surface et forment une croûte d'écume qu'on appelle le *chapeau*. Au bout de quelques jours, la fermentation devient d'abord moins tumultueuse, puis s'arrête. On foule alors et on brasse le mélange de manière à immerger entièrement le chapeau, et remettre de nouveau en contact le jus sucré et les matières solides : la fermentation recommence moins tumultueuse que la première fois et finit par s'arrêter. On procède alors au *décuvage*.

Il est important, lorsque la fermentation a lieu à l'air libre, de bien saisir le moment où doit se faire le décuvage, car, si l'on décuve trop tôt, le sucre de raisin n'est pas complétement transformé en alcool et en acide carbonique, et, si l'on attend trop tard, le vin peut s'aigrir, ou tout au moins s'appauvrir par l'évaporation de son alcool.

610. Pour éviter ces inconvénients, il est préférable d'employer la seconde méthode dont nous avons parlé, et de faire fermenter le jus à l'abri du contact de l'air. Pour cela, dès que la fermentation commence, on lute un couvercle sur la cuve au moyen d'une pâte adhésive ; ce couvercle porte un tube qui mène l'acide carbonique au dehors du cellier.

L'emploi des cuves couvertes a plusieurs avantages : 1° le couvercle empêche le refroidissement qui retarderait le développement de la fermentation ; 2° il s'oppose à l'évaporation de l'esprit et du bouquet du vin ; 3° il permet au gaz acide carbonique d'occuper entièrement le vide de la cuve, et d'intercepter tout contact avec l'air : on évite ainsi les inconvénients que nous signalions tout à l'heure et qui résultent de l'action de l'air.

611. Quel que soit le mode de fermentation employé, il faut procéder au décuvage. Pour cela on enfonce dans la cuve un panier en osier, le liquide y afflue, et on l'y puise pour le verser dans des tonneaux munis d'un large entonnoir. Mais ce procédé est mauvais, il expose trop le vin à l'action acidifiante de l'air ; il est préférable d'adapter une grosse cannelle près du fond de la cuve, et, à l'aide d'un tuyau, de diriger dans des tonneaux le liquide soutiré.

Lorsque l'on a soutiré tout le vin qui peut s'écouler spontanément, on procède au pressurage. Cette opération consiste à presser le marc à l'aide d'un pressoir, de manière à en extraire le jus que retiennent encore les rafles.

612. Quand on veut faire du vin blanc, on doit faire précéder la fermentation par le pressurage. Voici pourquoi : la matière colorante du raisin se trouve dans la pellicule du grain, et ne peut se dissoudre qu'à la faveur de l'alcool produit dans la fermentation ; si donc, avant la fermentation, on sépare par le pressurage la pellicule et le jus, il ne pourra y avoir de coloration, puisque la matière colorante sera restée dans la pellicule.

613. **Collage des vins.** — Le vin séparé du marc par le décuvage et le pressurage continue à fermenter lentement et à dégager de l'acide carbonique ; en même temps il s'éclaircit et les matières en suspension déposent et forment ce qu'on appelle la *lie*. On le soutire plusieurs fois et au printemps suivant on procède au *collage*.

Cette opération a pour but de rendre le vin limpide et de lui enlever le principe albuminoïde qu'il tient en suspension. On élimine ainsi la cause d'une fermentation qui tend à se développer à l'époque où la température s'élève dans les celliers. Le collage se fait en versant dans le vin du blanc d'œuf, du sang ou de la gélatine. Ces substances s'unissent au principe astringent du vin, le tannin, et forment avec lui un composé insoluble qui, se déposant sous forme de flocons, entraîne avec lui un peu de matière colorante et en même temps tout ce qui trouble le vin.

La colle de poisson est préférée pour coller le vin blanc. Pour prévenir l'acidité du vin, on ajoute souvent un peu de sel marin aux substances clarifiantes.

614. **Fabrication du vin de Champagne.** — Quant aux vins blancs mousseux de Champagne, ils doivent la propriété de mousser à la grande quantité d'acide carbonique qu'ils contiennent en dissolution, et qui provient de ce que le vin est mis en bouteilles avant que la fermentation soit achevée.

La plupart des vins de Champagne se préparent avec du raisin rouge, dont le jus est généralement plus sucré que celui du raisin blanc. Le jus extrait par une première pression donne le vin blanc : le marc foulé et soumis à une pression donne le vin rosé.

Après vingt-quatre heures de fermentation dans les cuves, on soutire dans des tonneaux que l'on conserve pleins et fermés avec une bonde hydraulique. On soutire et on colle successivement trois fois à un mois d'intervalle, puis on met en bouteilles après y avoir ajouté de 3 à 5 pour 100 de sucre candi.

Les bouchons doivent être maintenus avec des fils de fer, et les bouteilles conservées dans une position horizontale. Le sucre ajouté lors de l'embouteillage éprouve la fermentation alcoolique, et le gaz acide carbonique qui en résulte rend le vin mousseux.

Pendant cette fermentation le vin se trouble et forme un dépôt, que l'on enlève au bout de six mois par le *dégorgeage*. Cette opération très-délicate se fait de la manière suivante. On agite un peu la bouteille de manière à détacher le dépôt, et on la renverse graduellement jusqu'à la mettre dans la position verticale, le goulot en bas : le dépôt descend alors sur le bouchon. On ouvre les bouteilles avec précaution, et, lorsque la pression extérieure a chassé un peu de liquide et fait sortir le dépôt, on la rebouche immédiatement.

BIÈRE.

615. La bière est une boisson légèrement alcoolique, provenant de la fermentation du sucre d'amidon, et aromatisée avec les fleurs du houblon.

La bière se fabrique ordinairement avec l'orge, que l'on soumet aux opérations suivantes : 1° le *maltage*, 2° la *saccharification du malt*, 3° le *houblonnage*, 4° la *fermentation alcoolique*.

616. 1° **Maltage.** — Le maltage a pour but de développer dans l'orge un ferment végétal, appelé *diastase*, qui, agissant plus tard sur la matière amylacée qu'elle renferme, la transformera en sucre d'amidon. L'orge est introduite dans de grandes cuves en maçonnerie, avec un volume d'eau quadruple du sien ; on l'agite pour en détacher l'air adhérent ; les grains vides ou avariés nagent à la surface de l'eau et sont enlevés ; les grains sains vont au fond du liquide, et, au bout de vingt-quatre heures en été et de trente-six heures en hiver, sont assez gonflés pour être portés au *germoir*.

Le *germoir* est un cellier dallé et maintenu dans un parfait état de propreté. La germination s'y effectue par le concours de l'humidité de l'air et d'une température de 13 à 17°. C'est au printemps que l'opération marche le mieux ; aussi la *bière de mars* est regardée comme supérieure à celle que l'on fabrique à une autre époque de l'année. Pendant la germination la diastase se développe, et, lorsque le germe commence à apparaître, l'épaisseur de la couche d'orge, qui était de 0^m, 5 environ, est successivement réduite à 0^m,1. Pendant la saison chaude, la germination dure environ dix à douze jours; à la fin de l'automne, sa durée peut aller jusqu'à vingt jours.

L'orge germée est rapidement desséchée d'abord dans un grenier à air, puis dans une étuve à courant d'air appelée *touraille*, afin d'arrêter les progrès de la germination, qui entraîneraient une perte notable de matière amylacée. L'orge, une fois desséchée, est remuée de manière que les radicelles, qui sont devenues cassantes, se détachent facilement du grain ; elles en sont ensuite séparées par une espèce de tamisage. Les grains concassés et déchirés constituent le *malt*, qui est emmagasiné.

617. 2° **Saccharification du malt ou brassage.** — La saccharification consiste dans la transformation de l'amidon de l'orge en dextrine, puis en glucose. Cette transformation s'opère sous l'influence de la diastase qui s'est développée pendant le maltage.

Pour cela, le malt est porté dans de grandes cuves à double fond appelées *cuves matières*. Le faux fond, sur lequel repose l'orge, est percé de trous. Dans l'intervalle des deux fonds se trouvent le robinet de vidange et un tube qui amène l'eau chaude. Le lessivage peut s'effectuer par deux méthodes distinctes : l'une, appelée *méthode par infusion*, se pratique en Angleterre et dans les pays du Nord; l'autre, nommée méthode par *décoction*, est appliquée en Alsace et en Allemagne. La première donne des bières plus alcooliques, moins moelleuses et moins nutritives. Dans la *méthode par infusion* on opère de la manière suivante. On verse de l'eau à 40° dans la cuve matière et on y ajoute la quantité de malt nécessaire, de manière à former une pâte assez épaisse. On brasse le mélange pendant un quart d'heure avec des fourches appelées *fourquettes :* on laisse reposer pendant une demi-heure pour que le grain se trempe bien. Puis on ajoute de l'eau chaude de manière à porter la température à 60° ou 65° : on brasse fortement et on laisse reposer pendant une heure pour que la transformation de l'amidon en sucre s'effectue. La cuve doit être couverte avec soin. On ouvre alors le robinet de vidange et le liquide appelé *moût* est conduit dans la chaudière à cuire. On répète deux fois l'opération, en élevant la température à 75° à la seconde trempe, à 80° et plus à la troisième trempe.

Dans la méthode *par décoction* on empâte à froid, puis par l'arrivée d'eau chaude on élève la température à 38° : on brasse et on laisse reposer pendant une heure après avoir couvert la cuve. On extrait alors le tiers environ de la matière pâteuse que l'on envoie dans une chaudière à cuire où on le fait bouillir pendant trois quarts d'heure, puis on le ramène sur le malt et on monte à 46°. On fait une seconde et une troisième opération analogues et on arrive après le quatrième mélange à la température de 75°. Le caractère distinctif de cette méthode est l'ébullition du malt avec l'eau : cette ébullition détermine la transformation des matières albuminoïdes, qui deviennent brunes et ainsi transformées rendent la bière plus moelleuse et plus nutritive. Mais la saccharification étant moins complète, la bière sera moins alcoolique.

618. 3° **Houblonnage et cuisson.** — Le moût est ensuite mis à bouillir avec des fleurs de houblon dans des chaudières, où il est constamment remué par un agitateur mécanique. Pendant cette ébullition, les fleurs de houblon cèdent au liquide un

principe amer et un principe aromatique : le premier communique à la bière un goût particulier, le second l'aromatise et facilite sa conservation.

619. 4° **Refroidissement du moût.** — Lorsque la cuisson du moût est terminée, on le dirige au moyen de tuyaux en cuivre dans de grands bacs très-peu profonds appelés *refroidissoirs* et placés dans des greniers bien aérés. Il s'y refroidit rapidement et laisse déposer diverses substances qu'il tenait en suspension ou en dissolution. Quand le refroidissement ne se fait pas assez rapidement, on fait passer le moût dans des appareils appelés *réfrigérants*, où il circule dans des tubes refroidis eux-mêmes par une circulation d'eau froide.

620. 5° **Fermentation.** — Après refroidissement le liquide est envoyé dans de vastes cuves appelées *guilloires*, où il subira la fermentation qui doit transformer le sucre en alcool et conséquemment le moût en bière. On provoque cette fermentation en ajoutant au liquide une certaine quantité de levûre de bière provenant d'une opération précédente. La levûre se multiplie dans l'intérieur du liquide et cette multiplication est accompagnée de la transformation du sucre en alcool. La fermentation peut se faire de diverses manières, *superficiellement* ou par *dépôt*. Dans le premier cas, la levûre produite monte à la surface, entraînée qu'elle est par le dégagement d'acide carbonique : dans le second elle va au fond de la cuve où elle se dépose. Ces deux modes de fermentation dépendent de la méthode de brassage employée, de la nature de la levûre et de la température.

La fermentation par dépôt s'obtient à une température qui varie de 4° à 15° et avec des moûts brassés par *décoction*. Elle se fait lentement, avec calme, et dure 10 à 20 jours. C'est ainsi qu'on opère pour les bières de Bavière et d'Alsace. Après la fermentation on soutire le liquide en séparant la levûre qui doit être lavée, séchée et conservée pour la vente ou pour une fermentation ultérieure.

La bière ainsi produite peut être mise en tonneaux et vendue en cet état à condition d'être bientôt consommée, car elle ne pourrait se conserver au delà de quelques mois.

Quand on veut faire de la *bière de conserve*, on dirige le produit de la première fermentation dans de grandes cuves disposées dans des caves qui sont entourées d'une glacière constamment remplie et où règne, par conséquent, une température fixe et glaciale. La bière y est abandonnée en moyenne pendant 5 à 6 mois, durant lesquels se produit une fermentation lente, qui a pour effet de faire déposer les substances nuisibles à la conservation du liquide.

621. La fermentation superficielle se pratique dans les villes du Nord : elle se fait avec des moûts brassés par infusion et à une température qui varie entre 15° et 30° : elle est tumultueuse et dure de quatre à dix jours. On la fait commencer dans des guilloires et on l'achève dans des fourneaux où l'on transvase le liquide : la levûre produite s'écoule par la bonde restée ouverte.

CIDRE ET POIRÉ.

622. Le cidre est une liqueur alcoolique provenant de la fermentation du jus de pommes. Le procédé de fabrication est très-simple. On écrase les pommes sous une meule verticale, en les faisant passer, à deux reprises, entre deux cylindres cannelés qui peuvent se rapprocher à volonté. Pendant qu'on écrase les fruits, on leur ajoute de l'eau, environ 10 à 15 pour 100. Une fois écrasées, les pommes sont mises en tas et abandonnées à elles-mêmes pendant vingt-quatre heures ; il s'y développe alors la couleur jaune que présente le cidre. La pulpe, ainsi préparée, est soumise au pressoir, qui en extrait environ 300 litres de jus par 1000 kilogrammes de pommes.

Le liquide ainsi obtenu est mis ensuite à fermenter dans des cuves, et une partie du sucre se transforme en alcool et en acide carbonique. La fermentation tumultueuse étant achevée, on soutire le liquide, et, si l'on veut en faire une boisson d'agrément, sucrée et mousseuse, on le met en bouteilles. Mais dans les pays où on le boit pendant les repas, on laisse sa fermentation s'achever dans de grandes tonnes, ce qui lui donne une saveur légèrement aigre et amère.

623. **Fabrication du poiré.** — Le poiré se fabrique par le même procédé que le cidre ; on substitue seulement les poires aux pommes.

CHAPITRE VI

EAUX-DE-VIE. — ALCOOL. — ÉTHER.

EAUX-DE-VIE.

624. Toutes les boissons fermentées que nous avons précédemment étudiées (vin, bière, cidre et poiré), soumises à la distillation, donnent un liquide plus ou moins riche en *alcool*, que l'on appelle eau-de-vie. L'eau-de-vie que l'on obtient par une pre-

Fig. 266. — Appareil Laugier pour la rectification des alcools.

mière distillation est toujours très-faible ; ce n'est que par une rectification nouvelle qu'on l'amène à une plus grande richesse alcoolique.

Les appareils de distillation sont variables dans leur forme. C'est à Édouard Adam que l'on doit les premiers moyens d'extraire économiquement l'alcool du vin ; son appareil a été successivement perfectionné par Cellier-Blumenthal, par Derosne et Cail, par Laugier, par Dubrunfaut, etc.

625. Nous n'entrerons pas dans la description détaillée de ces différents appareils, dont le but commun est l'économie du combustible. Nous insisterons seulement sur celui de M. Laugier, qui n'est peut-être pas le plus employé, mais qui, par sa simplicité, se recommande à notre étude.

Le vin est placé dans des chaudières A et B (fig. 266) qui communiquent entre elles par les tubes *a* et *c*. La première est chauffée directement par le foyer, la seconde l'est par la chaleur perdue et par la vapeur alcoolique qui, s'élevant de la chaudière A, vient se répandre par le tube *a* dans le liquide de B, au milieu duquel elle barbote en lui abandonnant sa chaleur latente. La vapeur qui se produit en B se rend, par le tube *b*, dans le *rectificateur* R, où se trouve plongée au milieu du vin une espèce de serpentin formé par des tronçons d'hélice *h*, *h*, *h*, communiquant entre eux, mais ayant chacun une voie de retour indépendante *o*, *o*, *o*; ces voies de retour aboutissent toutes dans un tube O, qui revient à la chaudière B; le serpentin du rectificateur communique avec un serpentin M. Voyons maintenant comment fonctionne cet appareil. La vapeur alcoolique plus ou moins aqueuse qui se produit dans la chaudière B se rend dans le rectificateur, où elle se refroidit à mesure qu'elle s'y élève ; le refroidissement fait condenser une grande partie de la vapeur d'eau qui l'accompagne; l'eau que produit cette condensation se rend par les voies de retour dans le tube commun O, entraînant avec elle une certaine quantité d'alcool; ce mélange alcoolique retourne à la chaudière B. Quant à la vapeur d'alcool qui a résisté à l'action réfrigérante du rectificateur, elle se rend dans le serpentin M, où elle se condense, et d'où le liquide coule goutte à goutte dans un vase disposé latéralement.

Pour réduire autant que possible la dépense de combustible, on se sert du vin que l'on veut distiller pour refroidir le serpentin et le rectificateur. Pour cela, il est amené par le robinet *r* dans le vase où plonge le serpentin M; la vapeur d'alcool l'échauffe par la chaleur latente qu'elle lui abandonne en se condensant; de là il passe dans le récipient où se trouve le rectificateur et où il s'échauffe encore davantage; enfin il s'écoule par le tube t dans la chaudière B. Quant au liquide, de B il se rend par le tube c dans la chaudière A, où il est épuisé et d'où il s'écoule par le robinet l à l'état de vinasses. Ces vinasses sont suite évaporées à sec, incinérées, et deviennent une source abondante d'alcalis.

On voit donc que le vin suit une marche justement inverse de celle que suit la vapeur d'alcool, et que l'appareil a pour but de lui faire recueillir, à la rencontre, la plus grande partie de la chaleur latente que la vapeur abandonne en se condensant.

626. Dans d'autres appareils, on arrive encore à un résultat supérieur, en enrichissant la vapeur d'alcool qui s'élève de la chaudière B. Pour cela, on interpose entre elle et le rectificateur une colonne dite *colonne de distillation*, dans laquelle elle marche de bas en haut, se croisant avec un courant de vin qui tombe goutte à goutte et en cascade. Elle lui prend de la vapeur d'alcool et lui cède, en l'échauffant, de la vapeur d'eau moins volatile.

627. L'eau-de-vie doit être bien claire, très-blanche, lorsqu'elle est nouvelle, un peu ambrée si elle est de trois ou quatre ans, très-jaune si elle est vieille. Les eaux-de-vie les plus estimées sont celles de la *Charente*, qui, avec celles de quelques cantons de la Charente-Inférieure, figurent dans le commerce sous le nom d'*eaux-de-vie de Cognac*, que l'on divise en *fine champagne* et en *eaux-de-vie des bois*. La fine champagne est la plus estimée.

La supériorité que les eaux-de-vie de Cognac ont sur toutes les autres tient à ce qu'on les fabrique avec des vins blancs, qui, ayant fermenté sans la peau du raisin, n'ont pu se charger du principe âcre qu'elle renferme.

Les eaux-de-vie des Deux-Charentes marquent 49° à 50° à l'alcoomètre de Gay-Lussac.

Parmi les eaux-de-vie communes, celles d'Armagnac tiennent le premier rang; elles sont expédiées à 50°; celles de Montpellier sont les plus communes; elles marquent de 50° à 60°.

628. **Trois-six.** — On désigne dans le commerce, sous le nom d'*esprit-de-vin* ou *trois-six*, de l'alcool de vin marquant 85°, parce que 3 parties mélangées à poids égal avec de l'eau produisent 6 parties d'eau-de-vie potable, appelée *preuve de Hollande* et marquant 50°. Le *trois-cinq* serait de l'alcool qui, mélangé dans

la proportion de 3 parties en poids d'alcool avec 2 parties d'eau, donnerait 5 parties en poids d'eau-de-vie à 50°.

Très-souvent les débitants fabriquent des eaux-de-vie en coupant les trois-six avec de l'eau pour les ramener à 50° ; ils diminuent ainsi les frais de transport et autres. Ils les colorent ensuite avec du caramel, du sucre de réglisse et du cachou, puis les aromatisent de diverses manières.

629. **Eaux-de-vie de cidre, de poiré, de bière, de marc.** — Les eaux-de-vie de cidre, de poiré, de bière, se distinguent de l'eau-de-vie de vin par leur mauvais goût et par leur odeur. Il en est de même de l'eau-de-vie de marc, que l'on obtient en faisant fermenter le marc du raisin avec de l'eau tiède et en distillant ensuite le liquide alcoolique.

630. **Rhum et tafia.** — Le rhum et le tafia sont des liquides alcooliques obtenus par la distillation d'une liqueur fermentée, préparée avec la mélasse de la canne à sucre. Le rhum est supérieur au tafia : cette supériorité vient des soins apportés à sa fabrication. Il nous vient d'Amérique, principalement des Antilles, de la Jamaïque et de la Guadeloupe. Sa force alcoolique est de 51° à 53°.

631. **Kirsch.** — Le kirsch (par abréviation du mot allemand *kirschenwasser*, eau de cerises) est le produit de la distillation d'une liqueur fermentée faite avec des cerises sauvages. Cette fabrication se fait en grand dans la forêt Noire, en Allemagne, en Suisse, et dans une partie des départements de la Haute-Saône, des Vosges et du Doubs.

632. **Alcool de betteraves.** — L'alcool de betteraves provient de la distillation d'un liquide alcoolique que l'on obtient en faisant fermenter le jus sucré des betteraves. Cet alcool contient souvent une huile essentielle, qui lui communique une odeur et une âcreté particulières. On peut le débarrasser de ce principe par une rectification convenablement dirigée.

633. **Alcool de grains.** — Les alcools de grains sont obtenus par la distillation de liqueurs alcooliques provenant de la fermentation de liquides sucrés que produit la fermentation du sucre d'amidon. Deux modes de saccharification sont employés : l'un consiste dans l'emploi de la diastase et s'applique principalement à l'orge, au seigle ou au blé; dans l'autre, la transformation en sucre de la matière amylacée des grains est

produite par l'action des acides; c'est ainsi qu'on agit pour le riz et le dari.

634. **Alcool de pommes de terre.** — L'alcool de pommes de terre a une origine toute semblable. La fécule que renferment les pommes de terre est transformée en sucre par l'action des acides; le liquide sucré est mis à fermenter, puis distillé.

ALCOOL ABSOLU OU ANHYDRE.

Symbole $C^4H^6O^2$.

635. **Préparation de l'alcool absolu.** — L'alcool le plus concentré que l'on a obtenu dans le commerce contient de 90 à

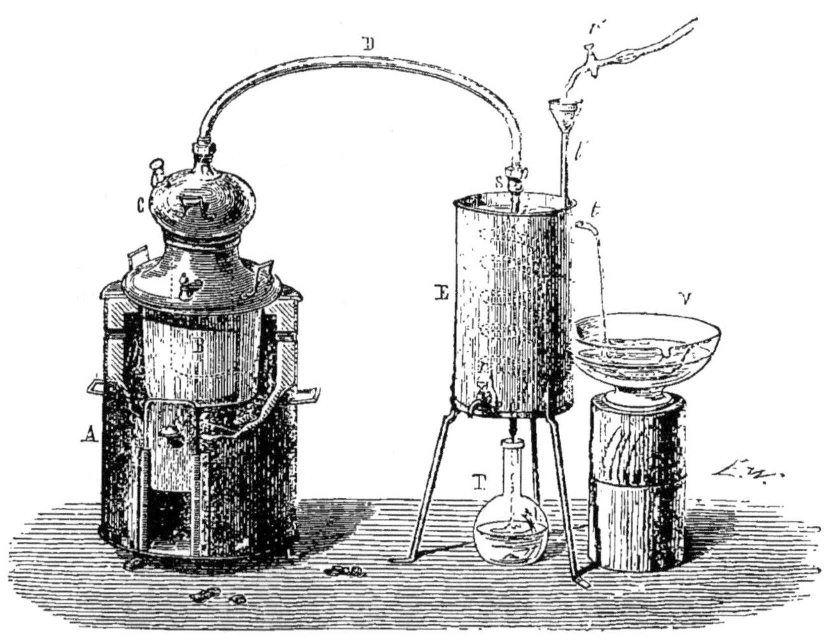

Fig. 267. — Distillation de l'alcool.

92 pour 100 d'alcool pur. Pour le priver d'eau et l'obtenir à l'état anhydre, on laisse digérer pendant vingt-quatre heures, sur de la chaux vive, une certaine quantité d'alcool à 90 degrés de l'alcoomètre de Gay-Lussac, puis on distille au bain-marie à l'aide de l'appareil que représente la figure 267. B est la cucurbite de l'alambic plongeant dans un bain-marie qui repose sur

un fourneau A. C'est le chapiteau qui communique par le tube D avec le serpentin S. La distillation doit être répétée deux à trois fois sur l'alcool obtenu.

636. **Propriétés.** — L'alcool pur est un liquide transparent, très-fluide, incolore, ayant une saveur brûlante et une odeur aromatique. Sa densité, à 15°, est de 0,795; il bout à 78°. Il est très-avide d'eau, et, lorsqu'on le mélange avec elle, la température s'élève et le volume diminue. C'est le dissolvant par excellence des substances très-hydrogénées, comme les résines, les essences, les corps gras, les matières colorantes, etc... Il est inflammable et brûle avec une flamme bleue; sa vapeur, mélangée à l'oxygène, détone avec violence sous l'influence de la chaleur ou de l'étincelle électrique. Il se produit alors de l'eau et de l'acide carbonique.

$$\underset{\text{Alcool.}}{C^4H^6O^2} + \underset{\text{Oxygène.}}{12O} = \underset{\text{Acide carbonique.}}{4CO^2} + \underset{\text{Eau.}}{6HO}$$

L'alcool n'est pas attaqué par l'oxygène à la température ordi-

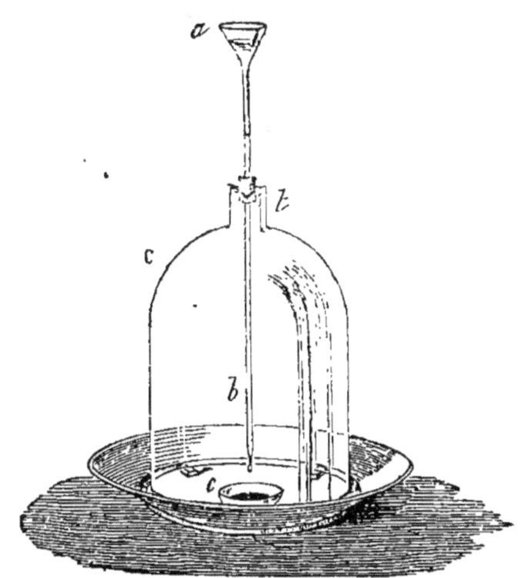

Fig. 268. — Oxydation de l'alcool.

naire; il s'oxyde cependant avec facilité sous l'influence de la mousse de platine ou lorsqu'il contient des principes azotés. La transformation de l'alcool en acide acétique (535 et 536) nous a prouvé l'oxydation de ce corps sous l'influence des matières azotées. Pour effectuer la transformation sous l'influence des corps poreux, on peut opérer de la manière suivante.

Une cloche tubulée C (fig. 268), soutenue par trois cales qui permettent le renouvellement de l'air, repose sur une assiette au centre de laquelle se trouve une capsule *c* renfermant de la mousse de platine; à l'aide d'un tube *ab* on laisse tomber goutte à goutte de l'alcool absolu sur la mousse de platine : on voit aussitôt des vapeurs acides se condenser sur les parois de la cloche; le liquide qui se produit est composé d'acide acétique et d'un autre corps moins oxydé appelé *aldéhyde*.

L'aldéhyde est le premier degré d'oxydation de l'alcool. Les deux formules suivantes expriment les deux degrés de cette oxydation :

$$\underset{\text{Alcool.}}{C^4H^6O^2} + \underset{\text{Oxygène.}}{2O} = \underset{\text{Aldéhyde.}}{C^4H^4O^2} + \underset{\text{Eau.}}{2HO}$$

$$\underset{\text{Alcool.}}{C^4H^6O^2} + \underset{\text{Oxygène.}}{4O} = \underset{\text{Acide acétique.}}{C^4H^4O^4} + \underset{\text{Eau.}}{2HO}$$

637. **Action de l'acide sulfurique sur l'alcool. — Éther.** — 1° Lorsqu'on fait agir peu à peu 1 partie d'alcool absolu sur 2 parties d'acide sulfurique concentré, en évitant que la température s'élève au-dessus de 70°, on obtient un liquide d'où l'on peut extraire un acide appelé *acide sulfovinique*, et dont la formule est $HO,C^4H^5O,2SO^3$.

2° Lorsqu'on chauffe une cornue contenant un mélange de 100 parties d'acide sulfurique concentré, de 50 parties d'alcool absolu, et lorsqu'en même temps on y fait arriver un filet d'alcool absolu, en ayant soin que la température reste à 140°, on obtient, par la distillation, de l'alcool, de l'eau et un corps liquide appelé *éther sulfurique*, dont la composition est représentée par la formule C^4H^5O.

La figure 269 représente l'appareil employé dans les laboratoires pour la fabrication de l'éther. Un flacon contenant de l'alcool alimente la cornue, qui plonge dans un bain de sable placé lui-même sur un fourneau ; cette cornue communique avec un serpentin où se fait la condensation des vapeurs d'éther.

Dans l'industrie, on emploie l'appareil représenté par la figure 270. Des vases E en plomb, ayant la forme d'une poire, sont placés dans des chaudières en fonte disposées dans un massif de maçonnerie ; ces vases contiennent le mélange qui sert à

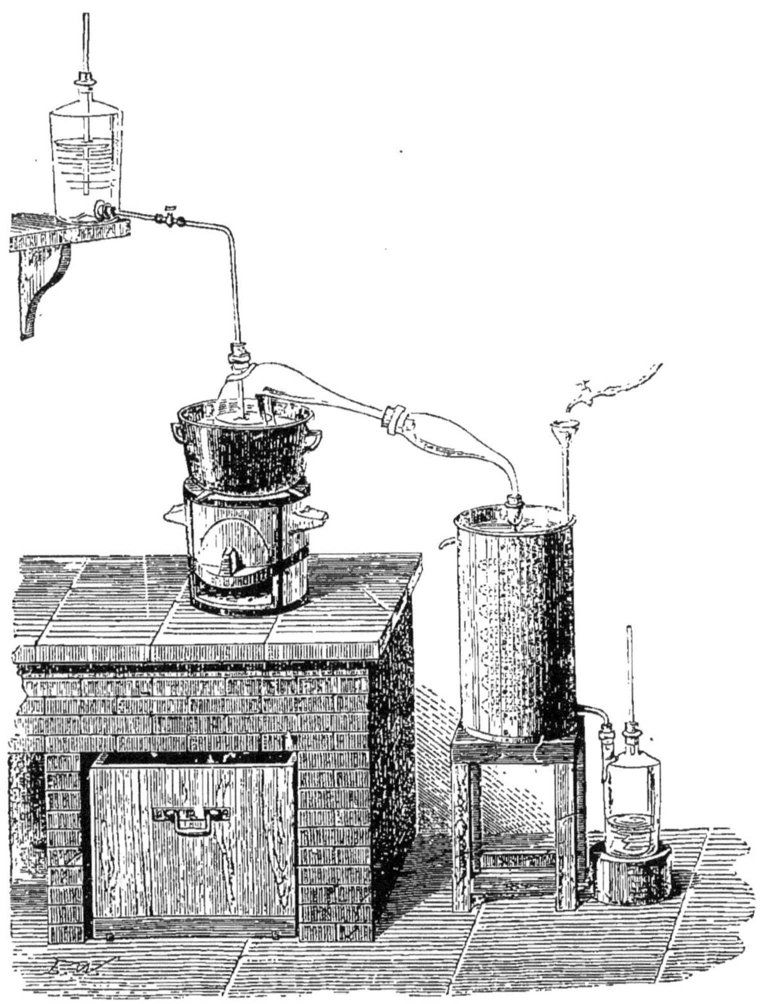

Fig. 269. — Fabrication de l'éther sulfurique.

la fabrication de l'éther ; ils sont alimentés d'alcool par les tubes en plomb T, qui reçoivent ce liquide des flacons F. Un tube RK emporte les vapeurs dans une série de serpentins M, S, M', S', M''. Le liquide est chauffé à l'aide de vapeur surchauffée qu'amène un tuyau circulant le long du massif en maçonnerie, et qui entre en se recourbant dans chaque vase E.

L'éther ainsi fabriqué contient de l'alcool et de l'eau, dont on le débarrasse par une rectification. Ce corps est désigné dans le commerce sous le nom d'*éther*.

3° Enfin, si la réaction se fait entre 160° et 150°, l'alcool se décompose en eau et en hydrogène bicarboné :

$$\underset{\text{Alcool.}}{C^4H^6O^2} = \underset{\text{Hydrogène bicarboné.}}{C^4H^4} + \underset{\text{Eau.}}{2HO}$$

L'appareil que représente la figure 271 permet d'effectuer cette décomposition. En B est un ballon chargé de fournir les

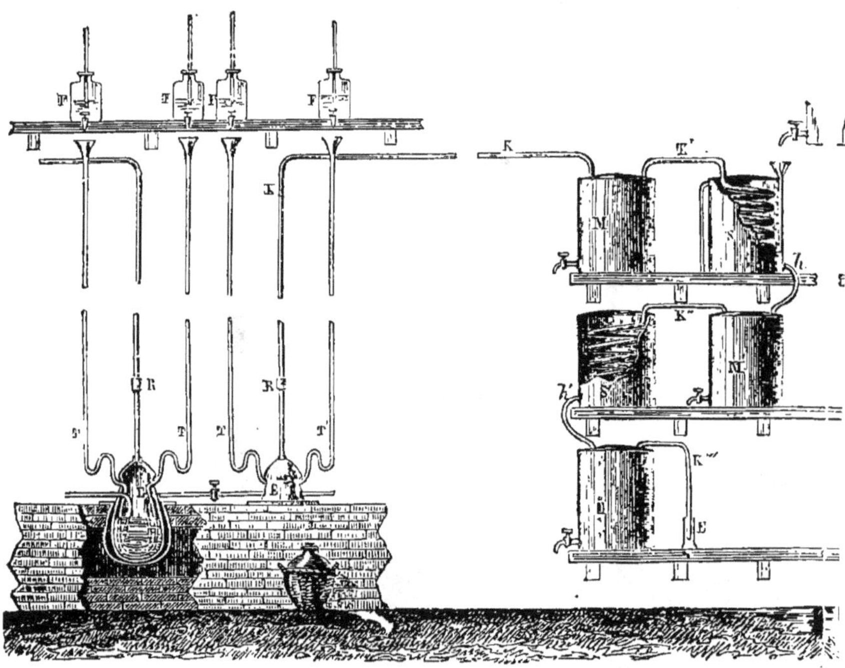

Fig. 270. — Fabrication de l'éther sulfurique.

vapeurs d'alcool qui se rendent dans un autre ballon B′, où se trouvent de l'eau et de l'acide sulfurique. En S se trouve un serpentin où se condense l'eau que l'on recueille dans un ballon bitubulé R ; l'hydrogène bicarboné se rend dans la cloche C par un tube partant de la seconde tubulure du ballon R.

638. L'action des autres acides n'est pas la même sur l'alcool que celle de l'acide sulfurique. La plupart des acides oxygénés

donnent naissance à des produits que l'on désigne sous le nom

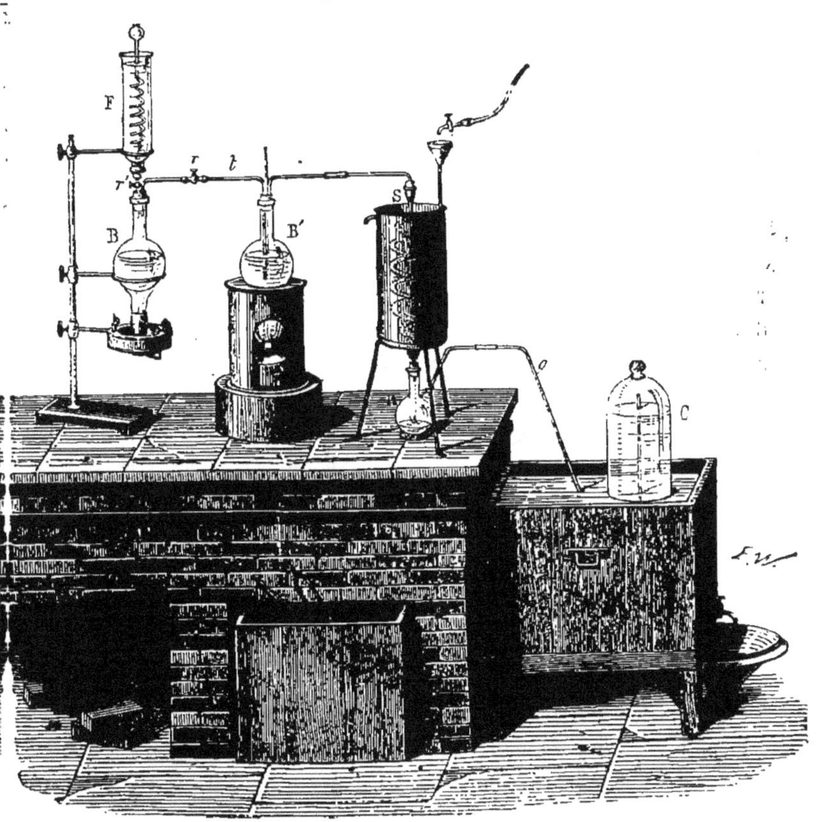

Fig. 271. — Préparation de l'hydrogène carboné

d'*éthers composés*; les acides hydrogénés donnent naissance à des *éthers simples*.

CHAPITRE VII

CORPS GRAS. — CHANDELLES. — BOUGIES STÉARIQUES. SAVONS.

639. On trouve, dans les plantes et dans les animaux, des matières grasses qui diffèrent par leur consistance et que le

commerce et l'économie domestique distinguent sous ce rapport en cinq groupes principaux :

Les *huiles*, qui sont liquides à la température ordinaire :

Les *beurres*, qui sont mous à 18° et fondent à 36° ;

Les *graisses* ou corps gras, qui proviennent des animaux, et qui sont mous et très-fusibles;

Les *suifs* ou corps gras de même origine, mais plus solides et ne fondant qu'à 38° ;

Les *cires*, qui sont dures et cassantes, ne se ramollissent qu'à partir de 35° et ne fondent qu'à partir de 60°.

640. Les corps gras sont des substances neutres, sans odeur ni saveur bien prononcées, insolubles dans l'eau, onctueuses au toucher, s'enflammant à une température élevée, tachant le papier, c'est-à-dire le rendant transparent, sans qu'il puisse retrouver par l'action de la chaleur son opacité primitive. Les corps gras sont capables de se *saponifier*, c'est-à-dire de se décomposer, sous l'influence des alcalis, en un corps neutre et en un acide qui reste combiné à l'alcali et forme avec lui un *savon*. Tous les corps gras ne jouissent pas au même degré de la propriété de se saponifier; aussi les distingue-t-on :

1° *En corps gras facilement saponifiables*, qui, en se saponifiant, mettent en liberté un corps neutre et sucré, appelé *glycérine* : tels sont les huiles, les graisses, les suifs et les beurres ;

2° *En corps gras difficilement saponifiables*, qui engendrent, par la saponification, un corps neutre différent de la glycérine, mais qui paraît en jouer le rôle chimique : tels sont les cires et le blanc de baleine.

CORPS GRAS FACILEMENT SAPONIFIABLES.

641. On doit à Braconnot et à M. Chevreul la connaissance des principes qui entrent dans la composition des corps gras facilement saponifiables. Avant eux on croyait que les huiles et les graisses étaient des principes immédiats purs, dont les propriétés physiques différaient. Aujourd'hui, les chimistes admettent que :

1° Les huiles végétales et le beurre de vache sont essentiellement formés de deux substances : l'une liquide, d'apparence huileuse, analogue par son aspect à l'huile d'olive blanche ; on l'appelle *oléine* ; l'autre appelée *margarine*, solide, dure comme le suif, se présentant en petites lames blanches et nacrées, insipide, inodore et fusible à 28°. L'huile d'olive peut être considérée comme composée de margarine tenue en dissolution par l'oléine. Lorsqu'on refroidit l'huile d'olive, elle se congèle et cette congélation est due à la précipitation de la margarine, qui n'est pas soluble dans l'oléine à une basse température.

2° Les corps gras d'origine animale, comme les graisses et les suifs, sont essentiellement formés d'oléine et de deux corps solides, la margarine et la stéarine. La consistance des corps gras est en raison directe de la quantité de substance solide (stéarine et margarine) qu'ils renferment.

3° Indépendamment de ces principes immédiats, on rencontre dans les corps gras des principes colorants ou odorants, qui varient d'une espèce à l'autre.

4° L'oléine, la margarine et la stéarine peuvent être considérées comme le résultat de la combinaison d'une même substance, la glycérine, avec des acides variant de l'une à l'autre, et qui sont l'acide oléique dans l'oléine, l'acide margarique dans la margarine, et l'acide stéarique dans la stéarine.

642. Les corps gras, quelle que soit leur origine, présentent de grandes analogies dans leurs propriétés.

Ils ont tous une densité inférieure à celle de l'eau, une saveur et une odeur peu prononcées, sont incolores quand ils sont purs. Ils ne sont pas volatils, bouillent à des températures élevées, mais différentes pour chacun d'eux. Ainsi l'huile d'olive bout à 320° et l'huile de ricin à 265°. Chauffés au contact de l'air, à une température supérieure à leur point d'ébullition, ils se décomposent en acide carbonique, en gaz inflammable et en une huile volatile très-âcre et très-irritante, que l'on appelle acroléine ; puis ils s'épaississent, se colorent et s'enflamment.

Lorsque les huiles et les graisses sont à l'abri de l'air, elles se conservent fort longtemps ; mais à son contact elles acquièrent une saveur âcre et désagréable, deviennent acides et rances. En même temps qu'elles subissent ces phénomènes d'oxydation, plusieurs huiles végétales perdent peu à peu leur liquidité et finissent même par se solidifier. Les huiles qui éprouvent cette transformation sont appelées *huiles siccatives* : telles sont les huiles de lin, de noix, d'œillette, etc.

La siccatibilité des huiles peut être augmentée par l'ébullition en présence de 7 à 8 pour 100 de litharge en poudre fine; c'est ce que l'on fait avec l'huile de lin employée dans la confection des peintures et des vernis gras.

Les huiles *non siccatives* perdent aussi de leur fluidité au contact de l'air et deviennent moins combustibles.

C'est à l'absorption de l'oxygène par les huiles, au dégagement de chaleur dont elle est accompagnée que l'on doit attribuer les combustions spontanées et les incendies qui se produisent dans les magasins d'huiles et dans les endroits où l'on accumule des chiffons ou des déchets de coton imbibés d'huile.

643. **Extraction des corps gras.** — L'industrie extrait les corps gras par des procédés qui varient avec leur nature et avec leur provenance. Ainsi les matières grasses d'origine animale sont enfermées dans une multitude de petites cellules, qui sont elles-mêmes enveloppées de membranes plus ou moins résistantes; l'extraction de ce genre de corps gras suppose donc la séparation de la matière grasse et du tissu membraneux. Cette séparation s'effectue par plusieurs moyens que nous allons exposer en étudiant la fabrication des chandelles. La fabrication des huiles nous fournira aussi l'occasion d'indiquer comment les corps gras d'origine végétale sont extraits par expression des graines ou des fruits qui les renferment.

FABRICATION DES CHANDELLES.

644. La graisse employée à la fabrication des chandelles est presque exclusivement la graisse de bœuf, de mouton ou de porc. Cette graisse, détachée de la bête dans les abattoirs, est livrée au fabricant sous le nom de *suif en branches*.

645. La fabrication des chandelles se compose de deux opérations successives : la fonte des suifs et la fabrication même de la chandelle.

La fonte des suifs s'opère sous l'influence de la chaleur. Tantôt la chaleur agit seule, tantôt son action est facilitée par la présence d'agents chimiques acides ou alcalins. On distingue trois procédés de fonte : le procédé qui emploie la chaleur seule, dit fonte *aux cretons*; la fonte à l'acide; la fonte à l'alcali.

646. 1° **Fonte des suifs.** — *Fonte aux cretons.* Le suif en branches et préalablement coupé en morceaux est jeté dans une

chaudière en cuivre, hémisphérique, encastrée dans un massif en maçonnerie qui est disposé de manière à éviter toute chance d'incendie. La chaleur du foyer fait fondre le suif; les membranes se déchirent et laissent écouler la graisse, qui vient couvrir le fond de la chaudière. Un ouvrier, armé d'une spatule en bois, active la séparation en écrasant les membranes contre les bords. Quand la chaudière est, aux deux tiers, remplie de matière fondue, mélangée de membranes racornies par le feu, on puise la graisse avec une large poche et on la verse dans des paniers d'osier ou de cuivre perforé, désignés sous le nom de *banattes* et disposés au-dessus de poêles en cuivre ou de bacs en bois doublés de plomb. En passant à travers les trous, la graisse subit une espèce de filtration, et les membranes restent dans les banattes. Lorsque le produit ainsi filtré est sur le point de se figer, on le coule, soit dans de petits baquets en bois, appelés terrines (c'est le suif dit *suif de place*), soit dans des fûts que l'on peut plus facilement expédier au loin.

Les membranes restées dans la banatte renferment encore de la graisse; la matière est de nouveau fondue, filtrée, et le deuxième résidu ainsi obtenu est soumis à une pression qui en extrait une nouvelle quantité de graisse. Le résidu, désigné sous le nom de pain de *cretons*, est formé par les membranes racornies et en partie brûlées : il sert à la nourriture des chiens et des porcs.

Le procédé de fonte que nous venons de décrire présente plusieurs inconvénients : l'action directe du feu communique au suif une coloration fâcheuse; le pain de cretons retient environ 20 pour 100 de graisse; enfin, le suif dégage pendant l'opération une odeur infecte qui est nuisible au point de vue hygiénique. Darcet a le premier proposé, pour remédier à ces inconvénients, un procédé qui repose sur ce fait, qu'au contact de l'acide sulfurique étendu et chaud, les membranes animales sont détruites et en grande partie dissoutes, tandis que la graisse résiste à son action.

647. *Fonte à l'acide.* Voici comment on opère : dans une chaudière en cuivre, on projette 1000 kilogrammes de suif en branches, que l'on arrose avec de l'eau acidulée d'acide sulfurique (pour 1000 kilogrammes de suif, 500 litres environ contenant 10 kilogrammes d'acide). La chaudière étant hermétiquement

fermée, on fait arriver la vapeur dans un serpentin qui circule dans son intérieur; la masse fond, entre en ébullition, et, au bout de plusieurs heures, on a, à la partie supérieure du liquide aqueux, une couche de suif fondu; au fond s'est déposée une faible quantité de membranes plus ou moins altérées.

Le suif décanté et coulé est toujours blanc, peu odorant, et le rendement du procédé est environ de 85 pour 100, tandis que celui de la fonte aux cretons n'est que de 80 pour 100. Le seul reproche qu'on puisse faire au suif ainsi obtenu, c'est que l'action de l'acide l'a rendu un peu mou.

648. *Fonte à l'alcali.* M. Évrard, ingénieur civil, a imaginé, en 1850, de soumettre le suif en branches à l'action d'un alcali étendu, qui gonfle ou dissout les membranes sans agir sur la matière grasse. On introduit dans une chaudière cylindrique en tôle 150 kilogrammes de suif, 400 à 500 grammes de sel de soude préalablement caustifié par la chaux, et 100 litres d'eau. On chauffe à l'ébullition au moyen de la vapeur, et la séparation se fait. On obtient ainsi de très-beaux produits; mais ce procédé, étant d'un rendement assez faible, est peu employé.

649. 2° **Fabrication de la chandelle.** — Pour fabriquer la chandelle avec le suif préparé par l'une des méthodes précédentes, on peut suivre deux procédés : soit le procédé de *fabrication à la baguette*, soit le *moulage*.

650. *Fabrication à la baguette.* Cette méthode consiste à plonger à plusieurs reprises, dans le suif fondu, la mèche de coton qui doit faire l'axe de la chandelle. Après chaque immersion, on laisse égoutter; le suif se solidifie, et on répète l'opération jusqu'à ce que la chandelle, par la superposition des couches successives, ait atteint la grosseur voulue. Afin d'économiser la main-d'œuvre, l'ouvrier plonge ordinairement un certain nombre de mèches à la fois, et pour cela il prépare des baguettes en bois, de 80 centimètres de longueur environ, sur lesquelles il attache et laisse pendre des mèches espacées de 10 centimètres. Il plonge ses baguettes deux par deux ou trois par trois; les mèches s'étalent dans le bain en gardant leurs positions respectives et se recouvrent de suif.

Pour faire l'extrémité effilée de la chandelle, l'ouvrier procède à une dernière immersion et cette fois enfonce la mèche un peu plus loin que lors des immersions précédentes. Quant à la base, elle se fait en passant la chandelle sur une plaque chauffée.

Ce mode de fabrication peut être rendu plus rapide encore en substituant l'immersion mécanique à l'immersion à la main.

651. *Moulage des chandelles*. Le moulage consiste à couler le suif fondu dans un moule en étain, formé de deux parties : la première, offrant la forme du corps de la chandelle, est pointue à son extrémité, c'est la *tige*: la seconde, appelée *culot*, est évasée, sous forme d'entonnoir ; le culot est muni d'un petit crochet horizontal qui s'avance jusqu'au milieu ; c'est à ce crochet que l'on suspend la mèche, qui va passer dans l'extrémité de la tige et la bouche. Lorsque le suif est solidifié dans le moule, on sépare le culot de la tige ; celui-ci entraîne hors du moule la chandelle, dont il ne reste plus qu'à couper l'extrémité, de manière à séparer la matière en excès qui remplit le culot.

Pour rendre le moulage plus rapide, MM. Leroy et Durand, à Paris, emploient le système suivant, qui permet de remplir six moules d'un coup. Les moules C, C, C (fig. 272) sont disposés par rangées de six sur de fortes tables de chêne O ; sur les bords de la table peut rouler, au moyen de galets R, une caisse remplie de suif fondu. Cette caisse porte des trous correspondant à chacun des six moules d'une rangée. Ces trous sont fermés par des bouchons en métal et peuvent être ouverts en soulevant les bouchons à l'aide de la tige T, que fait manœuvrer une manivelle M. En faisant rouler la caisse, on amène les trous successivement au-dessus de chaque rangée de moules, et en soulevant la manivelle, à chaque station, on laisse écouler le suif dans six moules qui se remplissent simultanément.

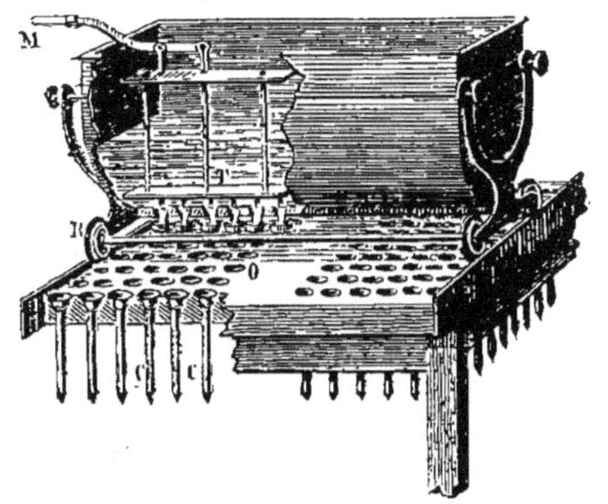

Fig. 272. — Moulage des chandelles.

652. **Blanchiment des chandelles.** — Les chandelles fabriquées par l'un des procédés précédents doivent être blanchies.

Le procédé le plus simple et le plus sûr consiste à les exposer à la lumière et en plein air pendant quelques jours.

EXTRACTION DES HUILES VÉGÉTALES.

653. Les huiles végétales s'obtiennent en soumettant à l'action de presses les graines ou les fruits des plantes oléagineuses. L'expression se fait à froid pour les huiles très-fluides qui sont employées comme aliments (huiles d'olive, d'œillette) ou comme médicaments (huile de ricin, de croton); pour celles qui sont concrètes, l'expression se fait à chaud, en pressant les graines entre des plaques métalliques chaudes. On peut aussi faire bouillir les graines dans l'eau après les avoir écrasées. L'huile vient se rassembler à la surface de l'eau et s'y fige ; c'est ainsi qu'on extrait le beurre de cacao, l'huile de laurier, le beurre de muscadet

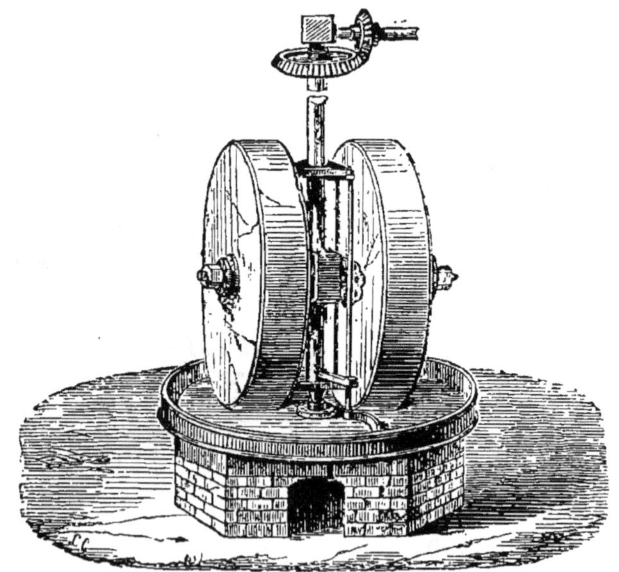

Fig. 273. — Meules à écraser les graines oléagineuses.

l'huile de palme, etc. Les huiles destinées à l'éclairage et aux autres besoins des arts s'obtiennent aussi par expression des graines.

654. **Extraction de l'huile d'olives.** — Les olives sont écrasées sous des moulins à meules verticales (fig. 273), et réduites en une pulpe qu'on renferme dans des cabas ou *scouffins*,

que l'on soumet à l'action de presses hydrauliques horizontales.

On appelle huile d'olive *vierge* celle qui est fabriquée avec des olives récoltées à la cueillette et non à la gaule, soigneusement triées et portées sous une presse aussitôt après leur réduction en pulpe. L'huile vierge est verdâtre et, malgré son goût de fruit, elle est très-recherchée pour les aliments.

L'huile *ordinaire* de table s'obtient en délayant dans l'eau bouillante la pulpe des olives qui ont fourni l'huile vierge et en la soumettant à la pression. Elle est d'une belle couleur jaune, moins agréable au goût que la précédente, et se rancit plus facilement. On l'emploie aussi pour graisser les laines et les machines.

Enfin, l'huile dite *huile de recense* ou *huile lampante*, et qui n'est utilisée que dans les savonneries, s'obtient en pressant à nouveau les tourteaux ou *grignons* non entièrement épurés par les deux pressions précédentes, en les broyant, puis en les faisant chauffer avec de l'eau et les exprimant de nouveau.

655. **Extraction des huiles dites huiles de graines.** — Cette extraction se pratique dans le département du Nord sur une très-grande échelle. Aux environs de Lille, on voit un très-grand nombre de moulins qui sont, pour la plupart, employés à mettre en mouvement des pilons destinés à concasser les graines et des presses qui en expriment l'huile.

Dans les grandes exploitations, le broyage se pratique au moyen de deux machines distinctes : la première est un laminoir ou concasseur en fonte (fig. 274), alimenté par une trémie en bois *a*, au fond de laquelle tourne un petit cylindre cannelé, dont la vitesse de rotation est réglée de manière à ne laisser passer qu'une quantité de graines proportionnée à l'action des cylindres *b* qui tournent très-lentement. Les graines ainsi concassées sont ensuite portées sous des meules verticales, et la pulpe qu'elles produisent est soumise à une pression énergique. La graine d'œillette, pressée à froid, donne une *huile vierge* qui peut servir à l'alimentation. Quand on veut sacrifier les qualités culinaires

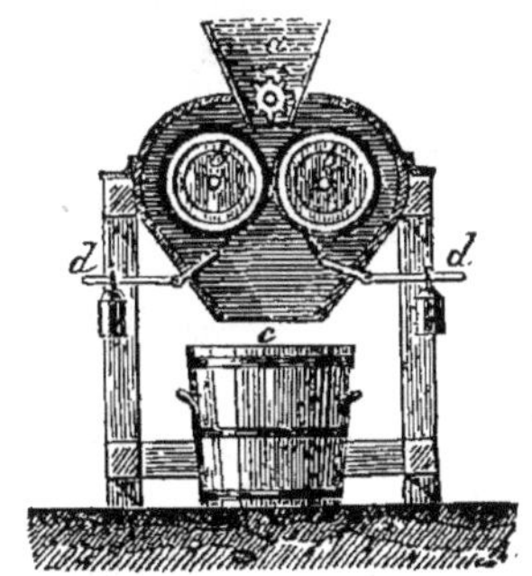

Fig. 274. — Concasseur des graines oléagineuses.

au rendement, il faut soumettre préalablement la pulpe à une température de 60 à 80° dans des chauffoirs à vapeur.

Les tourteaux, broyés et pressés de nouveau, donnent une huile de qualité inférieure, appelée *huile de rebut.*

656. Depuis quelques années, M. Diess a utilisé, pour l'extraction des huiles, l'action dissolvante que le sulfure de carbone exerce sur elles. Après avoir extrait des graines tout ce qu'elles peuvent donner d'huile par action mécanique, il soumet les tourteaux à l'action du sulfure de carbone qui dissout les corps gras qu'ils contiennent encore. Puis on distille le mélange ; le sulfure de carbone, vu sa grande volatilité, s'évapore complétement et laisse l'huile comme résidu.

657. **Épuration des huiles.** — L'emploi de la chaleur a l'inconvénient de fournir des huiles un peu altérées, susceptibles de rancir facilement, et contenant un mucilage, une matière albuminoïde, dont la présence est nuisible à leur emploi dans l'éclairage : les mèches qu'elles alimentent charbonnent.

Pour remédier à cet inconvénient, Thénard a indiqué un excel-

Fig. 275. — Épuration des huiles.

lent moyen d'épuration. Il bat l'huile en présence de 1 1/2 à 3 centièmes d'acide sulfurique. L'acide carbonise le mucilage et le précipite. Le battage se fait dans des tonneaux ou plus avantageusement dans un bac allongé (fig. 275), où la matière est constamment brassée par un agitateur hélicoïdal. L'huile devient d'abord verte ; sa nuance tourne ensuite au brun, et, au bout de vingt-quatre heures, les parties albumineuses et le mucilage carbonisé se déposent. On ajoute, par hectolitre, 25 à 30 litres d'eau à 35 ou 40°, ou bien on fait passer un courant de vapeur, ce qui vaut mieux. On bat pendant dix minutes, puis on fait écouler le mélange et on l'abandonne au repos pendant trois ou quatre jours. Les eaux acides vont au fond du réservoir ; au-dessus se trouve une couche d'huile troublée par un dépôt noir ; enfin, à la partie supérieure est une couche d'huile épurée et très-limpide. On enlève celle-ci, et on soumet la seconde couche à un turbinage à travers du coton serré ou une toile métallique ; on en extrait ainsi une nouvelle quantité d'huile claire. Les eaux acides sont employées au décapage des métaux ou à la fabrication des couperoses.

FABRICATION DES BOUGIES STÉARIQUES.

658. L'emploi des chandelles de suif a été presque exclusivement remplacé par celui des bougies stéariques, dont l'invention est due à Gay-Lussac et à M. Chevreul (1825), et que l'on fabrique avec les acides gras extraits des corps gras neutres. Ces acides ont un point de fusion supérieur à celui des matières d'où ils proviennent, et, à ce titre, sont d'un emploi plus avantageux pour l'éclairage. Les bonnes bougies stéariques fondent à 55°,5 et donnent une lumière plus belle que celle des chandelles ; leur mèche se consume d'elle-même, sans qu'on soit obligé de la couper, comme cela arrive pour les chandelles ; enfin, elles ne répandent pas d'odeur en brûlant.

Les trois principes suivants servent de base aux procédés employés pour extraire des corps gras neutres les acides gras qui servent à la fabrication des bougies stéariques : 1° on peut saponifier le suif avec de la chaux, c'est-à-dire combiner les acides gras avec la chaux qui élimine la glycérine ; puis décomposer le savon calcaire par l'acide sulfurique qui précipite la chaux à l'état de sulfate et met les acides gras en liberté ; 2° l'acide sulfurique chauffé avec les corps gras en isole la glycérine avec laquelle il produit de l'acide sulfoglycérique, et forme avec les acides gras des combinaisons appelées acides *sulfogras* (acides sulfoléique, sulfomargarique, sulfostéarique), que l'eau bouillante décompose ensuite, et dont elle isole les acides gras que l'on volatilise dans un courant de vapeur d'eau ; 3° enfin la vapeur d'eau surchauffée exerce sur les corps gras neutres la même action séparatrice que les alcalis et les acides, et les dédouble en glycérine et en acides gras.

Les trois principes que nous venons d'exposer ont donné lieu à cinq procédés différents pour l'extraction des acides gras ; nous ne décrirons que ceux qui sont jusqu'ici le plus employés : 1° le procédé par saponification calcaire ; 2° le procédé par saponification sulfurique et distillation.

SAPONIFICATION CALCAIRE.

659. **Saponification calcaire.** — Pour la saponification calcaire on emploie indistinctement les suifs de bœuf ou de mouton. La saponification s'effectue dans des cuves en bois doublées de plomb, telles que celles que représente la figure 276. Des tuyaux V, V′ V″ amènent dans chacune d'elles la vapeur nécessaire à l'opération.

Après avoir introduit dans chaque cuve 8 000 kilogrammes environ de suif en pains, on le recouvre avec de l'eau, puis on donne accès à la vapeur : la matière grasse entre bientôt en fusion et vient fournir à la surface une couche huileuse. Puis, après avoir éteint une quantité de chaux vive égale à 14 ou 15 pour 100 du poids du suif et l'avoir amenée à l'état de poudre très-fine, on en fait un lait épais que l'on verse dans la cuve en deux ou trois fois ; le mélange, toujours maintenu à l'ébullition, est agité à l'aide d'une espèce de rable en bois ou *mouveron*, que l'on voit sur la cuve C. La saponification s'opère peu à peu, et le corps gras, au bout de huit heures, est transformé en un savon calcaire insoluble que l'on divise en morceaux, et qui nage au milieu d'une solution jaunâtre de glycérine. On laisse refroidir jusqu'au lendemain, et on vidange par une soupape placée à la partie inférieure de la chaudière. La solution glycérique s'écoule en M.

660. **Décomposition du savon et lavage des acides gras.** — Il faut alors procéder à la décomposition du savon calcaire par l'acide sulfurique ; pour cela, on ajoute dans chaque cuve l'acide sulfurique étendu à 20° Baumé. On chauffe de nouveau par la vapeur, et, au bout de six à sept heures, la décomposition est complète. On laisse reposer jusqu'au lendemain : l'eau et le sulfate de chaux vont au fond, et les acides gras encore liquides qui surnagent sont décantés au moyen d'un tire-

jus B (fig. 276) et conduits dans des cuves doublées de plomb, où ils sont lavés dans l'acide sulfurique à 20° et mis en ébullition par le serpentin de vapeur. Ce lavage a pour but d'enlever

Fig. 276. — Saponification des huiles.

les dernières traces de chaux; il est suivi d'un autre lavage à l'eau bouillante, dont l'effet est d'emporter l'acide sulfurique en excès. Ainsi purifiés, les acides gras sont coulés dans des moules en fer-blanc, disposés, comme le représente la figure 277, de telle sorte que l'excès de liquide qui arrive dans chacun d'eux puisse se déverser dans le moule inférieur. On abandonne la matière dans ces moules, où elle cristallise.

661. **Pressurage des acides gras.** — La matière solide ainsi obtenue se compose d'acides margarique et stéarique, qui sont solides, et d'acide oléique liquide qui est disséminé au milieu des précédents. On sépare ce dernier par deux pressurages faits le premier à froid, le second à chaud.

Le pressurage à froid s'exécute par des presses hydrauliques verticales (fig. 278). Chaque pain est enfermé dans un sac de laine appelé *malfil*. Les sacs sont empilés les uns au-dessus des autres et séparés de distance en distance par des plaques métalliques destinées à régulariser la pression et munies sur

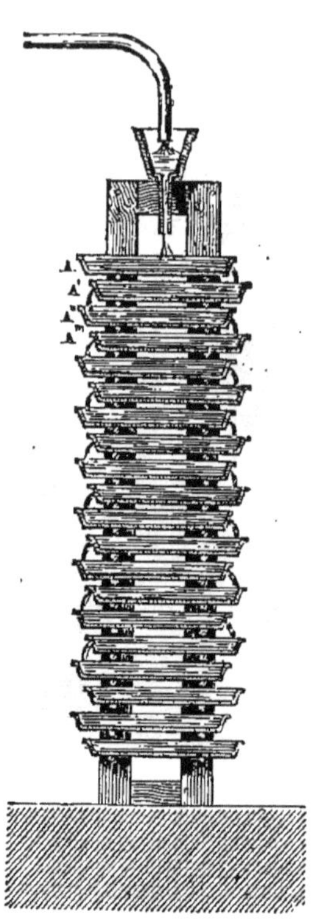

Fig. 277. — Moules à couler les acides gras.

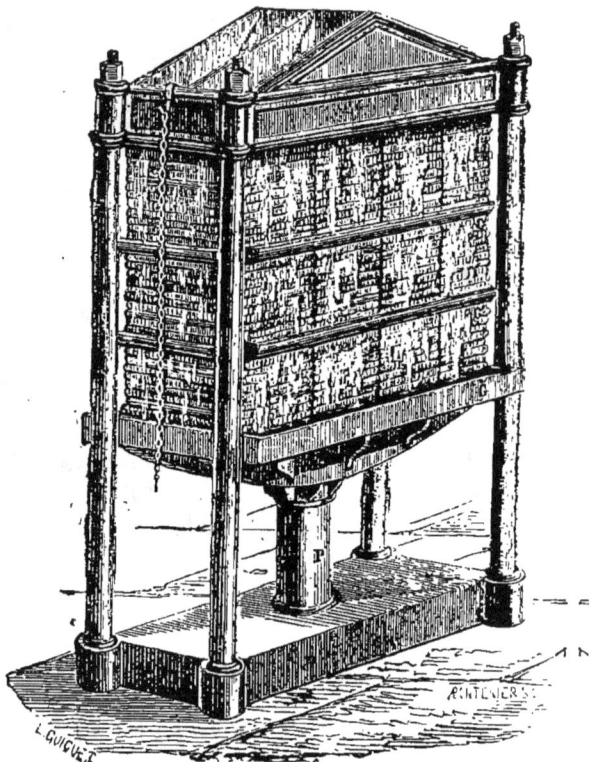

Fig. 278. — Presses hydrauliques pour acides gras.

leurs bords de rigoles, qui recueillent l'acide oléique et le condensent dans des tuyaux verticaux.

Lorsqu'au bout de cinq à six heures la presse verticale a épuisé son action, les malfils sont vidés et les pains sont mis dans des sacs en crin appelés *étreindelles*, et soumis au pressage à chaud. On se sert pour cela d'une presse hydraulique horizontale : l'eau arrive en R (fig. 279) dans le cylindre C et agit sur la tige T, qui presse les étreindelles disposées entre des plaques creuses P; ces plaques sont portées à une température qui ne doit pas dépasser 35°, par la vapeur qu'amènent des tuyaux en caoutchouc H, H. L'acide oléique s'écoule, entraînant avec lui une certaine quantité d'acide stéarique, et après l'opération on trouve dans chaque étreindelle un pain sec et dur d'acides gras. L'acide oléique, au sortir de la presse à chaud, se rend dans de vastes réservoirs

Fig. 279. — Presses hydrauliques pour acides gras.

souterrains, où il laisse déposer, par le refroidissement, les acides solides qu'il a entraînés, et qu'on soumet à un nouveau pressurage.

662. **Moulage des bougies.** — L'admirable découverte de M. Chevreul et de Gay-Lussac fut entravée dans la pratique par les inconvénients que présentait la mèche de coton ordinaire, qui absorbait une trop grande quantité de matière grasse. M. Camba-

cérès eut l'idée d'y substituer une mèche que l'on forme en nattant trois fils de coton ; mais sa combustion incomplète laisse un résidu charbonneux qui contrarie l'ascension des corps gras, ou qui, en tombant dans le godet formé par la fusion à la partie supérieure de la bougie, liquéfie trop rapidement la matière et la fait couler. Pour remédier à cet inconvénient, M. de Milly a imaginé d'imprégner la mèche d'acide borique. Celui-ci vitrifie les cendres de la mèche ; il en résulte une petite perle vitreuse et lourde, qui, courbant la mèche en dehors de la flamme, lui

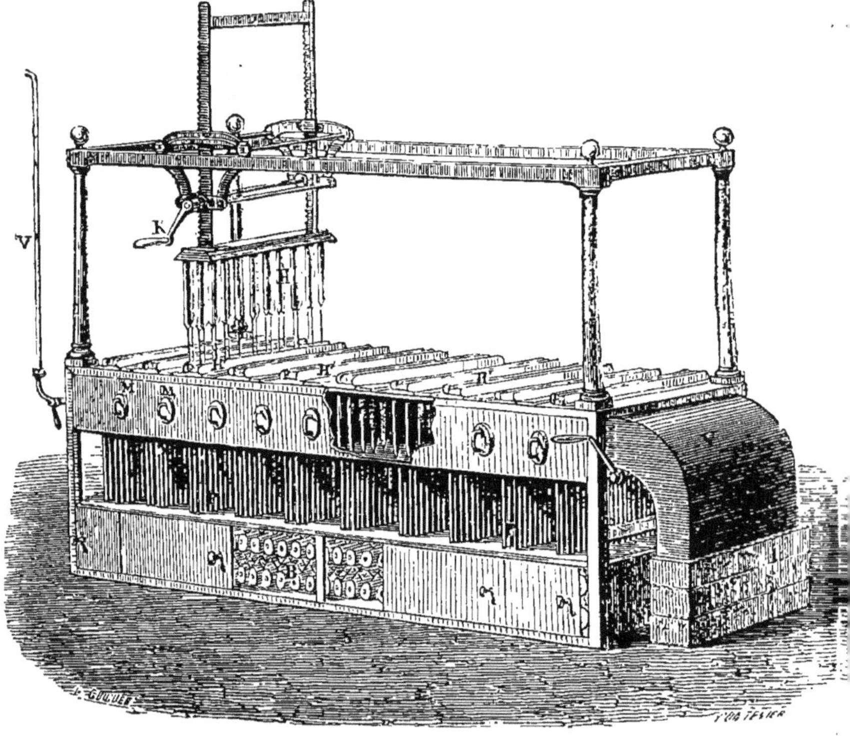

Fig. 280. — Moulage des bougies.

permet de brûler complétement et rend inutile l'opération du mouchage.

Dans les grandes usines, le moulage se fait d'une manière très-expéditive, à l'aide de la machine que nous allons décrire et qui est due à M. Cahouet.

Les moules sont disposés par groupes de seize dans une grande caisse en tôle, que l'on peut chauffer et refroidir successivement à l'aide du tuyau V′ (fig. 280), qui amène de la vapeur, ou du tuyau V, qui amène un courant d'air froid lancé par une machine soufflante. Au-dessous de cette caisse s'en trouve une autre, où les mèches sont enroulées sur des bobines B ; à chaque moule correspond une bobine. Les mèches, sortant de la caisse inférieure, se rendent dans la caisse supérieure, et chacune d'elles, après avoir traversé un moule suivant son axe, est pincée à sa partie supérieure par une plaque que peut soulever une crémaillère K. La caisse supérieure étant chauffée à l'aide de la vapeur de V′, on coule dans un groupe les acides gras fondus à part ; un courant d'air froid refroidit ensuite les moules, les acides se solidifient, et on détache à la fois les seize bougies d'un groupe. Pour cela, on amène au-dessus de lui la crémaillère K, à l'aide de laquelle on soulève les plaques qui pincent les seize mèches ; les bougies sortent des moules et s'élèvent ; la mèche, se déroulant de chaque bobine, les suit dans leur ascension et se

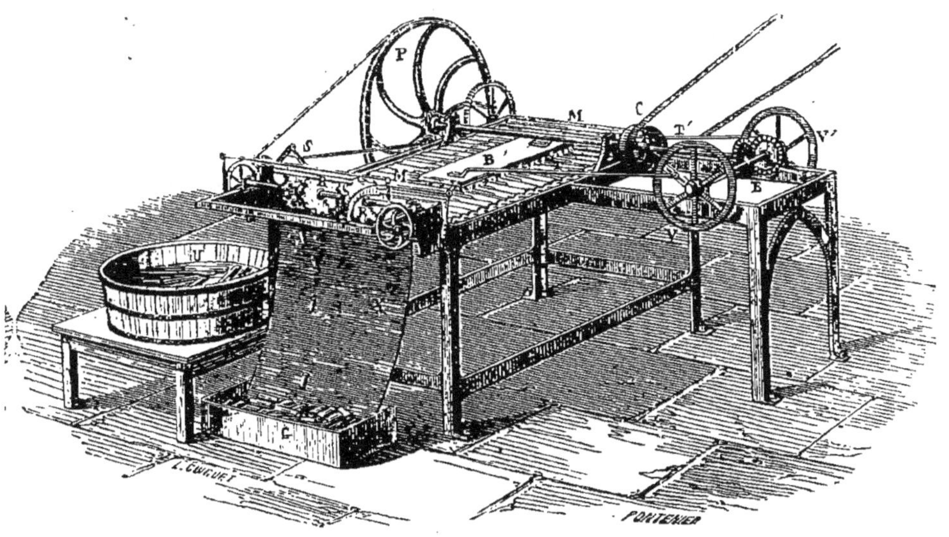

Fig. 281. — Machine à polir les bougies.

trouve disposée pour une opération suivante dans l'axe du moule. On coupe alors la mèche et on enlève les bougies, qui sont portées au blanchiment. On les expose pour cela dans de vastes cours à l'action simultanée de l'air et de la lumière, sur des grillages où elles sont enfilées verticalement.

663. Après le blanchiment, il ne reste plus qu'à les laver, les rogner et les polir. Le lavage s'effectue dans le baquet U (fig. 281), qui renferme de l'eau de savon ou une solution de carbonate de soude. Les bougies sont ensuite posées sur des roues cannelées R, qui les présentent à un petit rouleau circulaire chargé de les couper à la longueur voulue. Elles tombent de là sur une table où sont disposés des rouleaux en bois sur lesquels elles subissent l'action d'une brosse B, qui est animée d'un mouvement de va-et-vient et qui les polit. Elles cheminent sur cette table sous l'action de la brosse, et arrivent à l'extrémité prêtes à être livrées à la consommation.

SAPONIFICATION SULFURIQUE ET DISTILLATION.

664. **Saponification sulfurique.** — Le procédé par saponification sulfurique dont nous avons exposé le principe permet d'utiliser des produits plus fusibles que le suif des herbivores, de moindre valeur, et auxquels la saponification calcaire ne pourrait être appliquée que difficilement : tels sont les huiles de palme et de coco, les suifs d'os provenant du traitement à l'eau bouillante que les fabricants de noir animal font subir aux os avant la calcination, les graisses vertes que produisent les étaux des bouchers, des tripiers, les résidus de cuisine, le graissage des cylindres, etc., enfin les produits gras provenant de la décomposition par l'acide sulfurique des eaux savonneuses employées au lavage des laines, et désignés sous le nom de graisses de *Reims* et de *Tourcoing*.

La meilleure méthode de saponification sulfurique est celle qu'emploie M. Knob, et dans laquelle on opère la saponification presque instantanément par l'emploi d'un excès d'acide.

Deux réservoirs S et P (fig. 282), traversés chacun par un serpentin de vapeur, contiennent, le premier de l'acide sulfurique concentré, le second les huiles ou les graisses à travailler ; les deux réservoirs sont portés à la température de 90°. A la partie supérieure de la cuve à décomposer, que l'on voit au-dessous du réservoir S, se trouve une caisse oblongue doublée de plomb C, dans laquelle un ouvrier, placé sur un banc B, laisse couler 50 kilogrammes de corps gras fondu ; il y ajoute 15 kilogrammes d'acide sulfurique, recueilli dans un seau que montre la figure, et qui est au-dessous du robinet de S; au bout d'une minute de contact, la réaction de l'acide sur le corps gras est accomplie, et l'ouvrier, faisant basculer la caisse C, renverse le tout dans l'eau bouillante de la cuve à décomposition : les acides sulfoléique, sulfomargarique et sulfostéarique se décomposent bientôt au contact de l'eau bouillante, et l'acide sulfoglycérique se dissout; quand l'opération est finie, il s'est

Fig. 282. — Saponification sulfurique.

formé trois couches distinctes dans la cuve : la couche supérieure L″ renferme les acides gras; la couche L′ vient en dessous et contient l'eau, l'acide sulfurique et la glycérine; la couche inférieure L est formée des mêmes substances salies par des matières charbonneuses.

Les acides gras ainsi obtenus sont, comme ceux que fournit la saponification calcaire, soumis à deux lavages, puis portés à l'appareil distillatoire.

665. **Distillation.** — La distillation des acides gras ne peut se faire à feu nu, car une partie se décomposerait; on la fait par

l'action de la vapeur surchauffée. Pour cela, lorsque la cornue D (fig. 283), qui est disposée dans un massif en maçonnerie, a été remplie aux trois quarts d'acides gras fondus, on y fait arriver de la vapeur surchauffée; cette vapeur, qui vient en M d'une chaudière, traverse un serpentin que l'on voit sur la gauche de la figure et qu'échauffe la flamme d'un foyer; après avoir été surchauffée dans ce serpentin, elle pénètre en T″ qui se termine au fond de la cornue en pomme d'arrosoir. Sous l'influence d'une

Fig. 283. — Distillation des acides gras.

température qui ne doit jamais être inférieure à 200°, les acides gras distillent, et se rendent, par un tube U, dans un serpentin S qui est entouré d'eau et qui se termine en K, réservoir où viennent se solidifier les acides gras; l'eau, qui y arrive en même temps, est extraite par un robinet; le tuyau H entraîne au dehors les produits gazeux et combustibles que peut fournir une décomposition partielle de la matière grasse.

Les acides gras ainsi fabriqués sont en général soumis à la presse, puis employés à la fabrication de la bougie, comme nous l'avons vu pour ceux que l'on obtient par saponification calcaire. Les acides formés par l'huile de palme servent souvent, sans être pressés, à la fabrication des bougies de deuxième qualité.

SAVONS.

666. Les savons sont des combinaisons des acides gras avec les bases. Voici comment on interprète la réaction qui donne lieu à la formation de ces sels. Les principes immédiats des corps gras, la margarine, la stéarine et l'oléine, peuvent être considérés comme de véritables sels anhydres formés d'acides gras et de glycérine anhydre. Dans la formation des savons, on détruit cette combinaison saline par une base plus énergique qui se combine avec l'acide gras. La glycérine, en devenant libre, fixe un équivalent d'eau, de même que dans la décomposition, en présence de l'eau, d'un sel métallique par une base, l'oxyde qui se précipite se combine avec l'eau et forme un hydrate.

Les savons à base de potasse et de soude sont solubles dans l'eau, dans l'alcool et dans l'éther; les autres sont insolubles dans l'eau, et le plus souvent aussi dans l'alcool et dans l'éther. L'économie domestique n'emploie que les savons solubles. Les savons à base de soude sont plus durs que les savons de potasse, parce que les stéarates, margarates et oléates de soude sont toujours plus consistants et moins attaquables par l'eau que les mêmes genres des sels à base de potasse.

Les stéarates et margarates de potasse et de soude étant toujours plus durs et moins solubles que les oléates des mêmes bases, un savon de potasse ou de soude sera toujours d'autant plus dur qu'il renfermera plus de stéarate ou de margarate, et moins d'oléate. On voit donc que les qualités du savon dépendent non-seulement du choix de la base, mais aussi de celui du corps gras.

Les savons durs sont obtenus avec la soude et les huiles d'olive, d'amandes, d'arachide, de potasse, de coco, le suif et les autres graines. En France, en Italie et en Espagne, on se sert principalement d'huile d'olive de qualité inférieure; dans les pays du Nord, qui n'ont pas d'huile d'olive, on la remplace par le suif ou par la graisse.

Les savons mous sont préparés avec la potasse et les graisses ou les huiles de graines.

667. **Savons durs.** — On obtient les savons durs, à Marseille, en saponifiant par la soude les huiles qu'on désigne sous le nom de *recences*.

La soude employée est la soude brute artificielle caustifiée par la chaux. Pour produire cette caustification, on mélange la soude brute, réduite en poudre grossière, avec le tiers de son poids de chaux éteinte. Le mélange est placé dans des bassins en maçonnerie percés, près de leur fond, d'une ouverture qui permettra aux lessives de couler dans de vastes citernes. On amène dans ces bassins, appelés *barquieux*, l'eau pure et une lessive faible provenant d'un lavage précédent. La dissolution de la soude s'opère peu à peu, la chaux lui enlève son acide carbonique et forme avec lui du carbonate de chaux insoluble. Au bout de deux heures on soutire cette première lessive, qui est très-concentrée, et qui marque de 18° à 25° à l'aréomètre. Par deux autres lessivages on obtient des lessives moins concentrées, l'une qui marque de 10° à 15°, l'autre de 4° à 8°. Par un mélange de ces trois lessives on obtient celle qui doit d'abord servir dans la fabrication du savon.

La lessive étant préparée, on procède à la saponification de l'huile, qui comprend trois phases principales : l'*empâtage*, le *relargage* et la *coction*.

L'huile, n'étant pas miscible à l'eau, a besoin d'être très-divisée pour arriver au contact de l'alcali : tel est le but de l'*empâtage*, qui a pour résultat d'opérer la formation d'une émulsion, c'est-à-dire de mettre l'huile, à l'état de division extrême, en suspension dans l'alcali. Pour cela, on introduit dans une grande chaudière, à fond hémisphérique en tôle, 31 hectolitres 1/2 de lessive à 10°, on porte à l'ébullition, et on y verse en plusieurs fois 6 000 kilogrammes d'huile ; celle-ci perd bientôt sa transparence et forme avec l'alcali une espèce d'émulsion blanche, qui acquiert peu à peu de la consistance et de l'homogénéité.

Lorsque l'*empâtage* est complet, on procède au *relargage*, afin d'enlever à l'huile empâtée l'eau que la soude y a portée. Cette opération consiste à mettre la masse d'huile empâtée en contact avec une dissolution de soude chargée de sel marin. On brasse continuellement le mélange, et l'émulsion savonneuse avec excès d'huile, ne pouvant se dissoudre dans l'eau salée, lui cède la plus grande partie de son eau, et se rassemble à la surface sous forme d'une pâte consistante et colorée. On laisse alors tomber le feu, et, au bout de quelque temps, on ouvre un robinet dit *épine*, situé à la partie inférieure de la cuve ; on laisse écouler trois fois plus de liquide qu'on en a introduit pour le *relargage*, et on pratique la *coction*.

Cette opération, qui a pour but d'achever la saponification, consiste à faire bouillir le savon, qui contient encore un excès d'huile, avec de nouvelles lessives douces et concentrées. La saponication est achevée lorsque le savon se dissout dans l'eau chaude sans laisser d'yeux à la surface, et lorsque, comprimé entre le pouce et l'index, il prend une consistance très-dure. On met le savon à sec en exprimant de nouveau, et on obtient un produit noirâtre, qui durcit par le refroidissement. Sa couleur est due au sulfure de fer mêlé à un savon alumino-ferrugineux provenant de la soude brute.

On convertit ce savon en savon blanc ou en savon marbré.

668. **Savon blanc.** — Pour faire le savon blanc, on délaye le savon noir dans une lessive faible; le savon alumino-ferrugineux se dépose lentement ; on enlève le savon blanc qui surnage et on le coule dans des moules ou *mises*, où il se solidifie; on découpe ensuite la masse solide en pains rectangulaires.

669. **Savon marbré.** — Le savon marbré ou madré s'obtient en délayant le savon noir dans une quantité moindre de lessive, de telle sorte que le savon alumino-ferrugineux, coloré par le sulfure de fer, au lieu de se déposer au fond de la chaudière, reste en suspension dans la masse, au milieu de laquelle il forme des veines bleuâtres. Le savon marbré est plus estimé que le savon blanc, parce qu'on ne peut l'obtenir qu'avec 30 pour 100 d'eau au plus, tandis que le savon blanc peut en contenir 40 et 50 pour 100.

670. **Savons unicolores.** — On prépare des savons unicolores avec les huiles de coco, de palme, de sésame, d'arachide, l'acide oléique, les suifs d'os, etc. On peut les préparer, soit par le procédé précédent, soit par un procédé qui en diffère peu, et que nous ne décrirons pas.

Ces savons, dits *économiques*, ne méritent pas toujours cette désignation, car il en est qui renferment jusqu'à 75 pour 100 d'eau.

671. **Savons mous.** — Les savons mous, dits savons noirs ou savons verts, sont toujours à base de potasse, et sont fabriqués avec les huiles les moins chères : huiles de chènevis,

d'œillettes, de colza. Leur préparation est des plus simples : il suffit de faire bouillir les huiles avec des lessives caustiques de potasse, de concentrer le mélange pour chasser l'excès d'eau, puis de le couler dans des tonneaux lorsqu'il est arrivé à la consistance voulue.

Ces savons sont verts quand on les fait avec des huiles jaunes et qu'on y ajoute à la fin de la cuisson un peu d'indigo. Ils sont noirs quand on les a colorés par du sulfate de cuivre, du sulfate de fer, du tannin et du bois de campêche.

672. **Savons de toilette.** — Les savons de toilette se préparent avec des matières très-pures. Ils doivent être autant que possible dégagés d'alcali.

Le savon transparent s'obtient en traitant des râclures de savon de suif par l'alcool chaud, qui ne dissout que le savon et laisse les impuretés. La dissolution, refroidie et éclaircie par le repos, est versée dans des mouloirs, où elle se solidifie ; le savon ne devient transparent qu'au bout de plusieurs semaines.

673. **Usages des savons.** — Le savon blanc est employé pour le blanchissage du linge, de la soie, de la laine, pour les besoins de la toilette ; il agit alors à la manière des alcalis faibles, et dissout les corps gras. Le savon marbré, qui est plus alcalin et plus mordant, est employé pour les tissus forts. Enfin les savons mous, qui sont très-alcalins, sont employés pour le blanchissage du linge commun et dans le dégraissage de la laine.

CORPS GRAS A SAPONIFICATION DIFFICILE.

674. Nous avons dit (640) que les corps gras compris dans cette classe étaient le blanc de baleine et la cire.

675. **Blanc de baleine ou spermaceti.** — On désigne sous les noms de blanc de baleine, de spermaceti, une matière grasse solide, que les chimistes appellent *cétine*, et qui, se trouvant en dissolution dans l'oléine, forme avec elle une huile grasse, dont le cerveau de quelques grands cétacés, et notamment celui du cachalot, se trouve entouré.

Le spermaceti fond à 49°, est volatil et brûle avec une belle flamme ; il sert à la confection des bougies diaphanes, qui sont très-employées en Angleterre.

676. **Cires.** — On appelle *cires* des corps gras, durs et cas-

sants, dont l'origine est très-diverse, et dont le type est la cire des abeilles. La cire des abeilles est extraite en enlevant les rayons des ruches et en les soumettant à la presse pour en extraire le miel. Les gâteaux sont ensuite fondus dans l'eau bouillante, qui dissout la plus grande partie du miel ; la cire vient nager à la surface et s'y solidifie. On la refond deux fois, et on obtient la *cire jaune*, appelée *cire vierge* ou *cire brute*. Elle fond à 63°. La cire jaune contient encore quelques corps étrangers et du miel. On la purifie et on la blanchit de la manière suivante :

On la fait fondre dans des chaudières B (fig. 284) avec de l'eau ;

Fig. 284. — Purification de la cire.

lorsqu'elle est arrivée à un degré de fluidité convenable, on la fait passer par le robinet *t* dans des cuves R, où on la laisse se refroidir lentement, de manière à opérer la séparation de l'eau et des impuretés qui sont au fond de la cuve. Pour que le refroidissement n'aille pas jusqu'au point de solidification de la cire, on ferme les cuves et on les entoure de couvertures. Quand la séparation est complète, on ouvre le robinet *t* de la cuve R ; la cire surnage l'eau et les impuretés et s'écoule dans une auge G, appelée *grêloir*, qui porte à sa partie inférieure une passoire fine, dont le fond est percé d'une file de trous. La cire laisse ses dernières impuretés sur la passoire et s'écoule à travers la file de trous. Au-dessous de cette file est disposé un cylindre en bois, que l'on fait tourner à l'aide d'une manivelle M. La cire tombe en filets minces sur le cylindre, et celui-ci, qui plonge à moitié dans l'eau de l'auge T, les mène au contact de cette eau, où la cire se solidifie sous forme de rubans minces. Ces rubans sont enlevés à la fourche pour être exposés à l'air et à la lumière; sous cette double influence, ils subissent un premier degré de blanchiment. On renouvelle le traitement précédent jusqu'à ce qu'on obtienne un blanc parfait.

La cire est depuis longtemps employée à la fabrication de bougies qui donnent une belle lumière et dont l'usage est restreint par celui des bougies stéariques.

HUILES VOLATILES OU ESSENTIELLES.

677. Nous allons dire maintenant quelques mots de corps neutres, d'origine végétale, qui ont une certaine ressemblance avec les huiles grasses, et que l'on appelle *huiles volatiles*, *essences*, *huiles essentielles*. Comme les corps gras, elles tachent le papier, mais cette tache disparaît par la chaleur, par suite de la volatilité de l'huile.

Les huiles volatiles sont des principes odorants des plantes, et s'obtiennent par la distillation avec l'eau des organes végétaux qui les renferment. Leur odeur, leur densité, leur couleur varient d'une espèce à l'autre. La plupart sont liquides à la température ordinaire; quelques-unes cependant, comme le camphre et l'huile d'anis, sont solubles.

Elles sont combustibles et brûlent avec une flamme fuligineuse; au contact de l'air elles s'altèrent, perdent leur odeur, s'épaississent, et finissent par se solidifier. Un grand nombre s'acidifient alors; l'huile d'amandes douces, par exemple, se change en acide benzoïque; dans le cas le plus général, elles donnent naissance à des résines et à de l'acide acétique. On distingue trois sortes d'essences: 1° les essences non oxygénées ou hydrocarbures, telles que l'essence de térébenthine; 2° les essences oxygénées, comme le camphre du Japon, le camphre de Bornéo, comme l'essence d'amandes; 3° des essences sulfurées, comme l'essence d'ail et de moutarde.

678. **Résines.** — Les résines, gommes-résines et baumes, sont des corps qui paraissent provenir de l'oxydation des huiles essentielles. On les extrait le plus souvent des végétaux, en y

pratiquant des incisions par lesquelles s'écoule un liquide assez fluide, qui s'épaissit peu à peu à l'air.

Les résines ne sont jamais cristallisées ; quelques-unes cependant, quand elles sont pures, sont cristallisables, mais d'une manière très-peu nette ; elles ont le plus souvent la forme de gouttes, comme la gomme. L'eau ne les dissout pas, mais l'alcool les dissout et forme avec elles les vernis.

Nous citerons parmi les résines, la colophane, le succin ; parmi les gommes, la gomme gutte, la gomme ammoniaque ; parmi les baumes, la térébenthine, le baume de Canada, le baume de Tolu.

CHAPITRE VIII

MATIÈRES COLORANTES. — TEINTURE.

CONSIDÉRATIONS GÉNÉRALES SUR LES MATIÈRES COLORANTES.

679. La nature nous présente un grand nombre de matières colorées. Parmi elles, il en est un certain nombre qui ont trouvé dans l'industrie un rôle plus ou moins important et qui sont employées à teindre les étoffes. Il ne peut entrer dans notre plan de faire l'étude complète de ces matières. Nous nous contenterons d'étudier les points principaux de cette partie de la science.

Depuis les temps les plus reculés, l'homme fait servir à la coloration des tissus certains produits que nous trouvons dans le commerce sous la dénomination générique de matières tinctoriales. Ces produits sont tantôt des êtres organisés (kermès, cochenille), tantôt des parties seulement d'un végétal (écorce de bois jaune, racines de garance, bois de campêche, fleurs et feuilles de gaude), tantôt enfin le résultat de la préparation qu'on a fait subir à certaines plantes (indigo, orseille).

Ces matières contiennent toutes des principes colorés ou colorables, qui possèdent un ensemble de caractères communs que nous devons faire connaître avant de les étudier en particulier.

680. Tous sont solides, inodores, et en général insipides. Plusieurs peuvent être obtenus en cristaux, d'autres ont l'aspect de résine. Exposés à une chaleur de 150° à 180°, ils sont tous détruits ; mais une chaleur ménagée peut en volatiliser un certain nombre (telles sont l'*alizarine*, ou matière colorante de la garance ; la *lutéoline*, ou matière colorante de la gaude).

La lumière solaire agit sur les matières colorantes, au moins avec le temps, comme une température élevée ; elle les détruit peu à peu. Tout le monde sait que les étoffes teintes se décolorent graduellement, surtout lorsqu'elles sont exposées à l'action de la lumière. La lumière n'agit cependant pas seule : l'air active le plus souvent son action ; car s'il est vrai qu'un grand nombre de principes colorables des végétaux ne se colorent que sous l'influence de l'oxygène, il convient de remarquer qu'un excès d'oxygène les décolore ensuite. Tous les agents oxydants agissent comme l'oxygène de l'air ; tels sont les acides chloreux, hypochloreux, le chlore, l'acide chromique, etc..., qui, en cédant de l'oxygène à la matière colorante, brûlent son hydrogène et la détruisent.

La plupart des matières colorantes sont solubles dans l'eau, et toujours plus à chaud qu'à froid ; un certain nombre sont plus solubles dans l'éther, l'alcool ou l'eau acidulée. Les acides produisent souvent des changements de nuances et font virer la couleur des matières colorantes.

Les oxydes métalliques hydratés se combinent en général très-bien avec les principes colorants, et forment avec eux des composés insolubles dans l'eau, qui ont reçu le nom de *laques*. Les laques sont de véritables sels dans lesquels les matières colorantes jouent le rôle d'acides. L'affinité des matières colorantes pour les oxydes est telle qu'elles les enlèvent souvent aux acides et qu'elles se précipitent avec eux sur les étoffes. Le teinturier tire un très-grand parti de cette affinité pour fixer les matières colorantes sur les tissus.

Les sels métalliques agissent sur les matières colorantes, tantôt par leur acide, tantôt par leur base. Dans le premier cas, ils avivent ou font virer les couleurs, dans le second cas, le principe colorant s'empare de l'oxyde métallique, avec lequel il forme une laque insoluble.

Les matières colorantes ont la propriété de s'unir aux différents tissus, et de former des combinaisons plus ou moins stables. En général, ces matières manifestent une plus grande affinité pour les tissus faits avec des fibres d'origine animale, comme la laine et la soie, que pour les tissus faits avec des fibres végétales, telles que le coton, le chanvre et le lin, et elles en ont plus pour le coton que pour les deux derniers.

Parmi les matières colorantes, les unes ont pour les tissus une affinité assez grande pour se combiner avec eux sans intermédiaire : tels sont les principes colorants de l'indigo, du curcuma, du carthame, du cachou, etc. D'autres ne peuvent s'y attacher qu'autant qu'on rêvet le tissu d'une substance ayant de l'affinité et pour le tissu, et pour la matière colorante. Cette substance est désignée sous le nom de *mordant*. Ajoutons que les mordants ont aussi pour effet de modifier souvent la couleur du principe colorant.

Les matières colorantes, au point de vue de la résistance qu'elles opposent aux agents physiques ou chimiques, peuvent être divisées en couleurs *solides* et en couleurs *faux teint*.

681. On appelle couleurs *solides*, ou *couleurs de bon* et de *grand teint*, celles qui résistent à l'action décolorante du soleil, à l'influence de l'air, de l'eau, des acides et des alcalis faibles, des hypochlorites faibles et du savon. Telles sont les couleurs de la garance, de l'indigo, de la gaude, du bois jaune, du quercitron, de la cochenille, du cachou, de la noix de galle et des sels de fer.

On appelle au contraire couleurs *faux teint*, ou de *petit teint*, celles qui sont promptement détruites par la lumière, l'air, les lessives alcalines et les acides faibles, les hypochlorites et le savon. Tels sont les principes colorants des bois rouges, du campêche, du curcuma, du rocou, du carthame.

Observons toutefois que, quelle que soit la solidité d'une couleur, elle ne résiste jamais complétement à l'action des causes dont nous venons de parler.

682. **Indigos.** — On donne le nom d'indigo à une matière tinctoriale bleue, que l'on retire de plantes cultivées plus particulièrement dans les Indes orientales, à Java, dans l'île de

Ceylan, etc., et que l'on appelle *indigotiers*. Le suc de ces plantes n'est pas naturellement coloré, il ne le devient que lorsqu'il a subi le contact de l'air, par suite d'un phénomène d'oxydation.

L'indigo n'a pas de saveur, il happe à la langue à cause de sa porosité. Il est inaltérable à l'air, insoluble dans l'eau, soluble dans l'acide sulfurique, avec lequel il forme la liqueur bleue appelée *bleu de Saxe, bleu de composition, sulfate d'indigo, acide sulfo-indigotique*. L'acide nitrique le décolore. Les alcalis en dissolution faible n'exercent pas d'action sensible sur l'indigo pris dans son état ordinaire, mais ils le dissolvent lorsqu'il a été soumis à l'action de corps désoxydants, tels que la couperose verte, l'oxyde d'étain, et la plupart des substances végétales susceptibles de fermenter.

C'est sur cette dernière réaction que sont fondés les procédés de teinture employés pour obtenir les bleus de cuve. La composition des liquides de la cuve varie suivant la nature des tissus à teindre ; mais le principe reste le même. L'indigo est toujours mis en suspension dans l'eau en présence d'une substance réductrice comme la couperose, et d'une base comme la chaux, ou la potasse. Il est désoxydé par la substance réductrice et ramené à l'état d'indigo blanc, qui se dissout dans l'alcali. Si l'on passe dans le bain un tissu de laine ou de coton, par exemple, il s'imprègne de cette dissolution d'indigo blanc ; mais lorsqu'on sort le tissu du bain, l'indigo blanc s'oxyde et repasse à l'état d'indigo bleu, qui teint le tissu en bleu.

Les bleus dits *bleus de Saxe*, que l'on produit sur laine, sont obtenus en passant les tissus dans la dissolution de l'indigo dans l'acide sulfurique.

683. **Bois de campêche.** — Le bois de campêche, dit aussi *bois d'Inde, bois noir, bois bleu*, est très-employé en teinture. Il est originaire de la baie de Campêche, qui était autrefois l'entrepôt d'où on l'exportait en Europe, et croît dans toute l'Amérique méridionale. Le bois de campêche contient une matière colorable susceptible de cristalliser, que M. Chevreul a isolée sous le nom d'*hématine*. Elle est incolore, mais, dès qu'elle subit le contact de l'air et des alcalis, elle donne de magnifiques couleurs.

L'eau froide attaque à peine le campêche, l'eau bouillante ne lui enlève guère que trois centièmes de matières solubles.

Les acides concentrés font virer au rouge la décoction de campêche ; les alcalis y donnent un précipité bleu; les sels de fer y donnent un précipité noir bleuâtre ; les sels de cuivre un précipité bleu ou lie de vin foncé.

Le campêche sert à faire des noirs, des violets, des bleus. Les noirs au campêche sur laine sont obtenus de la manière suivante : les étoffes de laine sont mordancées dans un bain renfermant du tartre, du sulfate de fer, du sulfate de cuivre et du sulfate d'alumine ; puis, après avoir bien lavé le tissu, on le passe dans un bain de campêche. Le tartre et le sulfate d'alumine peuvent être considérés ici comme de véritables mordants ; le sulfate de fer et le sulfate de cuivre sont destinés à donner, avec le campêche, des précipités noirs et bleus dont nous avons parlé plus haut, et qui, grâce à l'action des mordants, se fixent sur l'étoffe.

Dans la teinture en noir sur soie et sur coton, on combine l'action du tannin et du campêche sur les sels de fer.

Les noirs au campêche sont très-peu solides.

Le campêche est, de toutes les matières colorantes employées en teinture, celle qui rend le plus de services au teinturier Seul ou mélangé, il produit les gris, les verts, les olives, les bronzes, les grenats, les violets, les lilas, etc...

684. **Bois de Brésil ou bois rouge.** — Sous le nom de bois de Brésil on désigne plusieurs arbres de l'Amérique, qui sont employés en teinture. Voici le nom des principales espèces : *bois de Fernambouc*, *bois de Sainte-Marthe*, *bois de Nicaragua*, *bois de Brésil proprement dit.*

La matière tinctoriale du bois de Brésil est la *brésiline*, qui est incolore, mais qui, au contact de l'air, se colore en rouge cramoisi par suite de son oxydation et de sa transformation en *brésiléine.*

Les acides produisent, dans la décoction de bois de Brésil, un précipité rougeâtre; les alcalis et les sels basiques la colorent en cramoisi ; l'alun y donne un précipité rouge-cramoisi et le protochlorure d'étain un précipité rose vif. Ces différentes réactions sont utilisées dans la teinture, qui emploie le bois de Brésil pour produire les couleurs rouge, amarante, cramoisi, etc...

685. **Orseille.** — L'orseille est une pâte molle, d'un rouge

violet très-foncé, qui, depuis le quatorzième siècle, sert à la teinture des laines. Elle est préparée avec certains lichens, dont le plus estimé se rencontre aux Canaries et au cap Vert. Ces lichens ne renferment aucune matière colorante, mais certains acides qui, sous l'influence de la chaleur et des alcalis, se transforment en un principe appelé *orcine*, qui se transforme lui-même, sous l'influence de l'air et de l'ammoniaque, en une matière colorante violette, appelée *orcéine*.

L'orseille donne très-facilement sa couleur à l'eau, à l'ammoniaque. L'infusion a une couleur violette qui tire sur le cramoisi. Les acides lui donnent une couleur rouge ; les alcalis la rendent un peu violette ; l'alun y donne un précipité brun rouge ; le sel d'étain y produit un précipité rougeâtre.

L'orseille n'est employée que pour la teinture de la laine et de la soie, auxquelles elle donne des couleurs mauve, rouge, cramoisi, violette. Les couleurs à l'orseille sont peu solides.

686. **Cochenille.** — La cochenille est un insecte qui vit et se propage sur certains cactus du Mexique. Cet insecte a une belle couleur rouge, que l'on utilise en teinture. La matière colorante de la cochenille est appelée *carmine*. La décoction de cochenille est d'un rouge cramoisi ; elle vire au rouge jaunâtre sous l'influence des acides, au violet sous l'influence des alcalis, à l'écarlate sous l'influence du bichlorure d'étain.

Cette matière sert, en teinture, à colorer la laine et la soie en cramoisi, en écarlate ou ponceau.

687. **Garance.** — La garance est une substance tinctoriale rouge qui se fixe très-bien sur les tissus à l'aide des mordants d'alumine. C'est dans la racine d'une plante appelée par les botanistes *rubia tinctorum* que se trouve accumulé le principe colorant rouge. Cette plante originaire de l'Asie se cultive aussi en Alsace, en Hollande et près d'Avignon. Le tissu ayant reçu l'action d'un mordant est plongé dans un bain renfermant en solution la matière colorante ; l'oxyde métallique du mordant attire à lui la substance tinctoriale et se combine avec elle. Il se forme une laque colorée qui se fixe sur le tissu ; la couleur varie avec la nature de l'oxyde : elle est rouge ou rose avec l'alumine, noire, violette ou lilas avec l'oxyde de fer, puce avec un mélange des deux, etc...

688. **Bois jaune.** — Le bois jaune, ou bois de Brésil jaune,

est le tronc d'un arbre de la famille des orties, qui se trouve au Brésil, au Mexique, etc.

Il contient un principe colorant, l'acide *morique*, qui, sous l'influence de l'air, se transforme en un principe jaune appelé acide *morintannique*. La décoction de bois jaune donne, avec l'alun, un précipité jaune-serin, avec le sulfate de fer un précipité noir-olive, avec le protochlorure d'étain un précipité jaune.

Le bois jaune est principalement employé pour teindre la laine. Il teint en jaune les tissus mordancés en alun; la couleur qu'il fournit est très-belle, mais, au contact de l'air, passe au roux. Mélangé au sulfate d'indigo, il donne des verts-émeraude et foncés. Sa matière colorante a une grande affinité pour le coton.

689. **Quercitron.** — Le quercitron est une espèce de chêne dont l'écorce est employée en teinture. Sa matière colorante est appelée *quercitrin*; elle peut être obtenue incolore, mais prend au contact de l'air une belle couleur jaune. Avec les sels d'alumine il donne un précipité jaune, avec les sels de fer un précipité d'un brun olive. Il n'est guère employé que pour la teinture des indiennes. Il donne du jaune avec les mordants d'alumine; en combinant l'action de ces derniers avec celle des sels de fer, on produit des nuances olives.

690. **Gaude.** — La gaude est une plante herbacée qui croît dans presque toute l'Europe. Elle fournit une belle couleur jaune. Son précipité colorable est la *lutéoline*, qui peut être obtenue incolore, mais qui jaunit au contact de l'air. L'alun précipite en jaune sa décoction, le chlorure d'étain y donne un précipité jaune.

Elle est très-employée pour la teinture des velours de coton; elle entre dans la composition de tous les verts, bronzes, olives, etc.... On produit les verts en mélangeant le campêche et la gaude, et prenant le sulfate de cuivre pour mordant; le campêche donne avec le sulfate de cuivre une couleur bleue qui, avec la couleur jaune de la gaude, produit le vert.

Les nuances bronze et olive s'obtiennent en mélangeant le campêche et la gaude, et en prenant le sulfate de cuivre et le sulfate de fer pour mordants. Le précipité noir bleuâtre, que le sel de fer forme avec le campêche, modifie le vert obtenu par la gaude, le sulfate de cuivre et le campêche, et le fait passer au bronze, à l'olive, suivant les doses employées.

691. **Noix de galle. Sumac.** — Les noix de galle et le sumac sont employés en teinture à cause du tannin qu'ils renferment et des précipités que cet acide donne en présence des sels métalliques.

C'est ainsi qu'une étoffe de coton, préalablement mordancée en sel de fer et passée ensuite dans une décoction de noix de galle ou de sumac, sera teinte en noir ou en gris, suivant les doses, par suite de la formation, à la surface de l'étoffe, d'un tannate de fer.

La noix de galle est une tumeur ou excroissance qui se développe sur les rameaux et les feuilles des chênes, par suite de la piqûre de petits insectes.

Le sumac est la poudre grossière obtenue par la trituration des tiges et des feuilles de plusieurs arbrisseaux, parmi lesquels l'espèce la plus employée est désignée sous le nom de *sumac des corroyeurs*.

692. **Matières colorantes artificielles.** — Les matières colorantes que nous avons étudiées jusqu'ici peuvent être appelées matières colorantes naturelles, puisqu'on les trouve formées par la nature ; à côté d'elles se range un certain nombre de matières colorantes que nous appellerons artificielles, et dont l'usage devient chaque jour plus important.

693. **Acide picrique.** — Le premier produit artificiel que l'on ait utilisé comme matière colorante est l'acide *picrique*, matière colorante jaune, que l'on prépare par l'action de l'acide nitrique sur l'acide phénique. Il teint en jaune les fibres textiles d'origine animale sans l'intermédiaire des mordants : à l'aide du carmin d'indigo et de l'acide picrique, on obtient des verts d'une grande fraicheur. On fixe le carmin d'indigo par l'alun et le tartre, puis on passe l'étoffe dans un bain d'acide picrique. L'acide picrique ne teint pas les fibres d'origine végétale, comme le lin et le coton.

694. **Couleurs d'aniline.** — Depuis quelques années la teinture emploie un certain nombre de couleurs remarquables par la vivacité et l'éclat des nuances qu'elles peuvent donner aux tissus. Ces couleurs sont fabriquées artificiellement à l'aide de l'aniline, alcaloïde artificiel qui peut s'extraire de l'indigo, mais

que l'on retire industriellement du goudron de houille. Nous citerons parmi ces couleurs l'*indisine* ou *violet d'aniline*, qui produit sur la laine et sur la soie des pourpres, des violets et des lilas d'un très-bel éclat; la *fuchsine* ou *rouge d'aniline*, qui donne à la laine et à la soie toutes les nuances du rouge, magenta, solférino, etc....; le *violet impérial*, le *bleu de Lyon*, le *bleu de Mulhouse*, les *verts d'aniline* qui sont des dérivés de la fuchsine.

On a éprouvé quelques difficultés à appliquer ces couleurs à la teinture du coton, mais on y est cependant arrivé. Les couleurs d'aniline ont l'inconvénient de ne pas offrir de solidité; il s'établit entre elles et les tissus plutôt une adhérence mécanique qu'une combinaison chimique. Aussi les étoffes teintes avec ces matières déchargent-elles sur le linge blanc. Toutes les couleurs d'aniline sont en général très-sensibles à l'action de la lumière, et beaucoup moins solides que les couleurs de cochenille et autres. Elles ne sont préférées à ces dernières qu'à cause de leur grande supériorité comme vivacité et comme éclat.

695. **Teinture et impressions sur étoffes.** — La description détaillée des procédés si nombreux et si variés qu'emploie la teinture ne saurait entrer dans les limites de cet ouvrage; nous nous contenterons d'en exposer les traits les plus saillants.

Pour colorer d'une manière durable les fibres textiles, il y a deux méthodes distinctes qui font l'objet de deux industries différentes, celle du *teinturier* et celle de l'*imprimeur sur étoffes*.

Le teinturier se propose de donner à la masse entière des fils ou des étoffes une teinte uniforme; l'imprimeur ne colore que certaines parties de l'une des faces d'un tissu, et y dispose les matières colorantes de manière à former des dessins.

696. **Teinture.** — Les procédés de teinture sont très-variables :

1° Tantôt on combine directement la matière colorante à la fibre textile ou au tissu, en les plongeant dans un bain ou solution de la matière colorante porté à une température suffisamment élevée. Tels sont, par exemple, les procédés de teinture sur laine et sur soie avec l'orcéine, l'acide sulfo-indigotique, l'acide picrique.

2° Tantôt on précipite à la surface de l'étoffe la couleur qui a été faiblement unie à un dissolvant. L'indigo blanc, par exemple, dissous dans l'alcali de la cuve se précipite à la surface de la fibre textile à l'état d'indigo bleu dès que le tissu sort du bain et reçoit l'action oxydante de l'air.

3° Dans d'autres cas on remédie à l'absence d'affinité entre la matière colorante et la fibre, en imprégnant celle-ci d'une substance appelée *mordant*, capable de former avec elle une combinaison insoluble et douée d'assez d'affinité pour la matière colorante pour former avec elle une combinaison insoluble aussi qui se fixe sur l'étoffe. C'est là le cas général.

Les mordants ne fonctionnent pas toujours comme fixateurs purs et simples, mais sont souvent employés pour modifier la nuance et l'intensité des couleurs. La laine retirée d'une dissolution de cochenille, par exemple, ne présenterait qu'un ton allant du vineux au grenat, tandis qu'avec un sel d'étain qui la mordancerait avant, pendant ou après la teinture, ce ton serait celui de l'écarlate.

4° Certaines couleurs sont aussi produites par le passage de l'étoffe dans des bains successifs contenant des sels, des bases ou des acides capables de réagir les uns sur les autres. C'est ainsi que le coton imprégné d'une décoction de sumac se teint en noir lorsqu'on le passe dans un bain de sel de fer, parce que le tannin du sumac forme avec l'oxyde de fer un tannate noir et insoluble qui se fixe sur l'étoffe. De même, si l'on imprègne de sulfate de protoxyde de fer une étoffe de coton et qu'on l'immerge ensuite dans un bain de potasse, elle prend d'abord une teinte d'un vert sale qui, au contact de l'air, passe à la couleur rouille et se fixe. C'est ainsi qu'on obtient les nuances *beurre frais*, *ventre de biche*, *nankin*, qui sont dues à ce que l'oxygène de l'air transforme en sesquioxyde de fer le protoxyde que la potasse avait précipité sur le coton.

697. **Impression sur étoffes.** — Les procédés employés par l'imprimeur sur étoffes se rapportent tous à quelques procédés types que nous allons passer en revue.

1° On imprime des mordants convenables sur des points déterminés de la surface des étoffes, que l'on plonge ensuite dans des bains de matière colorante ; celle-ci se fixe seulement aux endroits mordancés : on les revêt ensuite de couleurs qui varient avec la nature du mordant, de telle sorte que, si l'on a imprimé plusieurs mordants, on peut avoir sur la même étoffe et avec le même bain de teinture des dessins différemment colorés. Quant aux parties qui n'ont pas été mordancées, elles ne retiennent la matière colorante que très-faiblement, et un simple lavage suffit pour les en débarrasser.

2° On peut aussi teindre l'étoffe comme à l'ordinaire, après avoir eu soin d'imprimer aux endroits que l'on veut conserver blancs des matières qui les préservent de l'action du bain colorant. C'est ainsi qu'en imprimant du sulfate de cuivre ou de l'acétate de cuivre sur une toile que l'on passe ensuite dans une cuve d'indigo, le bleu ne prend pas sur les parties où les sels ont été imprimés, parce qu'ils fournissent à l'indigo blanc dissous dans la cuve l'oxygène nécessaire pour le rendre insoluble, et l'empêchent ainsi de se fixer sur l'étoffe. On a alors une étoffe bleue avec des dessins blancs. C'est le procédé dit par *réserve*. Souvent on introduit dans la réserve des sels qui, devant se trouver plus tard en présence de certains acides, produisent sur le fond bleu des dessins colorés. Ainsi, si l'on ajoute des sels de plomb à la réserve et qu'au sortir de la cuve au bleu on passe l'étoffe dans un bain de chromate de potasse, on aura des dessins jaunes produits par le chromate de plomb formé.

3° Dans d'autres cas, après avoir mordancé ou teint l'étoffe d'une manière uniforme, on imprime en certains points des substances appelées *rongeants*. Tantôt, les rongeants détruisent le mordant et empêchent ensuite la matière colorante de prendre en ces endroits; tantôt, ils détruisent la couleur même déjà produite sur l'étoffe. Supposons, par exemple, qu'on ait appliqué sur du calicot un mordant d'acétate de fer pour le teindre ensuite en noir par le passage en garance. Si, lorsque le mordant est bien sec, on imprime à la surface de l'étoffe un mélange épaissi d'acides tartrique, oxalique et sulfurique, ces acides vont former avec le fer des sels solubles; si l'on fait sécher et qu'on lave ensuite, l'eau dissoudra les sels de fer solubles, et le passage en garance ne produira de noir que sur les endroits non rongés : les parties rongées resteront blanches. C'est ainsi que se font les indiennes pour deuil.

On pourrait aussi, après avoir teint une toile en *solitaire* à l'aide du peroxyde de manganèse, imprimer à sa surface des dessins en dissolution épaissie de sel d'étain ; celui-ci transformerait l'oxyde en chlorure soluble que le lavage enlèverait facilement.

Si l'on voulait que les dessins, au lieu de rester blancs, eussent une couleur différente, on mêlerait au rongeant la couleur à produire ; si l'on voulait produire des dessins jaunes, on mêlerait au sel d'étain du chromate de plomb.

4° *Couleur vapeur*. On appelle *couleur vapeur* celle qu'on fixe sur les étoffes non par teinture, mais par l'action de la vapeur. Pour cela, on forme une laque colorée, que l'on tient en dissolution par un acide volatil, on épaissit la couleur, et on l'imprime. Puis on soumet l'étoffe à l'action d'un courant de vapeur : l'acide volatil est chassé, la laque s'oxyde et se fixe sur la fibre.

5° *Couleurs d'application*. On donne le nom de couleurs d'application à celles qui sont disposées sur le tissu sans être fixées ni par la teinture, ni par la vapeur.

6° Enfin, on appelle *couleurs de conversion* des couleurs obtenues par l'action oxydante du bichromate de potasse sur des couleurs d'application déjà formées à la surface du tissu.

CHAPITRE IX

MATIÈRES ANIMALES. — ŒUFS. — ALBUMINE. — LAIT. SANG. — CHAIR DES ANIMAUX OU MUSCLES. — OS.

698. Nous allons maintenant étudier quelques substances qui jouent un rôle important dans l'alimentation.

DES ŒUFS ET DE L'ALBUMINE.

699. **Œufs.** — Les œufs des oiseaux sont souvent employés comme aliments par l'homme. En Europe, c'est l'œuf de la poule

qui est en usage, à l'exclusion de presque tous les autres. Il se compose de quatre parties distinctes :

1° D'une coquille formée principalement de carbonate de chaux, qui se trouve uni par une matière animale à du phosphate de chaux, du carbonate de magnésie, et à de l'oxyde de fer; 2° d'une membrane collée à la surface intérieure de la coquille; 3° du *blanc*, qui est formé par des cellules à parois lâches et transparentes, pleines d'un liquide glaireux; ce liquide se compose principalement d'eau et d'une matière azotée, l'*albumine*; 4° du *jaune*, matière de consistance épaisse, renfermant de l'eau, une substance azotée appelée *vitelline*, des corps gras et des matières colorantes rouge et jaune. Le blanc et le jaune renferment aussi une petite quantité de sels minéraux.

700. **Albumine.** — L'albumine est un corps visqueux, filant, qui mousse par l'agitation et se dissout dans l'eau froide. Les acides la coagulent à froid; les sels métalliques forment avec elle des combinaisons insolubles où elle joue le rôle d'un acide. L'albumine se coagule lorsqu'on l'expose à l'action de la chaleur; une température de 60° à 75° suffit pour la transformer en une masse solide, blanche, opaque et insoluble dans l'eau.

La propriété qu'a l'albumine de se coaguler est utilisée pour la clarification des liqueurs troublées par des matières en suspension, telles que les dissolutions sucrées. Si l'on verse dans ces liquides bouillants une certaine quantité d'albumine, celle-ci se coagule et forme une espèce de réseau, qui emprisonne entre ses mailles les matières en suspension et les entraîne à la surface sous forme d'écume.

L'albumine sert aussi à froid au collage des vins, à la clarification des vinaigres et des liqueurs de table : la coagulation s'opère alors sous l'influence de l'alcool ou des acides que renferment ces liquides.

DU LAIT.

701. Le *lait* est un liquide sécrété par les glandes mammaires des femelles des animaux connus sous le nom de mammifères. Il sert à la nourriture de leurs petits et constitue un aliment pré-

cieux et *complet*, c'est-à-dire contenant tous les principes nécessaires à la nourriture.

Le lait de vache est celui que nous étudierons ; c'est celui qui est généralement employé dans l'alimentation.

Le lait est un liquide opaque, blanc, tirant sur le jaune ; sa saveur est douce et légèrement sucrée. Sa densité est plus grande que celle de l'eau. Abandonné à lui-même, le lait se sépare en deux couches distinctes : la couche supérieure, que l'on appelle la *crème*, est jaunâtre, onctueuse et épaisse ; elle est constituée par de petits globules, qui sont ordinairement en suspension dans le lait et qui renferment une matière grasse ; la couche inférieure est bleuâtre, plus dense et moins consistante : c'est ce que l'on appelle le lait *écrémé*.

Le lait écrémé contient en dissolution un principe appelé *caséine*, du sucre de lait et divers sels minéraux. Lorsqu'on chauffe le lait écrémé à une température de 40° à 50°, et qu'on y ajoute un peu de présure, c'est-à-dire de la membrane interne de l'estomac du veau, la caséine se sépare sous forme d'un coagulum blanc, opaque et solide, et le liquide restant, qu'on appelle *sérum* ou petit-lait, est transparent et jaunit. La coagulation de la caséine peut aussi être déterminée par les acides.

Le sucre de lait que contient le sérum peut se transformer en *acide lactique* sous l'influence d'un ferment que M. Pasteur a découvert et qu'il nomme *levûre lactique*.

Il arrive quelquefois que pendant les chaleurs de l'été, ou par un temps orageux, le lait *tourne* en bouillant, c'est-à-dire que la caséine se coagule et se sépare du petit-lait. Cet inconvénient est dû à la formation de l'acide lactique, qui détermine la coagulation de la caséine. Il peut être évité par l'addition d'un peu de bicarbonate de soude. Ce sel sature l'acide au fur et à mesure qu'il se forme et s'oppose à son action sur la caséine.

BEURRE.

702. Le beurre est constitué par la matière grasse que renferment les globules du lait. Par le battage de la crème, on déchire la membrane qui forme l'enveloppe des globules, et la matière grasse se réunit en une masse qui constitue le beurre. Le battage

de la crème se fait à l'aide d'instruments appelés *barattes*. Il y en a de plusieurs sortes.

La baratte ordinaire (fig. 285), qu'on nomme aussi *beurrière, baratte à pompe, serène*, est un vase en bois que l'on peut fermer avec une rondelle plate AA, percée d'un trou assez grand pour permettre à un bâton BB d'y glisser avec facilité. Ce bâton, qu'on appelle *batte-beurre, baraton* ou *piston*, porte à sa partie inférieure un disque de bois cc, percé de trous destinés à diviser la crème et à donner passage au lait de beurre. La crème est introduite dans la baratte, et, par un mouvement alternatif communiqué au baraton, elle est battue jusqu'à formation du beurre.

Fig. 285. — Baratte.

En Normandie, la baratte employée n'est autre qu'un tonneau (fig. 286) qui peut tourner autour d'un axe horizontal, et porte à l'intérieur, de distance en distance, des planchettes

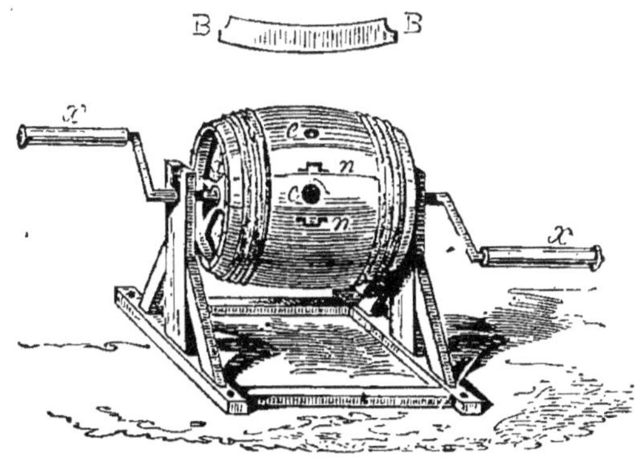

Fig. 286. — Baratte normande.

telles que BB, attachées à des douves opposées du baril. La crème est introduite dans la baratte, et, dans le mouvement de rotation imprimé à celle-ci, la crème se trouve battue contre les planchettes. Le *petit-lait baratté* ou *babeurre* sort par l'ouverture *e*, et le beurre est retiré par l'ouverture *c*.

Dans les Pyrénées, la baratte est un baril cylindrique (fig. 287) dans l'axe duquel on fait tourner un moulinet à ailes.

Lorsque le beurre est fait, on enlève le lait et on lave le beurre à plusieurs reprises dans la baratte elle-même avec de l'eau

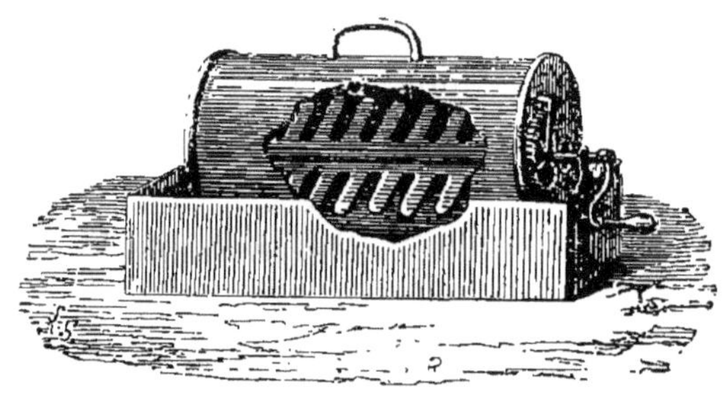

Fig. 287. — Baratte des Pyrénées.

très-fraîche; après ce premier lavage, le beurre est extrait et plongé dans l'eau froide, où on le pétrit en masses plus ou moins grosses.

Le beurre se conserve d'autant mieux qu'il contient moins de lait de beurre ; car ce liquide favorise le développement des ferments.

FROMAGES.

703. On désigne sous le nom de fromage la partie caséeuse du lait mêlée à la partie butyreuse, le tout réduit à l'état de coagulum.

La fabrication du fromage peut se résumer en quelques mots. Le lait, tantôt pur, tantôt plus ou moins additionné de crème, est porté à 30° environ, et on y ajoute de la présure. La coagulation est complète au bout de deux heures. Le caillé est divisé en fragments pour le séparer du petit-lait ; il se rassemble au fond du vase, et on le ramasse dans une étamine. Lorsqu'il est égoutté, on le soumet à la presse. Quelquefois on échaude le fromage ainsi formé en le mettant pendant deux heures dans du petit-lait chaud ou dans de l'eau chaude; il est ensuite remis sous la presse. L'action de la chaleur a pour effet de donner plus de densité à la croûte. On procède ensuite à la salaison en plongeant le fromage entouré de linge dans une forte saumure, ou bien encore en le frottant et le recouvrant de sel. Quand la salaison est terminée, ce qui arrive au bout de dix jours environ, on lave la surface des fromages à l'eau chaude ou avec du petit-lait chaud, et on les place sur une planche où on les laisse sécher. Quand ils sont secs, on les porte à la cave, où ils restent plus ou moins longtemps, pour y subir une espèce de fermentation, dont dépend le goût propre à chacun d'eux.

704. En employant du lait, en ajoutant certains aromates ou certaines matières colorantes, et en faisant varier les conditions de la fermentation, on obtient une quarantaine de variétés de fromages, que l'on peut diviser en quatre catégories.

1° Les fromages *cuits*, à pâte plus ou moins dure et pressée, tels que le fromage de Gruyère, qui se fait en Suisse, dans les Vosges, l'Ain et le Jura ; le fromage de Parmesan, qui se fabrique surtout dans le Milanais.

2° Les fromages *crus*, à pâte ferme, tels que les fromages d'Auvergne, le Chester , qui est coloré avec du rocou, le fromage de Hollande, le fromage de Roquefort, qui est fait avec un mélange de lait de chèvre et de lait de brebis.

3° Les fromages mous salés, tels que les fromages de Brie, de Maroilles ou Marolles, le fromage du Mont-Dore, fait avec du lait de chèvre.

4° Les fromages mous et frais, tels que le fromage de Neufchâtel.

SANG.

705. Le sang est un liquide nourricier qui circule dans les vaisseaux des animaux et sert à leur nutrition. Il est rouge dans les animaux supérieurs.

Le sang est composé d'une partie aqueuse et transparente, contenant en dissolution deux principes importants, l'albumine et la fibrine, et de globules infiniment petits, que la figure 288 représente vus au microscope.

En A sont des globules de sang humain grossis environ quatre cents fois en diamètre ; en A' sont des globules du sang des oiseaux, des reptiles et des batraciens.

Les globules colorés du sang sont formés d'une substance albuminoïde, d'une autre substance colorante ferrugineuse, de quelques corps gras et salés, et de certaines matières appelées *matières extractives.*

Lorsque le sang est sorti des vaisseaux et qu'il est abandonné à lui-même, il se coagule assez rapidement, parce que la fibrine passe de l'état soluble à l'état insoluble, et se précipite en emprisonnant les globules, avec lesquels elle forme une masse gélatineuse appelée *caillot.* Le liquide au milieu duquel flotte ce caillot est transparent, légèrement alcalin et nommé *sérum.* Il contient encore l'albumine en dissolution.

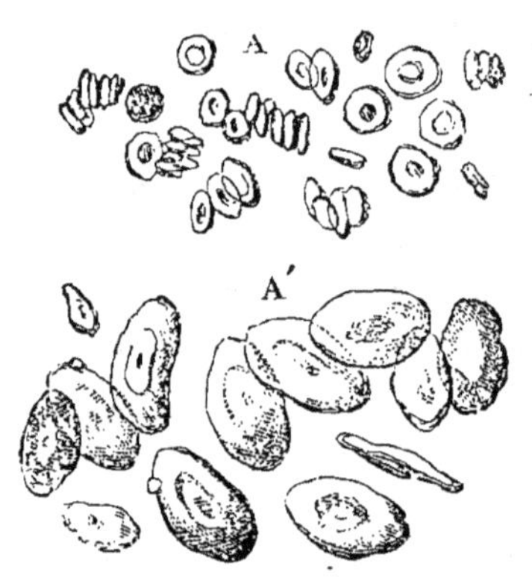

Fig. 288. — Globules du sang.

L'analyse suivante du sang veineux de l'homme donnera une idée approximative de la proportion d'après laquelle sont répartis les principes essentiels de ce liquide.

Eau	780,0
Globules	140,0
Albumine	69,0
Fibrine	2,2
Matières salines grasses	8,8
	1000,0

CHAIR DES ANIMAUX OU MUSCLES.

706. Les muscles qui sont attachés sur les os des animaux, et qui donnent à ceux-ci la facilité de se mouvoir, grâce aux contractions qu'ils peuvent éprouver sous l'influence de la volonté, sont connus sous le nom de *chair* ou *viande.* La structure des muscles est assez complexe; outre les fibres, qui en sont l'élément principal, on y rencontre du tissu cellulaire, du tissu adipeux, des vaisseaux sanguins, des vaisseaux lymphatiques, des nerfs, et un certain nombre de substances organiques, telles que la *créatine,* principe neutre découvert par M. Chevreul; la

créatinine, alcaloïde qui provient de la créatine; l'*inosine*, matière sucrée non fermentescible, et l'acide *inosique*, qui est doué d'un goût de bouillon très-agréable. Ces quatre substances sont solubles dans l'eau.

La fibrine forme la partie la plus importante des muscles; elle est insoluble dans l'eau froide ou chaude; elle a une grande analogie de propriétés avec l'albumine coagulée et la caséine; ces trois substances azotées sont souvent désignées sous le nom collectif de *matières albuminoïdes*.

La fibre musculaire et la fibrine du sang ont été pendant longtemps considérées comme deux corps identiques; mais, grâce aux travaux de M. Liebig, on les distingue maintenant l'une de l'autre, et l'on désigne la fibrine des muscles sous le nom de *musculine*. La musculine se dissout immédiatement dans l'eau contenant $\frac{1}{10}$ d'acide chlorhydrique, tandis que la fibrine du sang s'y gonfle et y devient gélatineuse sans se dissoudre. Ces deux substances jouissent d'un pouvoir nutritif différent : celui de la musculine est plus considérable que celui de la fibrine du sang.

Les chairs *rouges*, telles que celles du mouton et du bœuf, les chairs *noires*, telles que celles du lièvre, du daim, du chevreuil et des oiseaux sauvages, sont plus riches en musculine, en corpuscules sanguins, en matières sapides et odorantes, que les chairs blanches des jeunes animaux, comme le veau, l'agneau et le chevreau; celles-ci sont plus aqueuses et moins digestives.

707. Cherchons maintenant à nous rendre compte des phénomènes qui se passent dans la préparation du *bouillon* ou *pot-au-feu*. Mise en contact avec l'eau froide, la viande lui cède une partie de l'albumine qu'elle renferme, des matières extractives, une partie des sels et la matière colorante du sang qui l'imprègne; aussi l'eau prend-elle une coloration rougeâtre. Lorsqu'on porte le liquide à l'ébullition, l'albumine et la matière colorante du sang se coagulent et viennent former, à la surface, des flocons que l'on enlève sous le nom d'*écumes*. En même temps la graisse se fond et forme des *œils* à la surface du bouillon: le tissu cellulaire de la viande, modifié par l'action de l'eau bouillante, cède de la gélatine au bouillon. Quand la viande a séjourné dans l'eau pendant six à sept heures, à une température voisine de l'ébullition, elle ne retient presque plus de substances solubles, mais seulement des parties graisseuses, gélati-

neuses et albumineuses, qui restent entre les fibres et les attendrissent par leur interposition. Si le *bouilli* ne conservait pas ces parties, il serait très-dur, par suite de l'endurcissement que la cuisson fait éprouver à la fibrine.

Il est important, dans la préparation du bouillon, d'employer de l'eau froide dont on élève ensuite la température; car, lorsqu'on met la viande dans l'eau bouillante, l'albumine et la matière colorante du sang se coagulent immédiatement dans l'intérieur de la viande et s'opposent à l'action dissolvante de l'eau.

En résumé, le bouillon renferme de la gélatine, de l'albumine, des matières extractives, des principes volatils qui résultent d'une légère altération de la viande, des sels, du sel marin, et enfin les substances solubles que fournissent les légumes ajoutés ordinairement au *pot-au-feu.*

On peut faire un bouillon excellent de la manière suivante. On réduit en hachis 1 kilogramme de viande de bœuf sans graisse, on le mélange, à son poids d'eau froide, avec une quantité suffisante de sel; on chauffe le mélange très-lentement, et, après quelques moments d'ébullition, on obtient, par l'expression dans un linge, 1 kilogramme de bouillon bien supérieur à celui que l'on préparerait avec les mêmes quantités de viande et d'eau par la méthode ordinaire.

La viande qui a servi à la préparation du bouillon a perdu une grande partie de ses facultés nutritives. M. Magendie a fait voir que les chiens, qui peuvent vivre en mangeant de la viande fraîche, meurent au bout de plusieurs mois s'ils sont exclusivement nourris avec de la viande cuite dans l'eau. La viande rôtie est plus nutritive, parce que la cuisson ne change pas sensiblement sa composition.

OS.

708. Les os sont la partie la plus solide du corps des animaux vertébrés; ils en constituent en quelque sorte la charpente. Les os se composent essentiellement d'une partie minérale, formée par des sels de chaux, et d'une matière organisée, l'*osséine,* dans laquelle se trouvent des vaisseaux et des nerfs; une membrane mince, appelée *périoste,* les recouvre. Les os longs sont creux, et le canal intérieur qu'ils présentent renferme une matière que

l'on nomme *moelle.* Lorsqu'on attaque les os par l'acide chlorhydrique, la partie minérale, composée principalement de phosphate et de carbonate de chaux, se dissout, et quand, au bout de dix jours, l'action de l'acide est terminée, il reste une masse molle et élastique, l'*osséine,* que l'action de l'eau bouillante peut transformer en *gélatine.* C'est ainsi qu'on fabrique la colle d'os.

La gélatine est une matière tout à fait neutre, soluble, incolore et transparente, sans odeur ni saveur, cassante quand elle est sèche, mais flexible et très-tenace quand elle est un peu humide. Dans l'eau froide, elle se gonfle, augmente de poids, et ne se dissout pas sensiblement; l'eau bouillante ne la dissout que lorsqu'on l'a préalablement fait gonfler dans l'eau froide. La solution dans l'eau bouillante se prend, par le refroidissement, en une gelée transparente.

709. **Colles.** — Les différentes colles dont se sert l'industrie ne sont pas toujours faites avec les os. La peau, les tendons, les cartilages des animaux peuvent aussi fournir, par l'action de l'eau, des colles de diverses espèces. La *colle de poisson* n'est autre chose que la membrane interne de la vessie natatoire de plusieurs espèces d'esturgeons très-communs dans le Volga et autres fleuves qui se jettent dans la mer Noire et dans la mer Caspienne.

La *colle de Flandre* est une espèce de gélatine obtenue en faisant bouillir dans l'eau les rognures de peau, de parchemin, les peaux d'anguilles, de chevaux, de chats, de lapins, etc...

La *colle forte* est préparée avec des matières plus communes, telles que les os, les peaux, les tendons, les pieds de bœufs, les oreilles de moutons, de veaux, de chevaux, les débris de bourreliers, etc...

710. *Colle forte liquide.* On prépare une colle forte qui reste toujours liquide en dissolvant, au bain-marie, de la gélatine transparente avec un poids égal de vinaigre très-fort, un quart d'alcool et une petite quantité d'alun. Cette colle rend de grands services aux fabricants de fausses perles qui réunissent avec elle des fragments d'os, de corne, d'écaille, de nacre.

M. Dumoulin a fait connaître le procédé suivant pour rendre incorruptible la dissolution de colle forte. On dissout au bain-marie 1 kilogramme de colle forte dite de Givet ou mieux de Cologne dans un litre d'eau. On verse peu à peu dans la dissolution 200 grammes d'acide azotique à 36°, puis on laisse refroidir. Cette colle liquide se conserve indéfiniment.

711. **Noir animal.** — Nous avons vu (199) comment les os servent à la fabrication du noir animal.

CHAPITRE X

PUTRÉFACTION DES SUBSTANCES ORGANIQUES. PROCÉDÉS DE CONSERVATION.

712. **Putréfaction ou fermentation putride.** — Les substances végétales et animales, lorsqu'elles sont soustraites à l'influence de la vie, s'altèrent en présence de l'air et de l'humidité. Cette altération, que l'on désigne sous le nom de *putréfaction* ou de *fermentation putride*, se fait avec dégagement de gaz infects. Toutes les transformations que subissent les matières organiques pendant la putréfaction n'ont jamais été étudiées d'une manière complète ; on sait seulement que, sous l'influence de l'oxygène atmosphérique, il se produit de l'eau et de l'acide carbonique et que l'azote se dégage à l'état d'ammoniaque.

Dans ces derniers temps, M. Pasteur a fait connaître la cause de la fermentation putride. Elle est produite par l'action combinée de deux espèces d'êtres microscopiques : 1° de très-petits infusoires (*bacterium termo, monas crepusculum*), qui respirent comme les autres animaux en absorbant de l'oxygène ; 2° des vibrions nommés *animaux ferments*, qui non-seulement n'ont pas besoin d'oxygène pour vivre, mais meurent lorsqu'on les soumet à son action.

713. M. Pasteur, prenant d'abord le cas d'un liquide aéré, susceptible d'éprouver la fermentation putride et soustrait au contact de l'air, montre qu'il s'effectue d'abord un mouvement intestin, dont l'effet est de faire disparaître l'oxygène de l'air qui est en dissolution, et de le remplacer par de l'acide carbo-

nique. L'absorption de l'oxygène est due au développement des infusoires qui, par leur respiration, transforment ce gaz en acide carbonique. Dès que l'oxygène a disparu, si la liqueur renferme des germes de vibrions, ces vibrions se développent, et la putréfaction se déclare aussitôt. Elle s'accélère peu à peu, en suivant la marche progressive du développement des vibrions, qui transforment le liquide en produits plus simples que ceux qui entrent dans sa composition. La liqueur laisse dégager des gaz dont la fétidité dépend surtout de la proportion de soufre qui se trouve dans la matière en putréfaction. L'odeur est peu sensible si la substance n'est pas sulfurée. Il résulte de ce qui précède que non-seulement le contact de l'air n'est pas nécessaire au développement de la fermentation, mais que, bien au contraire, si l'oxygène dissous dans un liquide putrescide n'était pas d'abord soustrait par l'action des infusoires, la putréfaction n'aurait pas lieu, parce que les vibrions ne pourraient y prendre naissance : l'oxygène ferait périr ceux qui tenteraient de s'y développer.

714. Examinant ensuite le cas de la putréfaction libre au contact de l'air, M. Pasteur démontre que, lorsque les infusoires ont absorbé l'oxygène intérieur, ils se portent à la surface du liquide, qu'ils y provoquent la formation d'une pellicule mince, qui va s'épaississant peu à peu, puis tombe en lambeaux au fond du vase, pour se reformer, tomber encore, et ainsi de suite. Cette pellicule empêche d'une manière absolue la dissolution de l'oxygène dans le liquide, et permet, par conséquent, le développement des vibrions. Le liquide putrescible se trouve alors le siége de deux genres d'actions chimiques distinctes. D'une part, les vibrions, vivant sans oxygène, transforment les matières azotées en produits plus simples, mais encore complexes; d'autre part, les infusoires ramènent ces mêmes produits à l'état des plus simples combinaisons binaires : l'eau, l'ammoniaque et l'acide carbonique.

Passant enfin à la putréfaction des matières solides, M. Pasteur s'exprime ainsi : « J'ai prouvé que le corps des animaux est fermé, dans les cas ordinaires, à l'introduction des germes des êtres inférieurs. Par conséquent, la putréfaction s'établira d'abord à la surface, puis elle gagnera peu à peu l'intérieur de la masse solide. En ce qui concerne un animal entier abandonné après la mort soit au contact, soit à l'abri de l'air, toute la surface de son corps est couverte de poussière que l'air charrie, c'est-à-dire des germes d'organismes inférieurs. Son canal intestinal, là surtout où se forment les matières fécales, est rempli non-seulement de germes, mais de vibrions tout développés que Leuwenhoeck avait déjà aperçus. Les vibrions ont une grande avance sur les germes de la surface des corps. Ils sont à l'état d'individus adultes privés d'air, en voie de multiplication et de fonctionnement. C'est par eux que commencera la putréfaction des corps. »

CONSERVATION DES MATIÈRES ORGANISÉES.

715. Les procédés de conservation des matières organisées ont pour objet de détruire les germes des ferments et d'empêcher leur développement.

La destruction des germes s'obtient soit en cuisant les substances à conserver et en les privant d'air, soit en faisant agir sur elles des substances antiseptiques. La dessiccation des matières organiques ou l'abaissement de leur température empêche le développement des germes.

716. 1° **Cuisson et privation d'air.** — La coction a pour conséquence de détruire les germes des ferments et pourrait à elle seule empêcher la putréfaction, si l'air ne ramenait toujours de nouveaux germes. Aussi complète-t-on ses effets par la privation d'air. Un grand nombre de moyens ont été employés; ils sont tous des modifications du procédé d'Appert.

Les aliments préparés comme s'ils devaient être mangés immédiatement sont introduits dans des boîtes en fer-blanc; le couvercle est soudé avec soin, il est muni d'une ouverture par laquelle on verse la sauce de manière à remplir la boîte : on ferme cette ouverture à l'aide d'une pièce que l'on y soude, et on maintient la boîte pendant une heure environ dans un bain d'eau bouillante ou mieux dans l'eau salée à 105° ou 106°. L'effet de la chaleur est de détruire les germes.

Les viandes préparées par cette méthode sont encore bonnes après quinze ou vingt ans, mais cependant elles ont toujours une saveur particulière qui finit par exciter la répugnance des personnes dont elles sont la nourriture habituelle. Les légumes, tels que petits pois, haricots, se conservent très-bien dans des flacons en verre bien bouchés et chauffés ensuite à une température un peu supérieure à 100°.

Ce procédé de conservation ne s'applique ni au lait ni aux fruits mous.

717. 2° **Conservation par l'emploi des substances antiseptiques.** — Certaines substances ont la propriété, en détruisant les germes, d'assurer la conservation des matières organiques : on sait depuis longtemps que la viande fumée se conserve pendant un certain temps. Dans ce cas, l'effet est dû à certains produits, comme l'acide phénique et la créosote, qui se dégagent dans la combustion du bois et qui imprègnent la viande fumée. Le sel ou chlorure de sodium est aussi un très-bon antiseptique ; on lui ajoute maintenant un peu de salpêtre ou azotate de potasse qui communique à la viande une teinte rouge.

718. **Salaison.** — La salaison des viandes constitue une industrie importante ; c'est en Angleterre et en Irlande que les procédés sont les plus parfaits. Le système d'abatage n'est pas indifférent; on a reconnu que l'assommage donnait les meilleurs résultats. Les animaux destinés à la salaison ne doivent jamais être soufflés, comme le font souvent les bouchers pour séparer la peau des muscles. Ils doivent être dépecés et vidés avec beaucoup de propreté. Le saleur saupoudre la viande avec du sel, et, pour mieux faire pénétrer celui-ci dans les tissus, frotte chaque pièce pendant une minute; chaque morceau passe ainsi dans la main de trois ou quatre ouvriers : le dernier les examine, écarte les gros muscles et fait pénétrer le sel dans des points qui n'en ont pas encore reçu. Les pièces sont ensuite rangées dans de grandes cuves où on les abandonne pendant quinze jours environ, en ayant soin d'arroser tous les matins avec de la saumure que l'on pompe du fond. Puis on embarille, c'est-à-dire qu'on dispose dans des tonneaux la viande et le sel par rangées alternatives.

Les légumes peuvent ainsi se conserver par la salaison.

L'alcool est aussi un excellent antiseptique, qui est surtout employé pour la conservation des fruits.

Lorsqu'il s'agit seulement de conserver des cadavres ou des pièces anatomiques, on peut faire usage d'un grand nombre d'antiseptiques, parmi lesquels nous citerons le bichlorure de mercure, l'acide arsénieux, les sels d'alumine, le sulfate de zinc, etc. Nous rappellerons ici le rôle que joue le tannin dans le tannage des peaux.

719. 3° **Conservation par dessiccation.** — La dessiccation est un des moyens de conservation les plus anciens et les plus parfaits. Elle rend impossible le développement des germes. Ce procédé consiste à découper la viande par tranches minces que l'on fait sécher au soleil. Les produits ainsi conservés laissent beaucoup à désirer.

Cette méthode est appliquée industriellement pour la conservation des fruits (pruneaux, figues, poires tapées) pour celle des légumes.

Voici le procédé suivi pour la conservation des légumes dans les usines de MM. Chollet et Cie.

Les légumes épluchés avec soin, lavés et coupés, sont cuits complétement par la vapeur dans des appareils à haute pression, où ils subissent une température de 112° ou 115°. Après la cuisson, qui est faite au bout de quelques minutes, les légumes sont rangés, sur des châssis en canevas, dans des séchoirs où circule un courant d'air chaud et sec. Cet air qui, à son entrée, ne marque que 5° environ à l'hygromètre et 45° au thermomètre, sort presque saturé d'eau à une température de 28° à 31°. Sous l'action de ce courant d'air, les légumes sont bientôt parfaitement desséchés, et en sortant du séchoir ils sont secs et cassants : on les expose à l'air pendant quelque temps pour qu'ils y reprennent un peu de vapeur d'eau qui les rend flexibles et maniables.

Lorsque les légumes sont destinés à l'approvisionnement des navires et de l'armée, ils sont comprimés par des presses hydrauliques, de manière à être d'un transport plus facile. Trempés dans l'eau pendant une demi-heure, ils retrouvent leur volume primitif et peuvent être cuits comme des légumes frais.

720. 4° **Conservation par le froid.** — Les substances organisées ne se putréfient pas tant qu'elles sont exposées à un froid suffisant. Le contact de la glace suffit à assurer la conservation de la viande et du poisson, mais nous devons ajouter que les substances conservées par la glace se putréfient plus rapidement que les autres, toutes choses égales d'ailleurs, dès qu'elles cessent d'être soumises à l'action de cet agent conservateur.

721. **Conservation du lait.** — La conservation du lait a été

l'objet des recherches les plus variées. Les procédés qui donnent les meilleurs résultats sont ceux de M. de Lignac et celui de M. Grimewade.

Procédé de M. de Lignac. Il consiste à faire dissoudre 10 kilogrammes de sucre blanc dans 100 kilogrammes de lait frais, puis à évaporer le lait en le maintenant à une température de 75° à 80°, et en l'agitant constamment de manière qu'il ne se forme pas de crème. Quand il a pris la consistance du miel, il est introduit dans des boîtes en fer-blanc, qui sont ensuite fermées, soudées, puis passées au bain-marie comme les autres conserves. Ce produit, dissous dans trois fois son poids d'eau, donne un liquide fort difficile à distinguer du lait sucré ordinaire; il bout, monte comme le lait frais et se couvre d'une couche de crème.

Procédé de M. Grimewade. En Angleterre, M. Grimewade pratique sur une grande échelle le procédé suivant :

On prend le lait aussi frais que possible, et on y ajoute un peu de sucre et de carbonate de soude. On le soumet ensuite à une rapide évaporation en le portant à une température de 95°. Le lait épaissi est transvasé dans des vases non métalliques, en marbre ou en porcelaine, où il est remué par des spatules jusqu'à ce que le liquide prenne la consistance d'une pâte ferme. La matière est ensuite passée entre deux cylindres de granit qui la transforment en rubans minces qu'achève de dessécher un courant d'air sec soufflé sur le cylindre. Ces rubans sont ensuite rapidement pulvérisés; la poudre fine qu'ils donnent est de nouveau desséchée et renfermée dans des vases bien clos.

Pour employer cette conserve, il suffit d'ajouter à la poudre huit à dix fois son volume d'eau. Une expérience faite sur une conserve de quatre années a donné un produit qui s'est comporté comme du lait frais.

722. **Conservation du beurre.** — Le procédé le plus employé pour la conservation du beurre est le salage. Après avoir étendu le beurre en couches minces sur une table, on le saupoudre de sel finement pulvérisé, puis on le malaxe avec un rouleau, de manière à incorporer le sel dans la masse. La quantité de sel employé varie suivant que l'on veut avoir du beurre demi-sel, salé moyennement ou sursalé. On emploie 1 kilogramme de sel pour 12 à 20 kilogrammes de beurre.

Le beurre fondu est aussi très-employé. Pour le préparer, on le fond, puis on l'écume; on l'abandonne au repos, et on le décante en laissant au fond du chaudron le dépôt qui s'y est formé. On peut ajouter un peu de sel pour faciliter la conservation. Le beurre fondu est toujours un produit d'assez mauvaise qualité.

723. **Conservation des œufs.** — Les procédés que l'on a essayés pour la conservation des œufs sont assez nombreux.

Appert les introduisait dans une bouteille qu'il remplissait ensuite de chapelure pour les empêcher de se casser les uns contre les autres, et les soumettait pendant quelques minutes dans un bain-marie à une température de 70° environ. Ce procédé est encore employé.

On conserve aussi un très-grand nombre d'œufs, et d'une manière très-économique, en les maintenant dans un bain d'eau de chaux. La chaux, pénétrant au travers des parois de la coque, forme avec la première couche d'albumine un ciment qui empêche l'air de pénétrer.

La gélatine, appliquée en couche mince sur des œufs, les préserve aussi du contact de l'air et en assure la conservation.

FIN

TABLE DES MATIÈRES

LIVRE PREMIER

CHAPITRE PREMIER.

CHAPITRE II. — Lois des combinaisons chimiques. — Nomenclature chimique. — Symboles et égalités chimiques.

CHAPITRE III. — Oxygène. — Hydrogène. — Eau.

CHAPITRE IV. — Azote. — Air atmosphérique. — Combustion. — Flamme. — Respiration.

CHAPITRE V. — Composés oxygénés et hydrogénés de l'azote. — Acide azotique. — Oxydes d'azote. — Ammoniaque.

CHAPITRE VI. — Soufre. — Composés principaux qu'il forme avec l'oxygène et l'hydrogène.

CHAPITRE VII. — Chlore. — Ses composés principaux. — Applications.

CHAPITRE VIII. — CARBONE ET SES COMPOSÉS PRINCIPAUX. — BORE. — SILICIUM.

CHAPITRE IX. — PHOSPHORE ET SES COMPOSÉS PRINCIPAUX. — ARSENIC. — CLASSIFICATION DES MÉTALLOÏDES.

LIVRE II

MÉTAUX

CHAPITRE PREMIER. — Propriétés générales.

CHAPITRE II. — Alliages métalliques.

CHAPITRE III. — Action de l'oxygène, du soufre et du chlore sur les métaux. — Oxydes, sulfures et chlorures métalliques.

CHAPITRE IV. — Sels.

CHAPITRE V. — PROPRIÉTÉS ET CARACTÈRES DES PRINCIPAUX GENRES DE SELS. — CARBONATES. — SULFATES. — AZOTATES.

LIVRE III

CHAPITRE PREMIER. — POTASSIUM, SODIUM ET LEURS COMPOSÉS USUELS.

CHAPITRE II. — CALCIUM. — CHAUX. — CARBONATE DE CHAUX ET SULFATE DE CHAUX.

CHAPITRE III. — Argiles. — Poteries. — Faïence. — Porcelaine. — Verres. — Cristal.

CHAPITRE IV. — Fers. — Fontes. — Aciers. — Composés du fer.

CHAPITRE V. — Zinc. — Étain. — Antimoine.

CHAPITRE VI. — Plomb. — Cuivre. — Leurs principaux composés.

CHAPITRE VII. — Mercure. — Argent. — Or. — Platine.

LIVRE IV

CHIMIE ORGANIQUE

CHAPITRE PREMIER. — Acides et bases organiques.

CHAPITRE II. — Matières organiques neutres. — Cellulose. — Bois. — Leur conservation. — Fabrication du papier.

CHAPITRE III. — Amidon. — Fecule. — Gommes.

CHAPITRE IV. — SUCRES.

CHAPITRE V. — FERMENTATION ALCOOLIQUE. — ARTS QUI S'Y RATTACHENT. — FABRICATION DU PAIN, DU VIN, DE LA BIÈRE, DU CIDRE, ETC.

CHAPITRE VI. — EAUX-DE-VIE. — ALCOOL. — ÉTHER.

CHAPITRE VII. — CORPS GRAS. — CHANDELLES. — BOUGIES STÉARIQUES. — SAVONS.

CHAPITRE VIII. — Matières colorantes. — Teinture.

CHAPITRE IX. — Matières animales. — Œufs. — Albumine. — Lait. — Sang. — Chair des animaux ou muscles. — Os.

CHAPITRE X. — Putréfaction des substances organiques. — Procédés de conservation.

1339-76 Corbeil. — Typ. et stér. de Crété fils.

www.ingramcontent.com/pod-product-compliance
Lightning Source LLC
Chambersburg PA
CBHW060920220326
41599CB00020B/3027
* 9 7 8 2 0 1 9 6 1 1 4 1 5 *

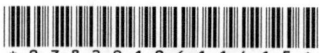